“十三五”国家重点出版物出版规划项目
面向可持续发展的土建类工程教育丛书

土力学

主　编　张孟喜
副主编　陆　烨　李玉岐
主　审　黄茂松

机械工业出版社

本书根据全国高等学校土木工程专业指导委员会对土木工程专业的培养要求和目标，结合“土力学”学科近年来国内外的发展，在长期教学的探索与总结的基础上编写而成。本书共8章，主要内容包括：土的组成、性质和工程分类，土中应力，土的渗透性与渗流，土的变形特性与地基沉降，土的抗剪强度，土压力和挡土墙，边坡稳定性分析，地基承载力。本书专门设计了一套贯穿全书主要概念、核心理论的 Excel 计算表（扫描二维码获得），读者可以通过改变计算参数轻松体验计算结果的变化，使理论不再抽象。

本书可作为高等院校土木工程专业及相近专业“土力学”课程的教材或教学参考书，也可供土建类研究人员和工程技术人员参考。

本书配有授课 PPT 等资源，免费提供给选用本书的授课教师，需要者请登录机械工业出版社教育服务网（www.cmpedu.com）注册下载。

图书在版编目（CIP）数据

土力学/张孟喜主编. —北京：机械工业出版社，2020.10（2025.1重印）
（面向可持续发展的土建类工程教育丛书）
“十三五”国家重点出版物出版规划项目
ISBN 978-7-111-66753-7

Ⅰ.①土… Ⅱ.①张… Ⅲ.①土力学-高等学校-教材 Ⅳ.①TU43

中国版本图书馆 CIP 数据核字（2020）第190124号

机械工业出版社（北京市百万庄大街22号 邮政编码100037）
策划编辑：李 帅 责任编辑：李 帅 臧程程
责任校对：张 力 封面设计：张 静
责任印制：常天培
固安县铭成印刷有限公司印刷
2025年1月第1版第5次印刷
184mm×260mm · 16.5印张 · 407千字
标准书号：ISBN 978-7-111-66753-7
定价：48.00元

电话服务
客服电话：010-88361066
010-88379833
010-68326294

网络服务
机 工 官 网：www.cmpbook.com
机 工 官 博：weibo.com/cmp1952
金 书 网：www.golden-book.com
机工教育服务网：www.cmpedu.com

前 言

高等院校土木工程专业的学生在掌握了经典力学知识点后，将学习以土为研究对象的“土力学”课程。“土力学”虽然从名称来看也属于力学，但在接触后，往往能感受到与经典力学有很大差别，不仅“概念多、表格多、公式繁杂”，而且不少计算理论有一定的经验成分。为了加强概念理解，编者专门设计了一套贯穿全书主要概念、核心理论的Excel计算表，主要包括土工物性试验、地基附加应力计算、土的渗透性、有效应力计算、地基沉降与固结度计算、三轴试验成果计算、土压力计算、重力式挡土墙稳定性验算、不同方法边坡稳定性计算、地基承载力等，帮助读者通过改变计算参数体验计算结果的变化，感受和理解抽象的概念，从而掌握“土力学”的基本理论。编者长期从事“土力学”教学工作，所授课程于2006年度获上海市教委重点课程建设项目，2007年“土力学”课程被评为上海市市级精品课程，2021年“土力学”课程被评为上海高等学校一流本科课程。

党的二十大报告指出：“坚持人民城市人民建、人民城市为人民，提高城市规划、建设、治理水平，加快转变超大特大城市发展方式，实施城市更新行动，加强城市基础设施建设，打造宜居、韧性、智慧城市。”本课程的核心知识作为城市基础设施建设与更新的基础理论正发挥着重要作用。在本书的编写过程中，编者积极响应教育部实施一流本科专业建设及一流本科课程号召，与时俱进打造“金课”，将教材内容与数字资源融合，坚持从不同角度进行“土力学”的教育教学改革，提升教学质量。在此基础上，编者广泛吸取国内外教学改革经验开展编写工作。

本书共8章，第1章为土的组成、性质和工程分类，第2章为土中应力，第3章为土的渗透性与渗流，第4章为土的变形特性与地基沉降，第5章为土的抗剪强度，第6章为土压力和挡土墙，第7章为边坡稳定性分析，第8章为地基承载力。

本书由张孟喜担任主编，陆烨、李玉岐担任副主编，黄茂松教授担任主审。参加编写的还有：肖丽萍、张文杰和邱战洪。具体编写分工：绪论、第5章、第6章由张孟喜编写；第1章由陆烨编写；第2章、第3章由李玉岐编写；第4章由肖丽萍编写；第7章由张文杰编写；第8章由邱战洪编写；链接Excel计算表由张孟喜、陆烨编制。全书由张孟喜负责统稿。

限于编者水平，书中不当之处在所难免，敬请读者批评指正。

编 者

目 录

绪　论

土力学是研究土的性质及其工程应用的学科，作为力学的一个分支，是土木工程学科的重要组成部分。这门学科主要应用于土木工程、水利工程、公路工程及铁道工程等相关专业领域。如，在土木工程、交通工程中，土体（地层）被作为各种建筑物、构筑物的地基，如房屋、道路、桥梁、堤坝、码头及机场跑道等结构在土体上建造；同时土体也作为隧道结构、地下铁道、地下厂房、地下管廊等构筑物的介质环境；此外，土还可作为修建公路、铁道、土石坝等工程的建筑材料。

国内外典型事故案例

“高楼万丈平地起”，任何建筑物、构筑物都不是没有地基的“空中楼阁”，更不用说高楼大厦、大桥、高塔等超高、复杂的建（构）筑物；即便是发射宇宙飞船所采用的航天发射塔也需要建造在稳固的地基上，同时飞船返回时也需要在地表着陆，因此保证土体在荷载作用下的安全、稳定至关重要，由此可见土力学在现代土木工程建设中发挥着举足轻重的作用。

比萨斜塔倾斜之谜

轨道上的交通

土作为人们非常熟悉的东西，与人类生活息息相关。远在古代，由于生产和生活的需要，人们已懂得利用土来进行工程建设，出现了一系列宏伟的土木工程，如中国的万里长城、大运河，国外的古埃及金字塔、古罗马桥梁工程等，但直到 18 世纪中叶，基本上还处于感性认知阶段。在欧美工业革命推动下，大型工业与民用建筑、铁路、公路和码头等基础设施兴建，由此与土体相关的一系列开创性成果开始出现，1773 年法国科学家库仑（C. A. Coulomb）根据试验创立了著名的砂土抗剪强度理论；1776 年库仑根据土的楔体平衡提出了挡土墙土压力理方论；1855 年法国达西（H. Darcy）创立了土的渗透定律；1857 年英国朗肯（W. J. M. Rankine）根据土中一点的极限平衡从另一角度推导了土压力计算公式；1885 年法国布辛奈斯克（V. J. Boussinesq）提出了弹性半无限空间在竖向集中力作用下的应力和变形的理论解；1922 年瑞典费兰纽斯（W. Fellenius）为解决铁路塌方问题提出了土坡稳定分析方法。1925 年太沙基（K. Terzaghi）发表了《土力学》（*Erdbaumechanik*）专著，标志着土力学这门学科的诞生，他作为土力学的奠基人而名垂青史；1943 年，他还出版了《理论土力学》（*Theoretical Soil Mechanics*）专著，之后，他与 Peck 合著的《工程实用土力学》（*Soil Mechanics in Engineering Practice*）是对土力学的全面总结。1957 年 D. C. Drucker 提出了土力学与加工硬化塑性理论，对土的本构模型研究起了很大的推动作用；1963 年英国剑桥大学 K. H. Roscoe 等人提出了著名的剑桥模型

(Cam Model)，创建了临界状态土力学，为现代土力学的诞生和发展做出了重要贡献。

早在20世纪50年代，我国学者陈宗基教授就对土的流变学和黏土结构进行了研究。黄文熙院士于1983年编写的《土的工程性质》是土力学中的一部经典著作，系统介绍有关的各种土的本构模型的理论和研究成果。钱家欢、殷宗泽教授主编的《土工原理与计算》(第1版1980年，第2版1996年)，较全面地总结了土力学的新发展。沈珠江院士2000年出版了《理论土力学》专著。郑颖人院士、沈珠江院士和龚晓南院士编写的《岩土塑性力学原理》，李广信教授主编的《高等土力学》，以及谢定义教授等编写的《高等土力学》被很多高等院校用作研究生高等土力学课程的教材，在国内有很大的影响。

1936年在美国召开的第一届国际土力学与基础工程学术会议，由土力学创始人太沙基主持，这是土力学与岩土工程界4年一届的盛会，至2017年，已召开了19届。1999年国际土力学与基础工程协会（ISSMFE—International Society of Soil Mechanics and Foundation Engineering）更名为国际土力学与岩土工程协会（ISSMGE—International Society for Soil Mechanics and Geotechnical Engineering）。

1957年在北京设立了全国性的中国土力学及基础工程学会学术委员会，并于1978年成立了中国土木工程学会土力学及基础工程学会（为与国际土协的名称相应，1999年改为中国土木工程学会土力学及岩土工程分会）。1962年在天津召开第一届土力学及基础工程学术会议，此后，第二届至第十二届学术会议先后在武汉、杭州、厦门、上海、西安、南京、北京、重庆、兰州等地召开，2019年又在天津召开了第十三届土力学及岩土工程学术会议。这些国内外学术会议的召开，大大促进了“土力学”学科的发展。

重大工程案例：
上海北横通道

另一方面，国内外岩土力学与工程的学术期刊，与国内外土力学及岩土工程学术会议同样作为承载着岩土力学的学术交流与合作的载体，同时也在推动土力学及岩土工程的基础理论、试验技术发展及工程应用等方面发挥了重要作用。国外、国内主要权威性岩土学术刊物包括：

1）*Géotechnique*，英国土木工程师协会（ICE—Institution of Civil Engineer）主办。

2）*Journal of Geotechnical and Geoenvironmental Engineering*，美国土木工程师协会（ASCE—American Society of Civil Engineers）主办。

3）*Canadian Geotechnical Journal*，加拿大国家研究委员会（National Research Council）主办。

4）《岩土工程学报》，由中国水利学会、中国土木工程学会等6个全国性学会联合主办。

土是地球表层岩石风化的产物，是由土颗粒、水、空气组成的三相体。土成分上的差异，干湿、疏密程度不同，其物理力学指标就会相差很大。土体的强度、变形以及土的渗透性是土力学中核心内容，与土相关的工程问题基本归因于这三方面。由于土体的复杂性和不确定性，在土力学的研究中，除了理论分析方法外，试验乃至工程经验也是非常重要的手段，土工试验是土力学的基础，这与传统力学所不同。本课程要求学生了解土的形成、分类及基本工程特性，掌握土的应力、变形、强度及渗透性等土力学基本原理和方法，掌握挡土结构土压力、边坡稳定性及地基承载力分析，并且能够应用这些原理和方法，分析和解决实际工程中的地基及土工结构的稳定、变形和渗流等问题。为了加强对土力学相关知识点、概念及基本理论的理解，编者专门设计了一套贯穿全书主要概念及核心理论的Excel计算表，分布在全书第1~8章，除了诸如附加应力分布系数动态表格外，从最基本的级配曲线绘制到沉降计算、土压力计算、土坡稳定分析等，读者可以扫描二维码打开Excel计算表，然后通过改变其计算参数可观察和体验计算结果的变化，感受和加强抽象的概念理解，从而进一步掌握土力学的基本理论和方法。

第1章 土的组成、性质和工程分类

1.1 土的形成

在阳光、大气、水和生物的作用下，地壳表层的岩石发生风化，随后崩解、破碎，经流水、风、冰川等动力搬运作用，在各种自然环境下沉积形成土体，因此可以说土是岩石风化的产物。

1.1.1 风化作用

风化作用包括物理风化、化学风化和生物风化，它们经常是同时进行并且相互促进，从而加剧了风化发展的进程。

(1) 物理风化（mechanical weathering） 物理风化是由温度变化、水的冻胀、波浪冲击、地震等引起的物理力使岩体崩碎的过程，这种作用使岩体逐渐变成细小的颗粒。物理风化只会改变颗粒的大小和形状而不会改变其原有的矿物成分。

(2) 化学风化（chemical weathering） 化学风化是指岩体与空气、水和各种水溶液相互作用的过程，这种作用不仅使岩石颗粒变细还会使岩石的成分发生变化，形成大量细微颗粒和可溶盐类。化学风化常见的作用有碳酸化作用、水化作用、氧化作用等，由化学风化而产生的一些新的矿物成分称为次生矿物。

(3) 生物风化（biological weathering） 岩石在动植物及微生物影响下发生的破坏称为生物风化作用。例如：树在岩石缝隙中生长时树根伸展使岩石缝隙扩展开裂；人类开采矿石、修建隧道时的爆破工作对周围岩石产生的破坏等。

1.1.2 不同形成条件下的土

由于形成条件、搬运方式和沉积环境的不同，自然界的土可以分为残积土和运积土两大类。

残积土是指母岩表层经风化作用破碎成为岩屑或细小矿物颗粒后，未经搬运，残留在原地的堆积物，它的特征是颗粒粗细不均、表面粗糙、多棱角、无层理。运积土是指风化所形成的土颗粒，受自然力的作用，搬运到其他地点沉积的堆积物。其特点是颗粒经过滚动和相互摩擦而变得圆滑，具有一定的浑圆度。在沉积过程中因受水流等自然力的分选作用而形成颗粒粗细不同的层次，粗颗粒下沉快，细颗粒下沉慢，在流速快的水中细颗粒会被冲走，只留下粗颗粒，从而形成粗粒土与细粒土的分层。根据搬运的动力不同，运积土又可分为如下几类：

1）冰积土（glacial soils）。由冰川或冰水挟带搬运形成的沉积物，其颗粒粗细变化大，土质不均匀。

2）冲积土（alluvial soils）。河流的流水作用搬运到河谷坡降平缓的地带沉积下来的土。这类土经过长距离的搬运，颗粒具有较好的分选性和磨圆度，常形成砂层和黏性土层交叠的地层。

3）湖泊沼泽沉积土（lacustrine soils）。在湖泊及沼泽等水流极为缓慢或静水条件下沉积下来的土，或称淤积土。这类土除了含大量细微颗粒外，常伴有生物化学作用所形成的有机物，成为具有特殊性质的淤泥或淤泥质土。

4）海相积土（marine soils）。由河流流水搬运到海洋环境中沉积下来的土。

5）风积土（aeolian soils）。由风力搬运形成的土，其颗粒磨圆度好，分选性好。我国西北黄土就是典型的风积土。

6）坡积土（colluvial）。残积土受重力和暂时性流水（雨水、雪水）的作用，搬运到山坡或坡脚处沉积起来的土。坡积土颗粒随斜坡自上而下呈现由粗而细的分选性和局部层理。

7）洪积土（diluvial soils）。残积土和坡积土受洪水冲刷、搬运，在山沟出口处或山前平原沉积下来的土，随距山远近的不同有一定的分选性，颗粒有一定的磨圆度。

土的上述形成过程决定了它具有特殊的物理力学性质。土具有3个重要特点：

1）散体性。颗粒之间无黏结或具有一定的黏结，存在大量孔隙，可以透水、透气。

2）多相性。土往往是由固体颗粒、水和气体组成的三相体系，相系之间质和量的变化直接影响土的工程性质。

3）自然变异性。土是在自然界漫长的地质历史时期中演化形成的多矿物组合体，性质复杂，不均匀，且随时间不断变化。

1.2 土的组成

天然土由固体颗粒、孔隙中的水和气体三者组成。

1.2.1 土的固体颗粒

土的固体颗粒（简称土颗粒或土粒）的大小、形状、矿物成分及其组成情况是决定土的物理力学性质的重要因素。粗大的土粒往往是岩石经物理风化形成的碎屑，其形状呈块状或粒状；细小的土粒往往是化学风化形成的次生矿物（如颗粒极细的黏土矿物）和有机质，其形状主要是片状。土颗粒越细，单位体积内颗粒的表面积就越大，与水接触的面积就越多，颗粒间相互作用的能力就越强。

1. 固体颗粒大小分析

由于颗粒大小不同，土可以具有不同的性质，如粗颗粒的砾石具有很强的透水性，完全没有黏性和可塑性；而细颗粒的黏土则透水性很小，黏性和可塑性较大。颗粒的大小通常以粒径表示。由于土颗粒形状各异，颗粒粒径通常用在筛析试验中通过的最小筛孔孔径表示，或在水分法中用在水中具有相同下沉速度的当量球体的直径表示。工程上按粒径大小分组，称为粒组，即某一级粒径的变化范围，见表1-1。以砾石和砂粒为主要组成的土，称为无黏

性土，以粉粒、黏粒和胶粒为主要组成的土称为黏性土。

表 1-1　土的粒组划分和各粒组土的特性

粒组统称	粒组划分		粒径范围 d/mm	主要特性
巨粒组	漂石（块石）		$d>200$	透水性大，无黏性，无毛细水，不易压缩
	卵石（碎石）		$200\geqslant d>60$	透水性大，无黏性，无毛细水，不易压缩
粗粒组	砾粒	粗砾	$60\geqslant d>20$	透水性大，无黏性，不能保持水分，毛细水上升高度很小，压缩性较小
		中砾	$20\geqslant d>5$	
		细砾	$5\geqslant d>2$	
	砂粒	粗砂	$2\geqslant d>0.5$	易透水，无黏性，毛细水上升高度较大，饱和松细砂在振动荷载作用下会产生液化，一般压缩性较小，随颗粒减小，压缩性增大
		中砂	$0.5\geqslant d>0.25$	
		细砂	$0.25\geqslant d>0.075$	
细粒组	粉粒		$0.075\geqslant d>0.005$	透水性小，湿时有微黏性，毛细管上升高度较大，有冻胀现象，饱和并松动时在振动荷载作用下会产生液化
	黏粒		$d\leqslant 0.005$	透水性差，湿时有黏性和可塑性，遇水膨胀，失水收缩，性质受含水率的影响较大，毛细水上升高度大

2. 颗粒分析试验

工程中使用的粒径级配分析方法有筛析法（sieve analysis）和水分法（sedimentation analysis）两种。

(1) 筛析法　筛析法（又称筛分法）适用于粒径大于0.075mm的土体，主要试验仪器为一套孔径由大到小的标准筛，如图1-1所示。《土工试验方法标准》（GB/T 50123—2019）规定两种规格的标准筛，粗筛孔径为：60mm、40mm、20mm、10mm、5mm、2mm，细筛孔径为：2.0mm、1.0mm、0.5mm、0.25mm、0.10mm、0.075mm。将按规定方法取得一定质量的干试样放入依次叠好的最上面一层筛中，置振筛机上充分振摇后，称出留在各级筛上的土粒质量，计算出各粒组的相对含量及小于某一粒径的土颗粒百分含量。

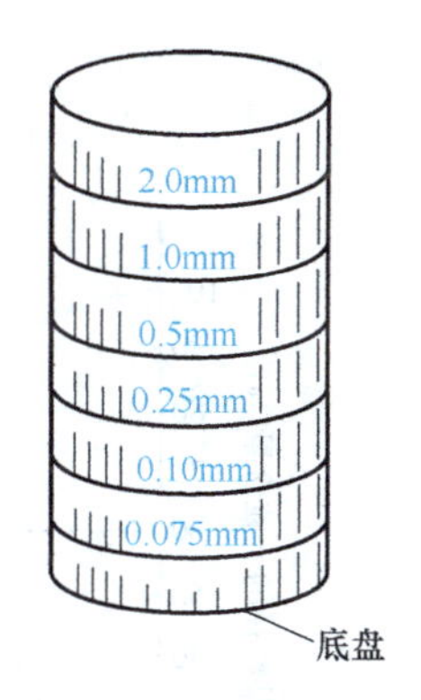

图 1-1　标准筛（细筛）示意图

(2) 水分法　水分法适用于粒径小于0.075mm的细粒土。斯托克斯（Stokes）定律认为，球状的细颗粒在水中的下沉速度与颗粒直径的二次方成正比。因而，可以利用不同粒径的土在水中下沉速度不同这一原理，将粒径小于0.075mm的细粒土进一步分组。水分法正是基于这种原理，实验室中常用密度计法（hydrometer）（图1-2a）或移液管法（pipette）。斯托克斯定律假定：①颗粒是球形的；②颗粒周围的水流是线流；③颗粒大小要比分子大得多。由水分法求得的粒径并不是实际土粒尺寸，而是与实际土粒在液体中具有相同沉降速度的理想球体的直径，即水力当量直径或称名义粒径。把土体放入水中后，随时间增长，会形成悬浊液。某时刻距离水面 L 处的悬浊液密度，可采用比重计法测得，并可由此计算出小于该粒径 d 的累计百分含量。采用不同的测试时间 t，即可测得细颗粒各粒组的相对含量，如图1-2b所示。

3. 颗粒级配曲线

筛析法和水分法的试验结果可以处理为如图 1-3 所示的颗粒级配曲线（grain size distribution curve）。其中横坐标为粒径，由于土粒粒径的值域很宽，因此采用对数坐标表示；纵坐标为小于（或大于）某粒径的土粒（累计）百分含量。根据粒径累计曲线的坡度可以大致判断土粒均匀程度或级配是否良好。如果曲线较陡，表示粒径大小相差不多，土粒较均匀，级配不良；反之，曲线平缓，则表示粒径大小相差悬殊，土粒不均匀，级配良好；如果曲线有平台，则缺少相应粒组。在分析级配曲线时，常常用到 d_{10}、d_{30}、d_{60} 三个特殊粒径。其中，d_{10} 称为有效粒径（effective size），d_{30} 称为连续粒径（median size），d_{60} 称为限制粒径（limited size），它们分别表示小于该粒径的土粒含量占土样总量的 10%、30% 和 60%，见图 1-3 中 A 土样的三个相应粒径。根据颗粒级配曲线，可以定义反映颗粒级配的两个定量指标，即不均匀系数 C_u（coefficient of uniformity）及曲率系数 C_c（coefficient of curvature），其表达式为

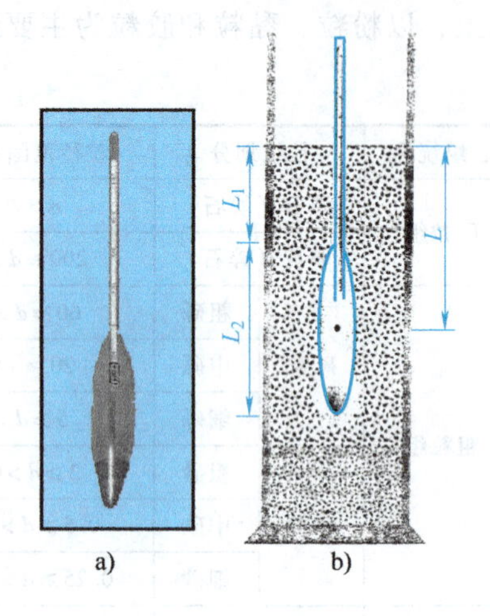

图 1-2 密度计法

a）密度计 b）密度计放入量筒中

$$C_u = \frac{d_{60}}{d_{10}} \tag{1-1}$$

$$C_c = \frac{d_{30}^2}{d_{10} d_{60}} \tag{1-2}$$

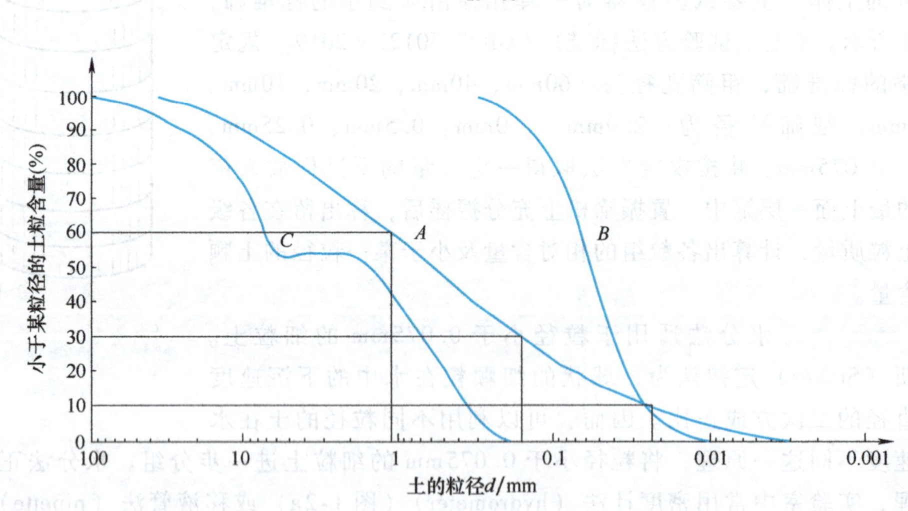

图 1-3 土的颗粒级配曲线

注：曲线 A、B、C 分别代表三种不同土样的级配曲线。

不均匀系数 C_u 反映大小不同粒组的分布情况，即土颗粒大小的均匀程度。C_u 越大，表示土颗粒的分布范围越广，即土粒分布越不均匀，表明其级配越好。曲率系数 C_c 描述颗粒级配曲线的曲率情况，即曲线分布的整体形态，反映了限制粒径 d_{10} 与有效粒径 d_{60} 之间的各

粒组含量的分布情况，它也是描述级配好坏的重要参数。

根据上的颗粒级配曲线可以确定粒组的相对含量，还可以根据曲线的坡度陡缓判断土的级配好坏。例如，图 1-3 中的曲线 A，其坡度较缓，表示土的粒径分布范围宽，d_{10}与 d_{60}相距远，土的不均匀系数 C_u 较大，土体不均匀，大颗粒形成的孔隙有足够的小颗粒充填，土体易于密实，故在工程上认为不均匀的土是级配良好的土。相反，曲线 B 的坡度陡，表示土的粒径分布范围较窄，d_{10}与 d_{60}靠近，土的不均匀系数 C_u 较小，土粒较均匀。一般来说，土的不均匀系数大，土就有足够的细颗粒去充填粗颗粒形成的孔隙。但是，对于某些级配不连续的土，例如，缺乏中间粒径的土，颗粒级配曲线将出现台阶状，如图 1-3 中的曲线 C，尽管其不均匀系数较大，但由于缺乏中间粒径的土，级配并不好。所以，土的不均匀系数大，未必表明土中粗细粒的搭配一定就好。

上述分析表明，土的级配的好坏可由土粒均匀程度和颗粒级配曲线的形状来决定，即可以用不均匀系数 C_u 和曲率系数 C_c 来衡量，因此，《土的工程分类标准》（GB/T 50145—2007）规定：对于纯净的砾、砂，当 C_u 大于或等于 5，且 C_c 等于 1 ~ 3 时，它的级配是良好的；不能同时满足上述条件时，它的级配是不良的。显然在 C_u 相同的条件下，C_c过大或过小，均表明土中缺少中间粒组，各粒组间孔隙的充填效应降低，级配变差。

【例题 1-1】 取风干的天然土样 1000g，用筛析法和密度计法分别测定其粗粒部分和细粒部分的粒组质量，见表 1-2、表 1-3 中的第 2 行。试计算各粒组的含量及小于某粒径的土粒百分含量，绘制其颗粒级配曲线，并利用 C_u 和 C_c 评价其级配情况。

解： 根据颗粒分析试验结果，计算出各粒组的百分含量及小于某粒径的土粒百分含量，见表 1-2、表 1-3 中的第 3、4 行。

表 1-2　粗粒部分筛析试验结果

筛孔直径/mm	10	5	2.0	1.0	0.5	0.25	0.15	0.075	
各层筛子上土粒质量/g	5	50	100	202	166	135	157	78	107
各层筛子上土粒百分含量（%）	0.5	5	10	20.2	16.6	13.5	15.7	7.8	10.7
小于各层筛孔直径的土粒百分含量（%）	99.5	94.5	84.5	64.3	47.7	34.2	18.5	10.7	

表 1-3　细粒部分密度计试验结果

土粒直径/mm	0.075	0.05	0.01	0.005
细粒含量/g	53	40	14	0
细粒相对百分含量（%）	5.3	4	1.4	0
小于某一粒径的土粒百分含量（%）	10.7	5.4	1.4	0

由表中的数据可以绘出该土样的颗粒级配曲线，如图 1-4 所示。根据曲线可以量得 $d_{10}=0.078\text{mm}$，$d_{30}=0.21\text{mm}$，$d_{60}=0.83\text{mm}$，由此计算出不均匀系数 C_u 和曲率系数 C_c，即

$$C_u = \frac{d_{60}}{d_{10}} = \frac{0.83}{0.078} = 10.6 > 5$$

$$C_c = \frac{d_{30}^2}{d_{60}d_{10}} = \frac{0.21^2}{0.83 \times 0.078} = 0.68 < 1$$

根据《土的工程分类标准》（GB/T 50145—2007）规定，可判定该土样级配不良。

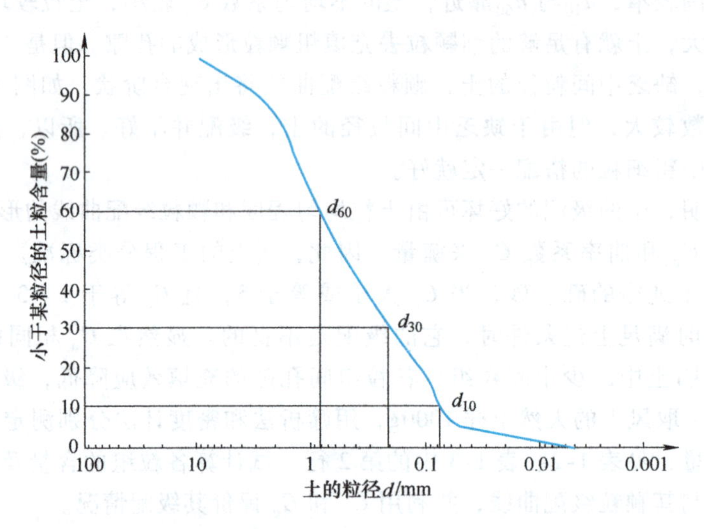

图 1-4　例题 1-1 土样的颗粒级配曲线

土的颗粒级配曲线绘制

4. 土的矿物成分

土粒的矿物成分可分为无机矿物颗粒与有机质，无机矿物颗粒由原生矿物和次生矿物组成。

（1）原生矿物　原生矿物颗粒由原岩经物理风化（机械破碎的过程）形成，常见的如石英、长石、云母等，其物理化学性质较稳定，成分与母岩完全相同。粗大颗粒（漂石、卵石、圆砾等）的土往往是岩石经物理风化作用形成的原岩碎屑，属于物理化学性质比较稳定的原生矿物颗粒，一般有单矿物颗粒和多矿物颗粒两种形态。

（2）次生矿物　次生矿物是岩石经化学风化引起成分改变所形成的矿物，主要有黏土矿物、无定形的氧化物胶体（如 Al_2O_3、Fe_2O_3）和盐类（如 $CaCO_3$、$CaSO_4$、NaCl）等。次生矿物颗粒一般包含多种成分且与母岩成分完全不同。

一般黏性土主要是由黏土矿物构成，而黏土矿物基本上是由两种晶片构成。一种是硅氧晶片（简称硅片），它的基本单元是 Si—O 四面体（图 1-5a），即由一个居中的硅原子和四个在角点的氧原子组成；另一种是铝氢氧晶片（简称铝片），它的基本单元为 Al—OH 八面体（图 1-5b），是由一个居中的铝原子和六个在角点的氢氧离子组成。黏土矿物颗粒基本上是由上述两种类型晶胞叠接而成，主要有蒙脱石、伊利石和高岭石三类，如图 1-6 所示。

蒙脱石是由伊利石进一步风化或火山灰风化而成的产物。蒙脱石是由三层型晶胞叠接而成，晶胞间只有氧原子与氧原子的范德华力（范德华力是存在于分子间的电性吸引力）联结，没有氢键，故其键力很弱。夹在硅片中间的铝片内 Al^{3+} 常为低价的其他离子（如

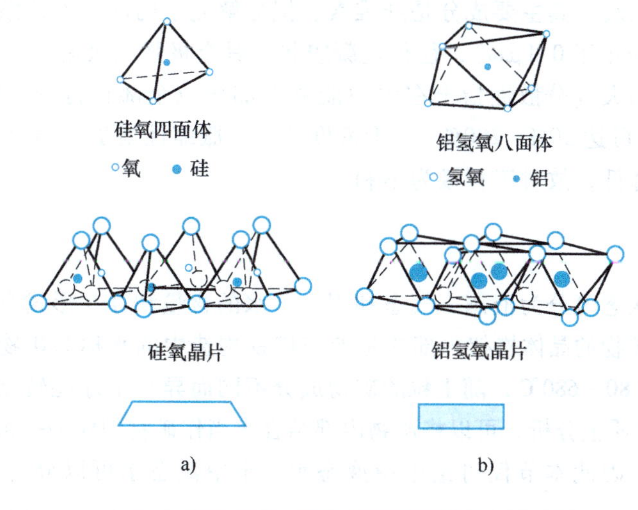

图 1-5　土矿物晶片示意图

a）硅氧晶片　b）铝氢氧晶片

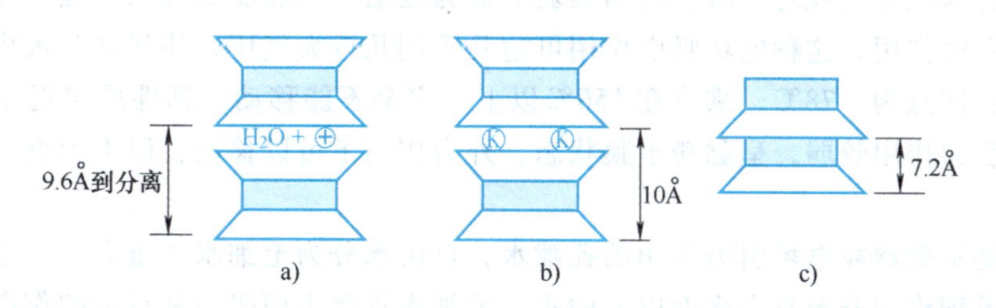

图 1-6　黏土矿物构造单元示意图

a）蒙脱石　b）伊利石　c）高岭石

注：$1Å=10^{-10}m$。

Mg^{2+}）所替换，此时晶胞间出现多余的负电荷可以吸引其他阳离子（如 Na^{+}、Ca^{2+} 等）或其水化离子充填于晶胞间。由于蒙脱石的晶胞活动性极大，水分子可以进入晶胞之间，从而改变晶胞之间的距离，甚至形成完全分散的单晶胞。因此，当土中蒙脱石含量较高时，则土具有较大的吸水膨胀和失水收缩的特性。

伊利石主要是云母在碱性介质中风化的产物，仍是由三层型晶胞叠接而成，晶胞间同样有氧原子与氧原子的范德华力。但是，伊利石构成时，部分硅片中的 Si^{4+} 被低价的 Al^{3+}、Fe^{3+} 等所取代，相应四面体的表面镶嵌一正价阳离子 K^{+}，以补偿正电荷的不足。嵌入的 K^{+}，增加了伊利石晶胞间的联结作用，所以伊利石的结晶构造稳定性优于蒙脱石。

高岭石是长石风化的产物，其结构单元是二层型晶胞，即高岭石是由若干二层型晶胞叠接而成。这种晶胞间一面露出铝片的氢氧基，另一面则露出硅片的氧原子。晶胞之间除了较弱的范德华力之外，更主要的联结是由氧原子与氢氧基之间的氢键提供，它具有较强的联结力，晶胞之间的距离不易改变，水分子不能进入。晶胞间的活动性较小，使得高岭石的亲水性、膨胀性和收缩性均小于伊利石，更小于蒙脱石。

（3）有机质　工程上俗称的软土（包括淤泥和淤泥质土）及泥炭土中通常富含有机质，土中的有机质是动植物残骸和微生物以及它们各种分解和合成作用的产物。通常把分解不完全的植物残体称为泥炭，其主要成分是纤维素；把分解完全的动植物残骸称为腐殖质。腐殖质的颗粒极细（粒径小于0.1μm），往往呈凝胶状，具有极强的吸附性。随着有机质含量的增加，土的分散性加大（分散性指土在水中能够大部分或全部自行分散成原级颗粒土的性能）、含水率增大（可达50%~200%）、干密度减小、胀缩性增加（>75%）、压缩性增大、强度减小、承载力降低，故对工程极为不利。

1.2.2 土中的水

土中的水按其状态可分为液态、气态和固态。水的含量和存在形式直接影响土的状态和性质。存在于土粒矿物的晶体格架内部或是参与矿物构造中的水称为矿物内部结合水，它只有在比较高的温度（80~680℃，随土粒的矿物成分不同而异）下才能转化为气态水而与土粒分离。从土的工程性质上分析，可以将矿物内部结合水当作矿物颗粒的一部分，同时气态水对土的性质影响不大，因此本节仅讨论土中液态水。土中液态水可以分为结合水与自由水两大类。

结合水是受颗粒表面电场作用力吸引而包围在颗粒四周、不传递静水压力、不能任意流动的水。结合水根据土粒对其吸引力的强弱又分为强结合水和弱结合水。强结合水受到土粒表面电场吸引的作用，这种电场吸引作用可达几千到几万大气压，使强结合水排列致密，密度>1g/cm^3；冰点为-78℃，沸点在150℃以上；完全不能移动，其性质接近于固体。弱结合水受电场引力作用较弱，呈黏滞水膜状态，外力作用下可以移动，但不因重力而流动，有黏滞性。

自由水是不受颗粒电场引力作用的孔隙水，自由水分为毛细水和重力水。毛细水是由于土体孔隙的毛细作用升至自由水面以上的水，毛细水承受表面张力和重力的作用；重力水是自由水面以下的孔隙自由水，在重力作用下可在土中自由流动。

实际工程中常需研究毛细水的上升高度和速度，因为土的毛细现象在以下几个方面对工程有影响：①在严寒、寒冷地区毛细水的上升是引起路基冻害的因素之一；②毛细水的上升会使土湿润，强度降低，变形量增大，对于房屋建筑，毛细水的上升会引起地下室过分潮湿；③在干旱地区，若毛细水上升至地表，水分不断蒸发，地下水中的可溶盐分便积聚于靠近地表处而使地表土盐渍化。

1.2.3 土中的气

土中的气体存在于未被水占据的土孔隙中，对土的影响相对居次要地位。土中的气体以自由气体、封闭气体、溶解在水中的气体、吸附于土颗粒表面的气体等形式存在。

自由气体是与大气连通的气体，常见于粗粒土中，对土的性质影响不大。

封闭气体则是指被土颗粒和水封闭的气体，其体积与压力有关，常见于细粒土中。封闭气体的存在会增加土的弹性、阻塞渗流通道降低渗透性。

1.3 土的结构与构造

土的微观结构，常简称为土的结构，或土的组构（fabric），是指土粒的原位集合体特征，是由土粒单元的大小、矿物成分、形状、相互排列及其联结关系，土中水的性质及孔隙

特征等因素形成的综合特征。土的宏观结构，常称为土的构造（structure），是同一土层中物质成分和颗粒大小等都相近的各部分之间的相互关系的特征，表征了土层的层理、裂隙及大孔隙等宏观特征。

1.3.1　土的结构

土的结构是指土粒的相互排列方式和颗粒间的联结特征，是在土的形成过程中逐渐形成的。土的结构与土的矿物成分、颗粒形状和沉积条件有关，通常可归纳为单粒结构、蜂窝结构和絮状结构三种基本类型。

1）单粒结构（single grain fabric）。单粒结构是粗粒土如碎石土、砂土的结构特征，由较粗的土颗粒在其自重作用下沉积而成。每个土粒都由已经下沉稳定的颗粒所支撑，各土粒相互依靠重叠，如图1-7a所示。土粒的紧密程度随形成条件不同而不同，可分为密实或疏松状态。呈密实状态的单粒结构的土，由于其土粒排列紧密、力学性能较好，在动、静荷载作用下都不会产生较大的沉降，所以强度较大、压缩性较小，是较为良好的天然地基。而呈疏松状态的单粒结构的土，其骨架不稳定，当受到振动或其他外力作用时，土粒易发生移动，土中孔隙剧烈减少，引起土体较大变形，这类土层如未经过处理一般不宜作为建筑物的地基。

2）蜂窝结构（honeycomb fabric）。较细的土粒在自重作用下沉落时，碰到其他下沉的或已经稳定的土粒，由于土粒细而轻，颗粒间的接触力大于下沉土粒重力，土粒就被吸引着不再改变它们的相对位置，逐渐形成孔隙较大的蜂窝结构，如图1-7b所示。蜂窝结构常见于粉土中。

3）絮状结构（flocculated fabric）。土的黏粒大都呈针状或片状，土粒极小（粒径<0.005mm）且质量极小，多在水中悬浮，下沉极为缓慢。有些粒径小于0.002mm的土粒，具有胶粒特性，因土粒表面带有同号电荷，故悬浮于水中做分子热运动，难以相互碰撞结成团粒下沉。当悬浮液发生变化时，如加入电解质、运动着的黏粒互相聚合等，黏粒将凝聚成絮状物下沉，形成具有很大孔隙的絮状结构，如图1-7c所示。絮状结构是黏性土的结构特征。

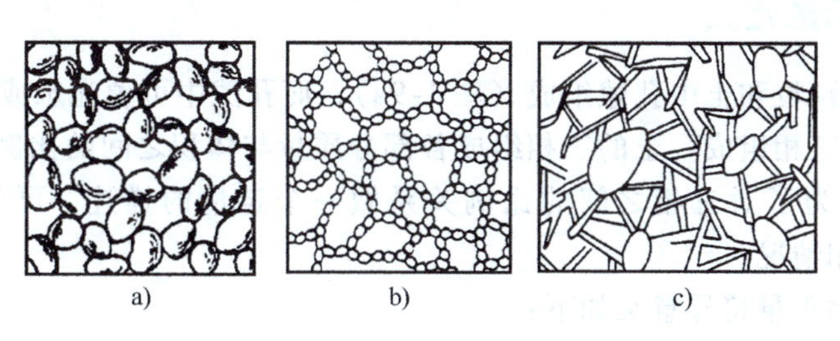

图1-7　土的结构示意

a）单粒结构　b）蜂窝结构　c）絮状结构

1.3.2　土的构造

土的微观结构图像

天然条件下任何一种土的结构并不像上述基本类型那样简单，而常呈现出以某种结构为主，与其他结构混合的复合形式。蜂窝结构和絮状结构的黏性土一般不稳定，在很小的外力作用下（如施工扰动）就可能被破坏。当土的结构受到破坏或扰动时，不仅改变了土粒的排列情况，也不同

程度地破坏了土粒间的联结，从而影响土的工程性能。在同一土层中的物质成分和颗粒大小等都相近的各部分之间的相互关系的特征称为土的构造。土的构造最主要的特征就是成层性，即层理构造，如图 1-8 所示。它是在土的形成过程中，由于不同阶段沉积的物质成分、颗粒大小或颜色不同，而沿竖向呈现的成层特征。土的构造另一特征是土的裂隙性，如黄土的柱状裂隙。裂隙的存在大大降低土体的强度和稳定性，增大透水性，对工程不利。此外，也应注意到土中有无包裹物（如腐殖物、贝壳、结核体等）及天然或人为的孔洞存在，这些构造特征都易造成土的不均匀性。

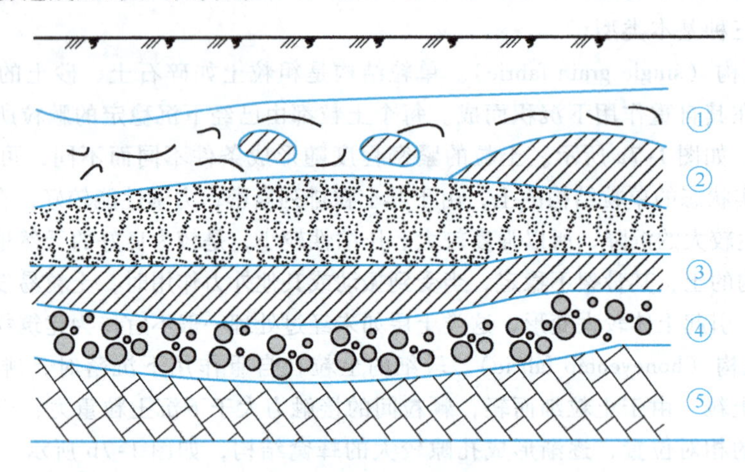

图 1-8　土的层理构造

①—淤泥夹黏土透镜体　②—黏土尖灭层　③—砾土夹黏土层　④—砾石层　⑤—基岩

1.4　土的三相比例指标

1.4.1　三相指标的定义

天然土由固体颗粒和土中孔隙组成（图 1-9a），而孔隙中可填充水或空气，因此土由固体、液体、气体等三相组成。土的三相组成各部分质量与体积之间的比例关系，随着各种条件的变化而改变。为了对三相之间的比例关系做一个定量的描述，可将土体抽象表达为图 1-9b 的简化三相情况。

图 1-9b 中的物理量符号意义如下：

V——土的总体积；

V_v——土中孔隙体积；

V_s——土的固体颗粒体积；

V_a——土中气体的体积；

V_w——土中液体的体积；

m——土的总质量；

m_s——土的固体颗粒质量；

m_w——土中液体的质量；

m_a——土中气体的质量。

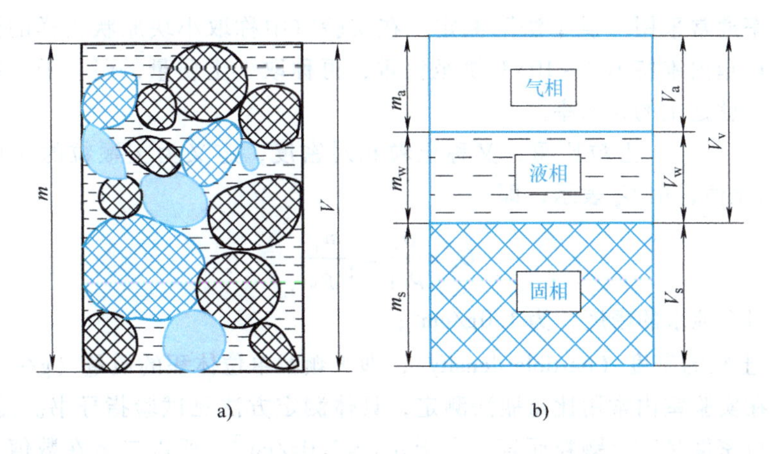

图 1-9 土的组成

a）土体三相组成 b）简化的土体三相组成

体积物理量之间的关系式为

$$V = V_s + V_v = V_s + V_w + V_a \tag{1-3}$$

质量物理量之间的关系式为

$$m = m_s + m_w \tag{1-4}$$

表示土的三相比例关系的指标，称为土的三相比例指标，包括密度、含水率、土粒比重、孔隙比、孔隙率和饱和度等。其中土的密度（或重度）、含水率和土粒比重等3个基本指标可以在实验室直接测定，称为实测指标，其他指标称为导出指标或换算指标，它们可以根据3个实测指标计算得出。

1. 实测指标

（1）土的密度ρ与重度γ 土的密度定义为单位体积土的质量，用ρ表示，其单位为g/cm^3等，表示为

$$\rho = \frac{m}{V} \tag{1-5}$$

土的重度指单位体积土的重力，用γ表示，其单位为kN/m^3，表示为

$$\gamma = \frac{W}{V} \tag{1-6}$$

土的重度与密度间存在如下关系：

$$\gamma = \rho g \tag{1-7}$$

式中 g——重力加速度，取$9.8m/s^2$，也可以近似取$10m/s^2$。

天然状态下土的密度和重度的变化范围较大。ρ一般为$1.6 \sim 2.2g/cm^3$，γ一般为$16 \sim 22kN/m^3$。

（2）土的含水率w 土的含水率定义为土中水的质量与土粒质量之比，用w表示，以百分数计，表示为

$$w = \frac{m_w}{m_s} \times 100\% \tag{1-8}$$

天然土体的含水率与土体种类、埋藏条件、所处地的水文地质条件等因素有关。含水率的变化会影响土的力学性质，一般说来，土的含水率增大时，其强度就会降低。

土的含水率通常采用“烘干法”测定。在实验室中称取小块原状土样的湿土质量，然后将土样置于烘箱内维持100～105℃烘至恒重，再称取干土质量，湿、干土质量之差与干土质量的比值，就是土的含水率。

（3）土粒比重 G_s　土粒比重，又称土粒相对密度，定义为土颗粒的质量与同体积的4℃纯水质量的比值，用 G_s 表示，即

$$G_s = \frac{\rho_s}{\rho_{w1}} = \frac{m_s}{V_s \rho_{w1}} \tag{1-9}$$

式中　ρ_{w1}——4℃纯水的密度，为 1.0g/cm^3；

ρ_s——土粒的密度（particle density），即土颗粒单位体积的质量（g/cm^3）。

土粒比重在实验室内常用比重瓶法测定，具体测定方法见试验指导书。需要注意的是，土粒比重与土粒密度是对土颗粒而言，由于 $\rho_{w1} = 1.0\text{g/cm}^3$，所以二者在数值上相等。但比重没有量纲，土粒密度单位为 g/cm^3。土粒比重的大小主要取决于土的矿物成分，无机矿物颗粒比重一般为2.6～2.8；有机质土为2.4～2.5；泥炭土为1.5～1.8；而含铁质较多的黏性土甚至可达2.8～3.0。同一种类的土，其颗粒比重的变化幅度很小。

若用 γ_s 表示土粒重度（particle unit weight），则它与土粒密度 ρ_s 间存在如下关系：

$$\gamma_s = \rho_s g \tag{1-10}$$

2. 导出指标

在上述3个实测指标的基础上可推导出其他的三相指标。

（1）土的孔隙比 e　土的孔隙比定义为土中孔隙体积与颗粒体积之比，用小数表示，表示为

$$e = \frac{V_v}{V_s} \tag{1-11}$$

砂土的天然孔隙比主要取决于土粒级配、排列和形成过程中受到的压力，而黏性土的天然孔隙比则与含水率和土的结构有关。同一类土孔隙比越大，说明土中孔隙所占体积越大，土越疏松，土的压缩性增大，强度减小。因此，工程上常用孔隙比判断土的力学性质，孔隙比是一个非常重要的指标。

（2）土的孔隙率 n　土的孔隙率定义为土中孔隙体积与土的总体积之比，或单位体积内孔隙的体积，常以百分数表示，表示为

$$n = \frac{V_v}{V} \times 100\% \tag{1-12}$$

土的孔隙率与孔隙比均是表征土密实程度的重要指标。数值越大，表明土中孔隙体积越大，即土越疏松；反之，土越密实。

孔隙率和孔隙比都说明土中孔隙体积的相对数值。孔隙率虽然能直接说明土中孔隙体积占土总体积的百分比值，但工程计算中常常用孔隙比这一指标。

（3）土的饱和度 S_r　土的饱和度定义为土中孔隙水的体积与孔隙体积之比，常用百分数计，表示为

$$S_r = \frac{V_w}{V_v} \times 100\% \tag{1-13}$$

饱和度 S_r 反映土中孔隙被水充满的程度。对于饱和土，孔隙完全被水充满，$S_r =$

100%；对于干土，孔隙中没有水，均为气体，$S_r=0\%$。

需要注意的是，上述指标 e、n、S_r 均没有量纲。

(4) 干密度 ρ_d 与干重度 γ_d　土的干密度（dry density）是指单位体积中土的固体颗粒的质量，表示为

$$\rho_d=\frac{m_s}{V}=\frac{m-m_w}{V} \tag{1-14}$$

与干密度相对应的是土的干重度（dry unit weight），它是指单位体积内土粒的重力，表示为

$$\gamma_d=\frac{W_s}{V}=\frac{m_s g}{V}=\rho_d g \tag{1-15}$$

在工程上，常把土的干密度（或干重度）作为评定土体密实程度的标准，特别是用于控制填土工程的施工质量。

(5) 饱和密度 ρ_{sat} 与饱和重度 γ_{sat}　土的饱和密度（saturated density）是指土孔隙中完全充满水时单位体积土的质量，表示为

$$\rho_{sat}=\frac{m_s+V_v\rho_w}{V} \tag{1-16}$$

式中　ρ_w——水的密度，取 $1.0g/cm^3$。

土在饱和状态下，单位体积土的重力称为土的饱和重度（saturated unit weight），表示为

$$\gamma_{sat}=\frac{W_s+V_v\gamma_w}{V}=\frac{(m_s+V_v\rho_w)g}{V}=\rho_{sat}g \tag{1-17}$$

(6) 浮密度 ρ' 与浮重度 γ'　位于地下水位以下的土，受到浮力作用，此时土中固体颗粒的质量扣除同体积固体颗粒排开水的质量后与土样体积之比，称为土的浮密度（buoyant density），表示为

$$\rho'=\frac{m_s-V_s\rho_w}{V} \tag{1-18}$$

与其相应，单位土体积中土粒的重力扣除浮力后所得的重力即为土的浮重度（buoyant unit weight），表示为

$$\gamma'=\frac{W_s-V_s\gamma_w}{V}=\frac{(m_s-V_s\rho_w)g}{V}=\rho' g \tag{1-19}$$

根据浮重度的定义可得

$$\gamma'=\frac{W_s-V_s\gamma_w}{V}=\frac{W_s-(V-V_v)\gamma_w}{V}=\frac{W_s+V_v\gamma_w-V\gamma_w}{V}=\gamma_{sat}-\gamma_w \tag{1-20}$$

$$\rho'=\rho_{sat}-\rho_w \tag{1-21}$$

从上述四种土的密度或重度的定义可知，同一土样各种密度或重度在数值上有如下关系：

$$\rho_{sat}>\rho>\rho_d>\rho'$$

$$\gamma_{sat}>\gamma>\gamma_d>\gamma'$$

1.4.2　三相指标间的换算

如上所述，在土的三相比例指标中，土的密度（或重度）、含水率和土粒比重等 3 个指

标通过试验测定后，其余各个指标可以在这 3 个基本指标的基础上推导求得。

设 $\rho_w=\rho_{w1}$，令 $V_s=1$，则 $V_v=e$，$V=1+e$，$m_s=\rho_s$，$m_w=\rho_s w$，$m=\rho_s(1+w)$，如图 1-10 所示。

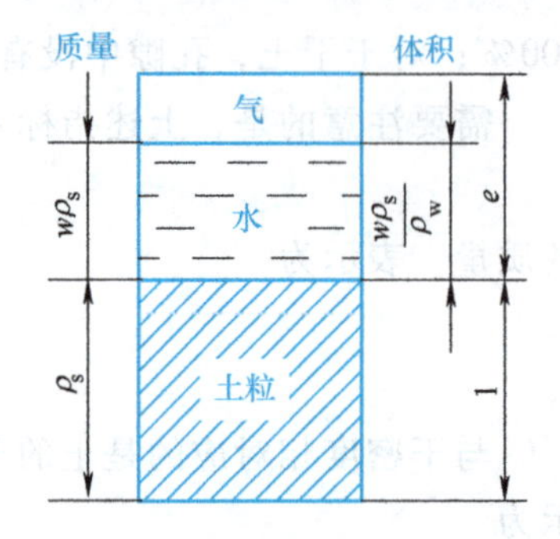

图 1-10　土的三相比例指标换算图

根据各指标的定义有

$$\rho=\frac{m}{V}=\frac{\rho_s(1+w)}{1+e} \tag{1-22}$$

$$\rho_d=\frac{m_s}{V}=\frac{\rho_s}{1+e}=\frac{\rho}{1+w} \tag{1-23}$$

由上式得

$$e=\frac{\rho_s}{\rho_d}-1=\frac{G_s\rho_w}{\rho_d}-1=\frac{G_s\rho_w(1+w)}{\rho}-1=\frac{\gamma_s(1+w)}{\gamma}-1 \tag{1-24}$$

$$n=\frac{V_v}{V}=\frac{e}{1+e} \tag{1-25}$$

$$\rho_{sat}=\frac{m_s+V_v\rho_w}{V}=\frac{(G_s+e)\rho_w}{1+e} \tag{1-26}$$

$$\rho'=\frac{m_s-V_s\rho_w}{V}=\frac{\rho_s-\rho_w}{1+e}=\frac{(G_s-1)\rho_w}{1+e} \tag{1-27}$$

$$S_r=\frac{V_w}{V_v}=\frac{\frac{w\rho_s}{\rho_w}}{e}=\frac{wG_s}{e} \tag{1-28}$$

对于饱和土，$S_r=100\%$，则 $e=wG_s$。

为了使用方便，将常用各指标之间的换算关系汇总于表 1-4。

表 1-4　土的三相比例指标换算公式

名　称	符　号	三相比例表达式	常用换算公式
土粒比重	G_s	$G_s=\frac{m_s}{V_s\rho_{w1}}$	$G_s=\frac{S_r e}{w}$
含水率	w	$w=\frac{m_w}{m_s}\times100\%$	$w=\frac{S_r e}{G_s}$，$w=\frac{\gamma}{\gamma_d}-1$
密度	ρ	$\rho=\frac{m}{V}$	$\rho=\rho_d(1+w)$，$\rho=\frac{G_s(1+w)\rho_w}{1+e}$
干密度	ρ_d	$\rho_d=\frac{m_s}{V}$	$\rho_d=\frac{\rho}{1+w}$
饱和密度	ρ_{sat}	$\rho_{sat}=\frac{m_s+V_v\rho_w}{V}$	$\rho_{sat}=\frac{(G_s+e)\rho_w}{1+e}$
浮密度	ρ'	$\rho'=\frac{m_s-V_s\rho_w}{V}$	$\rho'=\frac{(G_s-1)\rho_w}{1+e}$，$\rho'=\rho_{sat}-\rho_w$
重度	γ	$\gamma=\frac{W}{V}$	$\gamma=\gamma_d(1+w)$，$\gamma=\frac{G_s(1+w)\gamma_w}{1+e}$

（续）

名　称	符　号	三相比例表达式	常用换算公式
干重度	γ_d	$\gamma_d=\frac{W_s}{V}$	$\gamma_d=\frac{\gamma}{1+w}$
饱和重度	γ_{sat}	$\gamma_{sat}=\frac{W_s+V_v\gamma_w}{V}$	$\gamma_{sat}=\frac{(G_s+e)\gamma_w}{1+e}$
浮重度	γ'	$\gamma'=\frac{W_s-V_s\gamma_w}{V}$	$\gamma'=\frac{(G_s-1)\gamma_w}{1+e}$，$\gamma'=\gamma_{sat}-\gamma_w$
孔隙比	e	$e=\frac{V_v}{V_s}$	$e=\frac{n}{1-n}$，$e=\frac{\gamma_s(1+w)}{\gamma}-1=\frac{\gamma_s}{\gamma_d}-1$，$e=\frac{wG_s}{S_r}$
孔隙率	n	$n=\frac{V_v}{V}\times100\%$	$n=\frac{e}{1+e}$，$n=1-\frac{\gamma_d}{\gamma_s}$
饱和度	S_r	$S_r=\frac{V_w}{V_v}\times100\%$	$S_r=\frac{wG_s}{e}$

【例题1-2】 天然状态下某土体试样的体积为563cm³、质量为981g，将其烘干后称得质量为912g，通过试验测得的土粒比重为2.70，试求试样的密度、干密度、饱和密度、含水率、孔隙比、孔隙率和饱和度。

解： 由题意知 $V=563\text{cm}^3$，$m=981\text{g}$，$m_s=912\text{g}$，$G_s=2.70$，得

$$\rho=\frac{m}{V}=\left(\frac{981}{563}\right)\text{g/cm}^3=1.74\text{g/cm}^3$$

$$w=\frac{m_w}{m_s}=\left(\frac{981-912}{912}\right)\times100\%=7.6\%$$

为了加深对上述指标的理解，以下采用指标的定义和换算公式分别求解：

（1）按各指标的定义求解

$$V_s=\frac{m_s}{\rho_s}=\frac{m_s}{G_s\rho_w}=\left(\frac{912}{2.70\times1.0}\right)\text{cm}^3=337.8\text{cm}^3$$

$$V_v=V-V_s=(563-337.8)\text{cm}^3=225.2\text{cm}^3$$

$$e=\frac{V_v}{V_s}=\frac{225.2}{337.8}=0.67$$

$$n=\frac{V_v}{V}=\left(\frac{225.2}{563}\right)\times100\%=40\%$$

$$V_w=\frac{m_w}{\rho_w}=\left(\frac{981-912}{1}\right)\text{cm}^3=69\text{cm}^3$$

$$S_r=\frac{V_w}{V_v}=\frac{69}{225.2}\times100\%=30.6\%$$

$$\rho_{sat}=\frac{m_s+V_v\rho_w}{V}=\left(\frac{912+225.2\times1.0}{563}\right)\text{g/cm}^3=2.02\text{g/cm}^3$$

$$\rho_d=\frac{m_s}{V}=\left(\frac{912}{563}\right)\text{g/cm}^3=1.62\text{g/cm}^3$$

$$\rho'=\frac{m_s-V_s\rho_w}{V}=\left(\frac{912-337.8\times1.0}{563}\right)\text{g/cm}^3=1.02\text{g/cm}^3$$

（2）按换算公式求解

$$e=\frac{(1+w)\rho_s}{\rho}-1=\frac{(1+7.6\%)\times 2.70}{1.74}-1=0.67$$

$$n=\frac{e}{1+e}=\frac{0.67}{1+0.67}\times 100\%=40.1\%$$

$$S_r=\frac{wG_s}{e}=\frac{7.6\%\times 2.70}{0.67}=30.6\%$$

$$\rho_{sat}=\frac{(G_s+e)\rho_w}{1+e}=\left[\frac{(2.70+0.67)\times 1.0}{1+0.67}\right]g/cm^3=2.02g/cm^3$$

$$\rho_d=\frac{\rho}{1+w}=\left(\frac{1.74}{1+7.6\%}\right)g/cm^3=1.62g/cm^3$$

$$\rho'=\rho_{sat}-\rho_w=(2.02-1.0)g/cm^3=1.02g/cm^3$$

【例题 1-3】 某饱和天然土样质量为 500g，体积为 260cm³。放入烘箱内烘一段时间后未等完全烘干即取出土样，称得其质量为 430g，体积减小至 230cm³，此时的饱和度为 60%。试求该土样烘烤前的含水率 w、孔隙比 e 及干重度 γ_d。

解：设烘一段时间后，孔隙体积为 V_{v2}，孔隙水所占体积为 V_{w2}，则

烘后状态为

$$S_{r2}=\frac{V_{w2}}{V_{v2}}\times 100\%=60\%$$

而烘前状态

$$S_{r1}=\left[\frac{V_{w2}+(500-430)/1}{V_{v2}+(260-230)}\right]\times 100\%=100\%$$

联立求解得

$$V_{v2}=100cm^3,\quad V_{w2}=60cm^3$$

故，该土样在烘前的孔隙体积 V_{v1}、孔隙水体积 V_{w1} 分别为

$$V_{v1}=[100+(260-230)]cm^3=130cm^3$$

$$V_{w1}=[60+(5.0-4.3)\times 10^{-3}/10\times 10^{-6}]cm^3=130cm^3$$

$$w=\left(\frac{130\times 10^{-6}\times 10}{5.0\times 10^{-3}-130\times 10^{-6}\times 10}\right)\times 100\%=35.1\%$$

$$e=\frac{130}{260-130}=1.0$$

$$\gamma_d=\frac{\gamma}{1+w}=\left[\frac{5.0\times 10^{-3}/(260\times 10^{-6})}{1+35.1\%}\right]kN/m^3=14.2kN/m^3$$

1.5 土的物理状态

1.5.1 无黏性土性质

无黏性土（cohesionless soils，non-cohesive soils）一般指碎石、砂土等黏粒含量甚少、呈单粒结构、不具有可塑性的土。无黏性土的物理性质主要取决于土的密实度状态，密实程

度越大，则土的强度越高、压缩性越小，可作为良好的天然地基；松散状态时则强度较低，压缩性较大，属于软弱地基。天然孔隙比 e 虽然在一定程度上能评定砂土的密实度，但对于级配相差较大的不同类别的土，天然孔隙比难以有效判定密实度的相对高低。工程上为了更好地表明无黏性土所处的松密状态，提出了相对密实度的概念，称为相对密实度 D_r（relative density），其表达式如下：

$$D_r = \frac{e_{max} - e}{e_{max} - e_{min}} \tag{1-29}$$

式中　e_{max}——无黏性土的最大孔隙比，即在最松散状态时的孔隙比；

e_{min}——无黏性土的最小孔隙比，即在最密实状态时的孔隙比；

e——无黏性土的天然孔隙比。

无黏性土最大孔隙比的测定方法是将松散的风干土样通过长颈漏斗轻轻倒入容器，测定其最小干重度，从而确定最大孔隙比。最小孔隙比的测定方法是将松散的风干土装在金属容器内，按规定方法加以振动或锤击，直至密度不再提高为止。测定其最大干重度，从而确定最小孔隙比。

当 $D_r=0$ 时，$e=e_{max}$，表示土处于最松散状态；当 $D_r=1.0$ 时，$e=e_{min}$，表示土处于最密实状态。根据相对密实度 D_r判定砂土的密实度，划分标准参见表1-5。

表1-5　按照 D_r 划分无黏性土的密实状态

相对密实度	松　散	中　密	密　实
D_r	$D_r \leqslant 1/3$	$1/3 < D_r \leqslant 2/3$	$2/3 < D_r \leqslant 1$

根据指标换算关系：

$$\gamma_d = \frac{\gamma}{1+w}, \quad e = \frac{\gamma_s}{\gamma_d} - 1$$

有

$$e_{max} = \frac{\gamma_s}{\gamma_{dmin}} - 1, \quad e_{min} = \frac{\gamma_s}{\gamma_{dmax}} - 1$$

将上述表达式代入式（1-29）得

$$D_r = \frac{e_{max} - e}{e_{max} - e_{min}} = \frac{\left(\frac{\gamma_s}{\gamma_{dmin}} - 1\right) - \left(\frac{\gamma_s}{\gamma_d} - 1\right)}{\left(\frac{\gamma_s}{\gamma_{dmin}} - 1\right) - \left(\frac{\gamma_s}{\gamma_{dmax}} - 1\right)} = \frac{\gamma_d - \gamma_{dmin}}{\gamma_{dmax} - \gamma_{dmin}} \cdot \frac{\gamma_{dmax}}{\gamma_d} \tag{1-30}$$

或

$$D_r = \frac{(\rho_d - \rho_{dmin})\rho_{dmax}}{(\rho_{dmax} - \rho_{dmin})\rho_d} \tag{1-31}$$

式中　γ_{dmin}、ρ_{dmin}——最松散状态下的干重度、干密度，对应最大孔隙比 e_{max}；

γ_{dmax}、ρ_{dmax}——最密实状态下的干重度、干密度，对应最小孔隙比 e_{min}；

γ_d、ρ_d——天然状态下的干重度、干密度，对应天然孔隙比 e。

1.5.2　黏性土性质

1. 黏性土的可塑性与界限含水率

同一种黏性土（cohesive soil）由于其含水率的不同，可处于固态、半固态、可塑状态及流动状态，其界限含水率分别为缩限、塑限和液限。当黏性土含水率很大时，不能保持其形状，极易流动，称其处于流动状态。随着含水率的降低，黏性土的流动性降低，当含水率降低到某一范围内，可用外力使其塑成任何形状而不发生裂纹，并当外力移去后仍能保持既得的形状，土的这种性能叫作可塑性（plasticity）。当含水率进一步减小后，黏性土进入半固体状态、固体状态（图1-11）。黏性土这种因含水率变化而表现出不同的物理状态，习惯上称为土的稠度（consistency），它是黏性土最主要的物理状态指标之一。

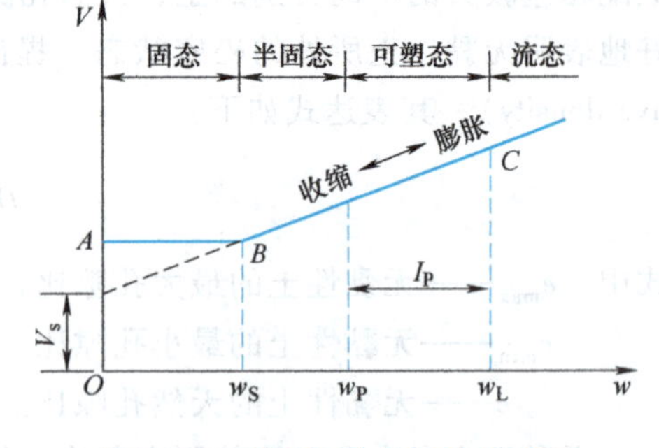

图1-11　黏性土的状态转变过程

黏性土由一种状态变化到另一种状态的界限含水率或稠度界限，总称为阿太堡界限（Atterberg limits）。土由可塑状态转变到流动状态的界限含水率称为液限（liquid limit），用 w_L 表示，这时土中水的形态除结合水以外，还具有一定数量的自由水；反之土由半固态转到可塑状态的界限含水率称为塑限（plastic limit），用 w_P表示，这时土中水的形态大约是强结合水含量的上限；半固态的土水分继续蒸发，则体积逐渐缩小，当土的体积不再缩小时土的界限含水率称为缩限（shrinkage limit），用 w_S 表示。界限含水率都以百分数表示。

2. 液限与塑限的测定

液限的测定方法有锥式液限仪法、碟式液限仪法；测定塑限试验方法有滚搓条法。我国常采用锥式液限仪来测定黏性土的液限。

锥式液限仪法适用于粒径不大于0.5mm、有机质含量不大于实样总质量5%的土。锥体质量为76g，锥角为30°，如图1-12所示。试验时将调成均匀的浓糊状试样装满盛土杯内（盛土杯置于底座上），刮平杯口表面，将锥体轻放在试样表面，使其在自重作用下沉入试样，若经5s时恰好锥体沉入17mm深度，对应的试样含水率为液限值。为了避免放锥时的人为晃动影响，可采用电磁放锥的方法，可以提高测试精度。

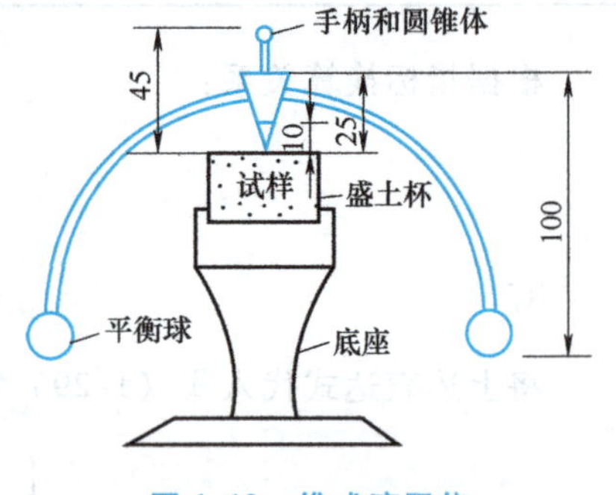

图1-12　锥式液限仪

美国、日本等国常使用碟式液限仪法测定土的液限，如图1-13所示，其具体方法与步骤参见《公路土工试验规程》（JTG 3430—2020）。

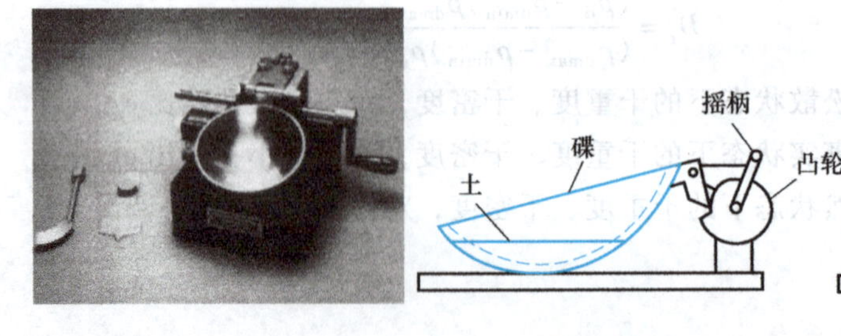

图1-13　碟式液限仪

采用“滚搓条法”测定土的塑限时，先将土样用手搓成椭圆形，然后再用手掌在毛玻璃板上轻轻搓滚。将土条直径搓至3mm且土条产生裂缝并开始断裂时，土条的含水率为塑限值。但是“滚搓条法”受人为因素（如滚搓力度、裂缝判断等）影响较大，试验结果不稳定。因而，我国常采用液限塑限联合测定仪来测定土样液限和塑限，实践证明其可以替代“滚搓条法”。

液限和塑限联合测定法是采用光电式液限塑限联合测定仪（见图1-14），对黏性土试样以不同的含水率进行若干次试验（一般为3组），并按测定结果在双对数坐标内作出76g圆锥体的入土深度与含水率的关系曲线（见图1-15）。根据大量试验资料，该关系曲线接近于直线。《土工试验方法标准》（GB/T 20123—2019）规定在入土深度与含水率的关系曲线上，入土深度为2mm所对应的含水率为土样的塑限 w_P，入土深度为17mm所对应的含水率为17mm液限，入土深度为10mm所对应的含水率为10mm液限。在工程行业中经常以10mm液限作为土的分类标准，见《建筑地基基础设计规范》（GB 50007—2011）等相关行业规范。

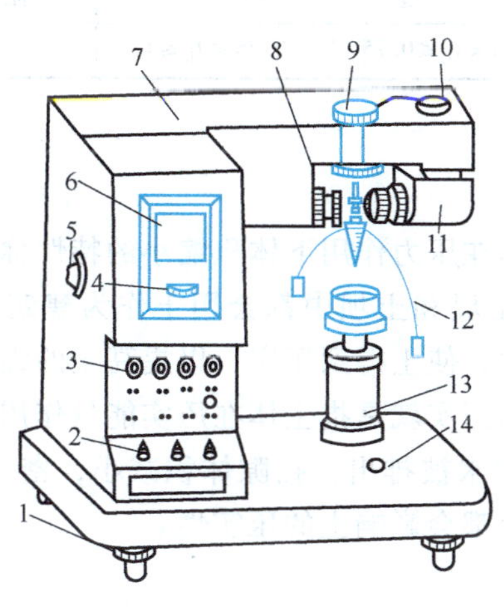

图1-14 液限塑限联合测定仪

1—水平调节螺母 2—控制开关 3—指示灯 4—零线调节螺母 5—反光镜调节螺母 6—屏幕 7—机壳 8—物镜调节螺母 9—电磁装置 10—光源调节螺母 11—光源 12—圆锥仪 13—升降台 14—水平泡

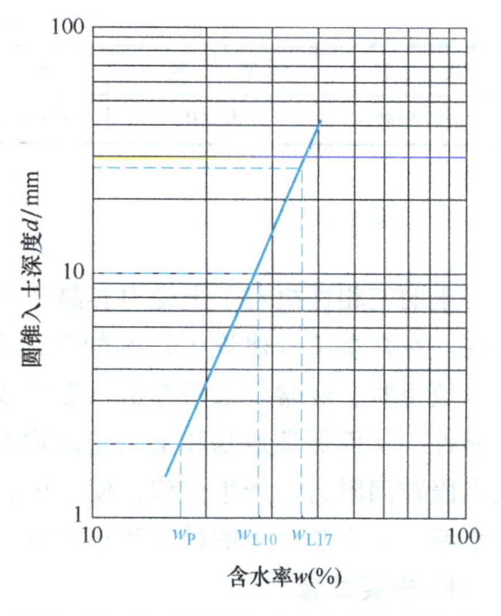

图1-15 入土深度与含水率的关系曲线

3. 塑性指数和液性指数

黏性土的可塑性指标除了塑限、液限及缩限以外，还有塑性指数、液性指数等指标。

塑性指数（plasticity index）为液限和塑限的差值（去掉%符号），用 I_P 表示，即

$$I_P = w_L - w_P \tag{1-32}$$

它表示土处在可塑状态的含水率变化范围。显然塑性指数越大，土处于可塑状态的含水率范围也越大，可塑性就越强。这也正是用塑性指数作为黏性土分类标准的理由。但是仅仅知道含水率的绝对值，并不能说明土处于什么状态。要

土液塑限的确定

说明细粒土的稠度状态需要有一个表征土的天然含水率与分界含水率之间相对关系的指标，这就是液性指数I_L。

液性指数（liquidity index）是指黏性土的天然含水率和塑限的差值与塑性指数之比，用I_L表示，以小数计，即

$$I_L = \frac{w - w_P}{w_L - w_P} = \frac{w - w_P}{I_P} \tag{1-33}$$

由式（1-33）可见，当土的天然含水率小于塑限时，I_L小于0，天然土处于坚硬状态；当土的天然含水率大于液限时，I_L大于1，天然土处于流动状态；当土的天然含水率在液限与塑限之间时，即I_L在0~1之间，则天然土处于可塑状态。因此可以利用液性指数I_L来表征黏性土所处的软硬状态，I_L值越大，土质越软；反之，土质越硬。

黏性土根据液性指数值划分软硬状态，其划分标准见表1-6［《建筑地基基础设计规范》（GB 50007—2011）］。

表1-6　按液性指数划分的黏性土的状态

状　态	坚　硬	硬　塑	可　塑	软　塑	流　塑
液性指数	$I_L \leq 0$	$0 < I_L \leq 0.25$	$0.25 < I_L \leq 0.75$	$0.75 < I_L \leq 1$	$I_L > 1$

1.5.3　土的压实

土的三相性决定了土受力容易产生变形，土体在压力作用下体积缩小的特性称为土的压缩性。在众多工程建设中，例如在地基、道路、土堤和土坝中都会用土作为建筑材料来填筑。填土时，经常要采用夯击、振动或辗压等方法，使土得到压实，以提高土的强度，减小压缩性，从而保证地基和土工建筑物的稳定。土的压实就是指土体在压实能量作用下，土颗粒克服粒间阻力，产生位移，使土中孔隙气和孔隙水被排出，孔隙体积减小，密实度增加。含水率、击实功、土的种类和级配以及粗粒含量等都会影响土的压实性。

1. 击实试验

大量工程实践表明，对过湿的土进行碾压或夯打时会出现“橡皮土”现象，而对于过干的土也不容易压实，因此含水率是影响压实效果的主要因素之一。土的压实性可通过室内击实试验（compaction test）来研究。1933年美国工程师普洛克托（R. R. Proctor）首先提出，黏性土在压实过程中存在最优含水率和最大干重度的概念，并通过击实试验确定最大干重度和最优含水率。击实试验采用标准击实仪，至少准备5个试样，分别加入不同量的水（按2%~3%含水率递增）。取制备好的土样分3~5次倒入击实筒内，每次倒入土样后用击实器按一定的击数进行击实。击实完成后从试样内部取样烘干测其含水率，并按下式计算击实后各点的干密度：

$$\rho_d = \frac{\rho}{1 + 0.01w} \tag{1-34}$$

式中　ρ_d——干密度（g/cm³）；

ρ——湿密度（g/cm³）；

w——含水率（%）。

以干密度为纵坐标，含水率为横坐标，绘制干密度与含水率的关系曲线，如图1-16所

示。从图中可以看出，当含水率较小时，土的干密度随着含水率的增加而增大，而当干密度随着含水率的增加达到某一值后，继续增加含水率反而使干密度减小。关系曲线对应的最大值称为该击数下的最大干密度 ρ_{dmax}，此时相应的含水率称为最优含水率或最佳含水率（optimum moisture content）（w_{opt}）。这就是说，当击数一定时，只有在某一含水率下才能获得最佳的击实效果。

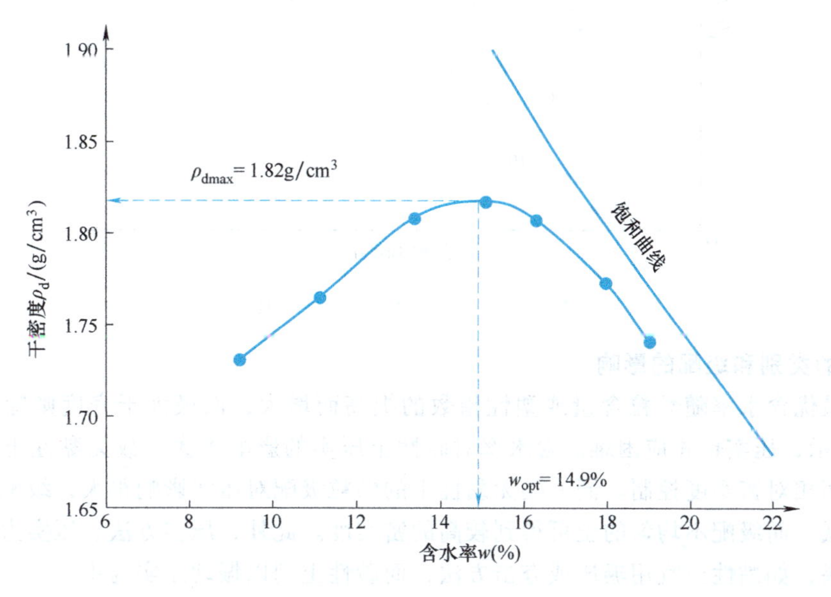

图 1-16　击实试验曲线

一般认为，土击实后的紧密程度与所需克服的阻力大小有关。含水率小时，包裹土的结合水膜较薄，土粒间相对位移的阻力较大，因而所得到的干密度小；随着含水率的增加，水膜逐渐增厚，粒间联结逐渐减弱，相当于增加粒间的润滑作用，土粒易于发生位移，干密度得以逐渐增加；当含水率超过某一限度，土中除结合水外，还增加了自由水，冲击荷载只能使未被水所占据的那部分孔隙体积发生改变，而不能使孔隙水排出，因而击实效果随含水率的增加而降低。

土的击实试验曲线绘制

2. 含水率对压实效果的影响

图 1-17 表示不同击数下的击实曲线。由图可以看出，土的最优含水率和最大干密度不是常量；击实功增加（击数增加），土的最大干密度增加，而最优含水率却减少。在同一含水率下，击实效果随击实功增加而增加，但增加的速率是递减的。因此，单靠增加击实功来提高填土的最大干密度是有一定限度的，而且这样做也不经济。当含水率较小时，击实功对击实效果影响显著；而含水率较大时，含水率与干密度的关系曲线趋近于饱和曲线，这时提高击实功将是无效的。饱和曲线，即饱和度为 100% 时含水率与干密度的关系曲线（图 1-17 中以虚线表示），其表达式为

$$w_{sat} = \frac{\rho_w}{\rho_d} - \frac{1}{G_s} \tag{1-35}$$

式中　w_{sat}——饱和含水率。

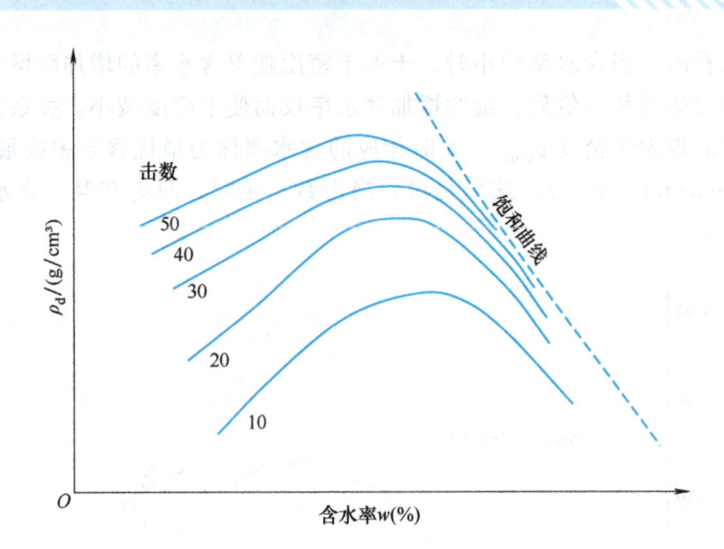

图 1-17　不同击数下的击实曲线

3. 土的类别和级配的影响

土的最优含水率随黏粒含量或塑性指数的提高而增大，而最大干密度则随之减小，如图 1-18 所示，压实也相应困难。含水率对砂性土压实的影响不大，故无黏性土不进行击实试验，而用相对密实度控制。同一类无黏性土的颗粒级配对压实影响很大，级配均匀的土压实密度较低，而级配不均匀的土可得到较高的密实度。此外，压实方法、压实力学性能也影响压实效果，如黏性土宜用辗压或夯击方法，而砂性土则以振动压实为主。

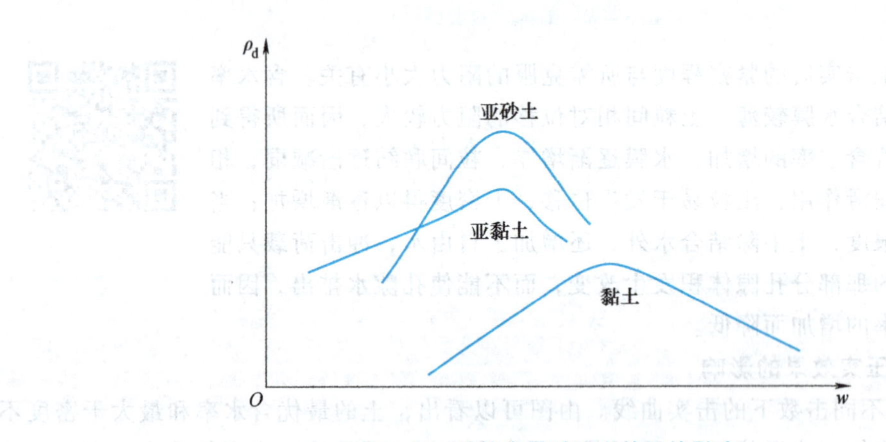

图 1-18　黏粒含量对压实效果的影响

【例题 1-4】　某道路路堤填土工程需要土方量为 $3.5\times10^5m^3$，设计填筑用土的干重度为 16kN/m³，附近的取土场可利用的取土深度为 2m，其天然重度为 17.0kN/m³，含水率为 15.0%，液限 40%，塑限 20%，土粒比重为 2.70。试问：

1）为满足填筑路堤需要，至少需开挖多大面积的取土场？

2）若每铺设 30cm 厚的土层，经碾压到一定层厚时达到设计填筑要求，该土的最优含水率为塑限的 95%，为达到最佳碾压效果，每平方米铺土需洒多少水？

3）路堤填筑后的饱和度是多少？

解： 1）本算例关键要搞清两种不同状态，即天然状态（取土场）和填筑状态。计算中

取 $\gamma_w=10.0\text{kN/m}^3$。

先计算所需土方量中土颗粒重力 $W_s=\gamma_d V=16.0\times3.5\times10^5\text{kN}=5.6\times10^6\text{kN}$

取土场土的干重度 $\gamma_{d取}=\dfrac{\gamma}{1+w}=\left(\dfrac{17}{1+15\%}\right)\text{kN/m}^3=14.78\text{kN/m}^3$

故所需的取土场开挖面积为

$$A_{取\min}=\frac{V_{取}}{h_{取}}=\frac{W_s/\gamma_{d取}}{h_{取}}=\left(\frac{5.6\times10^6/14.78}{2}\right)\text{m}^2=1.89\times10^5\text{m}^2$$

所需的取土场开挖面积也可按照孔隙比与体积的关系求解：

$$e=\frac{G_s\gamma_w}{\gamma_d}-1=\frac{2.70\times10}{16.0}-1=0.688$$

$$e_{取}=\frac{G_s\gamma_w(1+w)}{\gamma}-1=\frac{2.70\times10\times(1+15\%)}{17}-1=0.826$$

$$n=\frac{e}{1+e}=\frac{V_v}{V}=\frac{V-V_s}{V}$$

$$V_s=\frac{V}{1+e}$$

故所需的取土场开挖面积为

$$A_{取\min}=\frac{V_{取}}{h_{取}}=\frac{V_s(1+e_{取})}{h_{取}}=\frac{V(1+e_{取})}{(1+e)h_{取}}=\left[\frac{3.5\times10^5\times(1+0.826)}{(1+0.688)\times2}\right]\text{m}^2=1.89\times10^5\text{m}^2$$

2）设每平方米铺土需洒水 ΔW，则

$$w_{opt}=95\%\times20\%=19\%$$

碾压前：$\dfrac{W_w}{W_s}=15\%$

碾压后：$\dfrac{W_w+\Delta W}{W_s}=19\%$

由 $\gamma_d=\dfrac{W_s}{V}$得，30cm 厚填土层每平方米的土颗粒重力为

$$W'_s=\gamma_d V_{1\text{m}^2}=\frac{17}{1+15\%}\times(1\times0.3)\text{kN}=4.43\text{kN}$$

$$W'_w=4.43\text{kN}\times15\%=0.665\text{kN}$$

$$\Delta W=0.177\text{kN}$$

3）$e=\dfrac{G_s\gamma_w}{\gamma_d}-1=\dfrac{2.70\times10}{16.0}-1=0.688$。

$$S_r=\frac{wG_s}{e}=\frac{19\%\times2.70}{0.688}=74.6\%$$

1.6　土的工程分类

自然界中土的种类很多，其成分、结构和性质也是千差万别。为了判别各自的工程特点和评价土体作为地基或者建筑材料的适宜性，需要对其进行分类。国家各个工程部门使用各

自制定的规范，各个规范中采用不同的划分依据。一般对粗粒土按照颗粒组成进行分类，黏性土按照塑性图分类。

目前国内应用于对土进行分类的标准、规范（规程）主要有以下几种：

1）《土的工程分类标准》（GB/T 50145—2007）。

2）《建筑地基基础设计规范》（GB 50007—2011）。

3）《公路土工试验规程》（JTG 3430—2020）。

本节主要介绍《土的工程分类标准》（GB/T 50145—2007）和《建筑地基基础设计规范》（GB 50007—2011）中对土的工程分类，主要目的是让读者了解土的分类原则和一般方法。

1.6.1 《土的工程分类标准》

该分类体系根据土颗粒的组成以及特征、土的塑性指标、土中有机质的含量对土进行分类，它与国际上主流分类标准接近，同时考虑了我国土的特点。总体上根据土中有机质含量分为无机土和有机土，无机土又分为巨粒土、粗粒土和细粒土，土的总分类体系如图 1-19 所示。

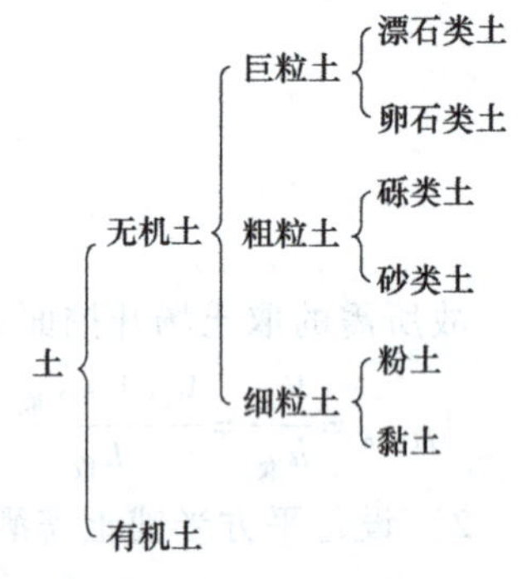

图 1-19　土体总的分类体系

按照这一体系对土进行分类时，应先判断该土属于有机土还是无机土。《土的工程分类标准》（GB/T 50145—2007）规定，有机质（指未完全分解的动植物残骸和无定形物质）含量超过 5% 的土为有机质土。对于无机土，则可按表 1-7 划分其粒组，即根据土内各粒组的相对含量，将土分为巨粒组、粗粒组和细粒组 3 大类。

表 1-7　无机土粒组划分标准

粒组统称	粒组名称		粒组粒径范围/mm
巨粒	漂石（块石）		$d>200$
	卵石（碎石）		$60<d\leqslant 200$
粗粒	砾粒	粗砾	$20<d\leqslant 60$
		中砾	$5<d\leqslant 20$
		细砾	$2<d\leqslant 5$
	砂粒	粗砂	$0.5<d\leqslant 2$
		中砂	$0.25<d\leqslant 0.5$
		细砂	$0.075<d\leqslant 0.25$
细粒	粉粒		$0.005<d\leqslant 0.075$
	黏粒		$d\leqslant 0.005$

1. 巨粒类土的分类

当试样中巨粒含量较多时，可按巨粒土进行分类，详见表 1-8。

2. 粗粒类土的分类

试样中粗粒组含量大于 50% 的土可归为粗粒类，砾粒组含量大于砂粒组含量的土称为砾类土，而砾粒组含量不大于砂粒组含量的土称砂类土，具体分类参见表 1-9、表 1-10。

表 1-8　巨粒土的分类

土　类	粒组含量		土类代号	土名称
巨粒土	75% <巨粒含量	漂石含量大于卵石含量	B	漂石（块石）
		漂石含量不大于卵石含量	Cb	卵石（碎石）
混合巨粒土	50% <巨粒含量≤75%	漂石含量大于卵石含量	BS1	混合土漂石（块石）
		漂石含量不大于卵石含量	CbS1	混合土卵石（块石）
巨粒混合土	15% <巨粒含量≤50%	漂石含量大于卵石含量	S1B	漂石（块石）混合土
		漂石含量不大于卵石含量	S1Cb	卵石（碎石）混合土

表 1-9　砾类土的分类标准

土　类	粒组含量		土类代号	土类名称
砾	细粒含量 <5%	级配 $C_u \geqslant 5$，$1 \leqslant C_c \leqslant 3$	GW	级配良好砾
		级配：不同时满足上述要求	GP	级配不良砾
含细粒土砾	5% ≤细粒含量 <15%		GF	含细粒土砾
细粒土质砾	15% ≤细粒含量 <50%	细粒组中的粉粒含量不大于 50%	GC	黏土质砾
		细粒组中的粉粒含量大于 50%	GM	粉土质砾

表 1-10　砂类土的分类标准

土　类	粗粒含量		土类代号	土类名称
砂	细粒含量 <5%	级配 $C_u \geqslant 5$，$1 \leqslant C_c \leqslant 3$	SW	级配良好砂
		级配：不同时满足上述要求	SP	级配不良砂
含细粒土砂	5% ≤细粒含量 <15%		SF	含细粒土砂
细粒土质砂	15% ≤细粒含量 <50%	细粒组中的粉粒含量不大于 50%	SC	黏土质砂
		细粒组中的粉粒含量大于 50%	SM	粉土质砂

3. 细粒土的分类标准

对细粒土进行分类时，粗粒组含量不大于 25% 的土称为细粒土，粗粒组含量大于 25% 且不大于 50% 的土称为含粗粒的细粒土，有机质含量小于 10% 且不小于 5% 的土称为有机质土。细粒土可根据塑性图进行分类（图 1-20），或根据表 1-11 进行分类。

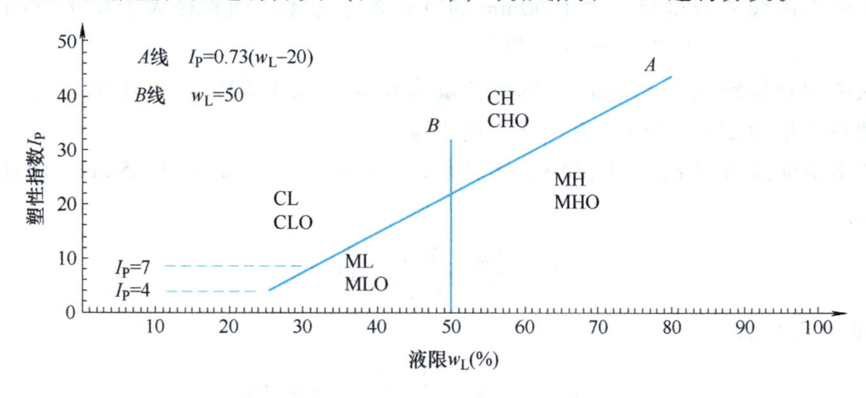

图 1-20　细粒土分类塑性图（17mm 液限）

表 1-11 细粒土的分类标准（17mm 液限）

土的塑性指数和液限		土代号	土名称
塑性指数 I_P	液限 w_L		
$I_P \geqslant 0.73(w_L-20)$ 和 $I_P \geqslant 7$	$w_L \geqslant 50\%$	CH	高液限黏土
	$w_L < 50\%$	CL	低液限黏土
$I_P < 0.73(w_L-20)$ 和 $I_P < 4$	$w_L \geqslant 50\%$	MH	高液限粉土
	$w_L < 50\%$	ML	低液限粉土

含粗粒的细粒土根据所含细粒土的塑性指标在塑性图中的位置及所含粗粒类别做进一步区分：若粗粒中砾粒含量大于砂粒含量，称为含砾细粒土，在细粒土代号后加字母 G；若粗粒中砾粒含量不大于砂粒含量，称为含砂细粒土，在细粒土代号后加字母 S。

【例题 1-5】 有 A、B、C 三种土，它们的颗粒级配曲线如图 1-21 所示。已知 B 土的液限为 38%，塑限为 20%；C 土的液限为 47%，塑限为 25%。试对这三种土进行分类（本例中的液限为 17mm 液限）。

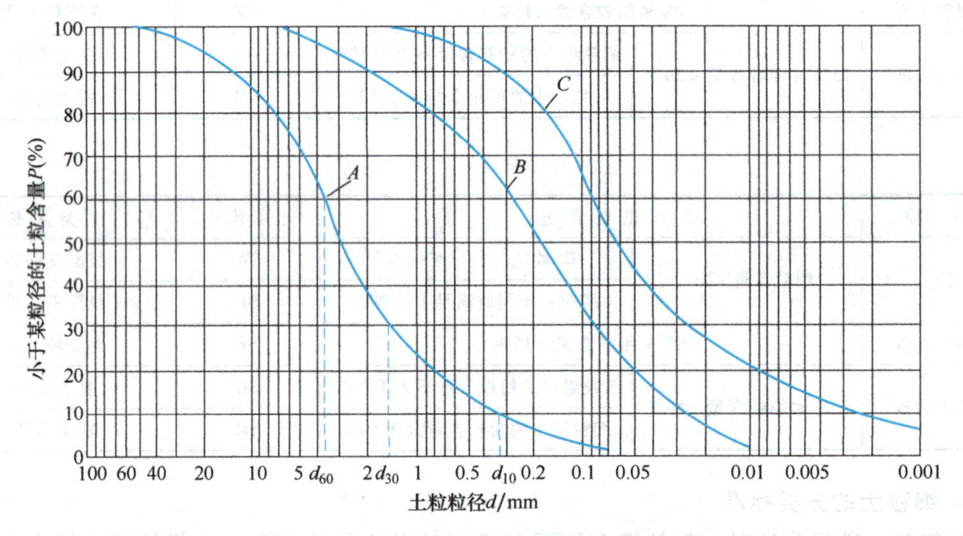

图 1-21 例题 1-5 附图

解：（1）对 A 土进行分类

1）从图中曲线 A 查得粒径大于 60mm 的巨粒含量为零，而粒径大于 0.075mm 的粗粒含量为 98%，大于 50%，所以 A 土属于粗粒土。

2）从图中查得粒径大于 2mm 的砾粒含量为 63%，大于 50%，所以 A 土属于砾类土。

3）细粒含量为 2%，少于 5%，该土属于砾。

4）从图中曲线查得 d_{10}、d_{30} 和 d_{60} 分别为 0.32mm、1.65mm 和 3.55mm，因此，土的不均匀系数为

$$C_u = \frac{d_{60}}{d_{10}} = \frac{3.55}{0.32} = 11.1$$

土的曲率系数为

$$C_c = \frac{d_{30}^2}{d_{10}d_{60}} = \frac{1.65^2}{0.32 \times 3.55} = 2.40$$

5）由于 $C_u>5$，$C_c=1\sim3$，所以 A 土属于级配良好砾（GW）。

（2）对 B 土进行分类

1）从图中 B 曲线中查得大于 0.075mm 的粗粒含量为 72%，大于 50%，所以 B 土属于粗粒土。

2）从图中查得大于 2mm 的砾粒含量为 9%，小于 50%，所以 B 土属于砂类土，但小于 0.075mm 的细粒含量为 28%，在 15%～50% 之间，因而 B 土属于细粒土质砂。

3）由于 B 土的液限为 38%，塑性指数 $I_P=38-20=18$，在 17mm 液限所对应的塑性图上落在 CL 区，故 B 土最后定名为黏土质砂（SC）。

（3）对 C 土进行分类

1）从图中 C 曲线中查得大于 0.075mm 的粗粒含量为 44%，介于 25%～50% 之间，所以 C 土属于含粗粒的细粒土；从图中查得大于 2mm 的砾粒含量为零，该土属于含砂细粒土。

2）由于 C 土的液限为 47%，塑性指数 $I_P=47-25=22$，在 17mm 液限所对应的塑性图上落在 CL 区，故 C 土最后定名为含砂低液限黏土（CLS）。

1.6.2 《建筑地基基础设计规范》

该规范关于地基土分类原则，是按土的粒径大小、粒组的土粒含量或土的塑性指数将地基土分为岩石、碎石土、砂土、粉土、黏性土和人工填土等，具体如下。

1. 碎石土

若土中粒径大于 2mm 的颗粒含量超过全重的 50%，则该土属于碎石土（channery soils）。碎石土可按照表 1-12 分为漂石、块石、卵石、碎石、圆砾和角砾。

表 1-12　碎石土的分类

土的名称	颗粒形状	粒组含量
漂石	圆形及亚圆形为主	粒径大于 200mm 的颗粒超过全重 50%
块石	棱角形为主	
卵石	圆形及亚圆形为主	粒径大于 20mm 的颗粒超过全重 50%
碎石	棱角形为主	
圆砾	圆形及亚圆形为主	粒径大于 2mm 的颗粒超过全重 50%
角砾	棱角形为主	

2. 砂土

若土中粒径大于 2mm 的颗粒含量不超过全重的 50%、粒径大于 0.075mm 的颗粒超过全重的 50%，则该土属于砂土（sand）。砂土可按表 1-13 分为砾砂、粗砂、中砂、细砂和粉砂。

表 1-13　砂土的分类

土的名称	粒组含量
砾砂	粒径大于 2mm 的颗粒占全重 25%～50%
粗砂	粒径大于 0.5mm 的颗粒超过全重 50%
中砂	粒径大于 0.25mm 的颗粒超过全重 50%
细砂	粒径大于 0.075mm 的颗粒超过全重 85%
粉砂	粒径大于 0.075mm 的颗粒超过全重 50%

3. 黏性土

黏性土为塑性指数 I_P 大于 10 的土，可按表 1-14 分为黏土、粉质黏土。

表 1-14　黏性土分类

土 的 名 称	塑性指数（I_P）范围
黏　土	$I_P>17$
粉质黏土	$10<I_P\leqslant 17$

注：本表中塑性指数相应于 76g 液限仪锥尖入土深度为 10mm 所测得液限。

4. 粉土

粉土为介于砂土与黏性土之间，塑性指数 I_P 小于或等于 10 且粒径大于 0.075mm 的颗粒含量不超过全重 50% 的土。

5. 淤泥

淤泥和淤泥质土属于软土。淤泥为在静水或缓慢的流水环境中沉积，并经生物化学作用形成，其天然含水率大于液限，天然孔隙比大于或等于 1.5 的黏性土。淤泥质土为天然含水率大于液限，孔隙比小于 1.5 但大于或等于 1.0 的黏性土或粉土。

6. 人工填土

人工填土依据物质组成和成因可分为素填土、压实填土、杂填土和冲填土。素填土为由碎石土、砂土、粉土、黏性土等组成的填土。经过压实或者夯实的素填土为压实填土。杂填土为含有建筑垃圾、工业废料、生活垃圾等杂物的填土。冲填土为由水力冲填泥砂形成的填土。

7. 膨胀土

膨胀土为土中黏粒成分主要由亲水性矿物组成，同时具备显著的吸水膨胀和失水收缩特性，其自由膨胀率大于或等于 40% 的黏性土。

8. 湿陷性土

湿陷性土为在一定压力下浸水后产生附加沉降，其湿陷系数大于或等于 0.015 的土。

【例题 1-6】　已知某细粒土的 17mm 液限 w_L 为 46%，10mm 液限为 42% 塑限为 31%，天然含水率为 30%。试分别用《土的工程分类标准》（GB/T 50145—2007）分类法（17mm 液限）和《建筑地基基础设计规范》（GB 50007—2011）分类法（10mm 液限）确定土的名称，并比较结果的一致性。

解：1）采用《土的工程分类标准》（GB/T 50145—2007）分类法，已知土的液限和塑性指数，可根据塑性图进行分类。由于该土样 $w_L=46\%<50\%$，塑性指数 $I_P=w_L-w_P=15$，以及 $0.73(w_L-20)=0.73\times(46-20)=18.98$；所以土的塑性指数 $I_P=15$ 属于 $I_P<0.73(w_L-20)$ 的范畴，对照图 1-20 或查表 1-11 可知，由上述各参数所确定的点落在塑性图的 ML 区。所以该土属于低液限粉土，土的代号是 ML。

2）采用《建筑地基基础设计规范》（GB 50007—2011）分类法，土的塑性指数 $I_P=w_L-w_P=42-31=11$。由于 $10<I_P=11<17$，所以该土属于粉质黏土。

评价：对于细粒土，不同的分类方法得出的土的名称可能不一致。但由于《建筑地基基础设计规范》（GB 50007—2011）分类法只有一个参数指标，即塑性指数 I_P，而《土的工程分类标准》（GB/T 50145—2007）分类法中的塑性图采用双标准，还考虑了有机物的含量，与国际上对细粒土的分类比较一致，所以，对于细粒土当采用不同标准所得结论不一致

时，建议以塑性图的结果为准。

习　　题

1-1　某试验所用砂土，取500g进行颗粒筛分试验，试验结果见表1-15。

表1-15　试验结果

筛孔直径/mm	2	1	0.5	0.25	0.1	0.075	<0.075
各层筛子上土粒质量/g	0	1.2	214.3	177.6	83.3	23.6	0.0

试绘制该土的颗粒级配曲线，确定 d_{10}、d_{30}、d_{60}，计算不均匀系数 C_u 与曲率系数 C_c，并依此判断其级配状况。

1-2　有两种饱和土样，实验测得的物理性质指标见表1-16。试通过计算判断下列说法是否正确。

（1）土样Ⅰ含有更多的黏粒；

（2）土样Ⅰ的天然重度比土样Ⅱ的大；

（3）土样Ⅱ的干重度比土样Ⅰ的大；

（4）土样Ⅱ的孔隙比比土样Ⅰ的大。

表1-16　物理性质指标

土　　样	w_L（%）	w_P（%）	w（%）	G_s
Ⅰ	35	20	27	2.71
Ⅱ	39	21	35	2.72

1-3　从某工地取来的原状土样体积为210cm^3，质量为0.35kg，烘干后称得质量为0.31kg，实验测得土粒比重为2.70，求此土的天然密度、含水率、孔隙比、孔隙率、饱和度、干密度、饱和密度和浮密度及其相应的重度，并比较各种密度在数值上的相对关系。

1-4　画土的三相图，设 $V=1$，试证明：

（1）$\rho'=\dfrac{(G_s-1)\rho_w}{1+e}$；

（2）$\gamma_d=\dfrac{\gamma}{1+w}$；

（3）$e=\dfrac{wG_s}{S_r}$。

1-5　试验测得某土样的孔隙比 $e=0.78$，土粒比重 $G_s=2.67$。求：

（1）孔隙率、干密度及饱和密度；

（2）若该土样的饱和度为60%，计算其天然重度。

1-6　从地下水位以下取出一块土样，土虽未被扰动，但在运输途中，水分损失了一些，实验室测得 $G_s=2.7$，$w=11\%$，$\gamma=16\text{kN/m}^3$。试问：

（1）在实验室测定时，该土的饱和度是多少？

（2）土样的天然重度为多少？

（3）能否推知水分损失了多少（%）？

1-7 某天然砂土层，测得其天然重度 $\gamma = 17.1\mathrm{kN/m^3}$，含水率 $w = 7.9\%$，土粒比重 $G_s = 2.70$，最小孔隙比 $e_{min} = 0.43$，最大孔隙比 $e_{max} = 0.86$，试求该砂土层的相对密实度 D_r，并判别其密实状态。

1-8 某土样的含水率为6%，天然重度为16kN/m³，土粒比重为2.70，若土的孔隙比不变，为使土样能完全饱和，1000cm³土样中需加水多少克？

1-9 某土样经试验测得其干重度 $\gamma_d = 16.1\mathrm{kN/m^3}$，含水率 $w = 20\%$，土粒比重 $G_s = 2.71$，液限 $w_L = 30.6\%$，塑限 $w_P = 14.8\%$。

（1）试求孔隙比和饱和度；

（2）计算 I_L，并确定此土的状态；

（3）试用《土的工程分类标准》（GB/T 50145—2007）分类法（液限为17mm液限）确定此土的名称。

第2章 土中应力

2.1 概述

2.1.1 研究土中应力的意义

随着城市建设的发展，大量建筑物应运而生。建筑物向地基传递荷载的下部结构称为基础（foundation），是建筑底部与地基接触的承重构件；基础下面承受上部建筑物全部荷载的土体或岩体称为地基（foundation soils），是建筑物下面支承基础的土体或岩体。

地基在建筑物荷载作用下会发生变形，而地基中不同位置的变形又不完全一样；当建筑物荷载比较大时，还可能会发生建筑物失稳。这除了与地基本身具有压缩性有关外，还与地基土中的应力和应力分布有关。所谓土中应力，是指由于土体自重、建筑物荷载、交通荷载或其他因素（如地下水渗流、地震等）的作用，在土体中引起的单位面积上的作用力。研究土中的应力及其分布规律是进行建筑物和土工构筑物稳定及地基变形分析的依据。

2.1.2 土中应力的分类

土中应力按其产生的原因分为自重应力（self-weight stress）和附加应力（additional stress）两种。

自重应力是指土体在自身重力作用下引起的应力，是天然土层中的地层原始应力，自土体形成之日起就产生于土体中。根据土层沉积的时间不同，又可分为两种情况：①土层沉积年代久远，土体在自身重力作用下的自重固结已经完成，土体的自重应力不会引起土体的变形；②土层沉积年代较短，土体在自身重力作用下尚未完成自重固结，在自重应力作用下，土体还会进一步沉降。例如第四纪全新世以来的新近沉积土、近期人工填土等在自重应力作用下都会继续发生沉降。此外，地下水位的升降也会引起土中自重应力的减小与增加，进而引起土层的变形。

附加应力是指土体在外荷载（包括建筑物荷载、交通荷载、堤坝荷载、地面堆载、基坑开挖等）以及地下水渗流、地震、地基土干湿冷热变化等作用下产生的应力变化，即原有应力之外新增加（或减少）的应力，它是地基产生变形、失去稳定的主要原因。

2.1.3 地基中一点的应力状态

计算地基中一点的应力时，一般将地基土视为半无限空间的弹性体来考虑，即把地基土

看作一个具有水平上界面、而在深度方向及水平方向均为无限延伸的半空间弹性体。常见的地基中应力状态有以下几种类型:

1. 三维应力状态（空间应力状态）

地基中任意一点处的应力状态可以根据所选用的直角坐标系（图 2-1），用 3 个法向应力（又称正应力）分量 σ_x、σ_y、σ_z 和 6 个剪应力分量 $\tau_{xy}=\tau_{yx}$、$\tau_{yz}=\tau_{zy}$、$\tau_{xz}=\tau_{zx}$ 共 9 个应力分量（其中 6 个为独立分量）来表示，其中剪应力的脚标前面一个字母表示剪应力作用面的法线方向，后面一个字母表示剪应力的作用方向。局部荷载作用下，地基中的应力状态均属于三维应力状态，它是建筑物地基中最普遍的一种应力状态，例如：单独柱基础下地基中任一点的应力状态即为三维应力状态。

2. 二维应变状态（平面应变状态）

当建筑物基础、高速公路、堤坝或者长挡土墙的一个方向尺寸远比另一个方向的尺寸大且每个横截面上的应力大小和分布形式均相同时，这时地基中一点的应力状态可以视为二维平面应变状态。对于图 2-2 所示的长挡土墙，沿着长度方向（y 方向）的任一截面均为对称面，故 y 方向的应变 $\varepsilon_y=0$，$\tau_{yx}=\tau_{xy}=0$，$\tau_{zy}=\tau_{yz}=0$，应力分量只是 x 和 z 方向的函数，应力状态可以用 σ_x、σ_y、σ_z、$\tau_{xz}=\tau_{zx}$ 共 5 个应力分量（4 个为独立分量）来表示。

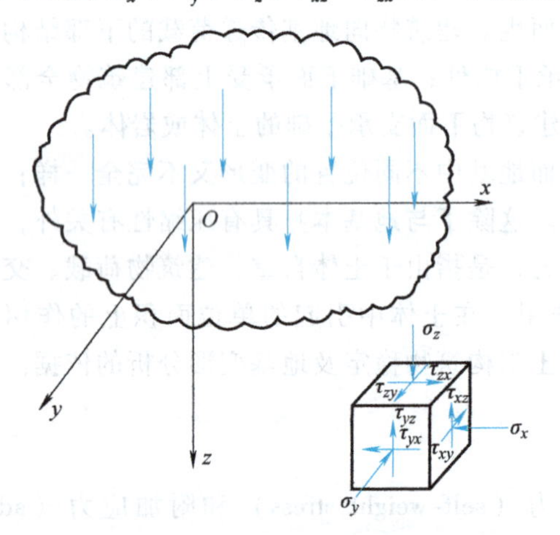

图 2-1 地基中的三维应力状态

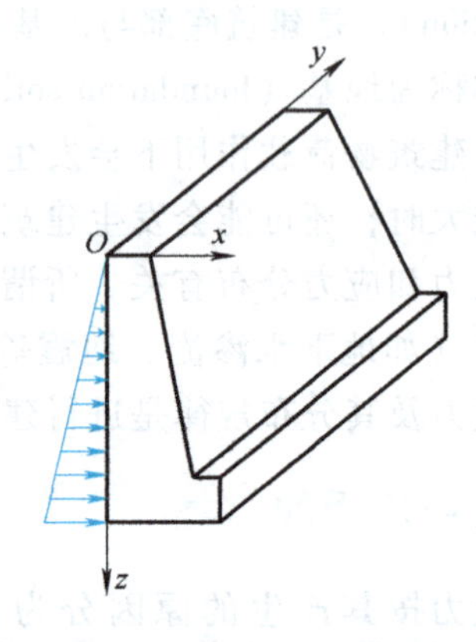

图 2-2 地基中的二维应变状态

3. 侧限应力状态

侧限应力状态是指侧向两个方向的应变为零的一种应力状态。对于自重作用下的半无限空间地基，土体不发生侧向变形（x 和 y 两个水平方向 $\varepsilon_x=\varepsilon_y=0$），只发生竖向变形，土体处于侧限应力状态。由于任何竖直面均为对称面，所以在任何竖直面和水平面上都没有剪应力（$\tau_{xy}=\tau_{yz}=\tau_{zx}=0$）存在，应力状态可以用 σ_x、σ_y 和 σ_z 表示。由于 $\varepsilon_x=\varepsilon_y=0$，可推导出 $\sigma_x=\sigma_y$，并且 σ_x 和 σ_y 的大小由 σ_z 决定，因此，侧限应力状态也称为一维应力状态。

4. 轴对称应力状态

半无限地基上的大型油罐作用于地基表面上的荷载可视为圆形均布荷载，在其中轴线下地基中的附加应力为一种轴对称应力状态。轴对称应力状态是最简单的三维应力状态，三轴试验的土样受力状态即为轴对称应力状态。

2.1.4　土力学中应力符号的规定

土作为一种松散的颗粒材料，一般不能承受拉应力，在土中出现拉应力的情况较少。为了方便，土力学中正应力以压为正、以拉为负。对于剪应力，在计算土中应力和莫尔圆中正负号的规定不同。

在进行土中应力计算时，应力符号的规定法则与弹性力学相同，但正负与弹性力学相反，正面（某一截面外法线方向与坐标轴方向一致）上的剪应力与坐标轴相反为正；而在负面（外法线方向与坐标轴方向相反）剪应力与坐标轴相同为正如图2-3a所示。以二维应力状态为例，当用摩尔圆表示时，剪应力以从该面外法线逆时针旋转为正如图2-3b所示，故，$\tau_{zx}=-\tau_{xz}$。

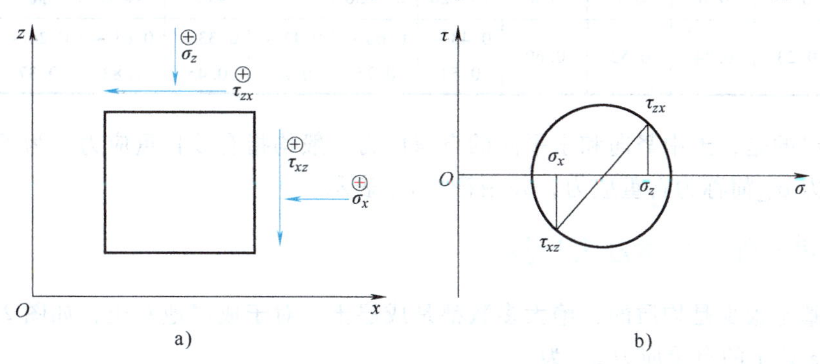

图2-3　土力学中应力符号的规定

a）二维应力状态　b）摩尔应力圆

2.2　土中自重应力

2.2.1　均质土体的自重应力计算

在计算地基土的自重应力时，假定土体表面为无限大的水平面，土体为均匀的半无限体。在土体自身重力作用下，地基土体处于侧限应力状态，任一竖向平面均为对称面且任意竖向面和水平面上均无剪应力存在。如果土体的天然重度为 γ，则在天然地面下任意深度 z 处的竖向自重应力 σ_{cz} 为该水平面任一单位面积上土柱体的重力，即：

$$\sigma_{cz}=\gamma z \tag{2-1}$$

根据式（2-1）可以看出，自重应力随深度线性增加，分布图形呈三角形，如图2-4所示。

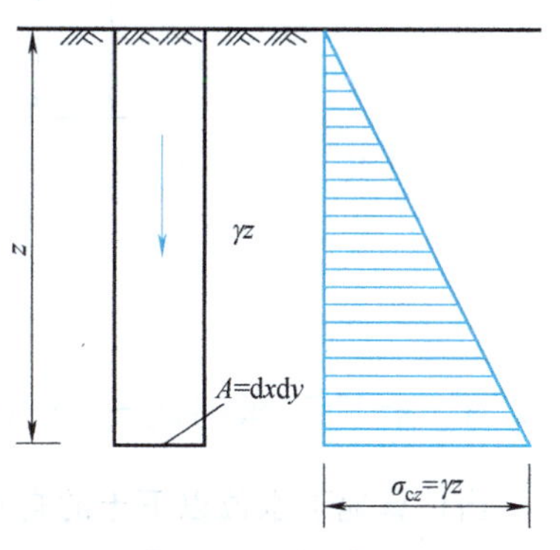

图2-4　均质土中竖向自重应力

土体中除了有作用于水平面上的竖向自重应力外，在竖直面上还作用有水平向的侧向自重应力。由于竖向自重应力沿任意水平面上均匀地无限分布，因而地基土没有侧向变形和剪切变形发生。根据弹性力学知识，任意点处的水平向自重应力 σ_{cx} 和 σ_{cy} 相等，且与竖向自重应力 σ_{cz} 成正比。

$$\sigma_{cx}=\sigma_{cy}=K_0\sigma_{cz}=\frac{\mu}{1-\mu}\sigma_{cz} \tag{2-2}$$

式中 μ——土的泊松比，依土的种类、重度不同而异；

K_0——土的侧压力系数（coefficient of lateral pressure），又称静止土压力系数。它是在侧限应力状态下水平向应力与竖向应力的比值；K_0 与土的应力历史、土的类型及密实度等有关，一般由试验确定；无试验资料时，可以参考表 2-1。

表 2-1　土的侧压力系数 K_0 的参考值

土的种类	砾石土	砂　土				粉土与粉质黏土		黏　土			泥　炭　土		砂质粉土
物理性质	—	孔隙比				含水率（%）		硬黏土	紧密黏土	塑性黏土	有机质含量		—
		0.5	0.6	0.7	0.8	15～20	25～30				高	低	
K_0	0.17	0.23	0.34	0.52	0.60	0.43～0.54	0.60～0.75	0.11～0.25	0.33～0.45	0.61～0.82	0.24～0.37	0.40～0.65	0.33

需要指出的是，土中竖向和水平向的自重应力一般均指有效自重应力。为了方便，通常竖向自重应力 σ_{cz} 简称为自重应力，并用符号 σ_c 表示。

2.2.2　成层土体的自重应力计算

天然地基土很少是均质的，绝大多数都是成层土。对于成层地基土，如图 2-5 所示，地面以下深度 z 处土的自重应力 σ_c 为

$$\sigma_c = \sum_{i=1}^{n} \gamma_i h_i \tag{2-3}$$

式中 n——深度 z 范围内的土层总数；

γ_i——第 i 层土的重度（kN/m^3）；

h_i——第 i 层土的厚度（m）。

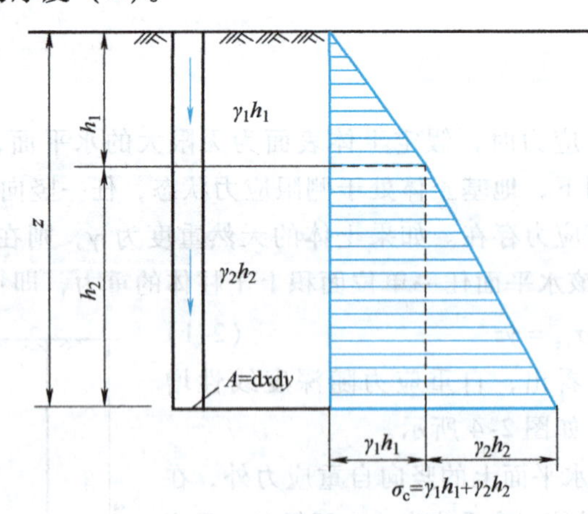

图 2-5　成层土中竖向自重应力

2.2.3　有地下水时的土中自重应力计算

当计算地下水位以下土的自重应力时，应根据土的渗透性确定土层是否透水以及是否考虑水的浮力作用。对于粉土、砂土等无黏性土，由于其渗透系数较大，通常按透水土层考

虑；对于渗透性比较差的黏性土，则要根据其物理状态判断其是否透水。一般认为，当水下黏性土的液性指数 $I_L \geqslant 1$ 时，土处于流动状态，土颗粒之间存在着大量的自由水，可认为土体受到浮力作用，按透水土层考虑；当 $I_L \leqslant 0$ 时，水下黏性土处于半干硬状态，土中自由水受到颗粒间结合水膜的阻碍不能传递静水压力，通常视为不透水土层；当 $0 < I_L < 1$ 时，水下黏性土处于塑性状态，土颗粒是否受到水的浮力作用很难确定，工程上通常按不利情况考虑。

如果水下土体按透水层考虑，在计算其自重应力时应考虑水的浮力作用，土的重度取浮重度（有效重度）γ'；如果水下土体按不透水土层考虑，在计算其自重应力时，则不考虑水的浮力作用，土的重度取饱和重度 γ_{sat}，如图 2-6 所示。

需要注意的是，由于不透水土层不传递静水压力，不存在水的浮力，不透水土层交界面处的自重应力会发生突变，不透水层顶面及以下的自重应力应按上覆土层的水土总重计算，如图 2-6b 所示。

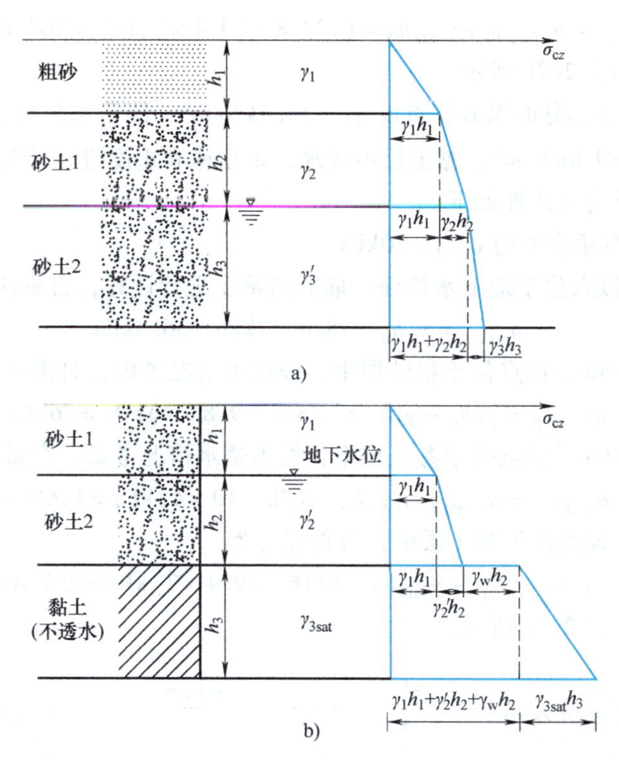

图 2-6 有地下水时的土中自重应力计算

a）透水土层 b）不透水土层

【例题 2-1】 某一地基的土层分布及其物理性质指标如图 2-7a 所示。水的重度取 10.0kN/m^3，试求：

1）A、B、C 三个点处的自重应力 σ_c，并画出自重应力分布图。

2）当地下水位下降到地表以下 2m 深度的 D 点时，A、B、C、D 四个点处的自重应力 σ_c，并画出自重应力分布图（其中水位以上砂土重度为 18.4kN/m^3）。

解：1）首先确定各层土的重度：

粗砂层位于水位面以下且透水，应采用浮重度。粗砂的浮重度为

$$\gamma_1' = \gamma_{sat1} - \gamma_w = (19.8 - 10)\text{kN/m}^3 = 9.8\text{kN/m}^3$$

对于黏土层，其含水率 $w < w_P$，液性指数 $I_L = \frac{w - w_P}{w_L - w_P} = \frac{20 - 22}{52 - 22} < 0$，应按不透水土层考虑，采用饱和重度计算。

土中各点的自重应力为

A 点：$z = 0$m，自重应力为 $\sigma_{c(A)} = 0$kPa

B 点（上）：$z = 6$m，该点位于粗砂层中，按透水情况考虑，自重应力为

$$\sigma_{c(B)上} = \gamma_1' h_1 = 9.8 \times 6\text{kPa} = 58.8\text{kPa}$$

B 点（下）：$z = 6$m，该点位于黏土层中，按不透水情况考虑，自重应力为

$$\sigma_{c(B)下} = \gamma_1' h_1 + \gamma_w h_w = [58.8 + 10 \times (6 + 1)]\text{kPa} = 128.8\text{kPa}$$

C 点：$z = 13$m，该点位于黏土层中，自重应力为

$$\sigma_{c(C)} = \sigma_{c(B)下} + \gamma_{sat2} h_2 = (128.8 + 19.4 \times 7)\text{kPa} = 264.6\text{kPa}$$

自重应力分布如图 2-7b 所示。

2）位于水位以上部分的粗砂层重度 $\gamma_1 = 18.4\text{kN/m}^3$，位于水位以下部分的粗砂层，其重度采用浮重度 $\gamma_1' = 9.8\text{kN/m}^3$；黏土层不透水，采用饱和重度进行计算。

土中各点的自重应力计算如下：

A 点：$z = 0$m，自重应力为 $\sigma_{c(A)} = 0$kPa

D 点：$z = 2$m，该点位于地下水位处，取天然重度进行计算，自重应力为

$$\sigma_{c(D)} = \gamma_1 h_0 = 18.4 \times 2\text{kPa} = 36.8\text{kPa}$$

B 点（上）：$z = 6$m，该点位于粗砂层中，按透水情况考虑，自重应力为

$$\sigma_{c(B)上} = \gamma_1 h_0 + \gamma_1' h_1 = (36.8 + 9.8 \times 4)\text{kPa} = 76\text{kPa}$$

B 点（下）：$z = 6$m，该点位于黏土层中，按不透水情况考虑，自重应力为

$$\sigma_{c(B)下} = \sigma_{c(B)上} + \gamma_w h_w = (76 + 10 \times 4)\text{kPa} = 116\text{kPa}$$

C 点：$z = 13$m，该点位于黏土层中，自重应力为

$$\sigma_{c(C)} = \sigma_{c(B)下} + \gamma_{sat2} h_2 = (116 + 19.4 \times 7)\text{kPa} = 251.8\text{kPa}$$

自重应力分布如图 2-7c 所示。

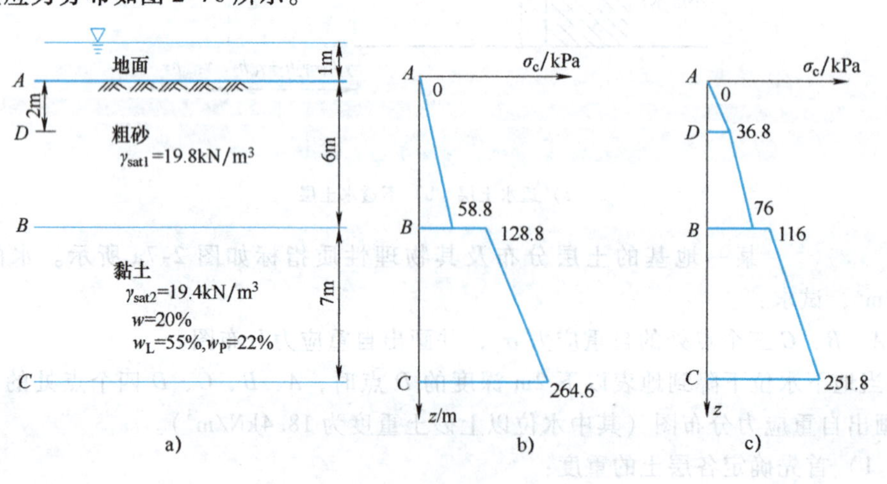

图 2-7 例题 2-1 图

a）地基的土层分布 b）初始情况 c）水位下降后

2.3 基底压力及基底附加压力

建筑物的荷载通过基础传递给地基，基础底面传递给地基单位面积上的压力称为基底压力（contact pressure），也叫基底接触压力或地基反力。而附加应力则是指在建筑物、车辆和地震等外荷载作用下，在土中产生的应力变化（增加或者减少）。要计算地基土中的附加应力，必须首先了解基底压力的分布规律和简化计算方法。

2.3.1 基底压力分布规律

试验和理论研究证明，基底压力分布不仅与基础大小、刚度、形状和埋深有关，还与地基土的性质以及作用于基础上的荷载大小、分布和性质等多种因素有关，在弹性理论分析中主要是研究不同刚度的基础在弹性半空间体表面的接触压力分布问题。

对于绝对的柔性基础（flexible foundation），基础的抗弯刚度 $EI=0$，基础能随地基发生相同的变形，基底压力分布与作用于基础上的荷载分布相同，如图 2-8a 所示。实际工程中并不存在绝对的柔性基础，但可以把刚度较小的基础视为柔性基础进行研究，如土坝或路堤，可近似认为其本身不传递剪力，自身重力引起的基底压力分布服从文克尔假定，其大小与该点的地基竖向变量形成正比，故土坝或路堤的基底压力分布与荷载分布相同，如图 2-8b 所示。

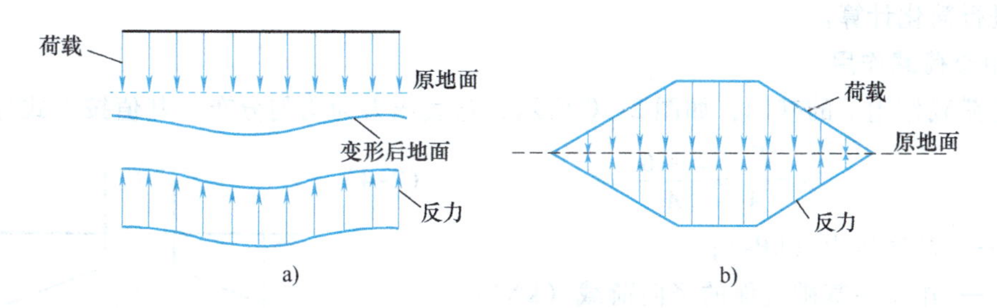

图 2-8 柔性基础基底压力分布

a）理想柔性基础 b）路堤下的基底压力

对于刚度远远超过地基土刚度的基础，例如建筑工程中的墩式基础和箱形基础、水利工程中的水闸基础和混凝土坝等，可以视为刚性基础（rigid foundation）。在外荷载作用下，刚性基础底面保持为平面，基础底面各点的沉降几乎是相同的，基底压力的分布与上部荷载的分布并不一致，而是随上部荷载的大小、基础的埋深和土的性质不同而异。当受中心荷载作用的刚性基础建造于砂土地基上时，由于砂土没有黏聚力，基底压力分布呈中间大、边缘小的抛物线分布，如图 2-9a 所示。若受中心荷载作用的刚性基础建造于黏性土地基上时，黏性土的黏聚力作用使得基础边缘土体能承受一定的压力，荷载较小时，基底压力分布呈中间小、边缘大的马鞍形分布；而当荷载逐渐增大并超过土颗粒间的黏结强度后，基底压力重新分布，当荷载达到地基发生破坏的极限荷载时，基底压力则呈抛物线分布，如图 2-9b 所示。

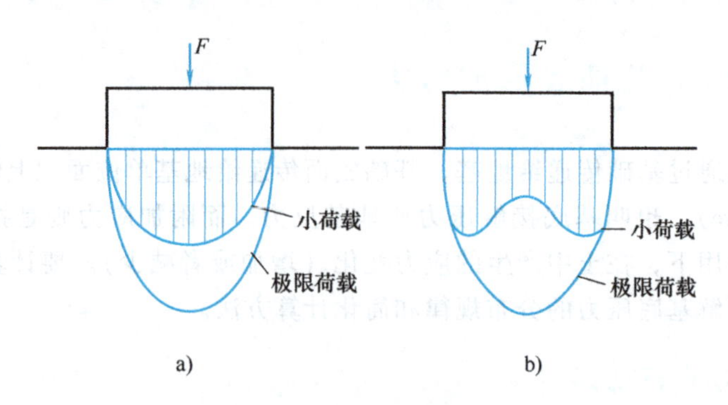

图 2-9 刚性基础基底压力

a）砂土地基 b）黏性土地基

2.3.2 基底压力的简化计算

基底压力的分布是十分复杂的，但根据弹性理论中的圣维南原理及土中实际应力的量测结果可知，当作用在基础上的总荷载一定时，基底压力分布形状对土中应力分布的影响只限定在基础附近的一定深度范围内。当研究点位于基底以下的深度超过基础宽度的 1.5～2.0 倍时，它的影响已不明显，对沉降计算所引起的误差在工程上是允许的。因此，在工程设计中，当基础尺寸不是很大、荷载也较小时，可近似地认为基底压力呈线性分布，并按材料力学公式进行简化计算。

1. 中心荷载作用

中心荷载作用下的基础，如图 2-10 所示，基底压力为均匀分布，其值按下式计算：

$$p=\frac{F_{\mathrm{v}}}{A}=\frac{F+G}{A} \tag{2-4}$$

式中 p——基底压力（kPa）；

F_{v}——作用在基础底面的竖向荷载（kN）；

A——基底面积（m^2）；

F——上部结构传至基础顶部的荷载（kN）；

G——基础自重及其台阶上填土的土重（kN），$G=\gamma_G Ad$，其中：γ_G 为基础及填土之平均重度，一般取 $20\mathrm{kN/m^3}$，地下水位以下部分应取浮重度（有效重度）；d 为基础埋深。

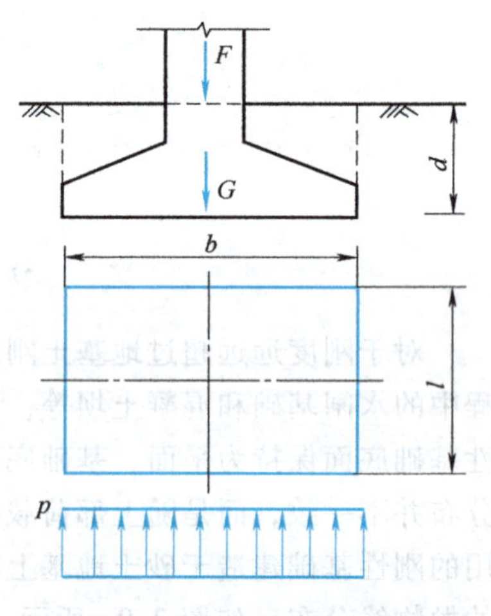

图 2-10 中心荷载作用下基底压力分布

对于条形基础（长宽比 $l/b \geqslant 10$），可在长度方向取 1m 长度进行基底压力 p 的计算，此时式（2-4）中基底面积为（$b\times 1$）m^2，而 F 和 G 则为基础每延米长度内的相应值（kN/m）。

2. 偏心荷载作用

矩形基础受偏心荷载作用时，基底压力可以按材料力学的偏心受压构件公式进行计算。

对于受单向偏心荷载作用的矩形基础，如图 2-11 所示，在进行基础设计时，通常基底长边方向与偏心方向一致，基底长边的边缘最大压力 $p_{\max}$、边缘最小压力 $p_{\min}$ 按下式计算：

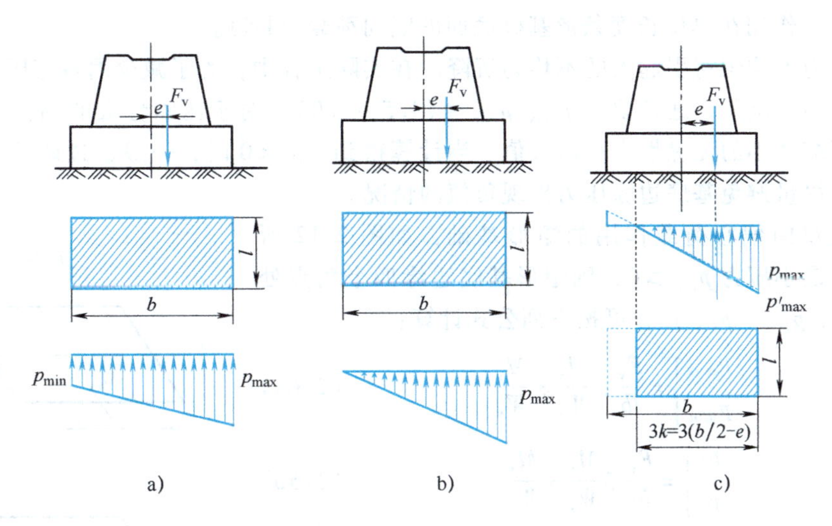

图 2-11　偏心荷载作用下基底压力分布

a）$0<e<b/6$　b）$e=b/6$　c）$e>b/6$

$$\left.\begin{matrix} p_{max} \\ p_{min} \end{matrix}\right\} = \frac{F_v}{lb} \pm \frac{M}{W} = \frac{F_v}{lb}\left(1 \pm \frac{6e}{b}\right) \tag{2-5a}$$

式中　p_{max}、p_{min}——基础底面的最大和最小边缘压力（kPa）；

M——作用在矩形基础底面的力矩（kN·m）；

W——基础底面的抵抗矩（m^3），$W=\frac{lb^2}{6}$；

b——力矩作用平面内的基础底面边长（m）；

l——垂直力矩作用平面的基础底面边长（m）；

e——基底压力的偏心距（m），$e=\frac{M}{F_v}$。

当 $e<b/6$ 时称为小偏心受压，基底压力分布图呈梯形，如图 2-11a 所示；当 $e=b/6$ 时，基底压力分布图呈三角形，如图 2-11b 所示；当 $e>b/6$ 时称为大偏心受压，如图 2-11c 所示，按式（2-5a）计算结果，距偏心荷载较远的基底边缘压力为负值，即 $p_{min}<0$。由于地基土与接触面之间不能承受拉应力，基底与地基之间将局部脱开，基底压力重新分布。根据偏心荷载 F_v 应与基底反力合力大小相等、方向相反并作用在一条直线上的平衡条件，可得出基底边缘的最大压力 p'_{max} 为

$$p'_{max} = \frac{2F_v}{3\left(\frac{b}{2}-e\right)l} = \frac{2F_v}{3kl} \tag{2-5b}$$

式中　k——偏心荷载作用点至基底最大压力作用边缘的距离（m），$k=b/2-e$。

对于偏心荷载作用下的条形基础，可以取单位长度（$l=1$m）进行基础宽度方向的边缘压力计算：

$$\left.\begin{matrix} p_{max} \\ p_{min} \end{matrix}\right\} = \frac{F_v}{b}\left(1 \pm \frac{6e}{b}\right) \tag{2-5c}$$

式中　F_v——作用在单位长度条形基础底面的竖向荷载（kN）。

基底压力不均匀将引起大的不均匀沉降。在实际工程中，为了减少因基底压力不均匀引起的过大不均匀沉降，通常要求 $p_{max}/p_{min} \leqslant (1.5 \sim 3.0)$，对于压缩性大的黏性土应采用小值，对于压缩性小的无黏性土可取大值。当计算得到 $p_{min}<0$ 时，一般通过调整结构设计和基础尺寸来尽量避免基底边缘压力出现负值的情况。

对于受双向偏心荷载作用的矩形基础，如图 2-12 所示，如基底最小压力 $p_{min} \geqslant 0$，则矩形基底边缘四个角点处的压力 p_{min}、p_{max}、p_1、p_2，可按下列公式计算：

$$\left.\begin{matrix} p_{max} \\ p_{min} \end{matrix}\right\} = \frac{F_v}{lb} \pm \frac{M_x}{W_x} \pm \frac{M_y}{W_y} \tag{2-6a}$$

$$\left.\begin{matrix} p_1 \\ p_2 \end{matrix}\right\} = \frac{F_v}{lb} \mp \frac{M_x}{W_x} \pm \frac{M_y}{W_y} \tag{2-6b}$$

式中　W_x、W_y——基础底面分别对 x 轴、y 轴的抵抗矩（m^3）；

M_x、M_y——荷载分别对矩形基底 x 轴、y 轴的力矩。

如果荷载对 y 轴和 x 轴的偏心距分别为 e_x 和 e_y，则 $M_x=e_yF_v$，$M_y=e_xF_v$，式（2-6a）和式（2-6b）可以用下式表达：

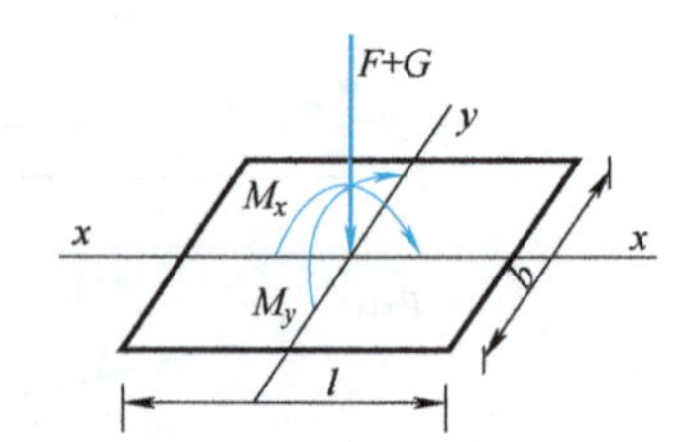

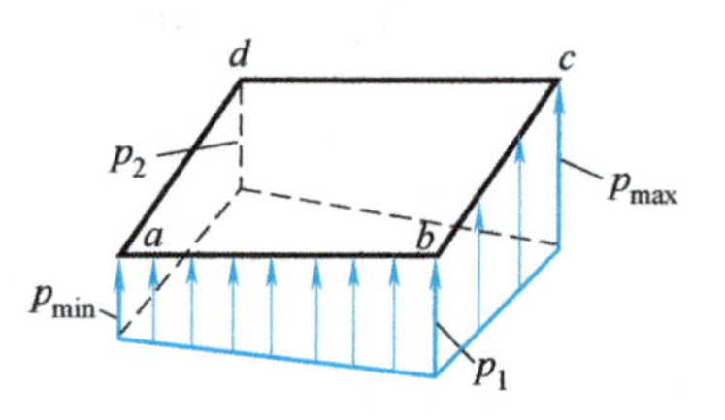

图 2-12　双向偏心荷载

$$\left.\begin{matrix} p_{max} \\ p_{min} \end{matrix}\right\} = \frac{F_v}{lb}\left(1 \pm \frac{6e_y}{b} \pm \frac{6e_x}{l}\right) \tag{2-6c}$$

$$\left.\begin{matrix} p_1 \\ p_2 \end{matrix}\right\} = \frac{F_v}{lb}\left(1 \mp \frac{6e_y}{b} \pm \frac{6e_x}{l}\right) \tag{2-6d}$$

当 $e_x=0$ 或 $e_y=0$ 时，则式（2-6c）即为单向偏心的情况。

【例题 2-2】　如图 2-13a 所示的矩形基础，埋深 1.2m，基底尺寸为 3m×2m，作用在基础底面中心处的竖向力为 480kN，作用在基底中心处的偏心力矩为 180kN·m，求：

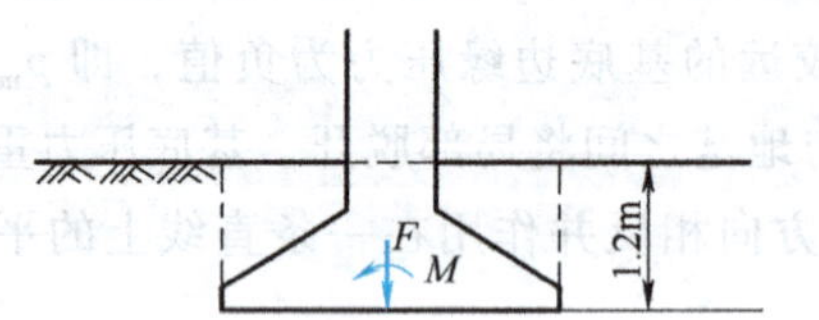

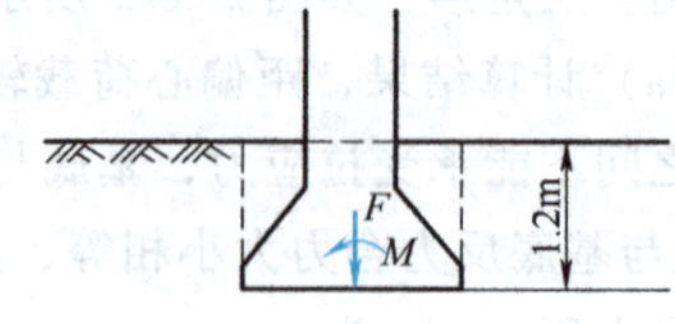

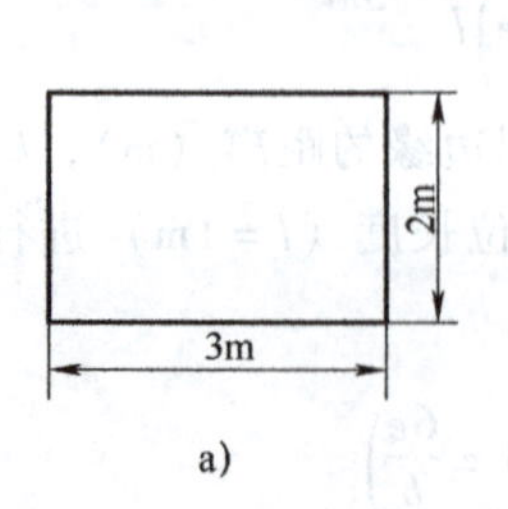

a)

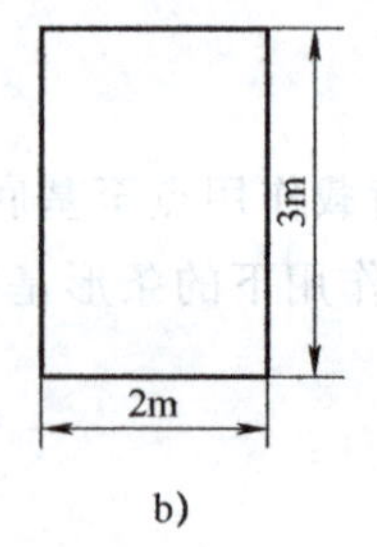

b)

图 2-13　例题 2-2 图

1）力矩作用在基础长边所在的平面时（图 2-13a）的最大基底压力和最小基底压力。

2）力矩作用在基础短边所在的平面时（图 2-13b）的最大基底压力和最小基底压力。如果为大偏心情形，求基底的零压力区面积占基底面积的百分比。

解： 1）根据已知条件，$M=180\text{kN}\cdot\text{m}$，$F_v=480\text{kN}$，力矩作用在基础长边所在的平面时，$b=3\text{m}$，$l=2\text{m}$，所以偏心距 $e=\dfrac{M}{F_v}=\dfrac{180}{480}\text{m}=0.375\text{m}<\dfrac{b}{6}=\dfrac{3}{6}\text{m}=0.5\text{m}$，属于小偏心受压，根据式（2-5a）可得最大基底压力为

$$p_{\max}=\frac{F_v}{bl}\left(1+\frac{6e}{b}\right)=\left[\frac{480}{3\times2}\times\left(1+\frac{6\times0.375}{3}\right)\right]\text{kPa}=140\text{kPa}$$

最小基底压力为

$$p_{\min}=\frac{F_v}{bl}\left(1-\frac{6e}{b}\right)=\left[\frac{480}{3\times2}\times\left(1-\frac{6\times0.375}{3}\right)\right]\text{kPa}=20\text{kPa}$$

2）$M=180\text{kN}\cdot\text{m}$，$F_v=480\text{kN}$，力矩作用在基础短边所在的平面时，$b=2\text{m}$，$l=3\text{m}$，所以偏心距 $e=\dfrac{M}{F_v}=\dfrac{180}{480}\text{m}=0.375\text{m}>\dfrac{b}{6}=\dfrac{2}{6}\text{m}=\dfrac{1}{3}\text{m}=0.333\text{m}$，属于大偏心，根据式（2-5b）可得最大基底压力为

$$p'_{\max}=\frac{2F_v}{3\left(\frac{b}{2}-e\right)l}=\left[\frac{2\times480}{3\times\left(\frac{2}{2}-0.375\right)\times3}\right]\text{kPa}=170.67\text{kPa}$$

最小基底压力为 0kPa。

力矩作用平面的基底零压力区边长为

$$b'=b-3\left(\frac{b}{2}-e\right)=\left[2-3\times\left(\frac{2}{2}-0.375\right)\right]\text{m}=0.125\text{m}$$

基底零压力区的面积为

$$A'=b'l=0.125\times3\text{m}^2=0.375\text{m}^2$$

因此，基底的零压力区面积占基底面积的百分比为

$$\frac{A'}{A}\times100\%=\frac{0.125\times3}{2\times3}\times100\%=6.25\%$$

2.3.3　基底的附加压力计算

建筑物在建造前，地基土的自重应力就已存在。一般的天然地基，其变形在自重应力作用下早已完成，只有当在其上建造建筑物时，建筑物基础的基底附加压力才能导致地基发生新的变形。

基础通常都是埋置在天然地面下一定深度，该处原有的土体自重应力由于基坑开挖而卸除，因此，在建筑物建造后的基底压力扣除基底标高处原有土体的自重应力后，才是基底的附加压力。

当基础底面的平均接触压力（基底压力）p 均匀分布时，基底附加压力的计算公式为

$$p_0=p-\sigma_c=p-\gamma_0 d \tag{2-7}$$

式中　p_0——基底的平均附加压力（kPa）；

p——基底的平均接触压力（kPa）；

σ_c——基底深度处的自重应力（kPa）；

d——基础埋深（m）；

γ_0——基础底面以上各土层的加权平均重度（kN/m^3），$\gamma_0=\sum\gamma_i h_i/d$，地下水位以下部分应取浮重度（有效重度）。

从式（2-7）可以看出，作用在基础底面的竖向荷载也即基底压力 p 不变时，基础埋深越大，则基底附加压力越小。当筏基和箱基用作高重建筑物的基础时，或者当工程上遇到地基承载力较小的情况时，可以通过增大基础埋深从而使基底附加压力减小的方法，减少建筑物的沉降。例如，天津高银117大厦的筏基埋深为25m，上海金茂大厦的筏基埋深为18m，北京京城大厦的箱基埋深为22.5m。

需要注意的是，由于计算基底自重应力时假定地基为半无限空间体，而基底附加压力一般作用在地表下一定深度（指基础的埋深）处，因而上述基底附加压力的计算结果是近似的。不过，对于一般浅基础来说，这种假设所造成的误差可以忽略不计。把基底附加压力作为作用在弹性半无限空间体表面的局部荷载，采用弹性理论方法可以求得土中任一点的应力，也即土中的附加应力。

【例题2-3】 某一墙下条形基础底宽2.5m，埋深1.5m，承重墙作用于基础顶面的竖向力为180kN/m。基础埋深范围内土层分为两层：上层土重度为17.6kN/m³，厚度为1m；下层土重度为16.8kN/m³，厚度为0.5m，如图2-14所示。求：

1）基底压力为多少？

2）基底的附加压力为多少？

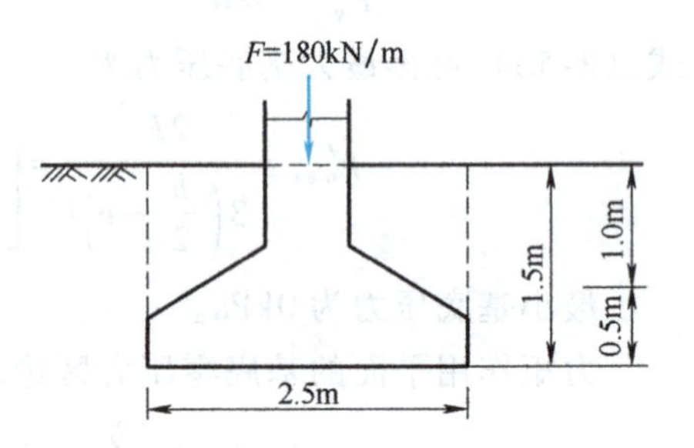

图2-14 例题2-3图

解：1）取单位长度基础进行计算，根据基底压力的公式（2-4），基底压力为

$$p=\frac{F_v}{A}=\frac{F+G}{A}=\frac{F+\gamma_G Ad}{A}=\left(\frac{180\times1}{2.5\times1}+20\times1.5\right)\text{kPa}=102\text{kPa}$$

2）由已知条件可知，$\gamma_1=17.6kN/m^3$，$\gamma_2=16.8kN/m^3$，故基底以上各土层的加权平均重度为

$$\gamma_0=\frac{\sum\gamma_i h_i}{d}=\left(\frac{17.6\times1.0+16.8\times0.5}{1.5}\right)\text{kN/m}^3=17.33\text{kN/m}^3$$

基底的附加压力为

$$p_0=p-\sigma_c=p-\gamma_0 d=(102-17.33\times1.5)\text{kPa}=76\text{kPa}$$

2.4 集中力作用下土中的附加应力计算

地基附加应力是建筑物、构筑物等外荷载在地基中产生的应力变化，它是原有应力之外新增加（或减少）的应力。计算出基底附加压力后，即可把它看成弹性半空间表面上的局部荷载，根据弹性力学的有关理论求解土体中的附加应力。计算地基中附加应力时假定如下：

1）地基是半空间无限体。

2）地基土是均匀、连续、各向同性的线弹性体。

地基附加应力计算分为空间问题和平面问题两类，以下分别介绍空间问题的集中力、均布荷载和三角形荷载等作用下的地基附加应力解答，以及平面问题的线荷载、均布荷载和三角形荷载等作用下的地基附加应力解答，并讨论一些特殊情况下地基土中的附加应力分布情形。

2.4.1　附加应力的扩散作用

为了清楚、直观地表明地基中附加应力的分布规律，假定地基土粒是由无数直径相同的小圆柱组成，按平面问题考虑。当地表受一集中力 $F=1$ 作用，第 1 层有 1 个小柱受力，$F=1$；第 2 层有 2 个小柱与上层小柱相切，它们同时受力，各为 $F/2$；同理，第 3 层有 3 个小柱受力，两边小柱各受力 $F/4$，中间小柱受力 $F/2$。依次类推，深度越大，受力的小柱越多，每个小柱所受的力越小。将这些小柱受力的大小按比例画出，如图 2-15 所示。

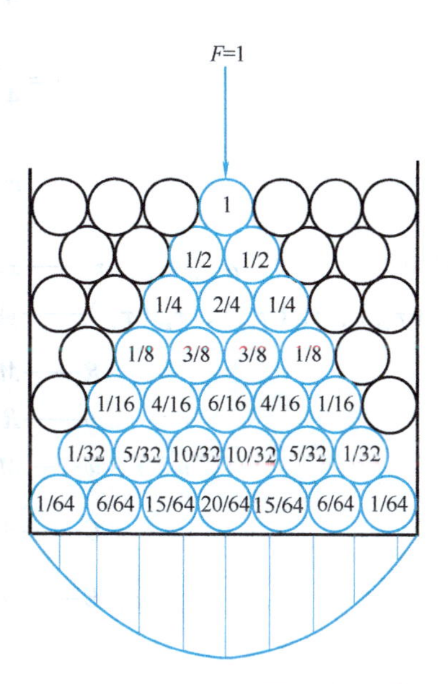

图 2-15　地基中附加应力扩散示意图

通过分析可以看出，地基中附加应力的分布有下列特点：

1）在地面下某一深度的水平面上各点的附加应力不相等，在集中力作用线上的应力最大，向两侧逐渐减小。

2）随着深度增加，应力分布范围变广，在集中力作用线上的应力随深度增加而减小。

2.4.2　集中力作用下土中的附加应力解答

1. 布辛奈斯克解

1885 年，布辛奈斯克（V. J. Boussinesq）用弹性理论推导出了在半无限弹性体表面作用法向集中力 F 时，在弹性体内任意点 M 处的应力解。如图 2-16 所示，以集中力 F 的作用点 O 为原点，M 点的坐标为（x，y，z），M'点为 M 点在半无限弹性体表面上的投影。M 点的 6 个应力分量和 3 个位移分量在直角坐标系内的表达式如下：

$$\sigma_x=\frac{3F}{2\pi}\left\{\frac{x^2z}{R^5}+\frac{1-2\mu}{3}\left[\frac{1}{R(R+z)}-\frac{(2R+z)x^2}{(R+z)^2R^3}-\frac{z}{R^3}\right]\right\} \tag{2-8a}$$

$$\sigma_y=\frac{3F}{2\pi}\left\{\frac{y^2z}{R^5}+\frac{1-2\mu}{3}\left[\frac{1}{R(R+z)}-\frac{(2R+z)y^2}{(R+z)^2R^3}-\frac{z}{R^3}\right]\right\} \tag{2-8b}$$

$$\sigma_z=\frac{3F}{2\pi}\frac{z^3}{R^5}=\frac{3F}{2\pi R^2}\cos^3\theta \tag{2-8c}$$

$$\tau_{xy}=\tau_{yx}=\frac{3F}{2\pi}\left[\frac{xyz}{R^5}-\frac{1-2\mu}{3}\frac{(2R+z)}{(R+z)^2}\frac{xy}{R^3}\right] \tag{2-9a}$$

$$\tau_{yz}=\tau_{zy}=\frac{3F}{2\pi}\frac{yz^2}{R^5} \tag{2-9b}$$

$$\tau_{xz}=\tau_{zx}=\frac{3F}{2\pi}\frac{xz^2}{R^5} \tag{2-9c}$$

$$u=\frac{F}{4\pi G}\left[\frac{xz}{R^3}-(1-2\mu)\frac{x}{R(R+z)}\right] \tag{2-10a}$$

$$v=\frac{F}{4\pi G}\left[\frac{yz}{R^3}-(1-2\mu)\frac{y}{R(R+z)}\right] \tag{2-10b}$$

$$w=\frac{F}{4\pi G}\left[\frac{z^2}{R^3}+2(1-\mu)\frac{1}{R}\right] \tag{2-10c}$$

式中 σ_x、σ_y、σ_z——x、y、z 方向的法向应力；

$\tau_{xy}(\tau_{yx})$、$\tau_{yz}(\tau_{zy})$、$\tau_{zx}(\tau_{xz})$——剪应力；

R——M 点至坐标原点的距离，$R=\sqrt{x^2+y^2+z^2}$；

θ——R 线与 z 坐标轴的夹角；

u、v、w——M 点分别沿 x、y、z 方向的位移；

G——土的剪切模量，$G=\dfrac{E}{2(1+\mu)}$；

μ、E——土的泊松比及弹性模量。

岩土名人——布辛奈斯克

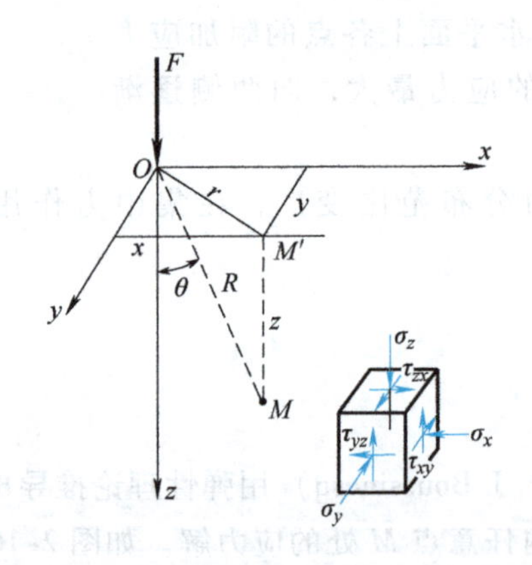

图 2-16 集中力作用下的应力（直角坐标）

当采用极坐标系统时，如图 2-17 所示，M 点的各应力分量为

$$\sigma_z=\frac{3F}{2\pi R^2}\cos^3\theta \tag{2-11a}$$

$$\sigma_r=\frac{F}{2\pi z^2}\left[3\sin^2\theta\cos^3\theta-\frac{(1-2\mu)\cos^2\theta}{1+\cos\theta}\right] \tag{2-11b}$$

$$\sigma_t=-\frac{F(1-2\mu)}{2\pi z^2}\left(\cos^3\theta-\frac{\cos^2\theta}{1+\cos\theta}\right) \tag{2-11c}$$

$$\tau_{rz}=\frac{3F}{2\pi z^2}(\sin\theta\cos^4\theta) \tag{2-11d}$$

$$\tau_{tr} = \tau_{tz} = 0 \tag{2-11e}$$

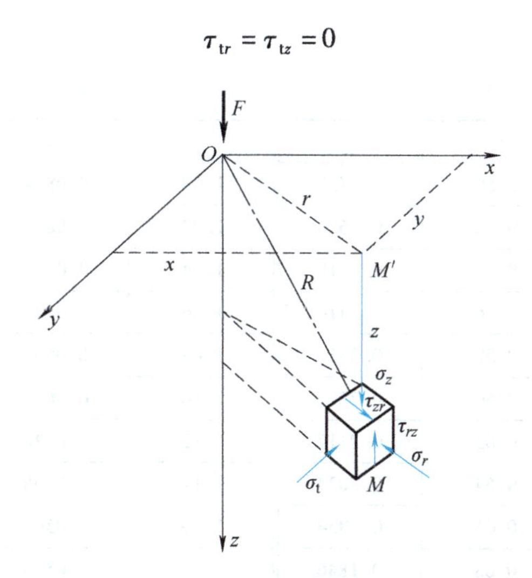

图 2-17 集中力作用下的应力（极坐标）

由上述弹性力学的解答可知，微单元体竖直方向的应力分量 σ_z、$\tau_{yz}(\tau_{zy})$、$\tau_{zx}(\tau_{xz})$ 只与集中力荷载 F 的大小和位置坐标（x，y，z）有关，与弹性模量 E 和泊松比 μ 无关，即与材料的特性无关。其他几个应力分量也只与泊松比 μ 有关，且较易确定，所以利用上述应力表达式计算地基中的应力在工程上是完全可行的。但位移表达式中涉及弹性模量 E，它与土的工程性质及密实度密切相关，较难确定，因此一般不直接用上述公式计算地基土的变形及沉降。

特别指出：上述应力及位移公式中，在集中力作用点处并不适用。当 $R\to 0$ 时，按上述公式计算出的应力及位移均趋于无穷大，地基土将发生塑性变形，与弹性理论基本假定矛盾，故 $R=0$ 为奇异点，无法按照上述公式计算该点的附加应力。

以上应力、位移计算公式中，对工程应用意义最大的是竖向应力 σ_z。以下主要讨论 σ_z 的计算及其分布规律，为了方便，没有特别说明，所讨论的附加应力均指竖向附加应力。

利用几何关系 $R^2=r^2+z^2$，式（2-8c）可以改写为

$$\sigma_z = \frac{3F}{2\pi}\frac{z^3}{R^5} = \frac{3F}{2\pi z^2}\frac{1}{\left[1+\left(\frac{r}{z}\right)^2\right]^{5/2}} = \alpha_p \frac{F}{z^2} \tag{2-12}$$

式中，$\alpha_p = \dfrac{3}{2\pi\left[1+\left(\frac{r}{z}\right)^2\right]^{5/2}}$ 为集中荷载作用下的地基竖向附加应力系数（以下简称附加应力系数），它是 r/z 的函数，可查表 2-2，也可以扫描二维码直接获取。其中，r 为图 2-16 中 M' 点与集中力作用点 O 之间的距离。

集中力作用下的地基附加应力系数计算表

在实际工程中，集中力并不都是作用在地表处，例如桩基础，这时采用集中力作用在半无限弹性体表面的公式进行应力和变形的计算就与实际情况不符了。对于集中力作用在土体内一定深度的情形，可以采用明德林（Mindlin）解进行土体内任一点的应力和位移计算。明德林解的公式可以参考有关文献，布辛奈斯克解只是明德林解在集中力

作用在地表时的特例。

表 2-2 集中力作用下附加应力系数 α_p 值

r/z	α_p	r/z	α_p	r/z	α_p	r/z	α_p
0.00	0.4775	0.50	0.2733	1.00	0.0844	1.50	0.0251
0.02	0.4770	0.52	0.2625	1.02	0.0803	1.54	0.0229
0.04	0.4756	0.54	0.2518	1.04	0.0764	1.58	0.0209
0.06	0.4732	0.56	0.2414	1.06	0.0727	1.60	0.0200
0.08	0.4699	0.58	0.2313	1.08	0.0691	1.64	0.0183
0.10	0.4657	0.60	0.2214	1.10	0.0658	1.68	0.0167
0.12	0.4607	0.62	0.2117	1.12	0.0626	1.70	0.0160
0.14	0.4548	0.64	0.2024	1.14	0.0595	1.74	0.0147
0.16	0.4482	0.66	0.1934	1.16	0.0567	1.78	0.0135
0.18	0.4409	0.68	0.1846	1.18	0.0539	1.80	0.0129
0.20	0.4329	0.70	0.1762	1.20	0.0513	1.84	0.0119
0.22	0.4242	0.72	0.1681	1.22	0.0489	1.88	0.0109
0.24	0.4151	0.74	0.1603	1.24	0.0466	1.90	0.0105
0.26	0.4054	0.76	0.1527	1.26	0.0443	1.94	0.0097
0.28	0.3954	0.78	0.1455	1.28	0.0422	1.98	0.0089
0.30	0.3849	0.80	0.1386	1.30	0.0402	2.00	0.0085
0.32	0.3742	0.82	0.1320	1.32	0.0384	2.10	0.0070
0.34	0.3632	0.84	0.1257	1.34	0.0365	2.20	0.0058
0.36	0.3521	0.86	0.1196	1.36	0.0348	2.40	0.0040
0.38	0.3408	0.88	0.1138	1.38	0.0332	2.60	0.0029
0.40	0.3294	0.90	0.1083	1.40	0.0317	2.80	0.0021
0.42	0.3181	0.92	0.1031	1.42	0.0302	3.00	0.0015
0.44	0.3068	0.94	0.0981	1.44	0.0288	3.50	0.0007
0.46	0.2955	0.96	0.0933	1.46	0.0275	4.00	0.0004
0.48	0.2843	0.98	0.0887	1.48	0.0263	4.50	0.0002

【例题 2-4】 在地基表面作用一集中力 $F=100\text{kN}$，试确定：

1）地基中 $z=2\text{m}$、5m 和 8m 深度，距集中力作用点水平距离分别为 $r=0\text{m}$、1m、2m、3m、4m 和 5m 处的各点附加应力 σ_z 值，并绘出相应的附加应力分布图。

2）在地基中距集中力 F 作用点水平距离 $r=0\text{m}$（即集中力作用点）、1m 和 3m 的圆柱形竖直面上深度分别为 $z=0\text{m}$、1m、2m、3m、4m 和 5m 处的各点附加应力 σ_z 值，并绘出相应的附加应力分布图。

集中力作用下的地基附加应力计算

解： 1）地基中 $z=2\text{m}$、5m 和 8m 深度，距集中力作用点水平距离分别为 $r=0\text{m}$、1m、2m、3m、4m 和 5m 处的各点附加应力 σ_z 值的计算资料列于表 2-3；σ_z 分布绘于图 2-18。

2）在地基中距 F 作用点 $r=0\text{m}$、1m 和 3m 的圆柱形竖直面上深度分别为 $z=0\text{m}$、1m、2m、3m、4m 和 5m 处的各点附加应力 σ_z 值的计算资料列于表 2-3；σ_z 分布绘于图 2-18。可以扫描二维码，调整计算数据，对集中荷载作用下的地基附加应力值及其分布进行计算。

表 2-3　集中力作用下不同点的附加应力计算结果

r/m	z/m	r/z	α_p	σ_z/kPa	r/m	z/m	r/z	α_p	σ_z/kPa
0	2	0	0.4775	11.94	0	0	—	—	∞
1	2	0.5	0.2733	6.83	0	1	0	0.4775	47.75
2	2	1.0	0.0844	2.11	0	2	0	0.4775	11.94
3	2	1.5	0.0251	0.63	0	3	0	0.4775	5.31
4	2	2	0.0085	0.21	0	4	0	0.4775	2.98
5	2	2.5	0.0035	0.09	0	5	0	0.4775	1.91
0	5	0	0.4775	1.91	1	0	—	—	0
1	5	0.2	0.4329	1.73	1	1	1.0	0.0844	8.44
2	5	0.4	0.3294	1.32	1	2	0.5	0.2733	6.83
3	5	0.6	0.2214	0.89	1	3	0.33	0.3687	4.10
4	5	0.8	0.1386	0.55	1	4	0.25	0.4103	2.56
5	5	1.0	0.0844	0.34	1	5	0.2	0.4329	1.73
0	8	0	0.4775	0.75	3	0	—	—	0
1	8	0.125	0.4592	0.72	3	1	3.0	0.0015	0.15
2	8	0.25	0.4103	0.64	3	2	1.5	0.0251	0.63
3	8	0.375	0.3436	0.54	3	3	1.0	0.0844	0.94
4	8	0.5	0.2733	0.43	3	4	0.75	0.1565	0.98
5	8	0.625	0.2094	0.33	3	5	0.6	0.2214	0.89

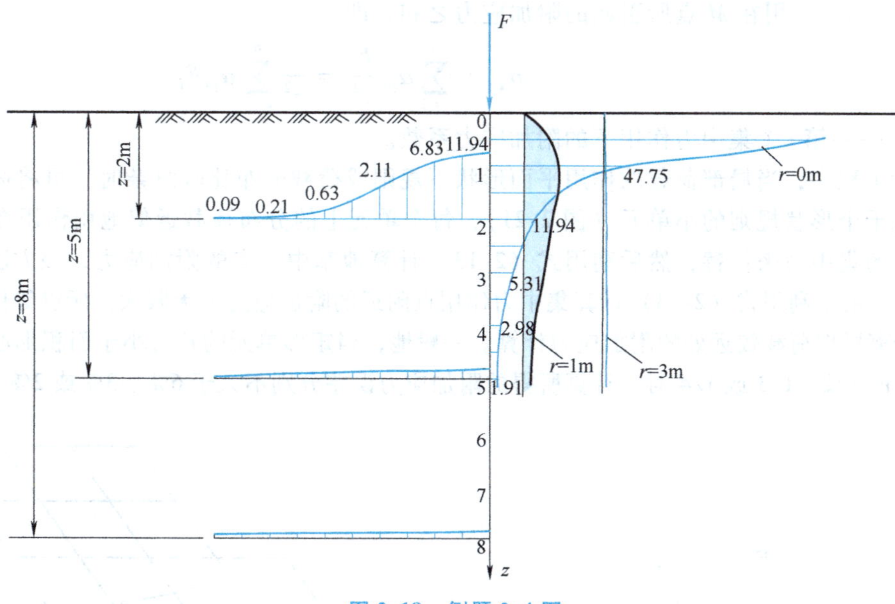

图 2-18　例题 2-4 图

从图 2-18 可以看出，集中力在地基中产生的附加应力分布规律如下：

1）同一水平面上，集中力作用线上的附加应力最大，随着距集中力作用线距离的增大，σ_z 值减小（从减小的趋势来看，一般在浅处，σ_z 的数值较大，减小的速度较快；在深处，σ_z 的数值比较小，减小的速度较慢，因而扩散得比较远）。

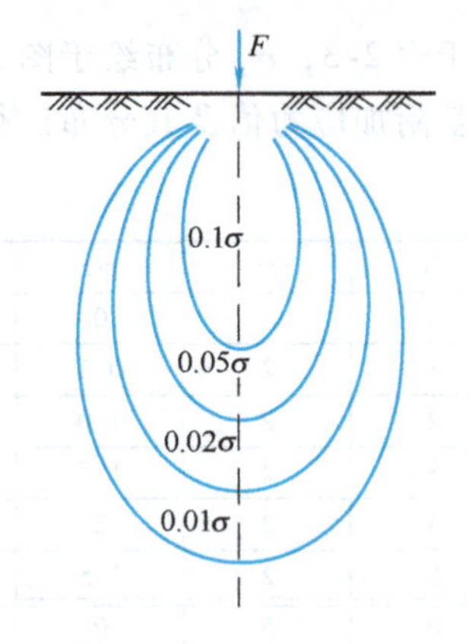

图 2-19　竖向附加应力等值线图

2）随着深度增加，集中力作用点下的 σ_z 值逐渐减小；在不通过集中力作用点的圆柱形竖直面上，土体表面 $\sigma_z=0$，随着深度增加，σ_z 逐渐增大，在某一深度处达到最大，随后又逐渐减小。

如将空间上 σ_z 值相同的点连接成曲面，可得到竖向附加应力等值线图，又称为压力泡（bulbs of pressure），如图 2-19 所示，图中，σ 与 F 作用下单位面积上应力。压力泡更加形象地描述了地基中应力向周围和深处逐渐扩散的过程，也说明了荷载主要由浅处的土层来承受，达到一定深度后，应力就非常小了。

2. 叠加原理和等代荷载法

当半无限体表面作用有若干个集中力时，地基中一点的附加应力则可采用叠加原理进行计算，如图 2-20 所示。图中曲线 a 表示集中力 F_1 在 z 深度水平线上引起的附加应力分布，曲线 b 表示集中力 F_2 在同一水平线上引起的附加应力分布，曲线 c 则为在集中力 F_1 和 F_2 作用下该深度的附加应力分布，也即由曲线 a 和曲线 b 叠加得到的该水平线深度处的附加应力分布，参见二维码。

两个集中力作用下的地基附加应力分布规律

当有若干个竖向集中力 F_i（$i=1, 2, \cdots, n$）作用在地基表面上，根据叠加原理，地面下 z 深度处某点 M 的附加应力 σ_z 应为各集中力单独作用在 M 点所引起的附加应力之和，即

$$\sigma_z = \sum_{i=1}^{n} \alpha_{pi} \frac{F_i}{z^2} = \frac{1}{z^2} \sum_{i=1}^{n} \alpha_{pi} F_i \tag{2-13}$$

式中　α_{pi}——第 i 个集中力作用下的附加应力系数。

实际工程中，当局部荷载的作用平面形状不规则或荷载分布比较复杂时，可将荷载作用面分成若干个形状规则的小单元（图 2-21），每个单元上的分布荷载近似地用作用在单元面积形心上的集中力来代替，然后利用式（2-13）计算地基中一点的附加应力，该方法称为等代荷载法。由于利用式（2-13）计算集中力作用点附近的附加应力为无限大，所以等代荷载法仅适用于离局部荷载较远处的附加应力计算。一般地，当矩形单元的长边小于面积形心到计算点的距离的 1/2、1/3 或 1/4 时，计算所得的附加应力误差分别不大于 6%、3% 或 2%。

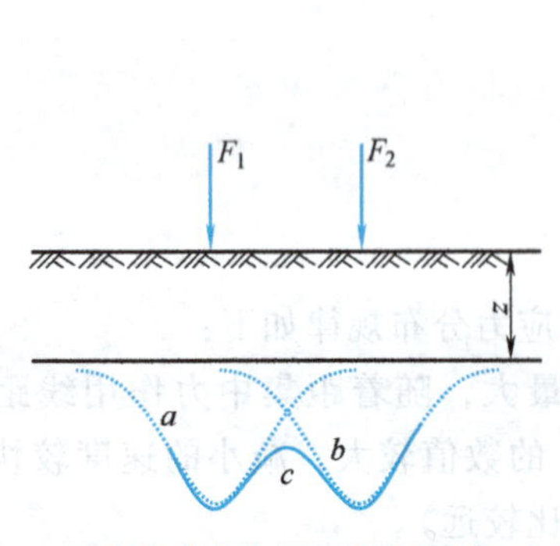

图 2-20　两个集中力作用下的地基附加应力叠加

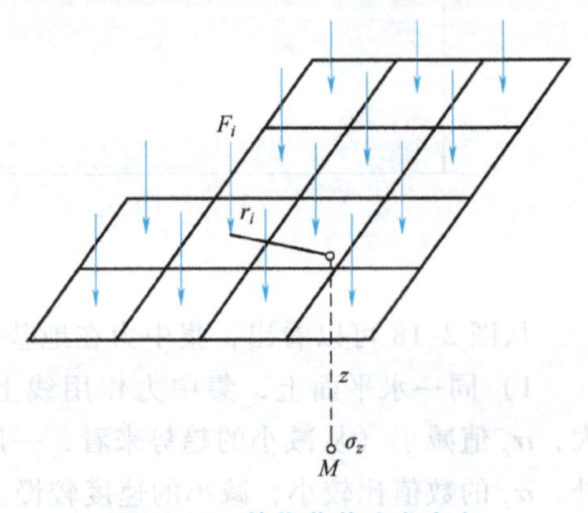

图 2-21　等代荷载法求应力

2.5　空间问题条件下地基中的附加应力计算

2.5.1　矩形基底受竖向荷载作用时地基中的附加应力

1. 竖向均布荷载作用时角点下的附加应力

对于常见的建筑物矩形基础，在中心荷载作用下，基底附加压力可以视为均布荷载。基于等代荷载法的基本原理，可将矩形基底划分为面积无穷小的多个单元，根据式（2-13），通过积分求得矩形基底受竖向均布荷载作用时角点下的地基附加应力。

假定受均布荷载 p_0 作用的矩形基底长度为 l，宽度为 b，如图 2-22 所示。在矩形基底范围内取一面积 $dA = dxdy$ 的微单元，微单元上作用的合力 $dF = p_0 dA = p_0 dxdy$，则该合力在矩形基础角点下 M 处产生的附加应力可由式（2-13）得

$$d\sigma_z = \frac{3z^3 dF}{2\pi R^5} = \frac{3z^3 p_0 dxdy}{2\pi R^5} = \frac{3p_0}{2\pi} \cdot \frac{z^3}{(x^2+y^2+z^2)^{5/2}} dxdy$$

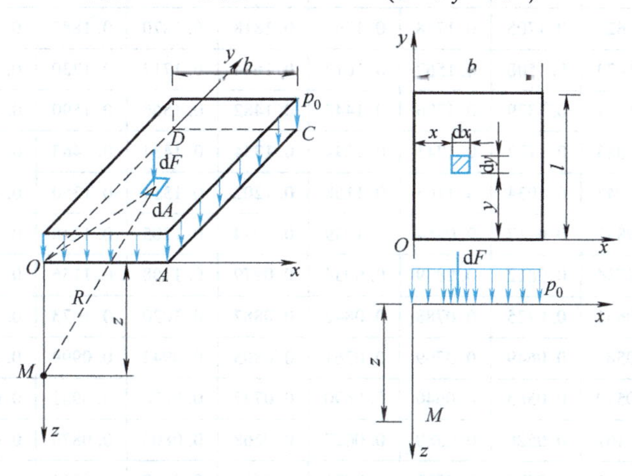

图 2-22　矩形均布荷载作用下的附加应力计算

将上式在矩形基底的长边和宽边上进行积分，可得矩形基底受竖向均布荷载作用时角点下的地基附加应力为

$$\begin{aligned}\sigma_z &= \frac{3p_0 z^3}{2\pi}\int_0^l \int_0^b \frac{dxdy}{(x^2+y^2+z^2)^{5/2}} \\ &= \frac{p_0}{2\pi}\left[\arctan\frac{m}{n\sqrt{1+m^2+n^2}} + \frac{mn}{\sqrt{1+m^2+n^2}}\left(\frac{1}{m^2+n^2}+\frac{1}{1+n^2}\right)\right] \\ &= \alpha_r p_0 \end{aligned} \tag{2-14}$$

式中　α_r——$\alpha_r = \dfrac{1}{2\pi}\left[\arctan\dfrac{m}{n\sqrt{1+m^2+n^2}} + \dfrac{mn}{\sqrt{1+m^2+n^2}}\left(\dfrac{1}{m^2+n^2}+\dfrac{1}{1+n^2}\right)\right]$，

$m = \dfrac{l}{b}$，$n = \dfrac{z}{b}$。α_r 为矩形基底受竖向均布荷载作用时角点下的地基附加应力系数，它是 m、n 的函数，可查表 2-4，也可扫描二维码获取。

矩形基底受竖向均布荷载作用时角点下的附加应力系数

表 2-4　矩形基底受竖向均布荷载作用时角点下的附加应力系数

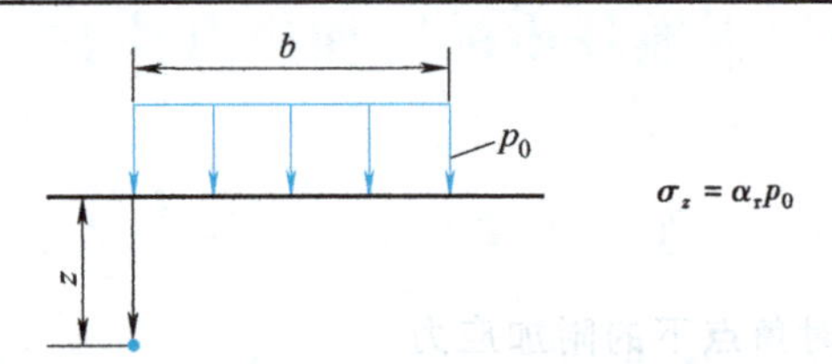

$n=z/b$	$m=l/b$										
	1.0	1.2	1.4	1.6	1.8	2	3	4	5	6	10
0.0	0.2500	0.2500	0.2500	0.2500	0.2500	0.2500	0.2500	0.2500	0.2500	0.2500	0.2500
0.2	0.2486	0.2489	0.2490	0.2491	0.2491	0.2491	0.2492	0.2492	0.2492	0.2492	0.2492
0.4	0.2401	0.2420	0.2429	0.2434	0.2437	0.2439	0.2442	0.2443	0.2443	0.2443	0.2443
0.6	0.2229	0.2275	0.2300	0.2315	0.2324	0.2329	0.2339	0.2341	0.2342	0.2342	0.2342
0.8	0.1999	0.2075	0.2120	0.2147	0.2165	0.2176	0.2196	0.2200	0.2202	0.2202	0.2202
1.0	0.1752	0.1851	0.1911	0.1955	0.1981	0.1999	0.2034	0.2042	0.2044	0.2045	0.2046
1.2	0.1516	0.1628	0.1705	0.1758	0.1793	0.1818	0.1870	0.1882	0.1885	0.1887	0.1888
1.4	0.1308	0.1423	0.1508	0.1569	0.1613	0.1644	0.1712	0.1730	0.1735	0.1738	0.1740
1.6	0.1123	0.1241	0.1329	0.1396	0.1445	0.1482	0.1566	0.1590	0.1598	0.1601	0.1604
1.8	0.0969	0.1083	0.1172	0.1241	0.1294	0.1334	0.1434	0.1463	0.1474	0.1478	0.1482
2.0	0.0840	0.0947	0.1034	0.1103	0.1158	0.1202	0.1314	0.1350	0.1363	0.1368	0.1374
2.2	0.0732	0.0832	0.0917	0.0984	0.1039	0.1084	0.1205	0.1248	0.1264	0.1271	0.1277
2.4	0.0642	0.0734	0.0812	0.0879	0.0934	0.0979	0.1108	0.1156	0.1175	0.1184	0.1192
2.6	0.0566	0.0651	0.0725	0.0788	0.0842	0.0887	0.1020	0.1073	0.1095	0.1106	0.1116
2.8	0.0502	0.0580	0.0649	0.0709	0.0761	0.0805	0.0942	0.0999	0.1024	0.1036	0.1048
3.0	0.0447	0.0519	0.0583	0.0640	0.0690	0.0732	0.0870	0.0931	0.0959	0.0973	0.0987
3.2	0.0401	0.0467	0.0526	0.0580	0.0627	0.0668	0.0806	0.0870	0.0900	0.0916	0.0932
3.4	0.0361	0.0421	0.0477	0.0527	0.0571	0.0611	0.0747	0.0814	0.0847	0.0864	0.0882
3.6	0.0326	0.0382	0.0433	0.0480	0.0523	0.0561	0.0694	0.0763	0.0799	0.0816	0.0837
3.8	0.0296	0.0348	0.0395	0.0439	0.0479	0.0516	0.0645	0.0717	0.0753	0.0773	0.0796
4.0	0.0270	0.0318	0.0362	0.0403	0.0441	0.0474	0.0603	0.0674	0.0712	0.0733	0.0758
4.2	0.0247	0.0291	0.0333	0.0371	0.0407	0.0439	0.0563	0.0634	0.0674	0.0696	0.0724
4.4	0.0227	0.0268	0.0306	0.0343	0.0376	0.0407	0.0527	0.0597	0.0639	0.0662	0.0692
4.6	0.0209	0.0247	0.0283	0.0317	0.0348	0.0378	0.0493	0.0564	0.0606	0.0630	0.0663
4.8	0.0193	0.0229	0.0262	0.0294	0.0324	0.0352	0.0463	0.0533	0.0576	0.0601	0.0635
5.0	0.0179	0.0212	0.0243	0.0274	0.0302	0.0328	0.0435	0.0504	0.0547	0.0573	0.0610
6.0	0.0127	0.0151	0.0174	0.0196	0.0218	0.0238	0.0325	0.0388	0.0431	0.0460	0.0506
7.0	0.0094	0.0112	0.0130	0.0147	0.0164	0.0180	0.0251	0.0306	0.0346	0.0376	0.0428
8.0	0.0073	0.0087	0.0101	0.0114	0.0127	0.0140	0.0198	0.0246	0.0283	0.0311	0.0367
9.0	0.0058	0.0069	0.0080	0.0091	0.0102	0.0112	0.0161	0.0202	0.0235	0.0262	0.0319
10.0	0.0047	0.0056	0.0065	0.0074	0.0083	0.0092	0.0132	0.0168	0.0198	0.0222	0.0280

2. 竖向均布荷载作用时任意点下的附加应力

矩形基底受竖向均布荷载作用时地基中任意点处的附加应力求解，可先将待求点在基底面上进行竖直投影，根据投影点的位置（也可在矩形基底以外）将矩形基底划分为几个矩形，利用式（2-14）计算每部分荷载在待求点处产生的附加应力，根据叠加原理即可得出矩形基底受竖向均布荷载作用时该点的附加应力，这种方法称为“角点法”（corner method）。根据待求点在基底面上的竖直投影点 M' 位置的不同，角点法通常有以下 4 种情况：

1）M' 点在矩形基底边缘，如图 2-23a 所示，简称边点。

可将矩形基底 $ABCD$ 划分为两个矩形，M' 为两个矩形的共用角点，分别计算每个矩形在角点 M' 下的地基附加应力，然后叠加即可，即

$$\sigma_z = (\alpha_{r,EBCM'} + \alpha_{r,AEM'D})p_0$$

2）M' 点在矩形基底内部，如图 2-23b 所示，简称内点。

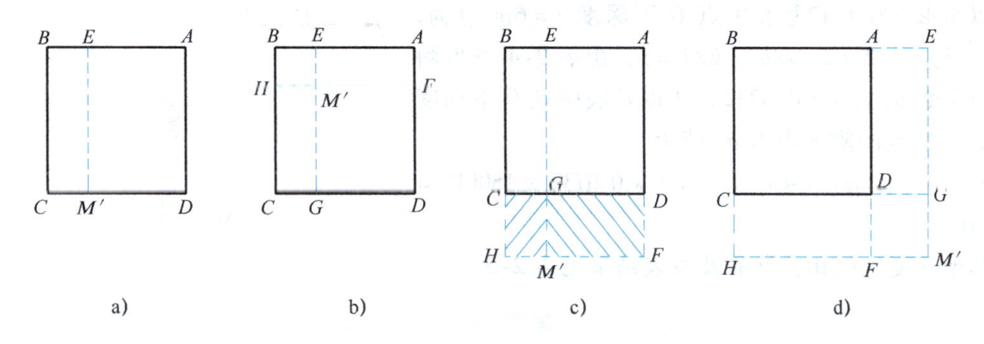

图 2-23　用角点法计算点 M' 的附加应力

按图 2-23b 将矩形基底 $ABCD$ 划分为 4 块，根据“角点法”即可得出角点 M' 下的地基附加应力，即

$$\sigma_z = (\alpha_{r,EBHM'} + \alpha_{r,HCGM'} + \alpha_{r,AEM'F} + \alpha_{r,FM'GD})p_0$$

如果点 M' 位于矩形基底的中心，则 4 个小矩形的附加应力系数相等，故 $\sigma_z = 4\alpha_{r,EBHM'}p_0$。

3）M' 点在矩形基底外侧，如图 2-23c 所示，简称外点Ⅰ型。

按图 2-23c 方式划分，此时荷载面 $ABCD$ 可看成由矩形 $EBHM'$ 与矩形 $GCHM'$ 之差和矩形 $AEM'F$ 与矩形 $DGM'F$ 之差组成的，则 σ_z 计算式为

$$\sigma_z = (\alpha_{r,EBHM'} - \alpha_{r,GCHM'} + \alpha_{r,AEM'F} - \alpha_{r,DGM'F})p_0$$

4）M' 点在矩形基底角点外侧，如图 2-23d 所示，简称外点Ⅱ型。

按图 2-23d 方式划分，此时荷载面 $ABCD$ 可看成由矩形 $EBHM'$、$GDFM'$ 两个面积中扣除 $EAFM'$、$GCHM'$ 两个面积，则 σ_z 计算式为

$$\sigma_z = (\alpha_{r,EBHM'} + \alpha_{r,GDFM'} - \alpha_{r,EAFM'} - \alpha_{r,GCHM'})p_0$$

以上各式中，p_0 为矩形基底上作用的竖向均布荷载值，附加应力系数的下标字母表示均布荷载作用的矩形区域。

需要指出的是，应用角点法计算地基中任一点的附加应力时要满足以下 3 个关键点：①待求点在矩形基底面上的竖直投影点 M' 是划分的每个矩形的公共角点；②所划分的矩形面积总和应等于矩形基底面积；③划分后的每个矩形，短边都用 b 表示，长边都用 l 表示。

【例题 2-5】 如图 2-24 所示，在一长度为 $l=8\text{m}$、宽度为 $b=4\text{m}$ 的矩形基底上作用大小为 $p_0=150\text{kPa}$ 的均布荷载。试计算：

1）基底中点 O 下深度 $z=0\text{m}$、1m、2m、4m、6m、10m、15m、20m 深度处的附加应力 σ_z 值。

2）基底外 1m 处的 K 点下深度 $z=6\text{m}$ 处 N 点的附加应力 σ_z 值。

解： 1）将矩形基底 $ABCD$ 通过中心点 O 划分成 4 个相等的小矩形（$AFOE$、$OFBG$、$EOHD$、$OGCH$），此时基底中点 O 下的不同深度处均位于 4 个小矩形的角点下，可按角点法进行计算。

以矩形 $AFOE$ 和基底中点 O 下深度 $z=6\text{m}$ 为例，已知 $l_1/b_1=4/2=2$，$z/b_1=6/2=3$，由表 2-4 查得附加应力系数 $\alpha_{r,AFOE}=0.0732$，所以基底中点 O 下深度 $z=6\text{m}$ 处 M 点的附加应力 σ_z 值为

$$\sigma_z=4\alpha_{r,AFOE}p_0=4\sigma_{z,AFOE}=4\times0.0732\times150\text{kPa}=43.92\text{kPa}$$

其他深度处的相关计算及查表结果见表 2-5。

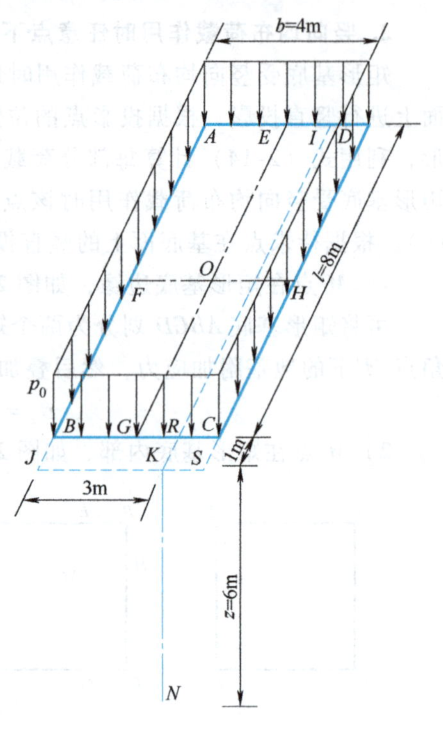

图 2-24 例题 2-5 图

表 2-5 不同深度处的附加应力计算

受荷矩形区域	b/m	l/m	z/m	l/b	z/b	α_r	σ_z/kPa
AFOE	2	4	0	2	0	0.2500	150
AFOE	2	4	1	2	0.5	0.2384	143.04
AFOE	2	4	2	2	1	0.1999	119.94
AFOE	2	4	4	2	2	0.1202	72.12
AFOE	2	4	10	2	5	0.0328	19.68
AFOE	2	4	15	2	7.5	0.0160	9.6
AFOE	2	4	20	2	10	0.0092	5.52

2）将矩形 $ABCD$ 的长边延长，使 K 点位于新的矩形 $AJSD$ 的一条边上，过 K 点作矩形长边的平行线 IK，交 BC 于 R。根据角点法的第三种情况（外点Ⅰ型），可以将 N 点附加应力看作由矩形受荷面积 $AJKI$ 与 $IKSD$ 引起的附加应力之和，减去矩形受荷面积 $BJKR$ 与 $RKSC$ 引起的附加应力。附加应力系数的相关计算及查表结果见表 2-6。

表 2-6 例题 2-5 附加应力系数计算

受荷矩形区域	b/m	l/m	z/m	l/b	z/b	α_r
AJKI	3	9	6	3	2	0.1314
IKSD	1	9	6	9	6	0.0495
BJKR	1	3	6	3	6	0.0325
RKSC	1	1	6	1	6	0.0127

所以，基底外1m处的K点下深度$z=6$m处N点的附加应力σ_z为

$$\begin{aligned}\sigma_z &= (\alpha_{r,AJKI}+\alpha_{r,IKSD}-\alpha_{r,BJKR}-\alpha_{r,RKSC})p_0\\ &= [(0.1314+0.0495-0.0325-0.0127)\times 150]\text{kPa}\\ &= 20.36\text{kPa}\end{aligned}$$

3. 竖向三角形分布荷载作用时地基中的附加应力

当基础受竖向偏心荷载作用时，基底的附加应力分布通常为三角形或者梯形分布。当矩形基底下的附加应力分布为梯形时，可根据叠加原理将梯形分布荷载分解为矩形基底下的均布荷载和三角形分布荷载。前面已介绍矩形基底受竖向均布荷载作用时任意点的附加应力计算，下面介绍竖向三角形分布荷载作用时地基中任意点的附加应力计算。

基底尺寸及荷载分布如图2-25所示，坐标原点取三角形分布荷载值为零的角点1，三角形分布荷载的最大值为p_t。在基底内坐标（x，y）处取一面积$dA=dxdy$的微单元，该微单元上受到的合力$dF=p(x)dxdy=\frac{x}{b}p_t dxdy$，根据集中力作用下地表下任意一点的布辛奈斯克解，可得

$$d\sigma_z=\frac{3z^3}{2\pi}\cdot\frac{\frac{x}{b}p_t dxdy}{(x^2+y^2+z^2)^{5/2}}$$

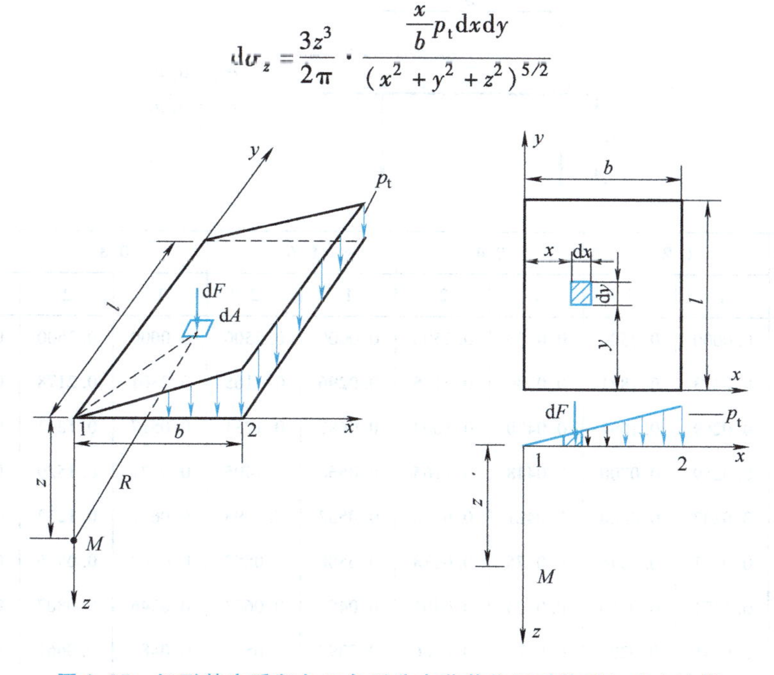

图2-25　矩形基底受竖向三角形分布荷载作用时的附加应力计算

将上式在矩形基底的长边和短边上进行积分，可得矩形基底受竖向三角形分布荷载作用时地基中M点的附加应力σ_z值为

$$\begin{aligned}\sigma_z &= \int_0^l\int_0^b \frac{3p_t}{2\pi b}\cdot\frac{z^3 x dxdy}{(x^2+y^2+z^2)^{5/2}}=\frac{mn}{2\pi}\left[\frac{1}{\sqrt{m^2+n^2}}-\frac{n^2}{(1+n^2)\sqrt{1+m^2+n^2}}\right]p_t\\ &= \alpha_r^{t1}p_t \end{aligned} \tag{2-15a}$$

式中　α_r^{t1}——$\alpha_r^{t1}=\frac{mn}{2\pi}\left[\frac{1}{\sqrt{m^2+n^2}}-\frac{n^2}{(1+n^2)\sqrt{1+m^2+n^2}}\right]$，$m=\frac{l}{b}$，$n=\frac{z}{b}$。$\alpha_r^{t1}$为矩形基底

矩形基底受竖向三角形分布荷载作用时角点下的附加应力系数

受竖向三角形分布荷载作用时的附加应力系数，它是 m 和 n 的函数，可查表2-7，也可以扫描二维码获取。需要注意的是：b 为基底荷载变化方向的边长（不一定是矩形基底的短边），l 则为矩形基底的另一边长。

以上的附加应力计算点 M 是位于坐标原点下的任意深度，即荷载强度为零的边角点1下某一深度。对于位于荷载强度最大值 p_t 的边角点2下任意深度 z 处的附加应力，可根据叠加原理来计算。如图2-26所示，三角形分布荷载相当于一个均布荷载与一个倒三角形荷载之差，即

$$\sigma_z = (\alpha_r - \alpha_r^{t1}) p_t = \alpha_r^{t2} p_t \tag{2-15b}$$

式中，α_r^{t1}、α_r^{t2} 均为 $m = l/b$，$n = z/b$ 的函数（b 是矩形基底沿三角形分布荷载方向的边长），可查表2-7得到，也可通过二维码查询。

表2-7 矩形基底受竖向三角形分布荷载作用角点下的附加应力系数

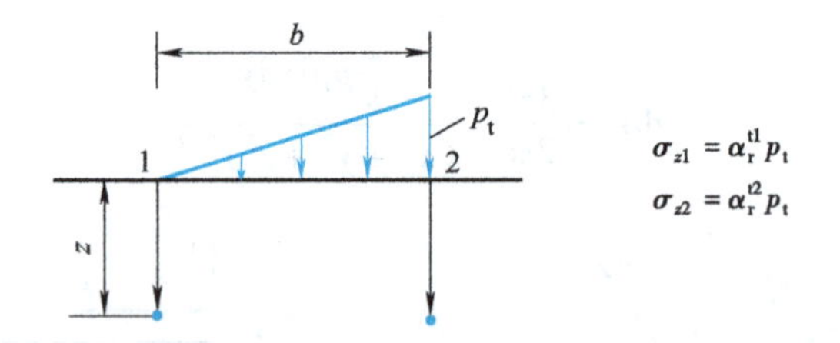

$m=l/b$ / 点 / $n=z/b$	0.2		0.4		0.6		0.8		1.0	
	1	2	1	2	1	2	1	2	1	2
0.0	0.0000	0.2500	0.0000	0.2500	0.0000	0.2500	0.0000	0.2500	0.0000	0.2500
0.2	0.0223	0.1821	0.0280	0.2115	0.0296	0.2165	0.0301	0.2178	0.0304	0.2182
0.4	0.0269	0.1094	0.0420	0.1604	0.0487	0.1781	0.0517	0.1844	0.0531	0.1870
0.6	0.0259	0.0700	0.0448	0.1165	0.0560	0.1405	0.0621	0.1520	0.0654	0.1575
0.8	0.0232	0.0480	0.0421	0.0853	0.0553	0.1093	0.0637	0.1232	0.0688	0.1311
1.0	0.0201	0.0346	0.0375	0.0638	0.0508	0.0852	0.0602	0.0996	0.0666	0.1086
1.2	0.0171	0.0260	0.0324	0.0491	0.0450	0.0673	0.0546	0.0807	0.0615	0.0901
1.4	0.0145	0.0202	0.0278	0.0386	0.0392	0.0540	0.0483	0.0661	0.0554	0.0751
1.6	0.0123	0.0160	0.0238	0.0310	0.0339	0.0440	0.0424	0.0547	0.0492	0.0628
1.8	0.0105	0.0130	0.0204	0.0254	0.0294	0.0363	0.0371	0.0457	0.0435	0.0534
2.0	0.0090	0.0108	0.0176	0.0211	0.0255	0.0304	0.0324	0.0387	0.0384	0.0456
2.5	0.0063	0.0072	0.0125	0.0140	0.0183	0.0205	0.0236	0.0265	0.0284	0.0318
3.0	0.0046	0.0051	0.0092	0.0100	0.0135	0.0148	0.0176	0.0192	0.0214	0.0233
5.0	0.0018	0.0019	0.0036	0.0038	0.0054	0.0056	0.0071	0.0074	0.0088	0.0091
7.0	0.0009	0.0010	0.0019	0.0019	0.0028	0.0029	0.0038	0.0038	0.0047	0.0047
10.0	0.0005	0.0004	0.0009	0.0010	0.0014	0.0014	0.0019	0.0019	0.0023	0.0024

（续）

$m=l/b$	1.2		1.4		1.6		1.8		2.0	
点 / $n=z/b$	1	2	1	2	1	2	1	2	1	2
0.0	0.0000	0.2500	0.0000	0.2500	0.0000	0.2500	0.0000	0.2500	0.0000	0.2500
0.2	0.0305	0.2184	0.0305	0.2185	0.0306	0.2185	0.0306	0.2185	0.0306	0.2185
0.4	0.0539	0.1881	0.0534	0.1886	0.0545	0.1889	0.0546	0.1891	0.0547	0.1892
0.6	0.0673	0.1602	0.0684	0.1616	0.0690	0.1625	0.0694	0.1630	0.0696	0.1633
0.8	0.0720	0.1355	0.0739	0.1381	0.0751	0.1396	0.0759	0.1405	0.0764	0.1412
1.0	0.0708	0.1143	0.0735	0.1176	0.0753	0.1202	0.0766	0.1215	0.0744	0.1225
1.2	0.0664	0.0962	0.0698	0.1007	0.0721	0.1037	0.0738	0.1055	0.0749	0.1069
1.4	0.0606	0.0817	0.0644	0.0864	0.0672	0.0897	0.0692	0.0921	0.0707	0.0937
1.6	0.0545	0.0696	0.0586	0.0743	0.0616	0.0780	0.0639	0.0806	0.0656	0.0826
1.8	0.0487	0.0596	0.0528	0.0644	0.0560	0.0681	0.0585	0.0709	0.0604	0.0730
2.0	0.0434	0.0513	0.0474	0.0560	0.0507	0.0596	0.0533	0.0625	0.0553	0.0649
2.5	0.0326	0.0365	0.0362	0.0405	0.0393	0.0440	0.0419	0.0469	0.0440	0.0491
3.0	0.0249	0.0270	0.0280	0.0303	0.0307	0.0333	0.0331	0.0359	0.0352	0.0380
5.0	0.0104	0.0108	0.0120	0.0123	0.0135	0.0139	0.0148	0.0154	0.0161	0.0167
7.0	0.0056	0.0056	0.0064	0.0066	0.0073	0.0074	0.0081	0.0083	0.0089	0.0091
10.0	0.0028	0.0028	0.0033	0.0032	0.0037	0.0037	0.0041	0.0042	0.0046	0.0046

$m=l/b$	3.0		4.0		6.0		8.0		10.0	
点 / $n=z/b$	1	2	1	2	1	2	1	2	1	2
0.0	0.0000	0.2500	0.0000	0.2500	0.0000	0.2500	0.0000	0.2500	0.0000	0.2500
0.2	0.0306	0.2186	0.0306	0.2186	0.0306	0.2186	0.0306	0.2186	0.0306	0.2186
0.4	0.0548	0.1894	0.0549	0.1894	0.0549	0.1894	0.0549	0.1894	0.0549	0.1894
0.6	0.0701	0.1638	0.0702	0.1639	0.0702	0.1640	0.0702	0.1640	0.0702	0.1640
0.8	0.0773	0.1423	0.0776	0.1424	0.0776	0.1426	0.0776	0.1426	0.0776	0.1426
1.0	0.0790	0.1244	0.0794	0.1248	0.0795	0.1250	0.0796	0.1250	0.0796	0.1250
1.2	0.0774	0.1096	0.0779	0.1103	0.0782	0.1105	0.0783	0.1105	0.0783	0.1105
1.4	0.0739	0.0973	0.0748	0.0982	0.0752	0.0986	0.0752	0.0987	0.0753	0.0987
1.6	0.0697	0.0870	0.0708	0.0882	0.0714	0.0887	0.0715	0.0888	0.0715	0.0889
1.8	0.0652	0.0782	0.0666	0.0797	0.0673	0.0805	0.0675	0.0806	0.0675	0.0808
2.0	0.0607	0.0707	0.0624	0.0726	0.0634	0.0734	0.0636	0.0736	0.0636	0.0738
2.5	0.0504	0.0559	0.0529	0.0585	0.0543	0.0601	0.0547	0.0604	0.0548	0.0605
3.0	0.0419	0.0451	0.0449	0.0482	0.0469	0.0504	0.0474	0.0509	0.0476	0.0511
5.0	0.0214	0.0221	0.0248	0.0256	0.0283	0.0290	0.0296	0.0303	0.0301	0.0309
7.0	0.0124	0.0126	0.0152	0.0154	0.0186	0.0190	0.0204	0.0207	0.0212	0.0216
10.0	0.0066	00066	0.0084	0.0083	0.0111	0.0111	0.0128	0.0130	0.0139	0.0141

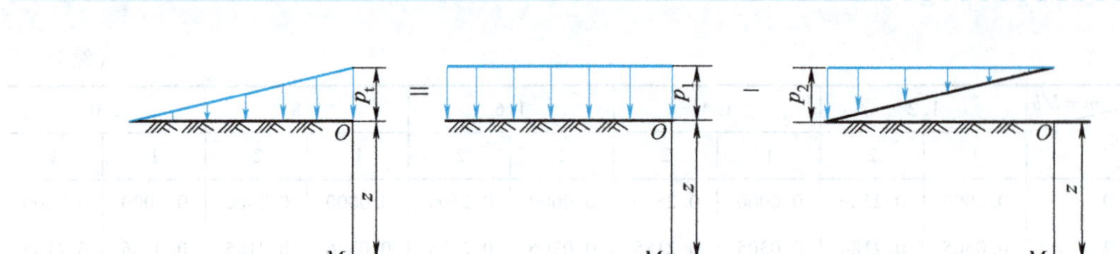

图 2-26　三角形分布荷载的角点 2 下的附加应力计算

根据矩形基底受三角形分布荷载作用时荷载强度为零的边角点 1 及荷载强度为最大值 p_t 的边角点 2 下任意深度 z 处的附加应力，结合矩形基底受均布荷载作用时地基中任意点的附加应力，采用叠加原理，可以求得梯形及三角形分布荷载下任意点处的附加应力值。

对于矩形基底受水平均布荷载作用的情形，矩形基底内和矩形基底外的附加应力计算可以参考有关文献，这里不再赘述。

【例题 2-6】　如图 2-27 所示，有一矩形基础长 $l=6$m，宽 $b=5$m，作用在基底的竖向荷载为三角形分布荷载，荷载最大值 $p_t=300$kPa。试计算矩形截面内 O 点下 M 点（$z=4$m）处的附加应力 σ_z。

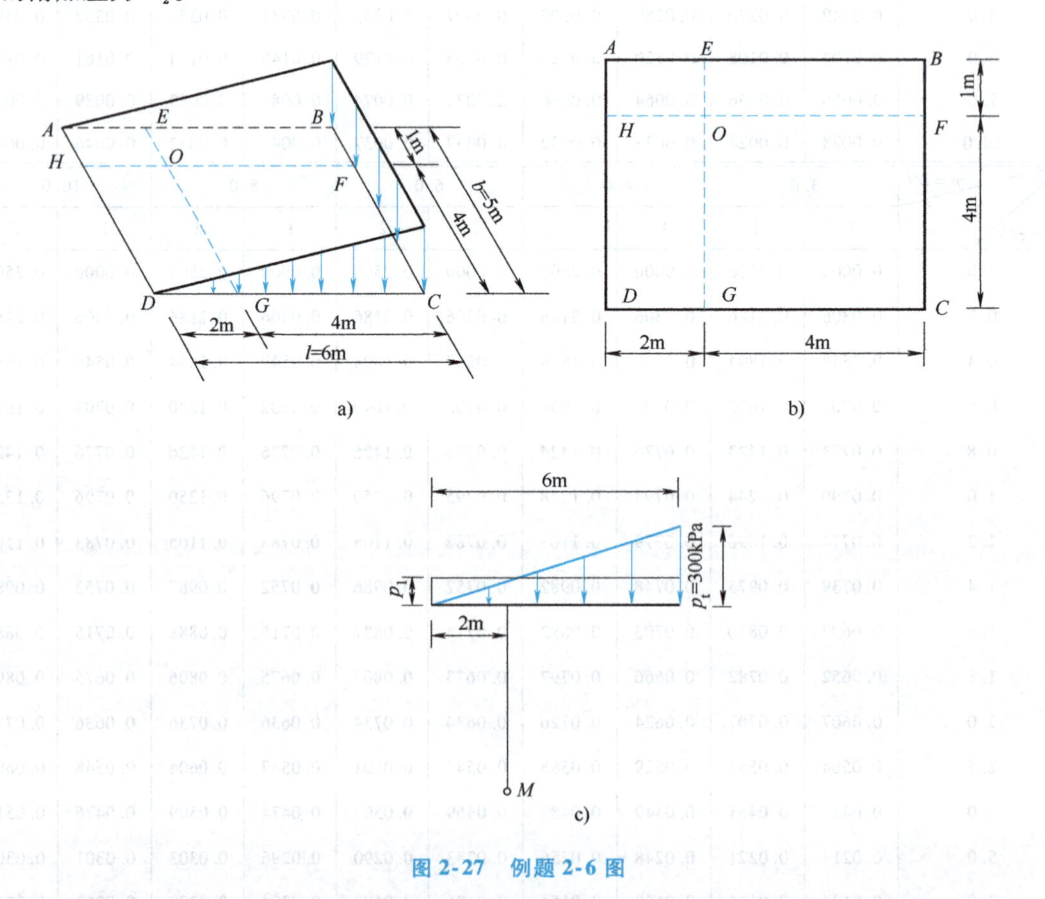

图 2-27　例题 2-6 图

解： 本题求解需要通过荷载作用面积的叠加和荷载分布图形的叠加来完成。

1）荷载作用面积的叠加。如图 2-27a、b 所示，O 点位于矩形基底 $ABCD$ 内。通过 O 点将矩形基底划分为4块，假定其上作用均布荷载 $p_1=(300/3)\text{kPa}=100\text{kPa}$，如图2-27c所示。则 p_1 在 M 点处产生的附加应力 σ_{z1} 为

$$\begin{aligned}\sigma_{z1}&=\sigma_{z1,AEOH}+\sigma_{z1,EBFO}+\sigma_{z1,OFCG}+\sigma_{z1,HOGD}\\&=p_1(\alpha_{r,AEOH}+\alpha_{r,EBFO}+\alpha_{r,OFCG}+\alpha_{r,HOGD})\\&=[100\times(0.0474+0.0674+0.1752+0.1202)]\text{kPa}\\&=41.02\text{kPa}\end{aligned}$$

其中，$\alpha_{r,AEOH}$、$\alpha_{r,EBFO}$、$\alpha_{r,OFCG}$、$\alpha_{r,HOGD}$ 分别为矩形基底 $AEOH$、$EBFO$、$OFCG$、$HOGD$ 受均布荷载作用时角点下的附加应力系数，可由表2-4查得，结果列于表2-8。

表2-8　均布荷载作用下的附加应力系数计算

受荷矩形区域	b/m	l/m	z/m	l/b	z/b	α_r
$AEOH$	1	2	4	2	4	0.0474
$EBFO$	1	4	4	4	4	0.0674
$OFCG$	4	4	4	1	1	0.1752
$HOGD$	2	4	4	2	2	0.1202

2）荷载分布图形的叠加。由角点法求得的应力 σ_{z1} 是由均布荷载 p_1 引起的，但实际的作用荷载是三角形分布。为此，可以根据叠加原理，将原矩形基底 $ABCD$ 上作用的三角形分布荷载（最大值为 p_t）转换为矩形区域 $ABCD$ 上作用的均布荷载 p_1，减去矩形区域 $AEGD$ 上作用的三角形分布荷载（最大值 p_1 作用在边界 AD 上），再加上矩形区域 $EBCG$ 上作用的三角形分布荷载（最大值为 p_t-p_1，作用在边界 BC 上），如图2-27c所示。

矩形区域 $AEGD$ 上作用的三角形分布荷载可以分为矩形区域 $AEOH$ 和 $HOGD$ 两部分进行计算，其中 O 点在荷载的0处，该三角形分布荷载在 M 点引起的附加应力 σ_{z2} 为

$$\begin{aligned}\sigma_{z2}&=\sigma_{z2,AEOH}+\sigma_{z2,HOGD}\\&=p_1(\alpha^{t1}_{r,AEOH}+\alpha^{t1}_{r,HOGD})\\&=[100\times(0.0216+0.0533)]\text{kPa}\\&=7.49\text{kPa}\end{aligned}$$

其中，应力系数 $\alpha^{t1}_{r,AEOH}$、$\alpha^{t1}_{r,HOGD}$ 可由表2-7查得，结果列于表2-9。

矩形区域 $EBCG$ 上作用的三角形分布荷载可以分为矩形区域 $EBFO$ 和 $OFCG$ 两部分进行计算，其中 O 点仍然在荷载的0处，该三角形分布荷载在 M 点引起的附加应力 σ_{z3} 为

$$\begin{aligned}\sigma_{z3}&=\sigma_{z3,EBFO}+\sigma_{z3,OFCG}\\&=(p_t-p_1)(\alpha^{t1}_{r,EBFO}+\alpha^{t1}_{r,OFCG})\\&=[(300-100)\times(0.0245+0.0666)]\text{kPa}\\&=18.22\text{kPa}\end{aligned}$$

其中，应力系数 $\alpha^{t1}_{r,EBFO}$、$\alpha^{t1}_{r,OFCG}$ 可由表2-7查得，结果列于表2-9。

将上述计算结果进行叠加，即可求得矩形基底 $ABCD$ 在三角形分布荷载作用下 M 点的竖向应力 σ_z 为

$$\sigma_z=\sigma_{z1}-\sigma_{z2}+\sigma_{z3}=(41.02-7.49+18.22)\text{kPa}=51.75\text{kPa}$$

表 2-9 三角形分布荷载作用下的附加应力系数计算（例题 2-6）

受荷矩形区域	b/m	l/m	z/m	l/b	z/b	α_r^{t1}
AEOH	2	1	4	0.5	2	0.0216
HOGD	2	4	4	2	2	0.0533
EBFO	4	1	4	0.25	1	0.0245
OFCG	4	4	4	1	1	0.0666

2.5.2 圆形基底受竖向均布荷载作用时地基中的附加应力

如图 2-28 所示，半径为 r_0 的圆形基底上作用竖向均布荷载 p_0，以圆形基底的中心点为坐标原点，在圆形基底上取一面积 $dA = rd\theta dr$ 的微单元，作用在该微单元上的合力 $dF = p_0 dA = p_0 rd\theta dr$，$dF$ 作用点与圆形基底中心点下深度 z 处的 M 点距离 $R = \sqrt{r^2 + z^2}$，根据式(2-12)，并在整个圆形基底范围内积分，可得 M 处的附加应力为

$$\sigma_z(0,z) = \iint_A d\sigma_z = \frac{3p_0 z^3}{2\pi}\int_0^{2\pi}\int_0^{r_0}\frac{rd\theta dr}{(r^2+z^2)^{5/2}}$$

$$= \left[1 - \frac{z^3}{(r_0^2+z^2)^{3/2}}\right]p_0 = \left[1 - \frac{1}{\left(\frac{1}{z^2/r_0^2}+1\right)^{\frac{3}{2}}}\right]p_0 = \alpha_{c0}p_0 \tag{2-16a}$$

式中 α_{c0}——$\alpha_{c0} = 1 - \dfrac{1}{\left(\dfrac{1}{z^2/r_0^2}+1\right)^{3/2}}$，为圆形基底受竖向均布荷载作用时圆心下深度 z 处的附加应力系数，可查表 2-10 得到（即表中 $r/r_0 = 0$ 情况，r 为应力计算点到 z 轴的水平距离），也可扫描二维码动态查询。

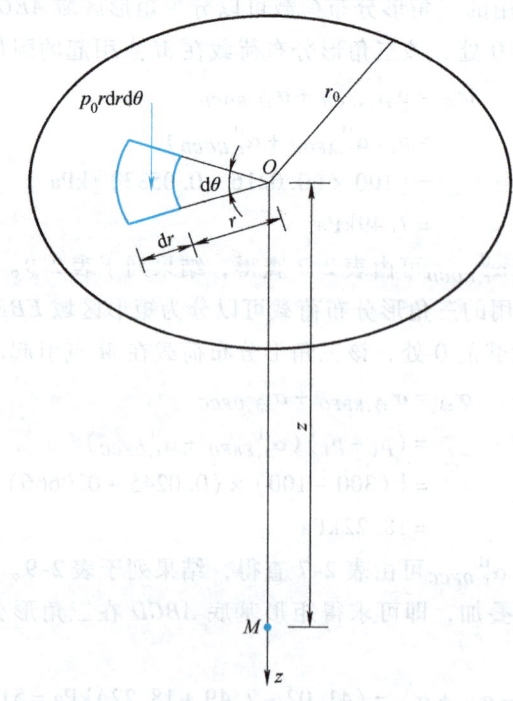

图 2-28 圆形基底受竖向均布荷载作用时的附加应力计算

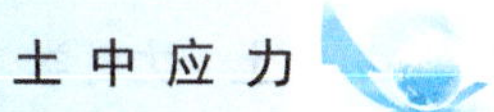

圆形基底受竖向均布荷载作用时任意点处的附加应力，同样可以采用积分求得：

$$\sigma_z(r,z)=\alpha_c p_0 \tag{2-16b}$$

式中　α_c——圆形基底受竖向均布荷载作用时距圆心水平距离 r、深度 z 处的附加应力系数；可根据 r/r_0 及 z/r_0 值查表 2-10，当 $r/r_0=0$ 时，$\alpha_c=\alpha_{c0}$。

圆形基底受竖向均布荷载作用时圆心点下的附加应力系数

对于圆形基底受竖向三角形分布荷载作用时的附加应力计算以及环形基底受竖向均布荷载作用时的附加应力计算等更复杂情况，可以参考相关文献。

表 2-10　圆形基底上受竖向均布荷载作用时的附加应力系数

z/r_0 \ r/r_0	0	0.2	0.4	0.6	0.8	1.0	1.2	1.4	1.6	1.8	2.0
0.0	1.000	1.000	1.000	1.000	1.000	0.500	0.000	0.000	0.000	0.000	0.000
0.2	0.992	0.991	0.987	0.970	0.890	0.468	0.077	0.015	0.005	0.002	0.001
0.4	0.949	0.943	0.920	0.860	0.712	0.435	0.181	0.065	0.026	0.012	0.006
0.6	0.864	0.852	0.813	0.733	0.591	0.400	0.224	0.113	0.056	0.029	0.016
0.8	0.756	0.742	0.699	0.619	0.504	0.366	0.237	0.142	0.083	0.048	0.029
1.0	0.646	0.633	0.593	0.525	0.434	0.332	0.235	0.157	0.102	0.065	0.042
1.2	0.547	0.535	0.502	0.447	0.377	0.300	0.226	0.162	0.113	0.078	0.053
1.4	0.461	0.452	0.425	0.383	0.329	0.270	0.212	0.161	0.118	0.086	0.062
1.6	0.390	0.383	0.362	0.330	0.288	0.243	0.197	0.156	0.120	0.090	0.068
1.8	0.332	0.327	0.311	0.285	0.254	0.218	0.182	0.148	0.118	0.092	0.072
2.0	0.284	0.280	0.268	0.248	0.224	0.196	0.167	0.140	0.114	0.092	0.074
2.2	0.246	0.242	0.233	0.218	0.198	0.176	0.153	0.131	0.109	0.090	0.074
2.4	0.213	0.211	0.203	0.192	0.176	0.159	0.140	0.122	0.104	0.087	0.073
2.6	0.187	0.185	0.179	0.170	0.158	0.144	0.129	0.113	0.098	0.084	0.071
2.8	0.165	0.163	0.159	0.151	0.141	0.130	0.118	0.105	0.092	0.080	0.069
3.0	0.146	0.145	0.141	0.135	0.127	0.118	0.108	0.097	0.087	0.077	0.067
3.4	0.117	0.116	0.114	0.110	0.105	0.098	0.091	0.084	0.076	0.068	0.061
3.8	0.096	0.095	0.093	0.091	0.087	0.083	0.078	0.073	0.067	0.061	0.055
4.2	0.079	0.079	0.078	0.076	0.073	0.070	0.067	0.063	0.059	0.054	0.050
4.6	0.067	0.067	0.066	0.064	0.063	0.060	0.058	0.055	0.052	0.048	0.045
5.0	0.057	0.057	0.056	0.055	0.054	0.052	0.050	0.048	0.046	0.043	0.041
5.5	0.048	0.048	0.047	0.046	0.045	0.044	0.043	0.041	0.039	0.038	0.036
6.0	0.040	0.040	0.040	0.039	0.039	0.038	0.037	0.036	0.034	0.033	0.031

2.6　平面问题条件下地基中的附加应力计算

当在地基表面作用有沿宽度任意分布但沿长度方向分布不变的无限长条形荷载时，荷载在每个长度方向断面上的分布形式是相同的，因此只需研究任意一个断面的应力分布情形，这类问题被称为平面应变问题。尽管在实际工程中不存在无限长的条形分布荷载，但一般常把长宽比不小于 10 的路基、坝基和墙基等条形基础视作平面应变问题考虑。

2.6.1 竖向均布线荷载作用下地基中的附加应力解答——费拉曼解

如图2-29所示，当在半无限体表面作用竖向均布线荷载p时，在y方向上取一微段dy，则该微段受到的合力$dF=pdy$可以视作集中力，根据集中力作用下地基中任意点附加应力的布辛奈斯克解，可以得到由该集中力在地基中任意点M处产生的附加应力$d\sigma_z=\dfrac{3z^3}{2\pi}\dfrac{pdy}{(x^2+y^2+z^2)^{5/2}}$，积分后即可求得竖向均布线荷载$p$在地基中任意点$M$处所产生的附加应力为

$$\sigma_z=\frac{3z^3}{2\pi}\int_{-\infty}^{+\infty}\frac{pdy}{(x^2+y^2+z^2)^{5/2}}=\frac{2z^3p}{\pi(x^2+z^2)^2}=\frac{2z^3p}{\pi R_1^4} \tag{2-17a}$$

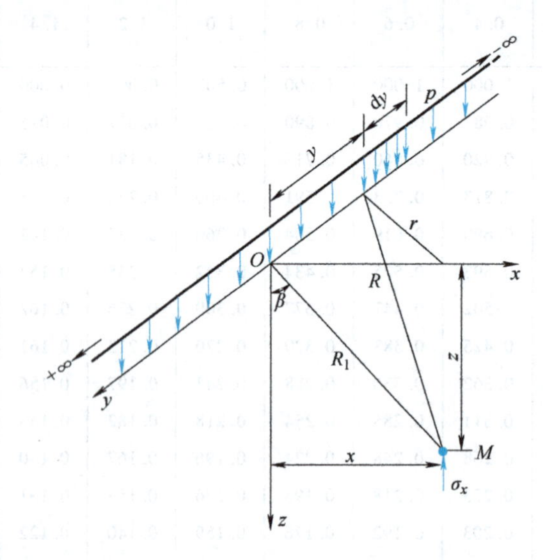

图2-29 竖向均布线荷载作用下地基中的附加应力计算

同理，按弹性力学方法可求得水平法向应力和剪应力为

$$\sigma_x=\frac{2x^2zp}{\pi R_1^4} \tag{2-17b}$$

$$\tau_{xz}=\tau_{zx}=\frac{2xz^2p}{\pi R_1^4} \tag{2-17c}$$

式中 R_1——M点至坐标原点的距离，$R_1=\sqrt{x^2+z^2}$。

本解答于1892年由费拉曼（Flamant）首先给出，故又称为费拉曼解。

当采用极坐标表示时，将图2-29中$z=R_1\cos\beta$，$x=R_1\sin\beta$代入式（2-17a）~式（2-17c），可得

$$\sigma_z=\frac{2p}{\pi R_1}\cos^3\beta \tag{2-17d}$$

$$\sigma_x=\frac{p}{\pi R_1}\sin\beta\sin2\beta \tag{2-17e}$$

$$\tau_{xz}=\tau_{zx}=\frac{p}{\pi R_1}\cos\beta\sin2\beta \tag{2-17f}$$

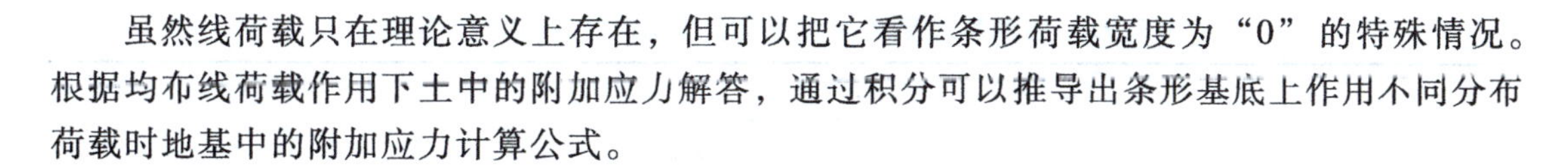

虽然线荷载只在理论意义上存在，但可以把它看作条形荷载宽度为“0”的特殊情况。根据均布线荷载作用下土中的附加应力解答，通过积分可以推导出条形基底上作用不同分布荷载时地基中的附加应力计算公式。

2.6.2 条形基底受竖向均布荷载作用时地基中的附加应力

1. 地基中任意点的竖向应力

如图2-30所示，宽度为 b 的无限长条形基底受均布荷载 p_0 作用。在荷载宽度方向取一无限小宽度 $\mathrm{d}\xi$，该宽度基底上受到的荷载 $\mathrm{d}\bar{p}=p_0\mathrm{d}\xi$ 可视为线荷载，根据竖向均布线荷载作用下地基中任一点的附加应力解答，可得

$$\mathrm{d}\sigma_z=\frac{2z^3\mathrm{d}\bar{p}}{\pi R_1^4}=\frac{2z^3}{\pi[(x-\xi)^2+z^2]^2}p_0\mathrm{d}\xi \tag{2-18a}$$

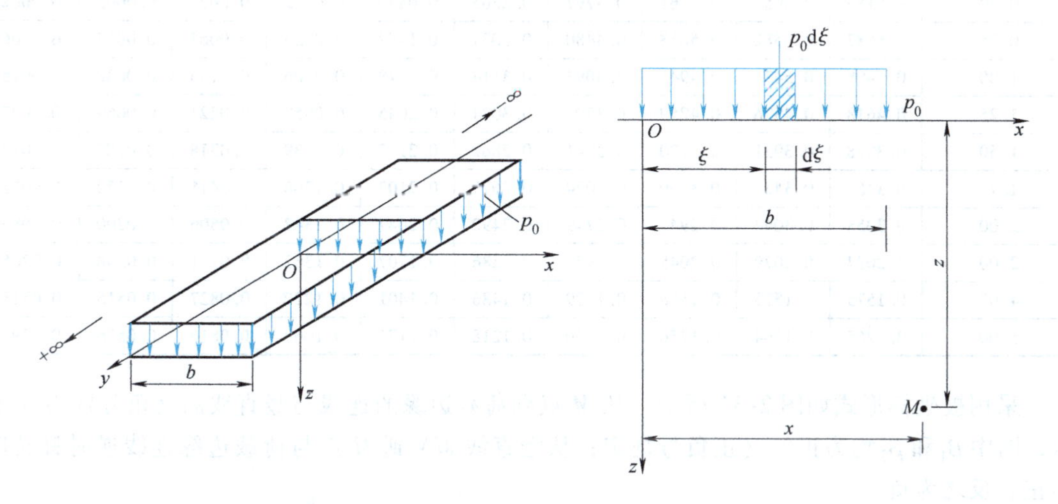

图2-30 条形基底受竖向均布荷载作用时地基中的附加应力计算

将 $\mathrm{d}\sigma_z$ 在荷载的宽度范围进行积分，可得条形基底受竖向均布荷载作用时地基中任意点 M 的附加应力为

$$\begin{aligned}\sigma_z&=\int_0^b\frac{2z^3}{\pi[(x-\xi)^2+z^2]^2}p_0\mathrm{d}\xi\\&=\frac{p_0}{\pi}\left[\arctan\frac{n}{m}-\arctan\frac{n-1}{m}+\frac{mn}{m^2+n^2}-\frac{m(n-1)}{m^2+(n-1)^2}\right]\\&=\alpha_s p_0\end{aligned} \tag{2-18b}$$

式中 m——$m=\dfrac{z}{b}$；

n——$n=\dfrac{x}{b}$；

α_s——$\alpha_s=\dfrac{1}{\pi}\left[\arctan\dfrac{n}{m}-\arctan\dfrac{n-1}{m}+\dfrac{mn}{m^2+n^2}-\dfrac{m(n-1)}{m^2+(n-1)^2}\right]$。$\alpha_s$ 为条形基底受竖向均布荷载作用时的附加应力系数，它是 m 和 n 的函数，由表2-11查得，也可通过二维码获取。

条形基底受竖向均布荷载作用时的附加应力系数

表 2-11 条形基底受竖向均布荷载作用时的附加应力系数

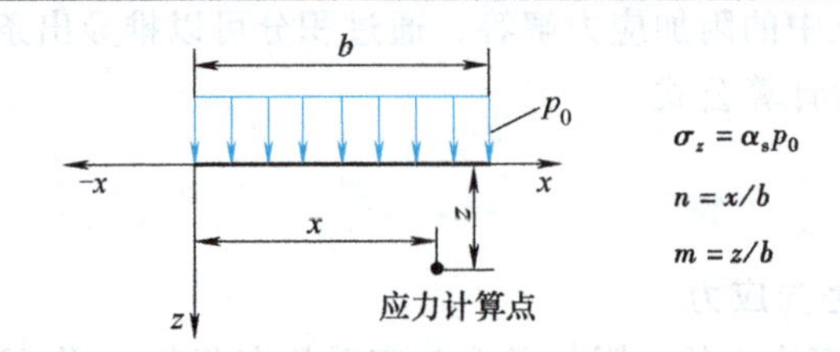

$m = z/b$ \ $n = x/b$	0.50	0.60	0.80	1.00	1.20	1.50	2.00	3.00	4.00	5.00
0.01	1.0000	1.0000	1.0000	0.5000	0.0000	0.0000	0.0000	0.0000	0.0000	0.0000
0.25	0.9595	0.9526	0.8643	0.4969	0.1281	0.0193	0.0027	0.0003	0.0000	0.0000
0.50	0.8183	0.8055	0.6961	0.4797	0.2565	0.0839	0.0172	0.0021	0.0005	0.0002
0.75	0.6682	0.6582	0.5813	0.4480	0.3031	0.1457	0.0425	0.0065	0.0017	0.0006
1.00	0.5498	0.5433	0.4941	0.4092	0.3114	0.1848	0.0706	0.0133	0.0038	0.0015
1.25	0.4618	0.4576	0.4259	0.3700	0.3024	0.2045	0.0952	0.0221	0.0069	0.0027
1.50	0.3958	0.3931	0.3720	0.3341	0.2862	0.2112	0.1139	0.0318	0.0107	0.0044
1.75	0.3453	0.3435	0.3290	0.3024	0.2677	0.2102	0.1266	0.0415	0.0152	0.0065
2.00	0.3058	0.3044	0.2941	0.2749	0.2492	0.2047	0.1342	0.0506	0.0200	0.0089
3.00	0.2084	0.2079	0.2045	0.1979	0.1886	0.1707	0.1362	0.0751	0.0388	0.0205
4.00	0.1575	0.1573	0.1558	0.1529	0.1486	0.1401	0.1220	0.0827	0.0515	0.0313
5.00	0.1265	0.1264	0.1256	0.1240	0.1218	0.1171	0.1068	0.0816	0.0576	0.0391

采用极坐标形式如图 2-31 所示，从 M 点到荷载边缘的连线与竖直线的夹角分别为 β_1 和 β_2，图中 β_1 和 β_2 均为正值（正负号规定：从竖直线 MN 到 M 点与荷载边缘连线逆时针转时为正，反之为负）。

均布条形荷载 p_0 沿 x 轴一微单元宽度 $\mathrm{d}x$ 上的荷载可以用 $\mathrm{d}p$ 表示，即

$$\mathrm{d}p = p_0 \mathrm{d}x = \frac{R_0 \mathrm{d}\beta}{\cos\beta} p_0$$

将上式代入极坐标表示的费拉曼计算公式 (2-17d) ~ (2-17f)，并在荷载分布宽度范围内积分，可得 M 点的应力表达式为

$$\sigma_z = \int_{\beta_1}^{\beta_2} \mathrm{d}\sigma_z = \int_{\beta_1}^{\beta_2} \frac{2p_0}{\pi R_0}\cos^3\beta \frac{R_0}{\cos\beta}\mathrm{d}\beta = \frac{2p_0}{\pi}\int_{\beta_1}^{\beta_2}\cos^2\beta \mathrm{d}\beta$$

$$= \frac{p_0}{\pi}\left(\beta_2 + \frac{1}{2}\sin 2\beta_2 - \beta_1 - \frac{1}{2}\sin 2\beta_1\right) \tag{2-19a}$$

$$\sigma_x = \frac{p_0}{\pi}\left(\beta_2 - \frac{1}{2}\sin 2\beta_2 - \beta_1 + \frac{1}{2}\sin 2\beta_1\right) \tag{2-19b}$$

$$\tau_{xz} = \frac{p_0}{2\pi}(\cos 2\beta_1 - \cos 2\beta_2) \tag{2-19c}$$

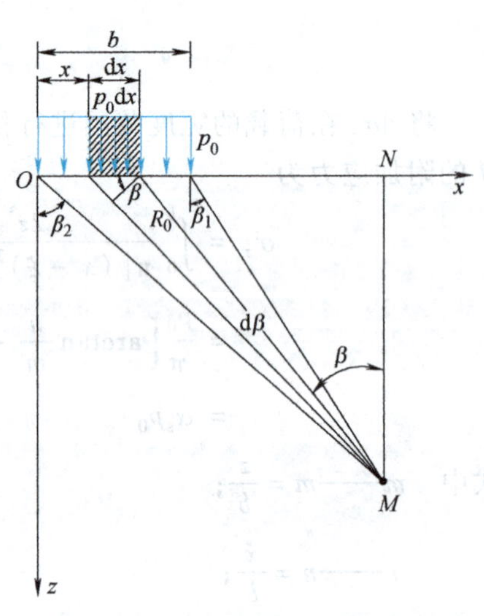

图 2-31 竖向均布条形荷载下地基中的附加应力计算（极坐标）

式 (2-19a) ~ 式 (2-19c) 中，当 M 点位于荷载分布宽度两端点竖直线之间时，β_1 取负值。

2. 地基中任一点的主应力

根据材料力学中有关主应力与法向应力及剪应力之间的关系，结合式（2-19a）~式（2-19c），可得地基表面作用竖向均布条形荷载时土中任一点 M 的大、小主应力 σ_1 和 σ_3 的计算式为

$$\left.\begin{matrix}\sigma_1\\\sigma_3\end{matrix}\right\}=\frac{\sigma_x+\sigma_z}{2}\pm\sqrt{\left(\frac{\sigma_x-\sigma_z}{2}\right)^2+\tau_{xz}}=\frac{p_0}{\pi}[(\beta_2-\beta_1)\pm\sin(\beta_2-\beta_1)] \tag{2-20a}$$

令 M 点与条形荷载两端点连线的夹角（称为视角）为 β_0，如图 2-32 所示，则有 $\beta_0=\beta_2-\beta_1$；当 M 点在荷载宽度范围内时，$\beta_0=\beta_1+\beta_2$，式（2-20a）可以表达为

$$\left.\begin{matrix}\sigma_1\\\sigma_3\end{matrix}\right\}=\frac{p_0}{\pi}(\beta_0\pm\sin\beta_0) \tag{2-20b}$$

从式（2-20b）可知，主应力是视角 β_0 的函数。因此，对同一确定的条形荷载，在地基中凡视角 β_0 相等的位置，其大、小主应力也必定分别相等，主应力的等值线就是通过荷载分布宽度两个边缘点的圆（图 2-32），这个圆（弧）称为 σ_1、σ_3 的等值圆（弧）。

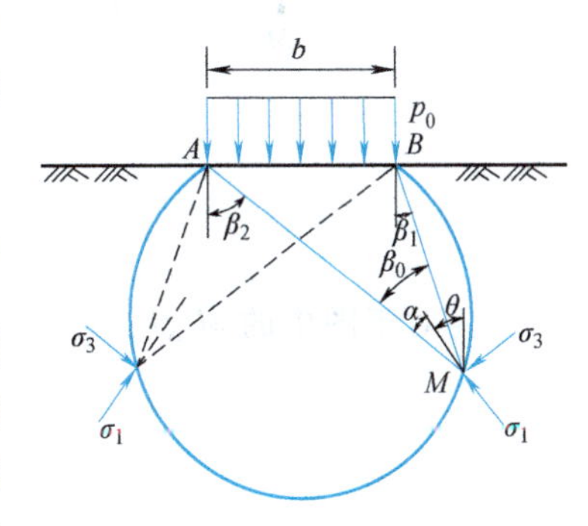

图 2-32　竖向均布条形荷载作用下地基中的主应力计算

根据材料力学的公式 $\tan2\theta=\dfrac{2\tau_{xz}}{\sigma_z-\sigma_x}$，结合式（2-19a）~式（2-19c），可得

$$\tan2\theta=\frac{2\tau_{xz}}{\sigma_z-\sigma_x}=\tan(\beta_1+\beta_2) \tag{2-20c}$$

式中　θ——最大主应力的作用方向与竖直线间的夹角，$\theta=\dfrac{1}{2}(\beta_1+\beta_2)$。

因此，图 2-32 中任一点 M 的大主应力 σ_1 作用方向与 $\overline{MA}$ 的夹角 α 为

$$\alpha=\beta_2-\theta=\beta_2-\frac{1}{2}(\beta_1+\beta_2)=\frac{1}{2}(\beta_2-\beta_1)$$

上式表明，大主应力 σ_1 的作用方向正好与视角 β_0 的角平分线一致，小主应力 σ_3 的作用方向与 σ_1 的作用方向垂直。

将式（2-20b）代入 $\tau_{max}=\dfrac{1}{2}(\sigma_1-\sigma_3)$，可得土体表面作用竖向均布条形荷载时土中任一点的最大剪应力计算公式为

$$\tau_{max}=\frac{1}{2}(\sigma_1-\sigma_3)=\frac{p_0}{\pi}\sin\beta_0 \tag{2-20d}$$

上式表明，最大剪应力也是视角 β_0 的函数。因此，主应力的等值圆（弧）也是最大剪应力 τ_{max} 的等值圆（弧）。当 $\beta_0=\pi/2$ 时，以荷载分布宽度 AB 为直径的半圆上任意点的 τ_{max} 均为地基中最大的剪应力，即

$$(\tau_{max})_{max}=\frac{p_0}{\pi} \tag{2-20e}$$

【例题 2-7】　某条形均布荷载 $p_0=200\text{kPa}$，分布宽度 $b=6.0\text{m}$，如图 2-33a 所示。分别求图中的 M 点、N 点、P 点的大、小主应力，并标出其作用方向（其中，M 点和 N 点埋深均为 6m，P 点埋深为 8m）。

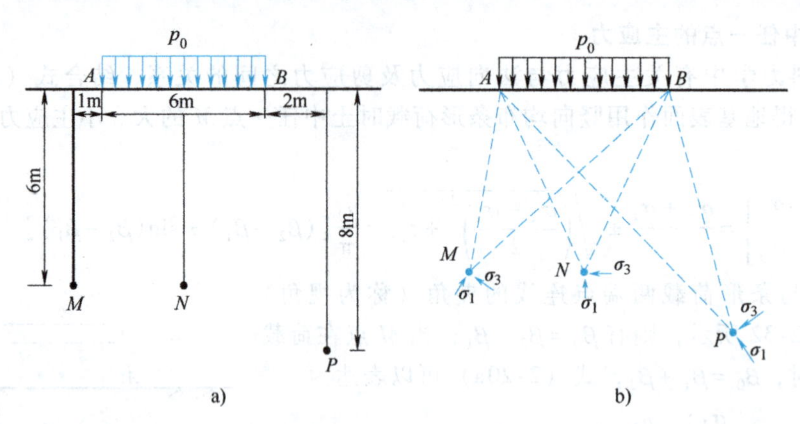

图 2-33 例题 2-7 图

解： 对于图中的 M 点：

$$\beta_{1,M} = -\arctan\left(\frac{7}{6}\right)$$

$$\beta_{2,M} = -\arctan\left(\frac{1}{6}\right)$$

M 点的视角为

$$\beta_{0,M} = \beta_{2,M} - \beta_{1,M} = 39.937° = 0.697\text{rad}$$

M 点的大主应力作用方向与竖直线间的夹角为

$$\theta_M = \frac{1}{2}(\beta_{1,M} + \beta_{2,M}) = -29.43°$$

负号表示过 M 点的竖直线顺时针旋转 29.43°的方向为大主应力的作用方向。

M 点的大、小主应力分别为

$$\left.\begin{matrix}\sigma_{1,M}\\ \sigma_{3,M}\end{matrix}\right\} = \frac{p_0}{\pi}(\beta_{0,M} \pm \sin\beta_{0,M})$$

$$= \left[\frac{200}{\pi} \times (0.697 \pm \sin 0.697)\right]\text{kPa}$$

$$= \left[\frac{200}{\pi} \times (0.697 \pm 0.642)\right]\text{kPa}$$

$$= \begin{matrix}85.24\\ 3.50\end{matrix}\ \text{kPa}$$

对于图中的 N 点：

$$\beta_{1,N} = -\arctan\left(\frac{3}{6}\right)$$

$$\beta_{2,N} = \arctan\left(\frac{3}{6}\right)$$

N 点的视角为

$$\beta_{0,N} = \beta_{2,N} - \beta_{1,N} = 53.130° = 0.927\text{rad}$$

N 点的大主应力作用方向与竖直线间的夹角为

$$\theta_N = \frac{1}{2}(\beta_{1,N} + \beta_{2,N}) = 0°$$

说明 N 点的大主应力作用方向为竖直方向。

N 点的大、小主应力分别为

$$\left.\begin{matrix}\sigma_{1,N}\\ \sigma_{3,N}\end{matrix}\right\}=\frac{p_0}{\pi}(\beta_{0,N}\pm\sin\beta_{0,N})$$

$$=\left[\frac{200}{\pi}\times(0.927\pm\sin 0.927)\right]\text{kPa}$$

$$=\left[\frac{200}{\pi}\times(0.927\pm 0.800)\right]\text{kPa}$$

$$=\begin{matrix}109.94\\ 8.09\end{matrix}\text{kPa}$$

对于图中的 P 点：

$$\beta_{1,P}=\arctan\left(\frac{2}{8}\right)$$

$$\beta_{2,P}=\arctan\left(\frac{8}{8}\right)$$

P 点的视角为

$$\beta_{0,P}=\beta_{2,P}-\beta_{1,P}=30.964°=0.540\text{rad}$$

P 点的大主应力作用方向与竖直线间的夹角为

$$\theta_P=\frac{1}{2}(\beta_{1,P}+\beta_{2,P})=29.52°$$

正号表示过 P 点的竖直线逆时针旋转 29.52°的方向为大主应力的作用方向。

P 点的大、小主应力分别为

$$\left.\begin{matrix}\sigma_{1,P}\\ \sigma_{3,P}\end{matrix}\right\}=\frac{p_0}{\pi}(\beta_{0,P}\pm\sin\beta_{0,P})$$

$$=\left[\frac{200}{\pi}\times(0.540\pm\sin 0.540)\right]\text{kPa}$$

$$=\left[\frac{200}{\pi}\times(0.540\pm 0.514)\right]\text{kPa}$$

$$=\begin{matrix}67.10\\ 1.66\end{matrix}\text{kPa}$$

大、小主应力的方向如图 2-33b 所示。

2.6.3 条形基底受竖向三角形及梯形分布荷载作用时地基中的附加应力

当条形基底受偏心荷载作用时，基底的附加压力呈三角形或梯形分布。图 2-34 为条形基底附加压力为三角形分布的情形，基底宽度为 b，坐标原点取在三角形荷载的零点处，荷载分布最大值为 p_t。在条形荷载的宽度方向上取一微单元 $d\xi$，其上作用的荷载 $dp=\frac{\xi}{b}p_t d\xi$ 可视为线荷载，代入式（2-17a），可得

$$d\sigma_z=\frac{2z^3}{\pi}\frac{dp}{R_1^4}=\frac{2z^3p_t}{\pi b}\frac{\xi d\xi}{[(x-\xi)^2+z^2]^2}$$

将上式在基底宽度 b 范围内积分，可得地基中任意点 M（x，z）的竖向附加应力 σ_z 为

$$\sigma_z = \frac{2z^3 p_t}{\pi b}\int_0^b \frac{\xi \mathrm{d}\xi}{[(x-\xi)^2+z^2]^2} = \frac{p_t}{\pi}\left[n\left(\arctan\frac{n}{m}-\arctan\frac{n-1}{m}\right)-\frac{m(n-1)}{(n-1)^2+m^2}\right] = \alpha_s^t p_t \tag{2-21}$$

式中　m——$m=\dfrac{z}{b}$；

n——$n=\dfrac{x}{b}$；

α_s^t——$\alpha_s^t=\dfrac{1}{\pi}\left[n\left(\arctan\dfrac{n}{m}-\arctan\dfrac{n-1}{m}\right)-\dfrac{m(n-1)}{(n-1)^2+m^2}\right]$。$\alpha_s^t$ 为条形基底受竖向三角形分布荷载作用时的附加应力系数，它是 m 和 n 的函数，可查表 2-12，也可扫描二维码获取。需要强调的是：坐标原点要设在三角形荷载的零点处。

条形基底受竖向三角形分布荷载作用时的附加应力系数

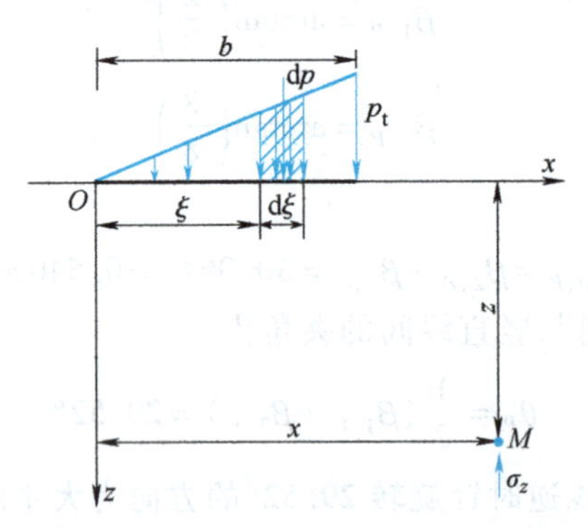

图 2-34　条形基底受三角形荷载作用时的附加应力计算

表 2-12　条形基底受竖向三角形分布荷载作用时的附加应力系数

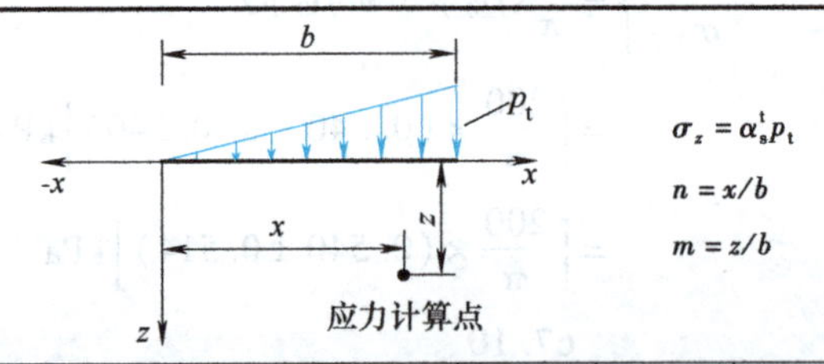

$\sigma_z=\alpha_s^t p_t$

$n=x/b$

$m=z/b$

$m=z/b$ \ $n=x/b$	−1.5	−1.0	−0.5	0.0	0.25	0.50	0.75	1.0	1.5	2.0	2.5
0.01	0.0000	0.0000	0.0000	0.0032	0.2500	0.5000	0.7500	0.4968	0.0000	0.0000	0.0000
0.25	0.0003	0.0008	0.0041	0.0749	0.2574	0.4797	0.6448	0.4220	0.0152	0.0019	0.0005
0.50	0.0018	0.0053	0.0217	0.1273	0.2620	0.4092	0.4726	0.3524	0.0622	0.0119	0.0035
0.75	0.0054	0.0140	0.0447	0.1528	0.2473	0.3341	0.3598	0.2952	0.1010	0.0285	0.0097
1.00	0.0107	0.0249	0.0643	0.1592	0.2235	0.2749	0.2870	0.2500	0.1206	0.0457	0.0182
1.50	0.0235	0.0448	0.0854	0.1469	0.1774	0.1979	0.2017	0.1872	0.1259	0.0691	0.0358
2.00	0.0347	0.0567	0.0894	0.1273	0.1431	0.1529	0.1545	0.1476	0.1154	0.0775	0.0482
3.00	0.0462	0.0622	0.0798	0.0955	0.1010	0.1042	0.1047	0.1024	0.0909	0.0740	0.0566
4.00	0.0476	0.0577	0.0673	0.0749	0.0774	0.0788	0.0790	0.0780	0.0727	0.0643	0.0544
5.00	0.0451	0.0515	0.0571	0.0612	0.0625	0.0632	0.0633	0.0628	0.0601	0.0554	0.0494
6.00	0.0415	0.0456	0.0491	0.0516	0.0524	0.0528	0.0529	0.0526	0.0509	0.0481	0.0443

当条形基底受竖向梯形分布荷载作用时，基底中心线下任一点处的附加应力计算如图 2-35 所示。可以采用两种方法求解：

1）第一种方法是将梯形荷载（$abcd$）划分为三角形荷载（ebc）与三角形荷载（ead）之差，根据荷载的对称性，基底中心线下任一点 M 处的附加应力为

$$\sigma_z = 2(\sigma_{z,ebo} - \sigma_{z,eaf}) = 2[\alpha^{t}_{s,ebo}(p_0 + p_1) - \alpha^{t}_{s,eaf}p_1]$$

式中 p_1——三角形荷载（eaf）的最大值；

p_0——梯形荷载的最大值；

$\alpha^{t}_{s,ebo}$和$\alpha^{t}_{s,eaf}$——三角形荷载 ebo 和三角形荷载 eaf 的附加应力系数，可以通过表 2-12 查得。需要注意的是：由于三角形荷载 ebo 和三角形荷载 eaf 的作用宽度不同，所以查表选取附加应力系数 $\alpha^{t}_{s,ebo}$ 和 $\alpha^{t}_{s,eaf}$时，条形基底的宽度取值也不同。

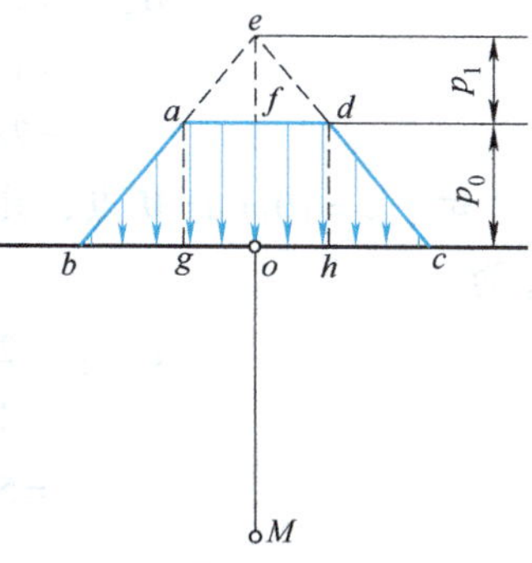

图 2-35 条形基底受竖向梯形分布荷载作用时的附加应力计算

2）第二种方法是将梯形荷载（$abcd$）划分为矩形荷载（$aghd$）与两个三角形荷载（abg、dhc）之和，根据荷载的对称性，基底中心线下任一点处的附加应力为

$$\sigma_z = 2(\sigma_{z,agof} + \sigma_{z,abg}) = 2(\alpha_{s,agof} + \alpha^{t}_{s,abg})p_0$$

式中 $\alpha_{s,agof}$——可由表 2-11 查得；

$\alpha^{t}_{s,abg}$——可由表 2-12 查得。

【例题 2-8】 如图 2-36 所示，某路堤高度为 4m，顶宽为 12m，底宽为 20m，已知路堤的填土重度 $\gamma = 20\text{kN/m}^3$。试求路堤中心线 o 点下 N 点（$z = 3\text{m}$）及 M 点（$z = 10\text{m}$）处的竖向应力 σ_z 值。

解： 路堤填土的重力荷载为梯形分布，其荷载最大值 $p_0 = \gamma H = (20 \times 4)\text{kPa} = 80\text{kPa}$。

方法 1：将梯形荷载 $abcd$ 划分为三角形荷载 ebc 与三角形荷载 ead 之差，根据几何关系，三角形荷载 ead 的最大值 $p_1 = 120\text{kPa}$，三角形荷载 ebc 的最大值 $p_1 + p_0 = 200\text{kPa}$。

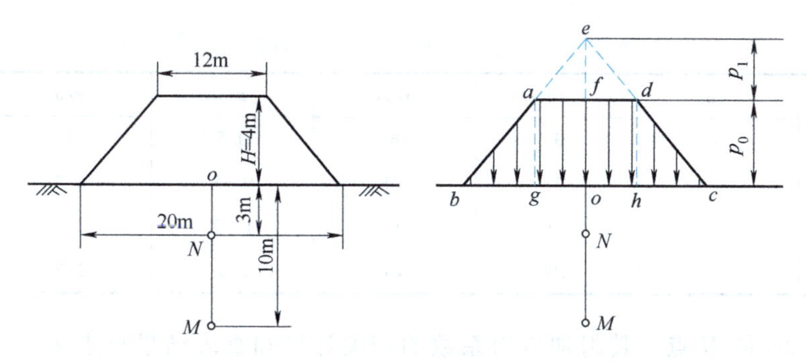

图 2-36 例题 2-8 图

根据荷载的对称性，路堤中心线下任意深度的附加应力为

$$\sigma_z = 2(\sigma_{z,ebo} - \sigma_{z,eaf}) = 2[\alpha^{t}_{s,ebo}(p_0 + p_1) - \alpha^{t}_{s,eaf}p_1]$$

竖向附加应力系数 $\alpha^{t}_{s,ebo}$和 $\alpha^{t}_{s,eaf}$可由表 2-12 查得。

对于 $z = 3\text{m}$ 的 N 点，其附加应力系数的相关计算和查表结果见表 2-13，其附加应力

$\sigma_{z=3}$为

$$\sigma_{z=3}=2[\alpha_{s,ebo}^{t1}(p_0+p_1)-\alpha_{s,eaf}^{t1}p_1]$$
$$=\{2\times[0.4081\times(80+120)-0.3524\times120]\}\text{kPa}$$
$$=78.66\text{kPa}$$

对于 $z=10\text{m}$ 的 M 点，其附加应力系数的相关计算和查表结果见表 2-13，其附加应力 σ_z 为

$$\sigma_{z=10}=2[\alpha_{s,ebo}^{t2}(p_0+p_1)-\alpha_{s,eaf}^{t2}p_1]$$
$$=\{2\times[0.2500\times(80+120)-0.1737\times120]\}\text{kPa}$$
$$=58.31\text{kPa}$$

表 2-13 三角形分布荷载作用下的附加应力系数计算（例题 2-8）

荷载分布面积	b/m	z/m	x/m	z/b	x/b	α_s^t
ebo	10	3	10	0.3	1	0.4081
eaf	6	3	6	0.5	1	0.3524
ebo	10	10	10	1	1	0.2500
eaf	6	10	6	1.67	1	0.1737

方法 2：将梯形荷载 $abcd$ 划分为矩形荷载 $aghd$ 与两个三角形荷载 abg、cdh 之和，根据荷载的对称性，则路堤中心线下任意深度的附加应力为

$$\sigma_z=2(\sigma_{z,agof}+\sigma_{z,abg})=2(\alpha_{s,agof}+\alpha_{s,abg}^t)p_0$$

附加应力系数 $\alpha_{s,agof}$和 $\alpha_{s,abg}^t$ 可由表 2-11、表 2-12 查得。

对于 $z=3\text{m}$ 的 N 点，其附加应力系数的相关计算和查表结果见表 2-14，其附加应力 $\sigma_{z=3}$为

$$\sigma_{z=3}=2(\alpha_{s,agof}^1+\alpha_{s,abg}^{t1})p_0$$
$$=[2\times(0.4797+0.0097)\times80]\text{kPa}$$
$$=78.30\text{kPa}$$

表 2-14 三角形及均布荷载作用下的附加应力系数计算（例题 2-8）

荷载分布面积	b/m	z/m	x/m	z/b	x/b	α_s 和 α_s^t
agof	6	3	6	0.5	1	0.4797
abg	4	3	10	0.75	2.5	0.0097
agof	6	10	6	1.67	1	0.3125
abg	4	10	10	2.5	2.5	0.0524

对于 $z=10\text{m}$ 的 M 点，其附加应力系数的相关计算和查表结果见表 2-14，其附加应力 σ_z 为

$$\sigma_{z=10}=2(\alpha_{s,agof}^2+\alpha_{s,abg}^{t2})p_0$$
$$=[2\times(0.3125+0.0524)\times80]\text{kPa}$$
$$=58.38\text{kPa}$$

两种方法计算结果不尽相同，这是由于附加应力系数的插值引起的。

【例题 2-9】 某宽度为2.5m的条形基础，如图2-37a所示，基础埋深2.0m，基础上作用荷载 $F=300\text{kN/m}$，$M=10\text{kN}\cdot\text{m}$，地基土的重度为 18.0kN/m^3，求：

1）基底中点处的附加压力。

2）基底中点下5m深度处的附加应力。

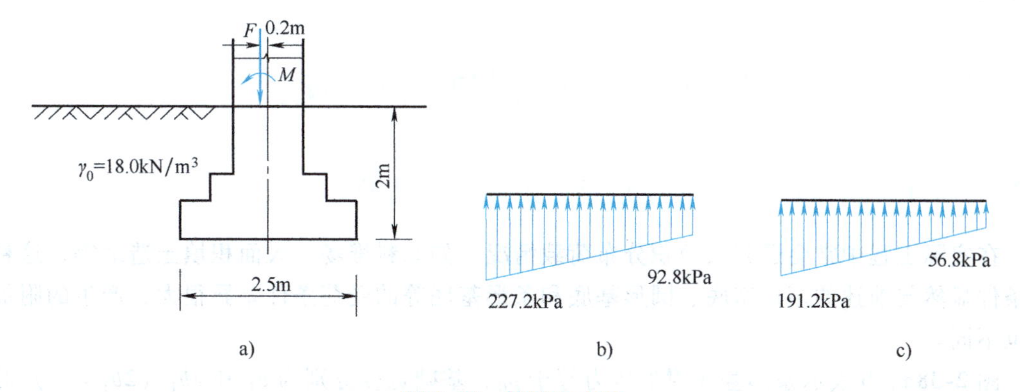

图2-37　例题2-9图

解：1）作用在单位长度基础底面上的竖向力为

$$F_v=F+G=F+\gamma_G Ad=(300+20\times2.5\times1\times2)\text{kN}=400\text{kN}$$

基底压力的偏心距为

$$e=\frac{M+F\times0.2}{F_v}=\left(\frac{10+300\times0.2}{400}\right)\text{m}=0.175\text{m}$$

由于 $e=0.175\text{m}<\frac{b}{6}=\left(\frac{2.5}{6}\right)\text{m}=0.417\text{m}$，属于小偏心受压。根据式（2-5c），最大基底压力和最小基底压力分别为

$$\left.\begin{matrix}p_{\max}\\p_{\min}\end{matrix}\right\}=\frac{F_v}{b}\left(1\pm\frac{6e}{b}\right)=\left[\frac{400}{2.5}\times\left(1\pm\frac{6\times0.175}{2.5}\right)\right]\text{kPa}=[160\times(1\pm0.42)]\text{kPa}=\begin{matrix}227.2\text{kPa}\\92.8\text{kPa}\end{matrix}$$

基底的压力分布如图2-37b所示。

根据式（2-7），基底的最大附加压力和最小附加压力分别为

$$p_{0,\max}=p_{\max}-\gamma_0 d=(227.2-18.0\times2)\text{kPa}=191.2\text{kPa}$$

$$p_{0,\min}=p_{\min}-\gamma_0 d=(92.8-18.0\times2)\text{kPa}=56.8\text{kPa}$$

所以，基底中点处的附加压力为

$$p_0=(p_{0,\max}+p_{0,\min})/2=(191.2+56.8)/2\text{kPa}=124\text{kPa}$$

基底的附加压力分布如图2-37c所示。

2）计算基底中心点以下5m深度处的附加应力时，可以把基底附加压力分解为 $p_{0,\min}=56.8\text{kPa}$ 的均布荷载和最大荷载 $p_t=134.4\text{kPa}$ 的三角形荷载两部分组成。该均布荷载和三角形荷载的竖向附加应力系数相关计算和查表结果见表2-15，基底中心点以下5m深度处的附加应力为

$$\sigma_z=\alpha_s p_{0,\min}+\alpha_s^t p_t=(0.3058\times56.8+0.1529\times134.4)\text{kPa}=37.92\text{kPa}$$

表 2-15 三角形及均布荷载作用下的附加应力系数计算（例题 2-9）

荷载分布类型	b/m	z/m	x/m	z/b	x/b	α_s 和 α_s^t
三角形分布	2.5	5	1.25	2	0.5	0.1529
均匀分布	2.5	5	1.25	2	0.5	0.3058

2.7 其他特殊情况下地基中的附加应力分布

2.7.1 大面积均布荷载作用下地基中的附加应力分布

在实际工程中常会遇到大面积分布荷载情况，如原料堆场、大面积填土造地等，这种荷载条件显然与前述的矩形基底、圆形基底和条形基底等的受荷条件差异很大，产生的附加应力也不同。

图 2-38a、b 表示条形基底附加压力等于 p_0，基础宽度分别为 b_1 和 $2b_1$（$2b_1=b_2$）时土中附加应力随深度的变化曲线。从图中可见，基础宽度越大，附加应力沿深度衰减越慢，在基底下相同深度处的附加应力也越大。当条形基底受荷宽度趋于无穷大时，如图 2-38c 所示，地基中附加应力分布与深度无关，均与基底附加压力相等。根据表 2-11，当 $b\to\infty$ 时，$z/b\to 0$，附加应力系数恒等于 1.0，任意深度的附加应力均等于基底附加压力。因此，大面积均布荷载作用下的地基附加应力不存在沿深度衰减的现象。

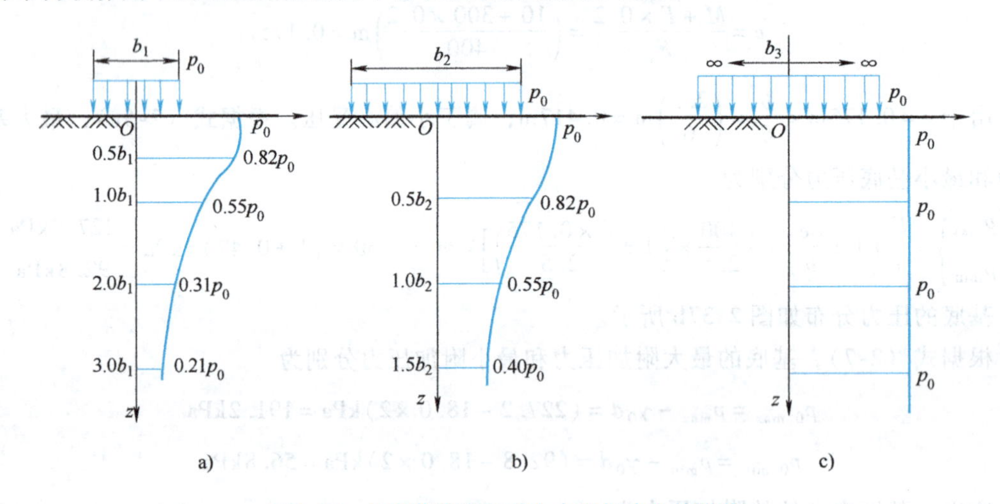

图 2-38 均布荷载面积对土中附加应力的影响

2.7.2 成层地基土中的附加应力分布

前面介绍的地基附加应力计算都是按土体均质各向同性的情形考虑，所得的土中附加应力与土的性质无关，然而，实际工程中的大部分地基都是由不同压缩性土层组成的成层地基，这里重点讨论一下由两种压缩特性不同的土层所构成的双层地基情形。双层地基通常有两种情况：一种是岩层上覆盖着较薄的可压缩土层，如在山区常常会遇到厚度不大的可压缩土层覆盖在绝对刚性的岩层上；另一种则是软弱土层上覆盖着一层压缩模量较高的硬壳层，如在软土地区常会遇到一层硬黏土或密实的砂覆盖在软弱土层上。双层地基的附加应力分布与均质各向同性地基的附加应力分布差异很大，当上层土的压缩性比下层土的压缩性高时，则上层地基土中的附加应力分布与均质地基的附加应力分布相比，荷载中轴线附近的附加应力增大，即发生“应力集中”现象，如图2-39a所示；当上层土的压缩性比下层土的压缩性低时，则下层地基土中的附加应力分布与均质地基的附加应力分布相比，荷载中轴线附近的附加应力减小，即发生“应力扩散”现象，如图2-39b所示。

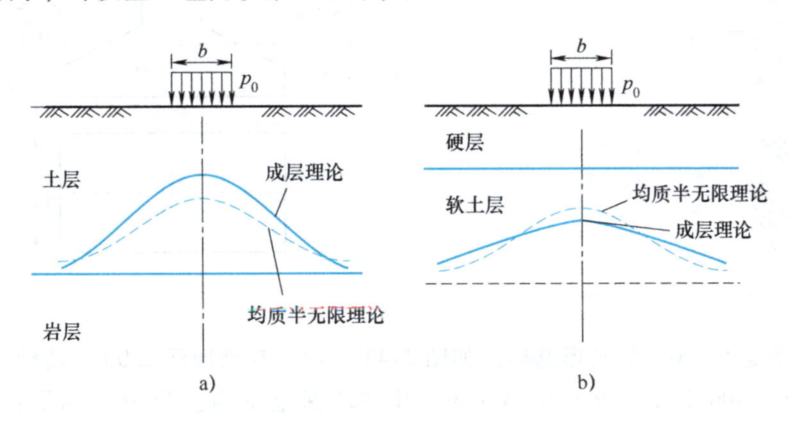

图2-39　双层地基界面上的附加应力分布

a）应力集中　b）应力扩散

双层地基的附加应力分布还与上覆土层的厚度有关。对于上软下硬的双层地基，上覆土层越薄，应力集中越显著；对于上硬下软的双层地基，上覆硬壳层越厚，则应力扩散越显著。

为了更直观对比均质土层与上软下硬及上硬下软土层的附加应力随深度变化情况，图2-40显示了均布荷载在均质土层与上软下硬及上硬下软土层中，中心线下竖向附加应力分布的对比图，图中曲线1（虚线）、曲线2、曲线3分别为均质地基、上软下硬双层地基、上硬下软双层地基的附加应力随深度分布情形。

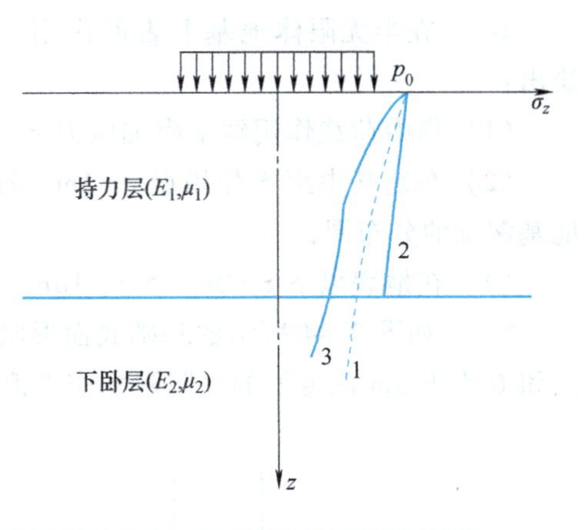

图2-40　双层地基竖向应力分布

双层地基中应力集中和扩散的概念十分重要，特别在软土地区，表面有一层硬壳层，由于应力扩散，可以减小地基沉降，在满足要求的情况下，可将此层作为持力层，将基础浅埋，并在施工时保护该层土的结构不受破坏。

习　题

2-1　如图2-41所示的一地基剖面图，绘出其自重应力分布图。若地下水位突然上升至地表面，试比较地下水位上升后地基中的自重应力变化。

2-2　某矩形基础底面长6m，宽度4m，基础埋深1.5m，作用在基底中心的竖向集中荷载$F=3000\text{kN}$，$M=300\text{kN}\cdot\text{m}$，如图2-42所示。基础埋深范围内土层分为两层：上层土厚度0.8m，重度为17.5kN/m³；下层土厚度0.7m，重度为18.0kN/m³。求：(1) 基底附加压力分布；(2) 基底中点下4m深度处的附加应力。

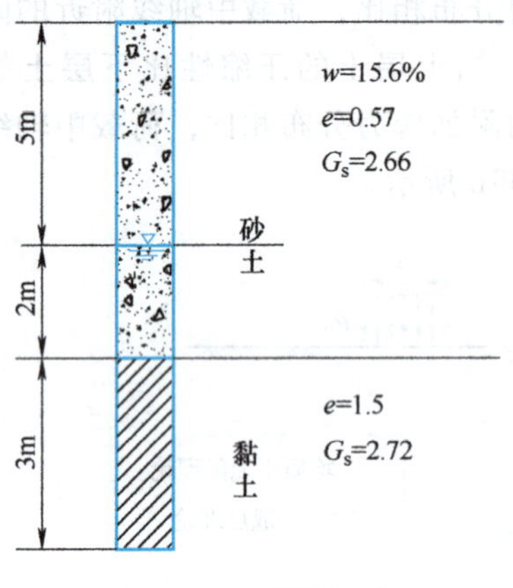

图2-41　习题2-1图

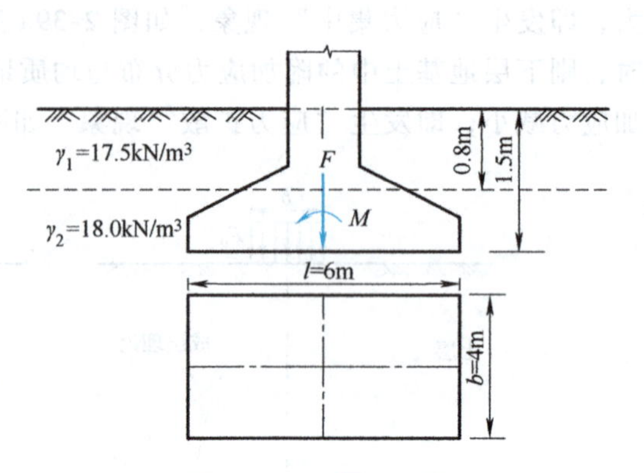

图2-42　习题2-2图

2-3　某宽度为2.0m的条形基础，如图2-43所示，基础埋深2.0m，基础中心轴线上作用竖向荷载 $F=400\text{kN/m}$，$M=10\text{kN}\cdot\text{m}$。基础埋深范围内土层分为两层：上层土厚度1.0m，重度为18.0kN/m³；下层土厚度1.0m，重度为18.5kN/m³。求：(1) 基底的附加压力分布；(2) 基底中点下4m深度处的附加应力。

2-4　在半无限体地基上表面作用一集中力 $F=150\text{kN}$，根据布辛奈斯克解，用Excel绘出：

(1) 集中荷载作用线下附加应力 σ_z 沿地基深度的分布图；

(2) 在地基中距 F 作用点 $r=1\text{m}$、2m、4m、6m和10m的竖直圆柱面上附加应力 σ_z 沿地基深度的分布图；

(3) 在地表以下 $z=2\text{m}$、5m、10m、20m等不同深度水平面上的附加应力 σ_z 分布图。

2-5　如图2-44所示的基础底面形状，已知基底的附加压力 $p_0=200\text{kPa}$。求：建筑物 C 点和 G 点下5m深度处的地基附加应力值 σ_z。

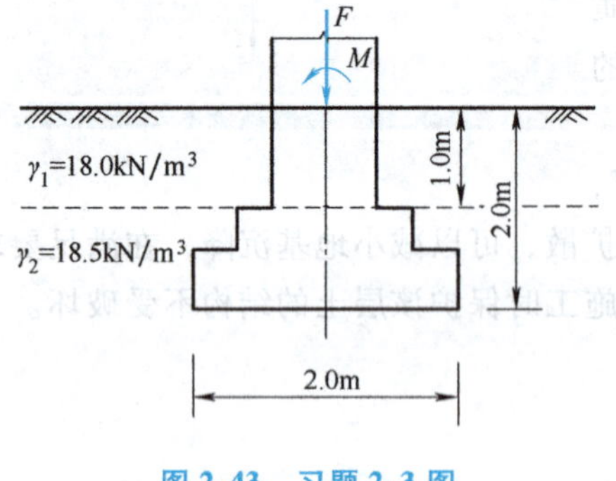

图2-43　习题2-3图

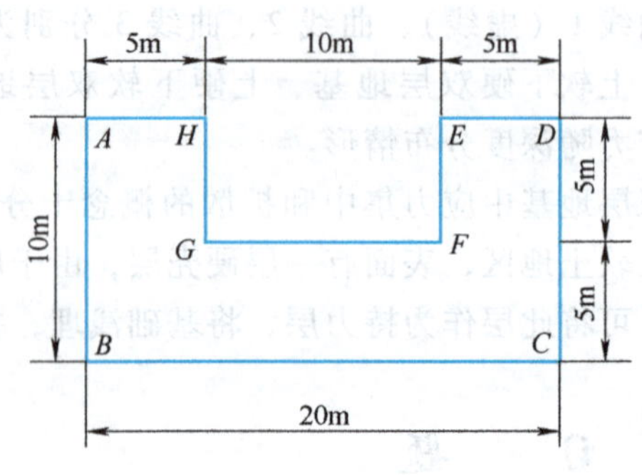

图2-44　习题2-5图

第 3 章　土的渗透性与渗流

■ 3.1　概述

土是一种固、液、气三相组成的多孔介质，当土体中出现地下水位差时，由于重力势能的作用，地下水将会发生渗流，土体所具有的这种被水等液体透过的性质称为土的渗透性，而水、油等液体在土体等透水介质中的流动，称为渗流。地下水的渗流对土的工程性质有很大影响，土的强度、变形和稳定都与地下水的渗流有关，如堤坝坝基的渗流稳定性（图 3-1a）、基坑内外水头差作用引起的流砂破坏（图 3-1b）、井点降水引起的渗流问题（图 3-1c）以及降雨引起的边坡失稳等工程实践都与地下水的渗流有关，而 1998 年长江洪水造成的堤坝险情，其中由渗透破坏引起的约占总数的 70%。因此，研究土中水的渗透规律及其对工程的影响具有重要意义。

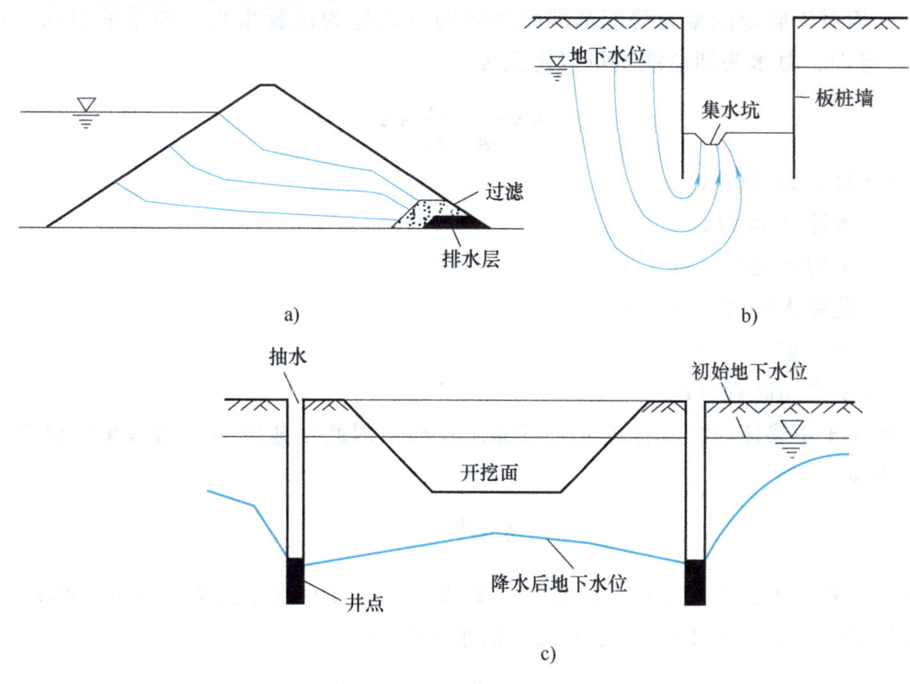

图 3-1　典型渗流现象

a）坝体中渗流　b）基坑渗流　c）井点降水

3.2 地下水的渗流规律

3.2.1 地下水运动的基本方式

地下水广泛地存在于岩土体的空隙之中，由于重力势能的作用，地下水在岩土体空隙中流动。根据流体的各个运动要素（如水位、流速、流向等）在流场内是否随时间变化，可以将地下水的流动分为稳定流（steady flow）和非稳定流（unsteady flow）。如果地下水的各个运动要素只随位置改变，而不随时间改变，则称为稳定流；如果这些要素不仅随位置变化，而且随时间变化，则称为非稳定流。自然界中的地下水流动一般都为非稳定流，即地下水的各项运动要素随时间、流程等不断变化，但为了方便计算，将有些渗流可近似视为稳定流。

地下水由于存在黏滞性而具有层流（laminar flow）和紊流（turbulent flow）两种流动状态。液体质点做有条不紊的运动，彼此不相混掺的形态称为层流，层流只出现在雷诺数较小的情况中，例如，流体在管内的低速流动；液体质点做不规则运动、互相混掺、轨迹曲折混乱的形态称为紊流（湍流，乱流），水利工程中的大部分流动为紊流。

3.2.2 地下水的水头（势能）介绍

地下水总水头（total head）是指单位重量的水所具有的机械能，包括压强水头（pressure head）、流速水头（velocity head）和位置水头（elevation head）。例如地下某深度处单位重量的水，由于受到上部荷载的作用，会有压强水头；如果它又具有一定的速度，则会有流速水头；相对于假定的重力势能基准面所处的位置称为位置水头。根据伯努利（Bernoulli，1738）定理，总水头即总能量可以定义为

$$h=\frac{v^2}{2g}+\frac{u}{\gamma_w}+z \tag{3-1}$$

式中 h——总水头（m）；

v——流速（m/s）；

g——重力加速度（m/s^2）；

u——孔隙水压力（kPa）；

γ_w——水的重度（kN/m^3）；

z——基准面高程（m）。

由于水在土中渗流时，其速度 v 一般都比较小，因此由速度引起的水头可以忽略不计，此时总水头为

$$h=\frac{u}{\gamma_w}+z \tag{3-2}$$

土中水总是由水头高处流向水头低处。如果土中两点存在水头差（head difference），土中水将发生渗流。在图 3-2 中，A、B 两点的水头差为

$$\Delta h=h_A-h_B=\left(\frac{u_A}{\gamma_w}+z_A\right)-\left(\frac{u_B}{\gamma_w}+z_B\right) \tag{3-3}$$

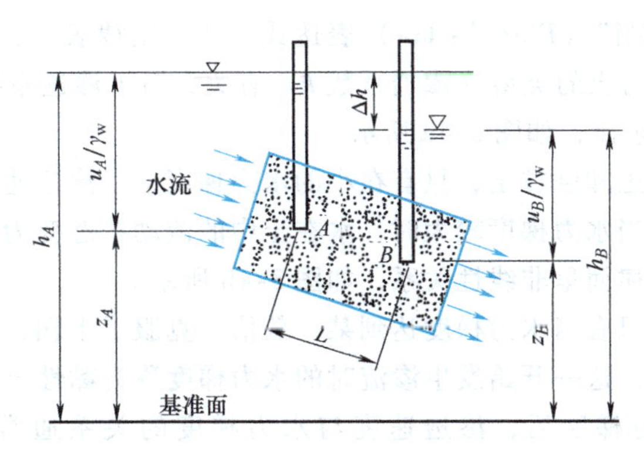

图 3-2 土中渗流水头变化示意图

由于 A 点水头高于 B 点的水头，因此水从 A 处流向 B 处。

3.2.3 达西定律

法国工程师达西（H. Darcy）进行了大量的砂土一维渗透试验，于 1856 年发现水在砂土中的渗透速度（discharge velocity）与水力梯度（hydraulic gradient）呈线性关系。

达西渗透试验装置示意图如图 3-3 所示，其主要部分是一个上端开口的直立圆筒。圆筒下部放置过滤网与碎石，滤网上放置颗粒均匀的砂土样，土样高度为 L，横断面面积为 A（圆筒横断面面积）。圆筒侧壁对应土样顶部和土样底部位置有两支测压管，用于测试土样顶部和底部的压力水头。水从上端进水管 a 注入圆筒，并由溢水孔 b 保持管内水位恒定，水透过土样，从装有阀门的出水管 c 流入容器 V 中。当土样充分饱和、上部水位保持恒定后，通过土样的渗流是稳定流，两支测压管中的水位将保持不变。图 3-3 中的基准面取 0—0 面，1、2 断面处的总水头分别为 h_1、h_2；$\Delta h = h_1 - h_2$ 即为经过砂样渗流长度 L 后的水头损失。

岩土名人——达西

达西经过大量的渗透试验研究发现：单位时间内的渗出水量 q 与圆筒断面面积 A 和水力梯度 i 都成正比，且与土的透水性质有关，即

$$v = \frac{q}{A} = ki = k\frac{\Delta h}{L} \tag{3-4}$$

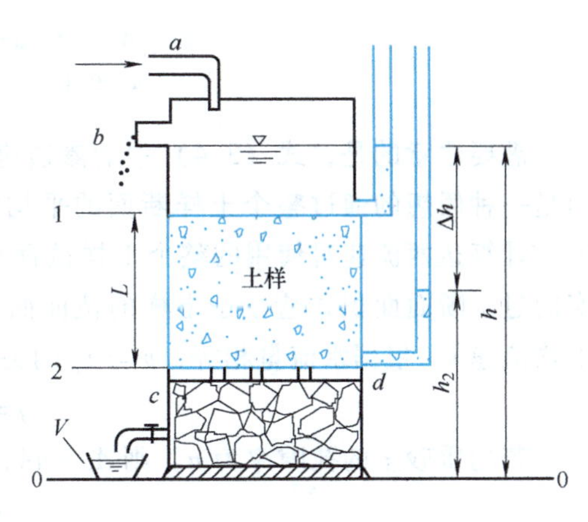

图 3-3 达西渗透试验装置示意图

式中 q——单位时间的渗水量（cm³/s）；

v——断面平均渗流（渗透）速度（cm/s）；

i——水力梯度或水力坡降，表示沿渗流方向单位长度上的水头损失（$\Delta h/L$），无量纲；

k——反映土透水性的比例系数，称为土的渗透系数（cm/s）；

A——垂直于渗流方向的试样横截面面积（cm²）；

L——渗透路径长度（cm）。

式（3-4）为达西定律（Darcy's law）表达式。达西定律表明：在层流状态的渗流中，水在土中的渗流速度 v 与土的类型（渗透系数 k）有关；对于渗透系数相同的土，水的渗流速度则与水力坡度 i 成正比，如图 3-4a 所示。

然而，对于砾石类土和巨粒土，只有在小的水力梯度下，渗透速度与水力梯度才呈符合达西定律的线性关系；当水力梯度较大时，水在土中的流动状态变为紊流，渗透速度与水力梯度的关系偏离达西定律而呈非线性关系，如图 3-4b 所示。

对于密实的黏土，只有当水力梯度达到某一数值，克服了土颗粒周围弱结合水的黏滞阻力以后，渗流才能发生，这一开始发生渗流时的水力梯度称为黏性土的起始水力梯度 i_0；当水力梯度超过起始水力梯度后，渗透速度与水力梯度的关系通常也呈非线性关系，如图 3-4c 中的实线所示。为了实用方便，密实黏土的渗透速度与水力梯度的关系常用图 3-4c 中的虚线来描述，可用下式表达：

$$v = k(i - i_0) \tag{3-5}$$

式中　i_0——密实黏土的起始水力梯度；

其余符号意义同前。

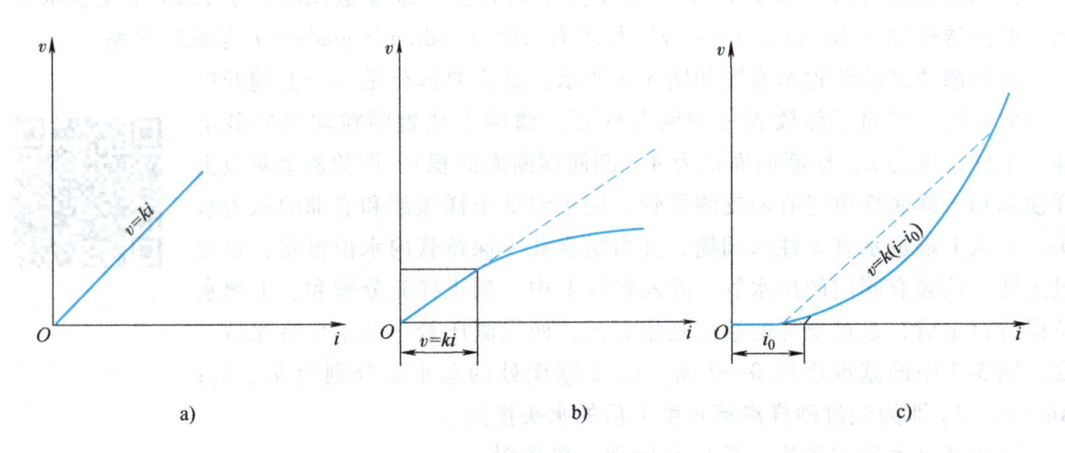

图 3-4　土的渗透速度与水力梯度的关系

a）砂土　b）砾石土　c）密实黏土

需要注意的是，式（3-4）中的渗透速度 v（达西流速）并不是土孔隙中水的实际流速，而是一种假想的通过整个土样断面的平均流速。实际上，水是在土骨架之间的孔隙中流动的，计算达西流速时使用的整个土样截面面积 A 中，包含了土骨架的截面面积。因此，真实的过水断面面积 A_r 应小于土样的截面面积 A，孔隙中实际的平均流速 v_r 应大于断面假想平均流速 v，根据水流量相等，v 与 v_r 的关系如下：

$$q = vA = v_r A_r \tag{3-6}$$

若均质砂土的孔隙率为 n，则 $A_r = nA$，可得

$$v_r = \frac{vA}{A_r} = \frac{vA}{nA} = \frac{v}{n} \tag{3-7}$$

由于土体的孔隙率 $n<1$，所以 $v_r > v$。然而，由于土体中的孔隙形状和大小十分复杂，v_r 也并非渗透的真实流速，为了分析问题方便，本书中所涉及的渗透速度均指断面平均流速（达西流速）。

【例题 3-1】 某砂土土样的常水头试验如图 3-3 所示。土样位于一个上端开口的圆筒中，已知土样截面半径为 10cm，土样长度 $L=20\text{cm}$，水头的基准面为 0—0 面，土样顶部（过水断面 1）处的水头高度 $h_1=43\text{cm}$，土样底部（过水断面 2）处的水头高度 $h_2=25\text{cm}$，测得单位时间内的渗出水量为 $8\text{cm}^3/\text{s}$，求土样的渗透系数。

解：根据已知条件可知，土样的横截面面积为

$$A=\pi r^2=\pi\times10^2\text{cm}^2=314\text{cm}^2$$

土样两端的水力梯度为

$$i=\frac{\Delta h}{L}=\frac{h_1-h_2}{L}=\frac{43-25}{20}=0.9$$

根据式（3-4），可得土样的渗透系数为

$$k=\frac{q}{Ai}=\left(\frac{8}{314\times0.9}\right)\text{cm/s}=2.83\times10^{-2}\text{cm/s}$$

3.2.4 渗透系数的测定方法

渗透系数（hydraulic conductivity 或 coefficient of permeability）k 是反映土体渗透能力的一个综合指标，也是渗流计算时必须用到的一个基本参数，其数值的正确确定对渗透计算有着非常重要的意义，常见饱和土的渗透系数参考值见表 3-1。渗透系数通常采用室内渗透试验和现场渗透试验进行测定。

表 3-1　饱和土的渗透系数参考值

土的类型	渗透系数量级/(cm/s)	土的类型	渗透系数量级/(cm/s)
砾石、粗砂	$10^{-2}\sim10^{-1}$	粉土	$10^{-6}\sim10^{-4}$
中砂	$10^{-3}\sim10^{-2}$	粉质黏土	$10^{-7}\sim10^{-6}$
细砂、粉砂	$10^{-4}\sim10^{-3}$	黏土	$10^{-10}\sim10^{-7}$

1. 室内渗透试验

实验室测定渗透系数 k 值的方法称为室内渗透试验。根据试验装置的差异和试验原理的不同，室内渗透试验又分为常水头试验（constant-head permeability test）和变水头试验（falling-head permeability test）。

（1）常水头试验　进行常水头试验时，在整个试验过程中水头保持不变，其试验装置如图 3-5 所示。前述的达西渗透试验就属于常水头试验类型。在进行常水头渗透试验时，假设试样的长度为 L，横截面面积为 A，试验时的常水头差为 Δh。当渗流稳定后，用量筒和秒表测得在某一时段 t 内经过试样的渗水量 Q，并由下式可求得渗透系数 k 为

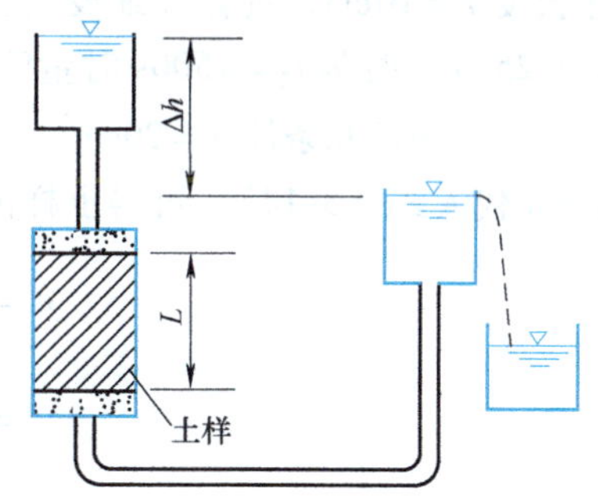

图 3-5　常水头试验装置示意图

$$q=\frac{Q}{t}\tag{3-8}$$

$$k=\frac{QL}{A\Delta ht}\tag{3-9}$$

常水头试验一般适用于渗透系数 $k>10^{-3}$ cm/s 的砂土或者卵石。

(2) 变水头试验　对于渗透系数很小的黏性土，由于流量太小，采用常水头试验难以直接准确量测，这时宜采用变水头试验进行土体渗透系数的量测。

在进行变水头渗透试验时，水头随着时间而变化，其试验装置如图 3-6 所示。试样的一端与带有刻度的细玻璃管相接，在试验过程中量测某一时段内细玻璃管中水位的变化，即可根据达西定律，求得土的渗透系数。设量管（细玻璃管）的内横截面面积为 a，时刻 t_1 时土样两端的水头差为 h_1，时刻 t_2 时土样两端的水头差为 h_2，经过时段 $dt=t_2-t_1$，量管中的水量变化为

$$dQ=a(h_2-h_1)=-a dh \tag{3-10}$$

根据达西定律，在时段 dt 内流经试样的水量又可表示为

$$dQ=k\frac{h}{L}A dt \tag{3-11}$$

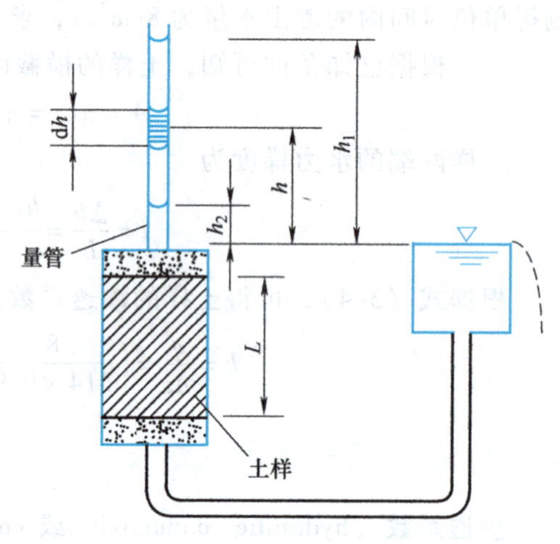

图 3-6　变水头渗透试验装置示意图

根据水流连续原理，同一时间内流经试样的流量与量管中的水量变化相等，所以有

$$dt=-\frac{aL}{kA}\cdot\frac{dh}{h} \tag{3-12}$$

将上式两边积分，得

$$\int_{t_1}^{t_2}dt=-\int_{h_1}^{h_2}\frac{aL}{kA}\cdot\frac{dh}{h} \tag{3-13}$$

即可得到土的渗透系数为

$$k=\frac{aL}{A(t_2-t_1)}\ln\frac{h_1}{h_2}=2.3\frac{aL}{A(t_2-t_1)}\lg\frac{h_1}{h_2} \tag{3-14}$$

式中 a、L、A 为已知，试验时只需量测与时刻 t_1、t_2 对应的水位 h_1、h_2，即可求得渗透系数。

【例题 3-2】　某土样的变水头试验如图 3-6 所示。已知土样横截面面积 $A=20\text{cm}^2$，土样长度 $L=10$cm，量管（细玻璃管）的内横截面面积 $a=0.6\text{cm}^2$，$t_1=0$s 时量管内的水头差 $h_1=25$cm，时刻 $t_2=1500$s 时量管内的水头差 $h_2=20$cm，求土样的渗透系数。

解：把已知条件 $A=20\text{cm}^2$，$L=10$cm，$a=0.6\text{cm}^2$，$t_1=0$s，$h_1=25$cm，$t_2=1500$s，$h_2=20$cm 代入式 (3-14)，可得土样的渗透系数为

$$\begin{aligned}k&=2.3\frac{aL}{A(t_2-t_1)}\lg\frac{h_1}{h_2}\\&=\left[2.3\times\frac{0.6\times10}{20\times(1500-0)}\times\lg\frac{25}{20}\right]\text{cm/s}\\&=4.46\times10^{-5}\text{cm/s}\end{aligned}$$

2. 现场渗透试验

对于均质的粗粒土层，用现场渗透试验测出的渗透系数值往往比室内渗透试验更可靠。常用的现场渗透试验有抽水试验、注水试验和压水试验，其中压水试验主要用于测试裂隙岩

体的渗透性，注水试验可看作抽水试验的逆过程，这里仅介绍抽水试验。

抽水试验开始前，先在现场钻一个中心抽水井，如图 3-7 所示。该抽水井为潜水完整井，抽水会造成潜水含水层中地下水位逐渐下降，最后形成一个稳定的以井为轴心的漏斗状地下水面。在距抽水井不同距离处设置两个观测孔，观测稳定抽水时观测孔的地下水位变化。设单位时间的抽水量为 q，两观测孔距抽水井轴线的距离分别为 r_1 和 r_2，观测孔内水位高度分别为 h_1 和 h_2，根据达西定律即可求得土层的平均渗透系数 k。

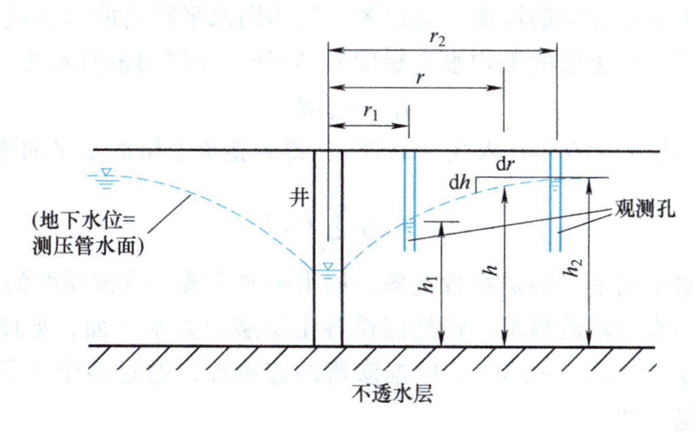

图 3-7　抽水试验示意图

假设水仅发生水平向流动，则流向抽水井的过水横断面是一系列同心圆柱面，如图 3-7 所示。若距离抽水井 r 处的水面高度为 h，则过水横断面面积 $A=2\pi rh$；假设水平长度 $\mathrm{d}r$ 对应的水头差为 $\mathrm{d}h$，则该处的水力梯度 $i=\mathrm{d}h/\mathrm{d}r$。由达西定律，可得

$$q=Aki=2\pi rhk\frac{\mathrm{d}h}{\mathrm{d}r} \tag{3-15}$$

整理上式，可得

$$q\frac{\mathrm{d}r}{r}=2\pi kh\mathrm{d}h \tag{3-16}$$

两边积分，可得

$$q\int_{r_1}^{r_2}\frac{\mathrm{d}r}{r}=2\pi k\int_{h_1}^{h_2}h\mathrm{d}h$$

$$k=\frac{q}{\pi}\frac{\ln(r_2/r_1)}{(h_2^2-h_1^2)} \tag{3-17}$$

根据水位稳定后两个观测井的水位 h_1 和 h_2，由式（3-17）即可求得试验土层的渗透系数。

3.2.5　成层土的平均渗透系数计算

天然沉积土层通常由渗透性不同的土层组成。对于分别与土层层面平行和垂直的简单渗流情况，如果已知各土层的渗透系数和厚度，即可求出平行土层层面和垂直土层层面的平均渗透系数，以此作为评价整个土层渗透性的依据。

当发生与土层面平行的渗流时，假设各土层层面均为水平面，图 3-8a 所示为在渗流场中截取的渗流长度为 L 的一段水平渗流区域。假设各土层的水平向渗透系数分别为 k_{h1}、k_{h2}、…、k_{hn}，厚度分别为 H_1、H_2、…、H_n，总厚度为 H。在垂直渗流方向取单位宽度进行

分析，若通过各土层的流量分别为 q_{h1}、q_{h2}、…、q_{hn}，则通过整个土层的总流量 q_h 应为各土层流量之和，即

$$q_h = q_{h1} + q_{h2} + \cdots + q_{hn} = \sum_{j=1}^{n} q_{hj} \tag{3-18}$$

根据达西定律，总流量可用水平向平均渗透系数 k_h 和平均水力梯度 i 可表示为

$$q_h = k_h iH \tag{3-19}$$

由于土层只发生水平方向的渗流，通过各土层相同水平距离的水头损失应相等，因此各土层的水力梯度等于所有土层的平均水力梯度 i，则任一土层内的流量为

$$q_{hj} = k_{hj} iH_j \tag{3-20}$$

将式（3-19）、式（3-20）代入式（3-18），得到整个土层的水平向平均渗透系数为

$$k_h = \frac{1}{H}\sum_{j=1}^{n} k_{hj}H_j \tag{3-21}$$

因此，土层的水平向平均渗透系数是各土层水平向渗透系数按厚度的加权平均值。

对于与土层面垂直的渗流情况，仍然假设各土层层面为水平面，如图 3-8b 所示。若通过各土层的流量为 q_{1v}、q_{2v}、…、q_{vn}，根据渗流的连续性，通过整个土层的渗流量 q_v 等于通过各土层的渗流量，即

$$q_{1v} = q_{2v} = \cdots = q_{vn} = q_v \tag{3-22}$$

若渗流通过任一厚度 H_j 土层的水头损失为 Δh_j，垂直向渗透系数为 k_{vj}，则水力梯度 $i_j = \Delta h_j / H_j$。由达西定律，通过该土层的流量为

$$q_{vj} = k_{vj}\frac{\Delta h_j}{H_j} = k_{vj} i_j \tag{3-23}$$

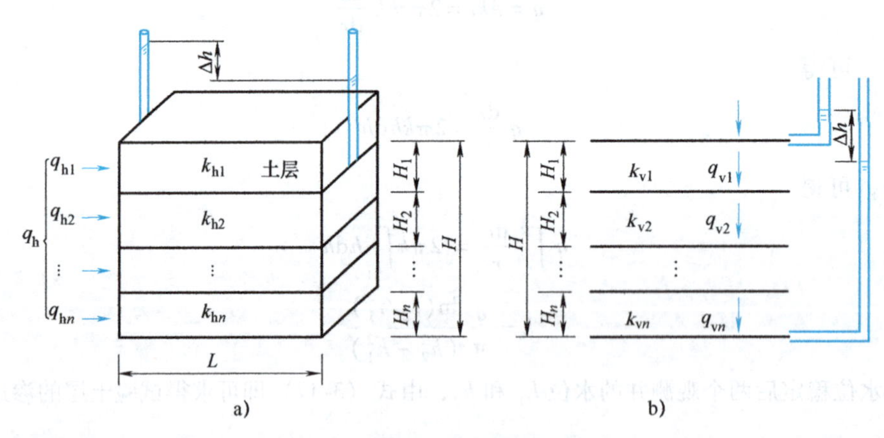

图 3-8　水平成层土中的渗流

a）水平向渗流　b）垂直向渗流

由于只发生竖向渗流，因此通过所有土层的总水头损失 Δh 为各土层水头损失之和 $\sum \Delta h_j$，即

$$\Delta h = \Delta h_1 + \Delta h_2 + \cdots + \Delta h_n = i_1 H_1 + i_2 H_2 + \cdots + i_n H_n = \sum_{j=1}^{n} i_j H_j \tag{3-24}$$

所有土层的平均水力梯度 $i = \Delta h / H$，假设所有土层的垂直向平均渗透系数为 k_v，由达西定律，通过所有土层的流量为

$$q_v = k_v \frac{\Delta h}{H} \tag{3-25}$$

由式（3-22）~式（3-25），可得到所有土层的垂直向平均渗透系数为

$$k_v = \frac{H}{\dfrac{H_1}{k_{v1}} + \dfrac{H_2}{k_{v2}} + \cdots + \dfrac{H_n}{k_{vn}}} = \frac{H}{\sum\limits_{j=1}^{n}\left(\dfrac{H_j}{k_{vj}}\right)} \tag{3-26}$$

由式（3-21）和式（3-26）可见，对于水平成层土，如果各土层厚度大致相近，而渗透系数相差很大时，土层的水平向平均渗透系数将取决于渗透系数最大的土层和土层数，而土层的垂直向平均渗透系数将取决于渗透系数最小的土层和土层数。因此，对于成层土地基而言，若各土层的两个方向渗透系数相同，则其水平向平均渗透系数总大于垂直向平均渗透系数。

【例题3-3】　某一成层土地基，土层厚度分别为 $H_1 = 4\text{m}$、$H_2 = 4\text{m}$、$H_3 = 4\text{m}$ 和 $H_4 = 4\text{m}$，各土层的水平向和垂直向渗透系数相同，分别为 $k_1 = 1 \times 10^{-5}\text{cm/s}$、$k_2 = 1 \times 10^{-4}\text{cm/s}$、$k_3 = 1 \times 10^{-3}\text{cm/s}$ 和 $k_4 = 1 \times 10^{-6}\text{cm/s}$，求该地基土层的水平向平均渗透系数和垂直向平均渗透系数。

解： 由各土层的厚度和渗透系数，根据式（3-21），可得土层的水平向平均渗透系数为

$$\begin{aligned} k_h &= \frac{1}{H}\sum_{j=1}^{n} k_{h_j} H_j \\ &= \left(\frac{4 \times 1 \times 10^{-5} + 4 \times 1 \times 10^{-4} + 4 \times 1 \times 10^{-3} + 4 \times 1 \times 10^{-6}}{4+4+4+4}\right)\text{cm/s} \\ &= 2.78 \times 10^{-4}\text{cm/s} \end{aligned}$$

由此可见，土层的水平向平均渗透系数与 $\dfrac{k_3}{n} = 2.5 \times 10^{-4}\text{cm/s}$ 非常接近。所以，当土层厚度比较接近时，土层的水平向平均渗透系数由渗透系数最大的土层和土层数决定。

根据式（3-26），可得土层的垂直向平均渗透系数为

$$\begin{aligned} k_v &= \frac{H}{\sum\limits_{j=1}^{n}\left(\dfrac{H_j}{k_{vj}}\right)} \\ &= \left(\frac{4+4+4+4}{\dfrac{4}{1 \times 10^{-5}} + \dfrac{4}{1 \times 10^{-4}} + \dfrac{4}{1 \times 10^{-3}} + \dfrac{4}{1 \times 10^{-6}}}\right)\text{cm/s} \\ &= 3.60 \times 10^{-6}\text{cm/s} \end{aligned}$$

由此可见，土层的垂直向平均渗透系数与 $nk_4 = 4 \times 10^{-6}\text{cm/s}$ 非常接近。所以，当土层厚度比较接近时，土层的垂直向平均渗透系数由渗透系数最小的土层和土层数决定。成层土的渗透系数计算也可扫描二维码进行分析。

成层土的渗透系数计算

3.2.6　渗透系数的影响因素

影响土的渗透系数的因素很多，主要包括：

1）土的粒度成分。一般土粒越粗、大小越圆滑，土的渗透系数越大；粗粒土中含有细粒土时，随细粒土含量的增加，土的渗透系数急剧下降。另外，黏性土中的亲

水性矿物或有机质会大大降低土的渗透性；黏性土中较厚的土粒结合水膜会阻塞土的孔隙，也会降低土的渗透性。

2）土的密实度。土越密实，土的渗透系数越小。

3）土的饱和度。一般情况下，土的饱和度越低，封闭气体含量越多；封闭气体会减小过水断面面积，甚至堵塞细小孔道，造成土的渗透系数变小。

4）土的结构。细粒土在天然状态下具有复杂结构，一旦扰动，原有的过水通道形态、大小及其分布就会改变，因而渗透系数也就不同。扰动土样与击实土样的渗透系数值均比原状土样的渗透系数值小。

5）土的构造。黏性土层中很薄的砂土夹层会使土在水平方向的渗透系数值比竖直方向的渗透系数值大许多倍，甚至几十倍；而黄土竖直方向发育的干缩裂隙，使得竖直方向的渗透系数值远大于水平方向的渗透系数值。

6）水的温度。水温越高，水的黏滞系数越小，土的渗透系数则越大。

3.3 流网及其工程应用

在实际工程中，经常会遇到边界条件比较复杂的二维或三维渗流问题。对于这类渗流问题，渗流场中各点的渗流速度和水力梯度等均是位置坐标的二维或三维函数；因此，需要建立渗流的控制方程，并结合渗流的边界条件和初始条件来求解这类问题。

3.3.1 二维稳定渗流基本微分方程

对于工程中常见的堤坝、闸、输水渠道及带挡墙（或板桩）的基坑等构筑物，当其轴线长度远大于横向尺寸时，这类构筑物的渗流可以视为二维平面渗流问题进行分析。

考虑如图 3-9 所示微元体 $\mathrm{d}x\mathrm{d}y$，假设沿 x 方向和 y 方向的渗流速度分别为 v_x 和 v_y，在渗流过程中，$\mathrm{d}t$ 时间内在 x 方向流进和流出微元体的流量分别为 $v_x\mathrm{d}y\mathrm{d}t$ 和 $\left(v_x+\frac{\partial v_x}{\partial x}\mathrm{d}x\right)\mathrm{d}y\mathrm{d}t$，在 y 方向流进和流出微元体的流量分别为 $v_y\mathrm{d}x\mathrm{d}t$ 和 $\left(v_y+\frac{\partial v_y}{\partial y}\mathrm{d}y\right)\mathrm{d}x\mathrm{d}t$，则流出和流入微元体的水量差为

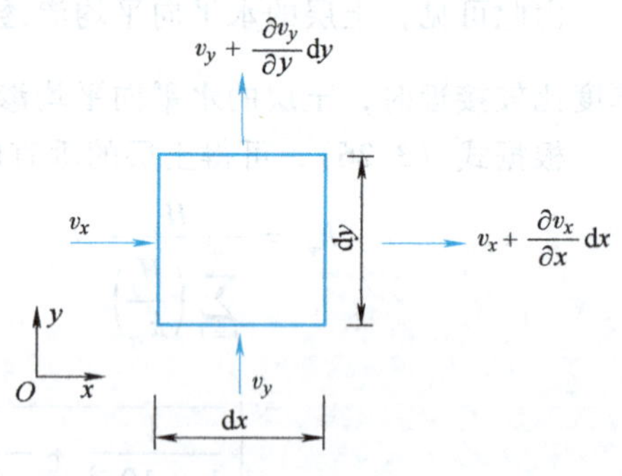

图 3-9 土微元体的二维渗流

$$\mathrm{d}Q=\left(v_x+\frac{\partial v_x}{\partial x}\mathrm{d}x\right)\mathrm{d}y\mathrm{d}t-v_x\mathrm{d}y\mathrm{d}t+\left(v_y+\frac{\partial v_y}{\partial y}\mathrm{d}y\right)\mathrm{d}x\mathrm{d}t-v_y\mathrm{d}x\mathrm{d}t$$

$$=\frac{\partial v_x}{\partial x}\mathrm{d}x\mathrm{d}y\mathrm{d}t+\frac{\partial v_y}{\partial y}\mathrm{d}x\mathrm{d}y\mathrm{d}t$$

假定渗流为稳定流，在土体孔隙率保持不变、流体不可压缩的条件下，微元体在同一时段内的流入水量和流出水量相等，即

$$\mathrm{d}Q=\frac{\partial v_x}{\partial x}\mathrm{d}x\mathrm{d}y\mathrm{d}t+\frac{\partial v_y}{\partial y}\mathrm{d}x\mathrm{d}y\mathrm{d}t=0 \tag{3-27}$$

所以

$$\frac{\partial v_x}{\partial x}+\frac{\partial v_y}{\partial y}=0 \tag{3-28}$$

式（3-28）称为二维渗流连续方程。

由达西定律，可得

$$\left.\begin{aligned} v_x=k_x i_x=k_x\frac{\partial h}{\partial x}\\ v_y=k_y i_y=k_y\frac{\partial h}{\partial y}\end{aligned}\right\} \tag{3-29}$$

式中　h——水头；

i_x、i_y——x、y 方向的水力梯度；

k_x、k_y——x、y 方向的渗透系数。

将式（3-29）代入式（3-28），得

$$k_x\frac{\partial^2 h}{\partial x^2}+k_y\frac{\partial^2 h}{\partial y^2}=0 \tag{3-30}$$

若 $k_x=k_y$，则有

$$\frac{\partial^2 h}{\partial x^2}+\frac{\partial^2 h}{\partial y^2}=0 \tag{3-31}$$

式（3-31）称为拉普拉斯方程，是饱和各向同性土中二维稳定渗流的基本控制方程。

当渗流边界条件较简单时，可以求解方程（3-31）得到解析解。然而，对于渗流边界条件比较复杂的情况，需借助流网解法（图解法）、数值计算法、近似公式法和试验模拟法等求解。本章主要介绍流网解法。

3.3.2 二维稳定渗流的流网解法

1. 流网及其性质

二维稳定渗流的基本控制方程，可以用渗流场平面内两簇相互正交的曲线表示。其中一簇代表水流流动路径的流线（flow line），另一簇代表总水头相等的等势线（equipotential line），由等势线簇和流线簇交织成的网格图形称为流网（flow net），如图 3-10 所示。

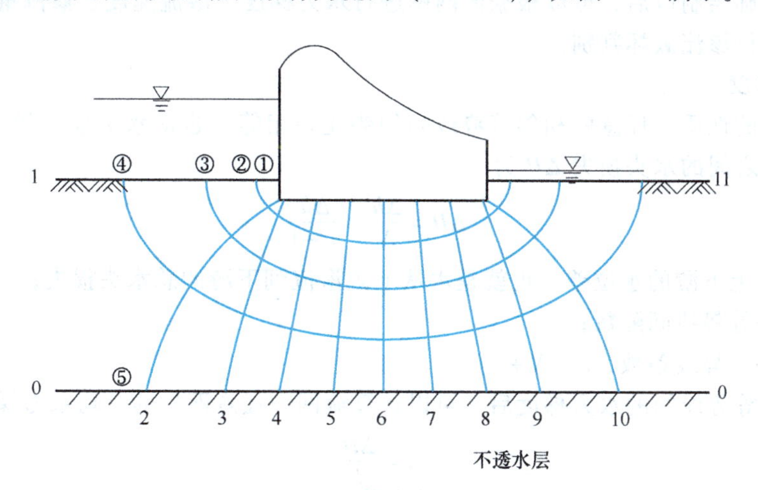

图 3-10　坝基的渗流流网图

各向同性土的流网具有如下性质：

1）流网是相互正交的网格。这是由流线和等势线相互正交的性质决定的。

2）流网是近似正方形的曲边网格。在流网网格中，网格的长度与宽度之比通常取为定值，一般取为1.0，所以，流网的网格为近似正方形的曲边网格。

3）任意两相邻等势线间的水头损失相等。由于同一条等势线上的水头相等，所以相邻等势线间的水头损失也势必相等。

4）任意两相邻流线间的单位渗流量相等。任意两相邻流线间的渗流区域称为流槽，每一流槽的单位渗流量与总水头和渗透系数有关，与流槽位置无关。

2. 流网图的绘制

根据各向同性土中稳定渗流的流网性质和渗流场的边界条件，可以进行流网图的绘制。

首先，确定渗流场的边界条件。建（构）筑物的地下轮廓线、浸润线及不透水层面是已知的边界流线，钢板桩或隔水墙的两侧也是边界流线。渗流场的边界流线确定以后，中间的流线形状可根据边界流线形状大致绘出。在图3-10中，不仅线②、③和④为流线，坝基轮廓线①和不透水层面⑤也为流线。而上游河床水位面或高水头处水位面、下游河床水位面或排出水面则为边界等势线。图3-10中，1、2、…、11即为等势线。地下水位面上的压力水头为零。

其次，绘制流网的近似正方形的曲边网格。由于流网网格的长度与宽度之比通常取1.0，根据流网中流线和等势线正交的性质，可以绘制流网的近似正方形的曲边网格。在靠近渗流场边界处，由于不能保证近似正方形的曲边网格，而常采用近似长方形的曲边网格。

再次，绘制初步的流网图。根据任意两相邻等势线间的水头损失相等和任意两相邻流线间的单位渗流量相等，完成流网图的初步绘制。当存在对称性时，可只绘制其中的一半，但应注意中间流槽的绘制。

最后，完成流网图的绘制。根据流网的性质，不断地对流网形状进行修改，尤其是在一些特殊位置附近，如建（构）筑物底部的拐角处、凹凸处、端点处、渗流出口处等，要对流线和等势线的形状进行反复的修正及光滑变换，最终完成流网图的绘制。

3.3.3 流网的工程应用

流网图正确绘制以后，可以根据流网图进行水力梯度、渗流速度、渗流量和孔隙水压力的计算，并进行渗流破坏判别。

1. 水力梯度

根据流网的性质，任意两相邻等势线间的势能差相等（也即水头损失相等），所以，相邻两条等势线之间的水头损失 ΔH 为

$$\Delta H = \frac{\Delta h}{N} = \frac{\Delta h}{n-1} \tag{3-32}$$

式中 Δh——上下游的水位差，也就是水从上游渗流到下游的总水头损失；

N——等势线间隔数；

n——等势线条数，$n = N + 1$。

求得两条等势线间的水力梯度后，可以计算流网中任意网格的平均水力梯度为

$$i = \frac{\Delta H}{l} \tag{3-33}$$

式中　l——该网格处流线的平均长度，可由流网图中量出。

由于两条等势线间的水头损失相等，因此，流体网格的 l 越小处，也即网格越密的地方，其水力梯度越大。

2. 渗流流速

求得各点的水力梯度后，结合达西定律 $v=ki$，即可计算各点的渗流速度，其方向为流线的切线方向。

3. 渗流量

根据流网的性质，流网中任意两相邻流线间的单位宽度流量 Δq 相等，其值为

$$\Delta q = ki\Delta A = k\frac{\Delta H}{l}s \cdot 1.0 = k\frac{\Delta H}{l}s \tag{3-34}$$

式中　s——两条相邻流线的间距。

所以，单位宽度内总的渗流量（单宽流量）q 为

$$q = \sum \Delta q = M\Delta q = (m-1)\Delta q = k\frac{(m-1)\Delta H}{l}s = \frac{k(m-1)\Delta h}{n-1} \cdot \frac{s}{l} \tag{3-35}$$

式中　M——流网中的流槽数，$M=m-1$；

　　m——流网中的流线数。

当坝基或者基坑的长度为 B 时，则通过坝基底部或者基坑围护结构底部的总渗流量 Q 为

$$Q = Bq = B(m-1)\Delta q = B(m-1)k\frac{\Delta H}{l}s = B\frac{k(m-1)\Delta h}{(n-1)} \cdot \frac{s}{l} \tag{3-36}$$

如果流体网格为正方形，即 $s=l$，则上式可以进一步简化为

$$Q = B\frac{k(m-1)\Delta h}{(n-1)} \tag{3-37}$$

4. 孔隙水压力

一点的孔隙水压力 u 可根据该点的压力水头（测压管水柱高度）H 和水的重度 γ_w 按下式确定：

$$u = \gamma_w H \tag{3-38}$$

其中流网中一点的压力水头可根据该点所在的等势线水头确定。

如图 3-11 所示的狭长基坑工程，设 A 点位于从基坑外算起的第 j 条等势线上，若从基坑外算起入渗的水流到达 A 点所损失的水头 $h_f=(j-1)\Delta H$，以图 3-11 中的不透水层顶面 0—0 为基准面，则 A 点的总水头为入渗边界上的总水头（位置水头 Z_0 与压力水头 H_0 之和）减去这段流程的水头损失，即

$$h_A = (H_0+Z_0) - h_f = (H_0+Z_0) - (j-1)\Delta H \tag{3-39}$$

A 点的位置水头为 Z_A，所以 A 点的压力水头为

$$H_A = h_A - Z_A = (H_0+Z_0) - (j-1)\Delta H - Z_A \tag{3-40}$$

5. 渗流破坏判别

求出两等势线的水头损失后，根据基坑或者堤坝渗流溢出处的网格流线长度确定溢出位置的水力梯度（也称为溢出坡降），与 3.4 节讲述的流土临界水力坡降进行对比，可以判别渗流溢出处是否会发生流土破坏现象。

【例题 3-4】　图 3-11 所示为不透水板桩支护的狭长基坑工程，基坑开挖深度 6m，板桩插入基坑底面以下 6m，不透水层顶面埋深 18m，坑外地下水位位于地表处，基坑内水位抽

至与坑底齐平，基坑内外的地下水渗流流网图如图 3-11 所示。已知渗透各向同性的砂土地基的渗透系数为 $k=5\times10^{-3}\text{cm/s}$，$A$ 点和 B 点分别位于基坑外地面以下 4.5m 和基坑底以下 1.5m。试求整个渗流区的单宽流量及流网图中 A 点和 B 点的孔隙水压力（水的重度取 10.0kN/m^3）。

解： 根据已知条件可知，坑内外的水头差 $\Delta h=6\text{m}$，流网中共有 14 条等势线和 6 条流线，即 $n=14$，$m=6$。在流网中选取一网络，如图中 A 点所在的网络，其长度和宽度 $s=l=2.0\text{m}$，根据式（3-35），整个渗流区的单宽流量为

$$q=\frac{k(m-1)\Delta h}{n-1}\cdot\frac{s}{l}=\left[\frac{5\times10^{-5}\times(6-1)\times6}{14-1}\times1\right]\text{m}^2/\text{s}=1.15\times10^{-4}\text{m}^2/\text{s}$$

以不透水土层的顶面为基准面，A 点和 B 点的位置水头分别为 $Z_A=13.5\text{m}$，$Z_B=10.5\text{m}$，相邻两条等势线之间的水头损失

$$\Delta H=\frac{\Delta h}{N}=\frac{6}{13}\text{m}=0.462\text{m}$$

从坑外地表算起入渗的水流到达 A 点和 B 点所损失的水头分别为

$$h_{fA}=(j_A-1)\Delta H=0.923\text{m}$$

$$h_{fB}=(j_B-1)\Delta H=5.538\text{m}$$

A 点和 B 点的总水头分别为

$$h_A=Z_0-h_{fA}=(18-0.923)\text{m}=17.077\text{m}$$

$$h_B=Z_0-h_{fB}=(18-5.538)\text{m}=12.462\text{m}$$

所以，A 点和 B 点的压力水头分别为

$$H_A=h_A-Z_A=(17.077-13.5)\text{m}=3.577\text{m}$$

$$H_B=h_B-Z_B=(12.462-10.5)\text{m}=1.962\text{m}$$

故 A 点和 B 点的孔隙水压力分别为

$$u_A=\gamma_w H_A=10.0\times3.577\text{kPa}=35.77\text{kPa}$$

$$u_B=\gamma_w H_B=10.0\times1.962\text{kPa}=19.62\text{kPa}$$

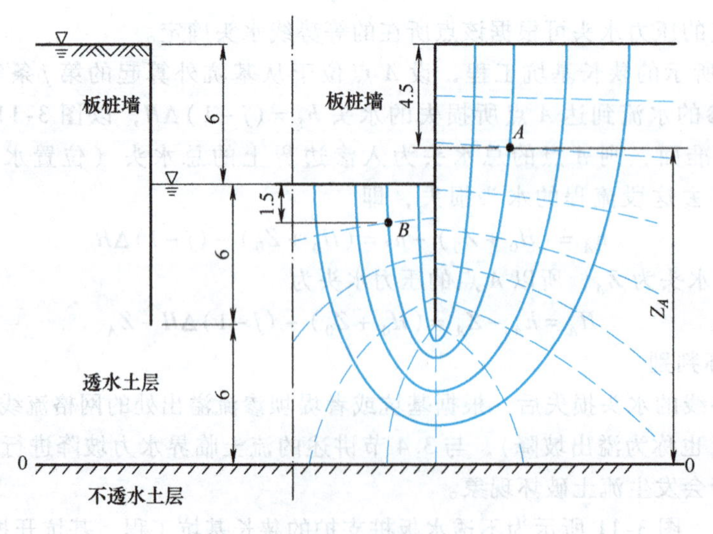

图 3-11　例题 3-4 图（单位：m）

3.4　地下水渗流引起的渗透变形及防治

3.4.1　渗透力

水在土体孔隙中流动时，会受到土颗粒的阻力，使水头逐渐损失，同时水也对土骨架产生拖曳力，导致土体中的应力与变形发生变化。单位体积土体中土骨架受到的渗透水流的作用力称为渗透力（seepage force），用 j 表示。

沿渗流方向从土体中取出一段横断面面积为 dA、长度为 dl 的土柱，如图 3-12 所示，在两端水头差 dh 作用下，土中发生水平向渗流。取水作为隔离体，土柱两端的水压力差为 $\Delta p=\gamma_w dh$，假设土柱中土骨架对渗透水流的总阻力为 F，根据渗流方向上力的平衡条件，有

$$\Delta p dA=\gamma_w dh dA=F \tag{3-41}$$

故单位体积土中土骨架对水流的阻力 f 可表示为

$$f=\frac{F}{dA dl}=\gamma_w \frac{dh}{dl} \tag{3-42}$$

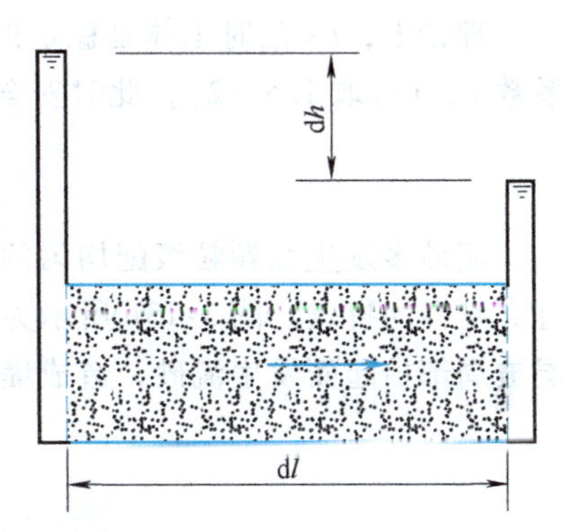

图 3-12　渗透力计算模型

渗透力与土骨架对水流的阻力是一对作用力与反作用力，所以，单位体积土中渗透水流作用于土骨架上的渗透力 j 为

$$j=f=\gamma_w \frac{dh}{dl}=\gamma_w i \tag{3-43}$$

从式（3-43）可见，渗透力是一种体积力，量纲与 γ_w 相同。渗透力的大小和水力梯度成正比，方向与渗流方向一致。

3.4.2　渗透破坏及防治

1. 渗透破坏的类型

当水力梯度超过一定的界限值后，渗透力会对土的强度、变形和稳定产生重大影响，土中的渗透水流会把土颗粒或部分土体冲出、带走，导致局部土体发生较大位移，甚至造成土体失稳破坏，这种现象称为渗透变形（seepage deformation）或渗透破坏（seepage failure）。根据发生机理不同，渗透破坏可分为流土（或称为流砂）、管涌、接触流失和接触冲刷 4 种形式，其中接触流失和接触冲刷发生在成层土中。

1）流土或流砂。若渗流方向与土重力方向相反，渗透力的作用将使土体重力减小，当渗透力等于土的有效重度时，致使土粒间的有效应力为零，土体处于流砂的临界状态；如果水力梯度进一步增大、渗透力超过土的有效重度时，土体表面将出现隆起，浮动或土粒群处于悬浮、移动状态的现象称为流土或流砂（soil boiling 或 sand boiling），如图 3-13a 所示。扫二维码可看到室内试验模拟的流砂破坏的过程。因此，土体发生流砂的条件为

流砂破坏现象

$$j = \gamma_w i > \gamma' \tag{3-44}$$

土体处于流砂临界状态时：

$$\gamma_w i_{cr} = \gamma' \tag{3-45}$$

式中 i_{cr}——土体处于流砂临界状态时的水力梯度，称为临界水力梯度（critical hydraulic gradient），可以进一步表示为

$$i_{cr} = \frac{\gamma'}{\gamma_w} = \frac{\gamma_{sat}}{\gamma_w} - 1 = \frac{G_s - 1}{1 + e} \tag{3-46}$$

式中符号意义同前。

理论上，$i < i_{cr}$时土体是稳定的，但在实用上需要有一定的安全储备，即考虑一个安全系数 F_s（常取 1.5 ~2），此时安全的水力梯度可以表示为

$$i \leqslant \frac{\gamma'}{\gamma_w F_s} \tag{3-47}$$

流砂多发生在颗粒级配均匀的饱和细砂、粉砂和粉土等无黏性土层的渗流溢出处，并具有突发性的特点。图 3-13b 所示为一河滩上的堤防工程，当河水水位升高时，堤坝后的黏土层被局部抬起而发生流砂，造成堤防工程破坏。

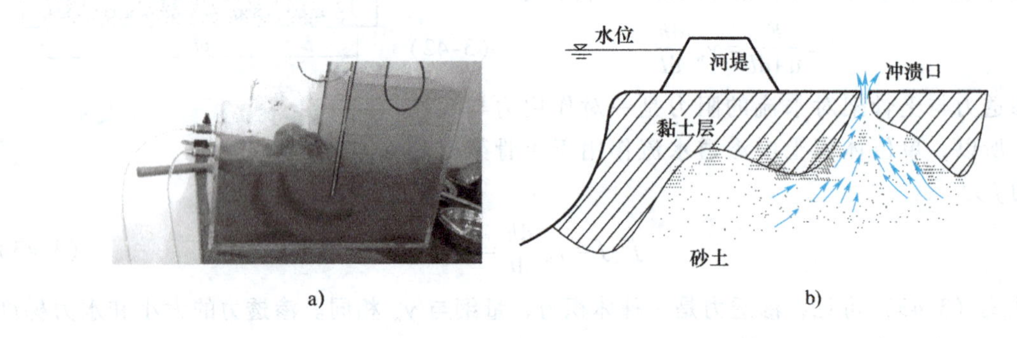

图 3-13 流砂破坏

a）试验模拟 b）河堤破坏示意图

2）管涌。在渗流过程中，土体中的化合物不断溶解、细小颗粒在粗颗粒间的孔隙中移动，形成一条管状通道，最后土粒在渗流溢出处冲出的一种现象叫管涌（piping），如图 3-14 所示。管涌破坏是一种渐进性的破坏，开始阶段，在水头差作用下土中产生渗流，细小颗粒被水流带走，致使孔隙变大、渗流速度加快，继而较大的颗粒也被水流带走，土体内形成较大的渗流通道，进而造成土骨架失稳和土体破坏。它一般发生在内部结构不稳定，颗粒大小差别较大，特别是缺少中间粒径的无黏性土中。

3）接触流失。在土层分层明显且渗透系数相差较大的两土层中，当渗流垂直于层面时，将渗透系数较小土层中的细颗粒带入渗透系数较大的粗粒土层中的现象称为接触流失，包括接触管涌和接触流土两种类型。

图 3-14 管涌破坏

4）接触冲刷。渗流沿着两种不同粒

径的土层层面发生时，水流将细颗粒带走的现象称为接触冲刷。工程上建筑物基础与地基、土坝与涵管等接触面流动促成的冲刷，均属此破坏类型。

2. 渗透破坏的防治

土的渗透破坏是堤坝、基坑等工程破坏的重要原因之一，设计时应予以足够的重视。防治渗透破坏的一般原则是上挡下排，即在高水头处采取防渗措施，在低水头处采取排水措施，其具体措施包括：采用不透水材料完全阻断土中的渗流路径、增加渗流路径长度、减小水力坡降，在渗流溢出处布置减压、反重或反滤层等。

堤坝及其地基的渗透破坏防治方法有：

1）垂直防渗。可用黏土、混凝土和土工膜等材料作为坝体和堤身的防渗体或地基的防渗体。

2）水平铺盖。水平铺盖防渗层一般使用黏土（渗透系数 $k<10^{-6}$cm/s）或土工膜铺筑，铺盖厚度一般为0.5~1.0m，允许的垂直水力梯度为4~6。

3）下游压重。当地基内有透水层，采用水平铺盖或垂直防渗等设施后，作用在靠近下游表面不透水层上的剩余扬压力仍过大时，可在堤坝下游坡脚附近加设压渗盖重，以平衡剩余水头产生的上举力。压渗盖重是由一层或几层不同粒径的材料组成的滤层，一方面要求渗透水流不会在滤层中产生过大的水头损失，另一方面，能保护下游土层，不使细颗粒流失或堵塞在滤层孔隙中。如图3-15所示的堤防中，上游设置水平铺盖，下游铺设压渗盖重，压重采用透水堆石，压重后的堤坝地基满足 $\frac{h}{x_1+L+x_2}\leqslant[i]$，$[i]$ 为最大允许水力坡降，与堤坝地基材料有关，可参见表3-2；x_1、x_2 分别为上游水平铺盖和下游压重区的长度。

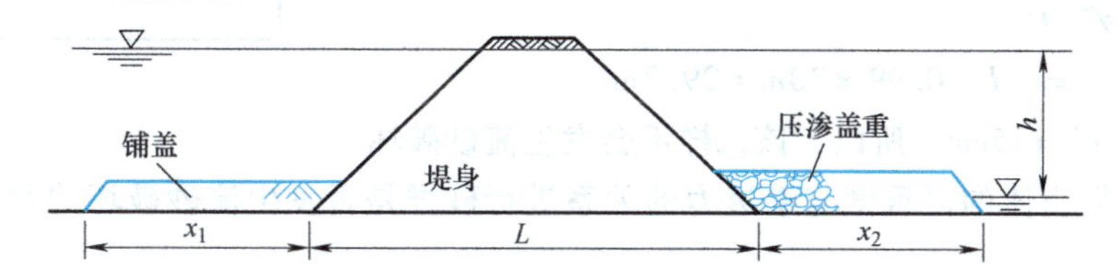

图3-15 防渗铺盖和压渗盖重

表3-2 最大允许水力坡降

堤坝地基材料	$[i]$
极细砂、粉土	0.056
中砂、细砂	0.067
粗砂	0.083
砂砾石	0.111

4）减压排水井。对于上层不透水、下层透水的双层地基，为防止堤坝背水坡脚处土层下部因受较大的渗透力作用而发生流土破坏，可用透水材料做成减压井，通过反滤层使下层土中的水安全排出，达到降低土中渗流水力梯度的目的。

基坑渗透破坏的防治措施与堤坝的类似，主要措施如下：

1）当透水土层厚度不大时可以将垂直防渗体伸入下面不透水层，完全阻断地下水；当透水土层厚度较大时，可以做成悬挂式垂直防渗，如常用的板桩、咬合桩或地下连续墙，增长渗流路径从而减小基底水流溢出处的水力梯度。

2）为防止坑底发生流土破坏，可用透水材料，如砂砾石，铺设在坑底形成压渗盖重。

3）在土质复杂、地下水处理困难的深大基坑工程中，或邻近有重要建筑物或生命线工程而不允许降水的情况下，可采用冻结法施工。土体冻结后强度显著增加，防渗效果好，且基坑越深、开挖体积越大，冻结法越具优越性。

【例题 3-5】 在图 3-16 所示的装置中，砂样受自下而上的渗流水作用，已知砂土的孔隙比 $e=0.68$，土粒比重 $G_s=2.66$，砂样高度 $L=30\text{cm}$，砂样两端的水头差 $\Delta h=15\text{cm}$。γ_w 取 10.0kN/m^3，试计算：

1）作用在砂样上渗透力的大小。

2）砂样发生流砂时所需的最小水头差，并判断该试样是否会发生流砂破坏。

解：1）砂样的水力梯度为

$$i=\frac{h}{L}=\frac{15}{30}=0.5$$

作用在砂样上的渗透力为

$$j=\gamma_w i=10\times0.5\text{kN/m}^3=5.0\text{kN/m}^3$$

2）砂样发生流砂的临界水力梯度为

$$i_{cr}=\frac{G_s-1}{1+e}=\frac{2.66-1}{1+0.68}=0.99$$

砂样发生流砂时，砂样的水力梯度应该达到临界水力梯度。根据水力梯度的公式，可得砂样发生流砂时所需的最小水头差为

$$h_{min}=i_{cr}L=0.99\times30\text{m}=29.7\text{m}$$

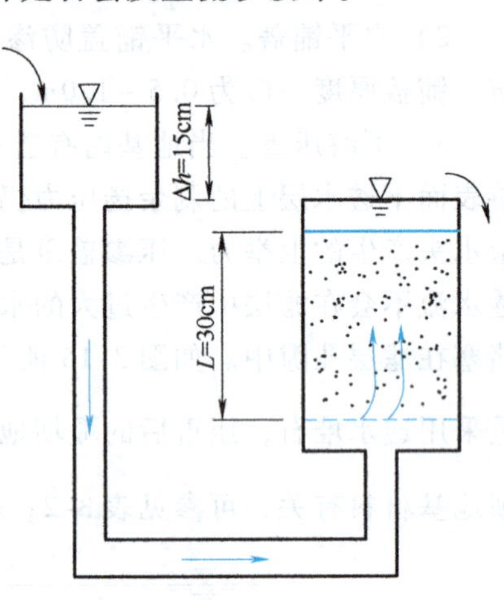

图 3-16　例题 3-5 图

由于 $h_{min}>h=15\text{cm}$，所以，该试样不会发生流砂破坏。

也可以根据土体的浮重度与渗透力的关系进行砂样是否发生流砂破坏的判断。砂土的浮重度为

$$\gamma'=\frac{(G_s-1)\gamma_w}{1+e}=\left[\frac{(2.66-1)\times10.0}{1+0.68}\right]\text{kN/m}^3=9.88\text{kN/m}^3$$

由于作用在砂样上的渗透力 $j=5.0\text{kN/m}^3<\gamma'$，所以砂样不会发生流砂破坏。

【例题 3-6】 如图 3-17 所示的试验装置，水平的圆形截面容器内装有饱和的黏土和粉土两种土样，它们的长度分别为 $L_1=20\text{cm}$、$L_2=40\text{cm}$，渗透系数分别为 $k_1=1.0\times10^{-7}\text{cm/s}$、$k_2=2.0\times10^{-6}\text{cm/s}$。水流经土样时，盛水容器 A、B 内水面保持不变，容器 A 和 B 的水头高度分别为 $h_1=100\text{cm}$ 和 $h_2=56\text{cm}$，渗流过土样后水头损失 $\Delta h=44\text{cm}$。γ_w 取 10.0kN/m^3，试问：

1）若在两种土样分界面处放一测压

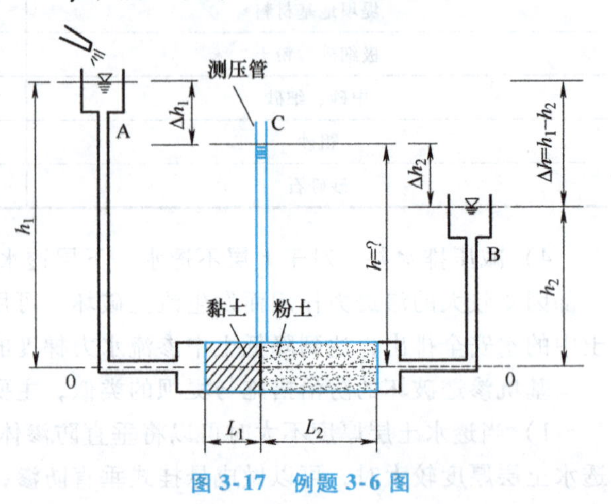

图 3-17　例题 3-6 图

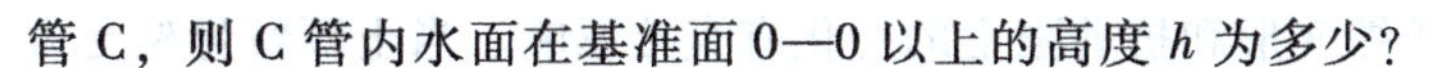

管 C，则 C 管内水面在基准面 0—0 以上的高度 h 为多少？

2）作用在黏土试样和粉土试样上的渗透力分别为多少？

解：1）假设测压管 C 的水头高度比 B 容器的水头高度高 Δh_2，测压管 A 的水头高度比 C 容器的水头高度高 Δh_1，则

$$\Delta h_1 + \Delta h_2 = \Delta h$$

假设流出黏土试样的水量为 q_1，流入粉土试样的水量为 q_2，根据黏土和粉土试样交界面处渗流的连续性条件，有

$$q_1 = q_2$$

根据达西定理：

$$q = kiA = k\frac{\Delta h}{L}A$$

由于黏土试样和粉土试样的横截面面积相等，所以

$$k_1\frac{\Delta h_1}{L_1} = k_2\frac{\Delta h_2}{L_2} = k_2\frac{\Delta h - \Delta h_1}{L_2}$$

代入已知条件，可得

$$1.0\times10^{-7}\times\frac{\Delta h_1}{20} = 2.0\times10^{-6}\times\frac{44-\Delta h_1}{40}$$

$$\Delta h_1 = 40\text{cm}$$

因此，C 管内水面在基准面 0—0 以上的高度为

$$h = h_1 - \Delta h_1 = (100-40)\text{cm} = 60\text{cm}$$

2）黏土试样的水力梯度为

$$i_1 = \frac{\Delta h_1}{L_1} = \frac{40}{20} = 2$$

作用在黏土试样上的渗透力为

$$j_1 = \gamma_w i_1 = 10\times2\text{kN/m}^3 = 20\text{kN/m}^3$$

粉土试样的水力梯度为

$$i_2 = \frac{\Delta h_2}{L_2} = \frac{\Delta h - \Delta h_1}{L_2} = \frac{44-40}{40} = 0.1$$

作用在粉土试样上的渗透力为

$$j_2 = \gamma_w i_2 = 10\times0.1\text{kN/m}^3 = 1\text{kN/m}^3$$

3.5　有效应力原理

3.5.1　饱和土的粒间应力和孔隙水压力

饱和土由固体颗粒组成的骨架和充满其间的水两部分组成。当外力作用于土体后，一部分由固体颗粒形成的土骨架承担，并通过颗粒之间的接触面进行力的传递，称为粒间应力；另一部分则由相互连通的孔隙中的水承担，称为孔隙水压力（pore water pressure）。

对于颗粒间作用的粒间应力，它是作用在土骨架上的压力，通过颗粒间的接触面进行力

的传递。粒间应力的变化对土的压缩变形和抗剪强度的变化有直接影响。当土颗粒骨架受力作用后，外力将通过颗粒按照一定方向相互传递，由于力的不平衡，土颗粒将发生错动，骨架本身的稳定状态被打破，造成部分孔隙被颗粒填充，土的体积发生变化。

对于土体孔隙中的水，它不能承受剪应力，但可以承受各向等压的法向应力，并可以通过连通的孔隙水把受到的压力以相同的大小向各个方向传递。对于饱和土中某深度的土颗粒，受到各个方向的孔隙水压力相等，因而，孔隙水压力对土颗粒的作用力合力为零，其变化不会改变土粒的体积和位置，也不影响土体破坏，因而孔隙水压力也称为中性压力。

3.5.2 有效应力原理的要点

设饱和土体内某一研究截面 a—a 在水平面上的投影面积为 A，其中颗粒接触面在水平面上的投影面积之和和孔隙水所占的空间在水平面上的投影面积分别为 A_s 和 A_w，则 $A_w = A - A_s$。若由外荷载在该研究截面上所引起的竖向总应力为 σ，如图 3-18 所示，则该荷载由该面上的全部粒间力的竖向分量 N_s 和孔隙水压力 u 承担，即

$$\sigma A = N_s + uA_w$$

进一步整理，可得

$$\sigma = \frac{N_s}{A} + u\frac{A_w}{A} = \sigma' + (1-\alpha)u \tag{3-48}$$

式中 α——研究截面内粒间接触面在水平面上的投影面积与截面在水平面上的投影面积的比值，即 $\alpha = A_s/A$；

σ'——有效应力，它是研究截面上土骨架的平均竖向应力，土体颗粒间有效应力的变化是土体变形的根本原因。

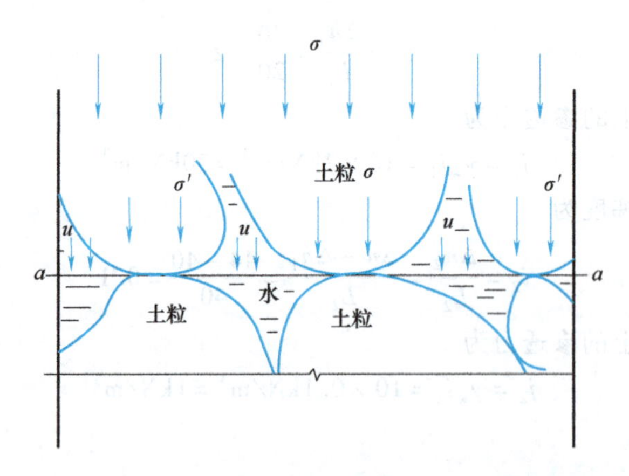

图 3-18 饱和土有效应力原理示意图

由于粒间接触面面积 A_s 一般小于 0.03A，为了实用上的方便，可略去 A_s/A 不计。因此，式（3-48）可简化为

$$\sigma = \sigma' + u \tag{3-49}$$

式（3-49）即为著名的有效应力原理（principle of effective stress）表达式，它是由太沙基（K. Terzaghi）于 1936 年首次提出的。土的有效应力原理表明：总的土压力等于土骨架所承受的压应力与孔隙水压力之和，它的研究内容就是饱和土中孔隙水压力和有效应力的不

同特性及其与总应力的关系。由于总应力通常可以计算，孔隙水压力可以实测或计算，因而，土体中的有效应力就可以通过有效应力原理求得。

当总应力保持不变时，孔隙水压力与有效应力可互相转化，即孔隙水压力减少，则有效应力增大；反之亦然。饱和土的固结，其本质就是超静孔压消散、土的有效应力增加的过程，可以用于计算固结沉降、预压固结等工程实例；土的强度计算也与有效应力原理有密切关系，土的抗剪强度也是由土的有效应力决定的；土的渗流破坏也可以用有效应力原理解释。因此，土力学的三大问题，变形、强度、渗流都与有效应力原理有关，要研究饱和土的压缩性和沉降、抗剪强度、稳定性等，就必须了解土体中有效应力的变化。

岩土名人——太沙基

3.5.3　有效应力原理应用——土中有效应力计算

1. 静水条件

图3-19所示为一静水条件（地下水以下土层中任一点的测压管水位与地下水位齐平）下的土层剖面，地下水埋深 h_1，水位面以上土的重度为 γ_1，水位面以下饱和土重度为 γ_{sat}。作用在 C 点（水位面以下深度 h_2）处的竖向总应力 σ 为

$$\sigma=\gamma h_1+\gamma_{sat}h_2 \tag{3-50a}$$

C 点处的静水压力 u 为

$$u=\gamma_w h_2 \tag{3-50b}$$

根据有效应力原理，C 点处的竖向有效应力 σ'为

$$\sigma'=\sigma-u=\gamma h_1+\gamma_{sat}h_2-\gamma_w h_2=\gamma h_1+\gamma' h_2 \tag{3-50c}$$

由此可见，在静水条件下，C 点处的有效应力 σ'就是 C 点的有效自重应力。

静水条件下土中的总应力分布、孔隙水压力分布和有效应力分布如图3-19所示。

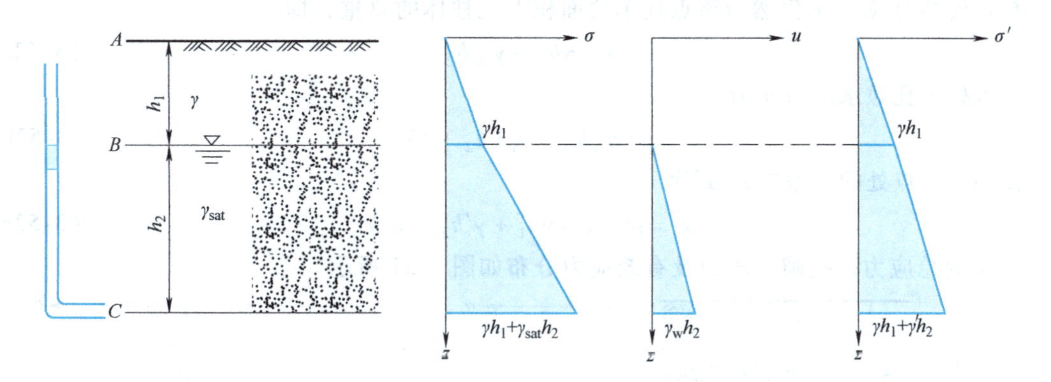

图3-19　静水条件下土中的总应力、有效应力及孔隙水压力分布

2. 稳定渗流条件

当地下水发生渗流时，土颗粒将受到地下水的渗透力作用，土中的孔隙水压力分布和有效应力分布将与静水条件下的分布不同。下面以最简单且实用的一维稳定渗流为例，分析土中的孔隙水压力和有效应力分布情况。

（1）自上而下的一维稳定渗流　图3-20所示为一黏性土场地，地下水埋深 h_1，地下水位（B 点）以下土层饱和，在水位以下深度 h_2处（C 点）安装一测压管，测得稳定的水位高出 C 点

h_w（$h_w < h_2$），B、C 两点间的水头差 $h = h_2 - h_w$，所以在黏性土中有向下的稳定渗流发生。

C 点处的竖向总应力 σ 等于该点处单位面积上土柱体的总重，即

$$\sigma = \gamma h_1 + \gamma_{sat} h_2 \tag{3-51a}$$

C 点处的孔隙水压力 u 为

$$u = \gamma_w h_w = \gamma_w (h_2 - h) \tag{3-51b}$$

根据有效应力原理，C 点处的有效应力 σ' 为

$$\sigma' = \sigma - u = \gamma h_1 + \gamma' h_2 + \gamma_w h \tag{3-51c}$$

土中的总应力、孔隙水压力及有效应力分布如图 3-20 所示。

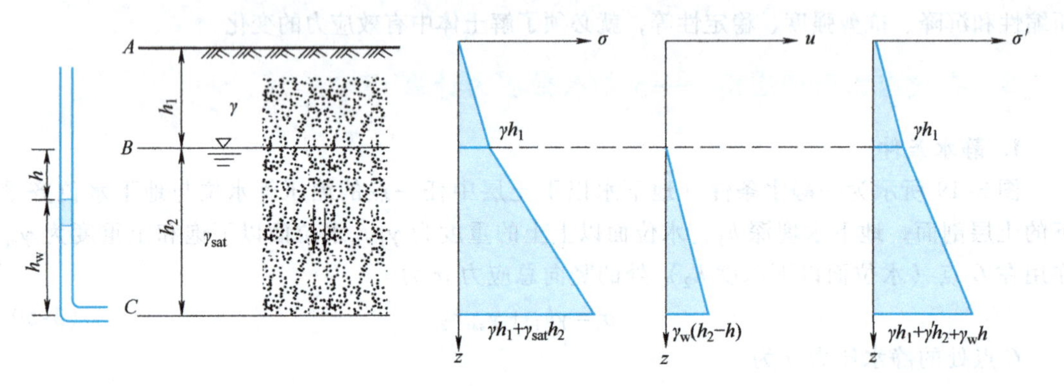

图 3-20　自上而下渗流时的土中应力分布

（2）自下而上的一维稳定渗流　图 3-21 所示的黏性土场地与图 3-20 近似，不同的是，C 点处测压管测得的稳定水位 $h_w > h_2$，C、B 两点间的水头差 $h = h_w - h_2$，所以在黏性土中有自下而上的稳定渗流发生。

C 点处的总应力 σ 仍然为该点处单位面积上土柱体的总重，即

$$\sigma = \gamma h_1 + \gamma_{sat} h_2 \tag{3-52a}$$

C 点处的孔隙水压力 u 为

$$u = \gamma_w h_w = \gamma_w (h_2 + h) \tag{3-52b}$$

所以，C 点处的有效应力 σ' 为

$$\sigma' = \sigma - u = \gamma h_1 + \gamma' h_2 - \gamma_w h \tag{3-52c}$$

土中的总应力、孔隙水压力及有效应力分布如图 3-21 所示。

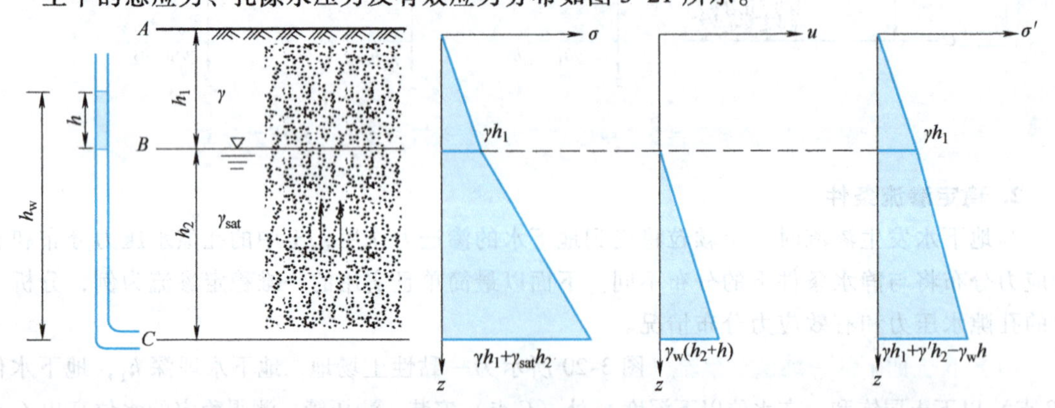

图 3-21　自下而上渗流时的土中应力分布

对比图3-19、图3-20和图3-21可知，无论是静水条件还是稳定的一维渗流条件，土中的总应力分布是相同的，均为计算点处单位面积上土柱体的总重；但土中的有效应力和孔隙水压力分布是不同的，当渗流方向与重力方向相同时（自上而下的稳定渗流），计算点处的孔隙水压力比静水条件小，有效应力比静水条件大；当渗流方向与重力方向相反时（自下而上的稳定渗流），计算点处的孔隙水压力比静水条件大，有效应力比静水条件小。静水条件和稳定一维渗流条件的应力计算也可以扫描二维码进行分析。掌握不同条件下地层的有效应力变化，有助于理解基坑内外地下水稳定渗流引起的坑外地表沉降问题和坑底隆起变形问题。

土中的应力计算

【例题3-7】 某地基土层如图3-22a所示。地面以下各土层的分布如下：砂土层厚度4.0m，黏土层厚度3.0m，黏土层以下为砂土层。地面以下潜水水位埋藏深度2.0m，黏土层以下的砂土层中地下水为承压水，承压水水位高出地面1.5m。已知砂土的天然重度 $\gamma=16.8\text{kN/m}^3$（地下水位以上），饱和重度 $\gamma_{sat1}=18.5\text{kN/m}^3$；黏土的饱和重度 $\gamma_{sat2}=19.8\text{kN/m}^3$。假定承压水头全部损失在黏土层中，$\gamma_w$ 取10.0kN/m^3，试计算：

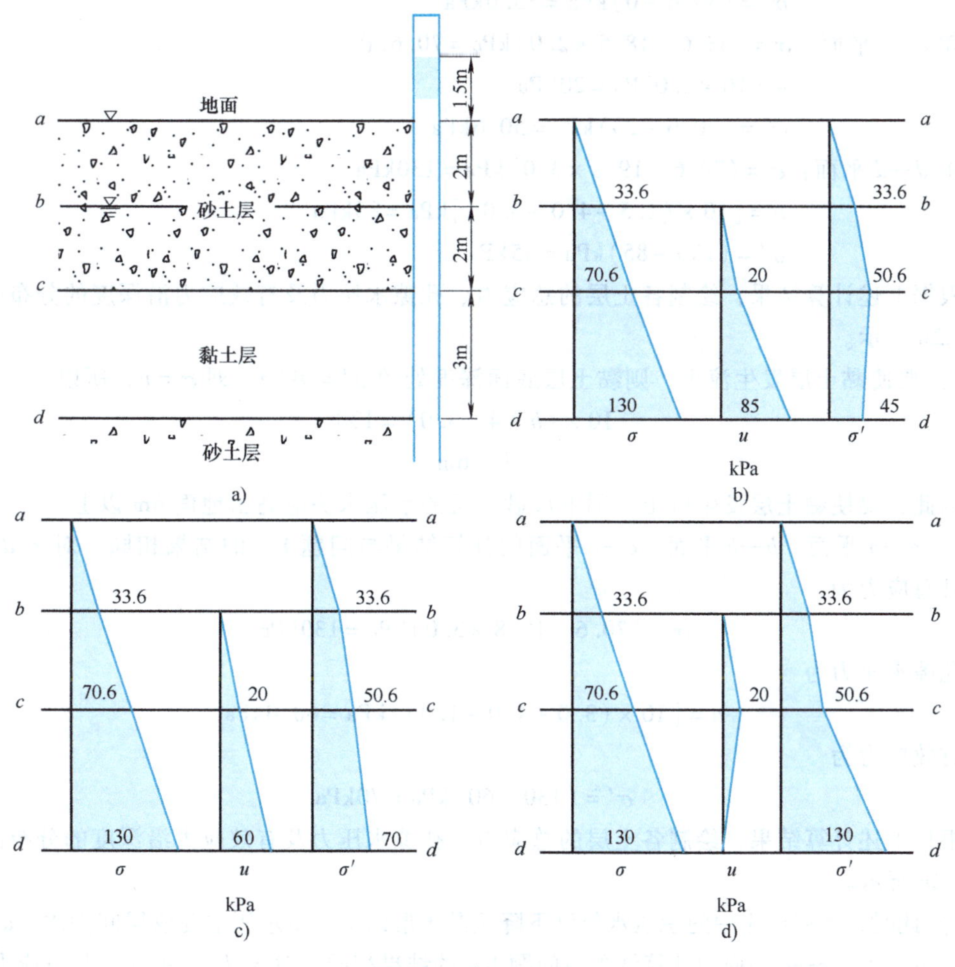

图3-22　例题3-7图

a）地层剖面示意图　b）初始应力分布　c）降水2.5m应力分布　d）降水9.0m应力分布

1）下层砂土以上各土层的总应力、孔隙水压力及有效应力变化，并绘制这些应力沿深度的分布图。

2）要使黏土层发生流土，则下层砂土层的承压水头应高出地面多少？

3）当由于地下水开采引起下层砂土中的承压水位下降至地面以下1m（降水2.5m），下层砂土以上各土层的总应力、孔隙水压力及有效应力如何变化？并绘制其沿深度的分布图。

4）如果下层砂土中的承压水位下降至地面以下7.5m（降水9.0m），下层砂土以上各土层的总应力、孔隙水压力及有效应力又如何变化？

解： 1）由题意知，承压水头全部损失在黏土层中，故 $b—b$ 平面至 $c—c$ 平面深度范围内应力按照静水条件计算。各土层界面及地下水位面深度处的总应力、孔隙水压力根据已知条件可以求得，有效应力可以根据有效应力原理求得：

① $a—a$ 平面：$\sigma = 0\text{kPa}$，$u = 0\text{kPa}$，故 $\sigma' = 0\text{kPa}$

② $b—b$ 平面：$\sigma = 16.8 \times 2.0\text{kPa} = 33.6\text{kPa}$

$u = 0\text{kPa}$

$\sigma' = (33.6 - 0)\text{kPa} = 33.6\text{kPa}$

③ $c—c$ 平面：$\sigma = (33.6 + 18.5 \times 2.0)\text{kPa} = 70.6\text{kPa}$

$u = 10 \times 2.0\text{kPa} = 20\text{kPa}$

$\sigma' = (70.6 - 20)\text{kPa} = 50.6\text{kPa}$

④ $d—d$ 平面：$\sigma = (70.6 + 19.8 \times 3.0)\text{kPa} = 130\text{kPa}$

$u = [10 \times (1.5 + 4.0 + 3.0)]\text{kPa} = 85\text{kPa}$

$\sigma' = (130 - 85)\text{kPa} = 45\text{kPa}$

根据上述计算结果，绘制各土层的总应力、孔隙水压力及有效应力沿深度的分布图，如图3-22b所示。

2）要使黏土层发生流土，则黏土层底面深度处的 $\sigma' = 0\text{kPa}$，即 $\sigma = u$，所以

$$10 \times (h + 4 + 3.0) = 130$$

$$h = 6\text{m}$$

因此，要使黏土层发生流土，则下层砂土层的承压水头应高出地面6m以上。

3）$a—a$ 平面、$b—b$ 平面、$c—c$ 平面的计算结果与问题1）的结果相同，对于 $d—d$ 平面，其总应力为

$$\sigma = (70.6 + 19.8 \times 3.0)\text{kPa} = 130\text{kPa}$$

孔隙水压力为

$$u = [10 \times (3.0 + 4.0 - 1.0)]\text{kPa} = 60.0\text{kPa}$$

有效应力为

$$\sigma' = (130 - 60)\text{kPa} = 70\text{kPa}$$

根据上述计算结果，绘制各土层的总应力、孔隙水压力及有效应力沿深度的分布图，如图3-22c所示。

4）此时，下层砂土中的承压水位已下降至黏土层以下，由承压水变成层间潜水。$a—a$ 平面、$b—b$ 平面、$c—c$ 平面的计算结果与问题1）的结果相同，对于 $d—d$ 平面，其总应力为

$$\sigma = (70.6 + 19.8 \times 3.0)\text{kPa} = 130\text{kPa}$$

孔隙水压力为

$$u=0\text{kPa}$$

有效应力为

$$\sigma'=(130-0)\text{kPa}=130\text{kPa}$$

根据上述计算结果，绘制各土层的总应力、孔隙水压力及有效应力沿深度的分布图，如图 3-22d 所示。

由此可见，抽水可以降低土层中的孔隙水压力，提高土层的有效应力，使土体变密实，进而诱发地面沉降。

习 题

3-1 某渗透试验装置如图 3-23 所示。砂样 I 的渗透系数 $k_1=4\times10^{-3}\text{cm/s}$，砂样 II 的渗透系数 $k_2=1\times10^{-2}\text{cm/s}$，砂样横断面面积 $A=100\text{cm}^2$。砂样 I 的孔隙比 $e=0.70$，土粒比重 $G_s=2.67$，γ_w 取 10.0kN/m^3，试求：

(1) 若在砂 I 与砂 II 分界面处安装一测压管，则测压管中水面将升至右端水面以上多高？

(2) 单位时间通过砂样的渗水量为多少？

(3) 砂样 I 是否会发生流砂破坏？

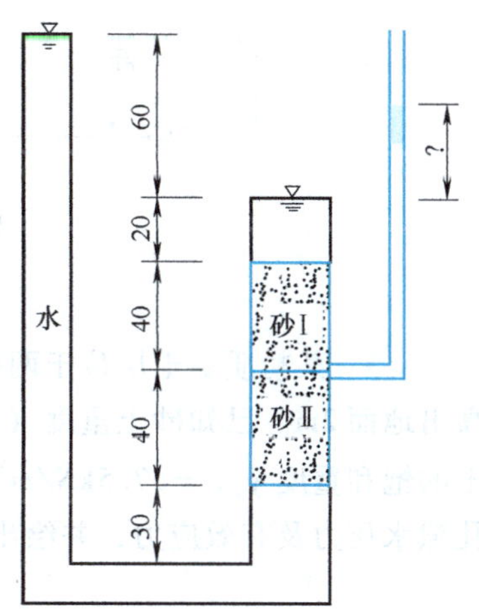

图 3-23 习题 3-1 图（单位：cm）

3-2 某一成层土地基，土层厚度分别为 $H_1=8\text{m}$、$H_2=8\text{m}$ 和 $H_3=8\text{m}$，各土层的水平向和垂直向渗透系数相同，分别为 $k_1=2\times10^{-5}\text{cm/s}$、$k_2=2\times10^{-4}\text{cm/s}$ 和 $k_3=2\times10^{-6}\text{cm/s}$，求该地基土层的水平向平均渗透系数和垂直向平均渗透系数。

3-3 图 3-24 所示的混凝土坝，地基土层为渗透各向同性的中砂层，上游水深 $h_1=7.0\text{m}$，下游水深 $h_2=1.0\text{m}$，渗流流网如图中所示。已知土层渗透系数 $k=1\times10^{-3}\text{cm/s}$，$A$ 点、B 点和 C 点分别位于不透水层以上 11.5m、8.5m 和 6.0m。渗流溢出处（图中 D 点）的网格长度 l_D 为 1.0m，土体孔隙比为 0.75，土粒比重为 2.66，水的重度取 10.0kN/m^3，AB 段的网格长度为 2.7m，试求：

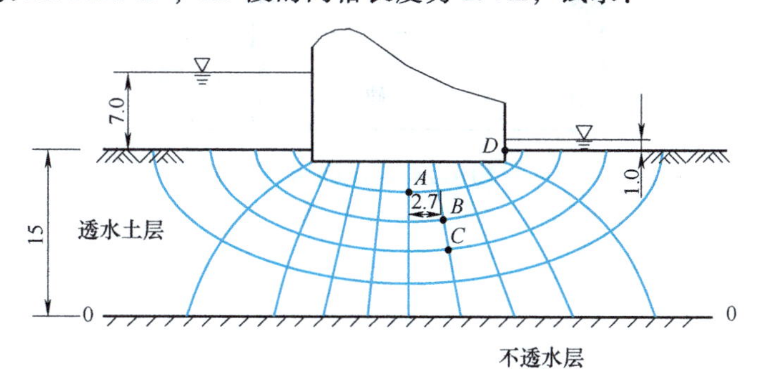

图 3-24 习题 3-3 图（单位：m）

(1) 整个渗流区的单宽流量（假定流体网格的长度和宽度相等）。

(2) AB 段的平均渗流速度 v_{AB}。

(3) 图中 A 点、B 点和 C 点的孔隙水压力。

(4) 判断渗流溢出处（D 点）的渗流稳定性。

3-4 某地层剖面如图 3-25 所示，地下水位以上土的重度为 $\gamma=17.6\text{kN/m}^3$，地下水位以下土的饱和重度为 $\gamma_{sat}=19.8\text{kN/m}^3$。试分别计算地层中的总应力、孔隙水压力及有效应力，并绘制这些应力的分布图。

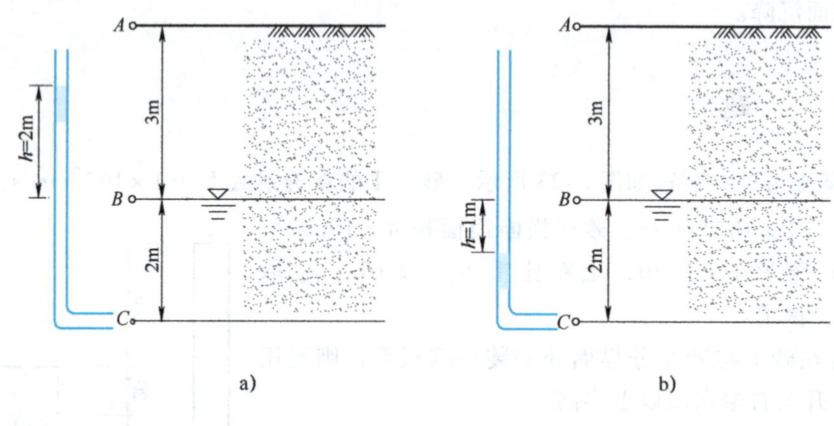

图 3-25　习题 3-4 图

3-5 某粉质黏土层位于两砂层之间，如图 3-26 所示。下层砂土受承压水作用，其水头高出地面 2m。已知砂土重度（水位以上）$\gamma=17\text{kN/m}^3$，饱和重度 $\gamma_{sat1}=19\text{kN/m}^3$；粉质黏土的饱和重度 $\gamma_{sat2}=17.5\text{kN/m}^3$。若承压水头全部损失在粉质黏土层中，计算土中总应力、孔隙水压力及有效应力，并绘出这些应力沿深度的分布图。

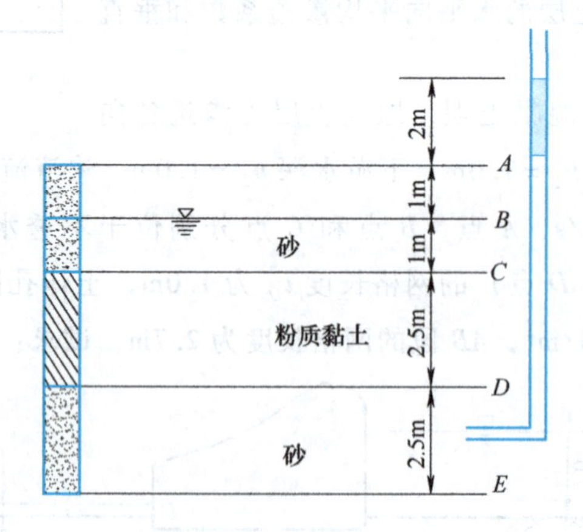

图 3-26　习题 3-5 图

第4章　土的变形特性与地基沉降

4.1　概述

由于土具有三相性，在压力的作用下土中孔隙体积会变小，土体体积将缩小，显示出土被压缩。土的压缩（compression）是指土中孔隙的体积缩小，即土中水和土中气所占的体积减小。土的压缩性（compressibility）是指土体在压力作用下体积缩小的特性。饱和土体在压力作用下随着时间的变化，土中孔隙水不断排出、孔隙体积不断减小的过程也称为土的固结（consolidation）。

计算地基沉降时，需要取得土的压缩性指标。该指标可以采用室内试验或原位测试来测定。

室内试验测定土的压缩性指标，常用土样无侧向变形即侧限条件的固结试验（consolidation test 或 oedometer test）。土的固结试验可以测定土的压缩系数 a（coefficient of compressibility）、压缩模量 E_s（modulus of compressibility）等压缩性指标。另外，通过室内土的三轴压缩试验，可以测定土的弹性模量 E（Young's modulus 或 elastic modulus）。

原位测试（in-situ test）土的压缩性的方法中，现场（静）载荷试验（plate load test）是一种主要的测试手段，可以同时测定地基承载力和土的变形模量 E_0（modulus of deformation）。一般浅层平板载荷试验（shallow plate load test）可以模拟在半空间地基表面上作用局部均布荷载，测定刚性承压板稳定沉降与压力的关系，从而利用地基表面沉降的弹性力学公式来反算土的变形模量。而深层平板载荷试验（deep plate load test）或旁压试验（Pressure Meter Test，PMT）则可确定深层土的变形模量。其他原位测试方法，例如采用标准贯入试验（Standard Penetration Test，SPT）、圆锥动力触探试验（Cone Dynamic Penetration Test，CDPT）或静力触探试验（Cone Penetration Test，CPT），当与地区的现场载荷试验成果建立关系、进行对比后也可用来间接推算确定土的变形模量。

无黏性土（包括碎石类土和砂类土）的透水性大，固结稳定所经历的时间很短，通常认为在外荷施加完毕时，其固结已基本完成，因此，一般不考虑无黏性土的固结问题。而黏性土、粉质土及有机土等细粒土，完成固结所需的时间较长（对于深厚软黏土层，其固结变形需要几年甚至几十年时间才能完成），是固结问题研究的重点。黏性土的固结（压密）过程是土中超孔隙水压力消散、有效应力增长的过程。

饱和土中的有效应力原理和单向（一维）固结理论，是最基本的固结理论。有效应力原理就是研究饱和土中的有效应力和孔隙水压力的变化及其与总应力的关系。虽然在工程实际中遇到的有许多是土的二维、三维固结问题（如路堤、水坝荷载是长条形分布，地基中既有竖向也有长条形垂直方向的孔隙水渗流及变形，属于二维固结平面应变问题；在厚土层上作用局部荷载时，属于三维固结问题；在软黏土层中设置排水砂井预压加固时，除竖向渗流外，还有水平向的轴对称渗流，属于三维轴对称固结问题），但本章只介绍一维固结问题。

建筑物或堤坝荷载通过基础、路堤（填方路基）或水坝（填方坝基）传递给地基，使天然土层原有的应力状态发生变化，即在基底压力的作用下，地基中产生了附加应力和竖向、侧向变形（deformation），导致建筑物或堤坝及其周边环境的沉降（settlement）和位移（displacement）。地基表面的竖向变形称为地基沉降或基础沉降。

由于荷载差异、地基不均匀、地基应力扩散性状以及堤坝自身变形等原因，基础、路基或坝基的沉降或多或少是不均匀的，使得上部结构或路面结构中相应地产生额外的应力和变形。如果不均匀沉降超过了一定的限度，将导致建筑物开裂、歪斜甚至破坏，例如砖墙出现裂缝、起重机轮子出现卡轨、高耸构筑物倾斜、与建筑物连接管道断裂以及桥梁偏离墩台、梁面或路面开裂等。因此，研究地基变形，对于保证建筑物的正常使用、安全稳定、经济合理和环境保护，具有重大的意义。

4.2 土的压缩性

4.2.1 土的压缩试验

土的压缩性通常采用室内固结试验和现场载荷试验来研究。

固结试验（consolidation test）也称侧限压缩试验，可以得到土的孔隙比与所受压力的关系曲线（e-p 曲线），进而求得土的压缩性指标。

图 4-1 是固结仪简图，其仪器设备主要是由固结容器、加压设备和量测设备组成。试验时将金属环刀（常用的环刀内径为 6～8cm，高 2cm）小心切入保持天然结构的原状土样，然后将土样和环刀一起放在圆筒形固结容器的刚性护环内，试样上下各放一块透水石，受压后土中孔隙水可以上下双向排出。由于金属环刀和刚性护环的限制，土样在压力作用下只能发生竖向压缩，其横截面面积不会变化，即土样不会发生侧向变形，这样的试验条件被称为侧限条件。

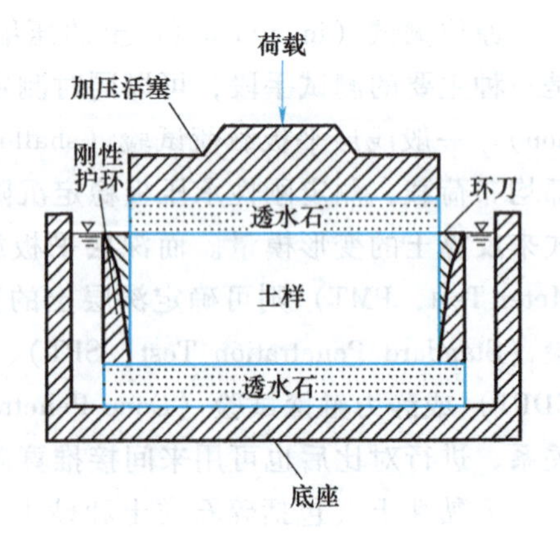

图 4-1　固结仪简图

土的侧限压缩试验中采用下列假定：

1）试验过程中土颗粒没有被压缩。

2）压缩过程中试样的横截面面积保持不变。

3）沿试样的横截面和高度范围附加应力均匀分布。

4）试样没有任何侧向变形。

试验时，土样在天然状态下或经过人工饱和后进行逐级加压固结。先施加 1kPa 的预压

荷载，以保证试样与仪器上下各部件之间的接触良好，然后调整读数为零，控制加荷率（前后两级荷载之差与前一级荷载之比）不大于1.0，这样做可减少土的结构强度被扰动。一般按 p = 50kPa、100kPa、200kPa、400kPa 分级加荷，对于软土试验第一级压力宜从12.5kPa或25kPa开始，最后一级压力均应大于地基中计算点的自重应力与预估附加应力之和。测定土样在各级压力 p 作用下竖向变形稳定后的压缩量 S 后，算出相应的孔隙比 e_1，从而绘制土的 e-p 曲线。

如图4-2所示，设土样的初始高度为 H_0，初始孔隙比为 e_0，压缩稳定后的孔隙比为 e_1，土样高度为 H_1，在外荷载 p 作用下变形稳定后的压缩量为 S，则 $H_1 = H_0 - S$。由于土颗粒不能被压缩，即在试验过程中土颗粒的体积 V_s 保持不变，而且试验过程中土样横截面面积 A 不变，根据这两个假定，则有

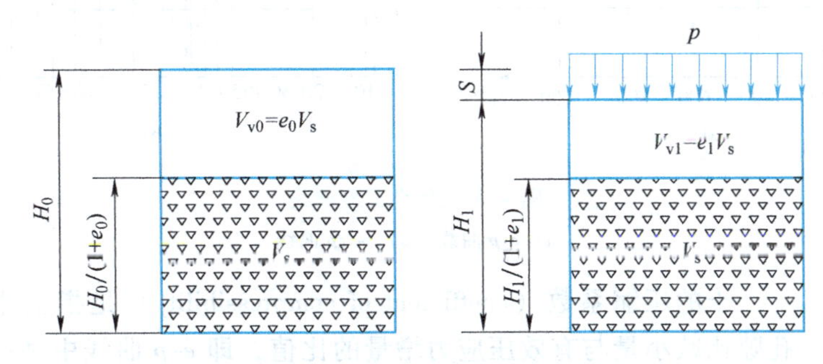

图4-2　侧限条件下土样孔隙比的变化

$$\frac{AH_0}{1+e_0}=\frac{AH_1}{1+e_1} \tag{4-1a}$$

或

$$\frac{H_1}{H_0}=\frac{1+e_1}{1+e_0} \tag{4-1b}$$

则

$$e_1 = e_0 - \frac{S}{H_0}(1+e_0) \tag{4-2}$$

式中　e_0——初始孔隙比，$e_0 = \dfrac{G_s\rho_w(1+w)}{\rho} - 1$，其中 G_s、w、ρ、ρ_w 分别为土粒比重、土样初始含水率、土样初始密度和水的密度。

根据 e-p 曲线可确定土的压缩系数 a、压缩模量 E_s 等压缩性指标；根据 e-lg$p$ 曲线可确定土的压缩指数 C_c 等压缩性指标。

4.2.2　土的压缩性指标

从式（4-2）可以看出，只要测定土样在各级压力 p 作用下变形稳定后的压缩量 S，就可算出相应的孔隙比 e_1，从而绘制土的压缩曲线（compression curve）。压缩曲线可按两种方式绘制，一种是采用普通直角坐标绘制的 e-p 曲线，如图4-3a所示；另一种是采用半对数直角坐标（即表示压力的横坐标采用常用对数）绘制的 e-lg$p$ 曲线，如图4-3b所示。

1. 土的压缩系数和压缩指数

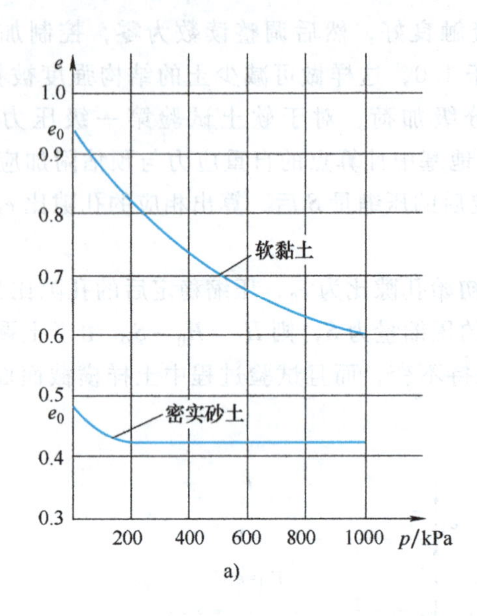

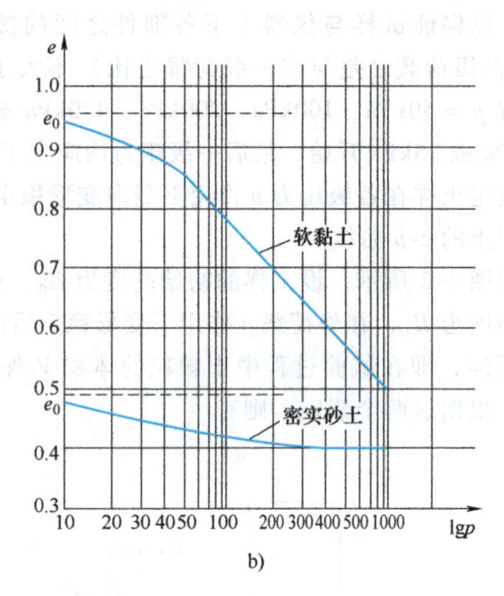

图 4-3 土的压缩曲线

a) e-p 曲线 b) e-lg$p$ 曲线

e-p 曲线

土的压缩系数（coefficient of compressibility）是指土体在侧限条件下孔隙比减小量与有效压应力增量的比值，即 e-p 曲线中某一压力范围的割线斜率。地基计算中，其压力范围应取土的自重应力至土的自重应力与附加应力之和的范围。

不同土类的 e-p 曲线形态是有差别的。e-p 曲线越陡，说明压力增加时孔隙比减小得越明显，则土的压缩性越高；若曲线越平缓，则土的压缩性越低。所以，曲线上任一点的切线斜率 a 就表示压力 p 作用下土的压缩性，即

$$a = -\mathrm{d}e/\mathrm{d}p \tag{4-3}$$

式中的“-”表示随着压力 p 的增加，孔隙比 e 逐渐减小。由于 e-p 关系呈非线性，e-p 曲线上每一点的 a 值都不相同，在工程应用中很不方便。因此，在实际应用中，一般选取 $p_1 \sim p_2$ 的某一荷载段的割线来表征其压缩性，其中，p_1 表示土中某点的初始压力（如土的自重应力），p_2 表示增加外荷载作用后的土中总压力（如自重应力与附加应力之和）。

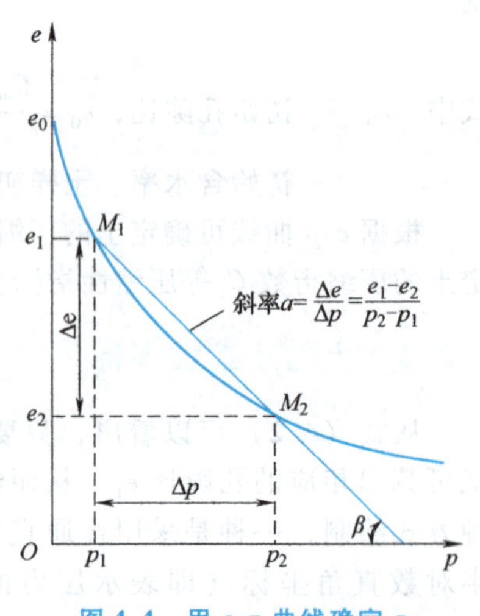

图 4-4 用 e-p 曲线确定 a

如图 4-4 所示，设压力由 p_1 增加到 p_2，相应的孔隙比由 e_1 减小到 e_2，则与压力增量 Δp 相对应的孔隙比变化为 Δe。此时，土的压缩性可用图中过 M_1、M_2 两点割线的斜率表示。设该割线与横坐标的夹角为 β，则

$$a = \tan\beta = \frac{-\Delta e}{\Delta p} = \frac{e_1 - e_2}{p_2 - p_1} \tag{4-4}$$

式中 a——土的压缩系数（kPa^{-1} 或 MPa^{-1}）；

p_1——地基某深处土中（竖向）自重应力（kPa 或 MPa），是指土中某点的“初始压力”（original pressure）；

p_2——地基某深处土中（竖向）自重应力与（竖向）附加应力之和（kPa 或 MPa），是指土中某点的“总压力”；

e_1——相应于 p_1 作用下压缩稳定后的孔隙比；

e_2——相应于 p_2 作用下压缩稳定后的孔隙比。

压缩系数是评价地基土压缩性高低的重要指标之一，但它并不是个常量，在同一压缩曲线上各不同压力范围内压缩系数有所不同。为统一标准、方便比较，《土工试验方法标准》（GB/T 50123—2019）规定采用当 $p_1=0.1\text{MPa}$、$p_2=0.2\text{MPa}$ 时所对应的压缩系数 a_{1-2} 作为评定土压缩性高低的指标：

低压缩性土：$a_{1-2}<0.1\text{MPa}^{-1}$；中压缩性土：$0.1\text{MPa}^{-1}\leqslant a_{1-2}<0.5\text{MPa}^{-1}$；高压缩性土：$a_{1-2}\geqslant 0.5\text{MPa}^{-1}$。

图 4-5 是压缩曲线改用 e-$\lg p$ 曲线表示的试验结果。在 e-$\lg p$ 曲线中的后压力段存在比较明显的直线段，该直线段反映了正常固结黏性土的变形特性。土的压缩指数（compression index）是土体在侧限条件下孔隙比减小量与有效压应力常用对数值增量的比值，即该直线段的斜率，用 C_c 表示，由图 4-5 可知

$$C_c=\frac{e_1-e_2}{\lg p_2-\lg p_1}=\frac{-\Delta e}{\lg\dfrac{p_2}{p_1}} \tag{4-5}$$

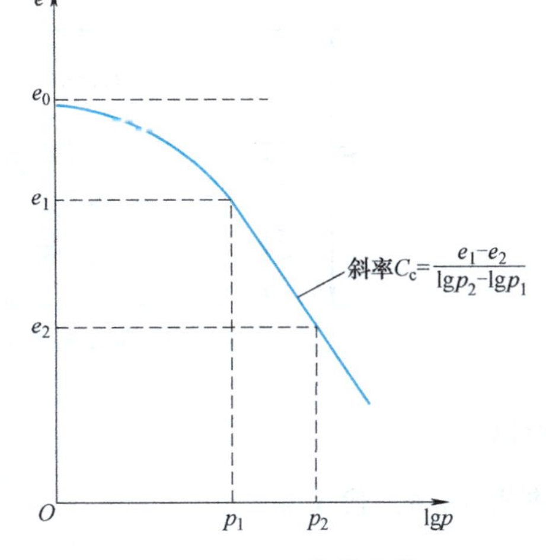

图 4-5　用 e-$\lg p$ 曲线确定 C_c

压缩指数 C_c 亦可以判断土的压缩性大小。压缩指数 C_c 越大，土的压缩性越高：

1）$C_c<0.2$ 时，属于低压缩性土。

2）$C_c=0.2\sim0.4$ 时，属于中压缩性土。

3）$C_c>0.4$ 时，属于高压缩性土。

压缩系数和压缩指数的关系，即

$$C_c=\frac{a(p_2-p_1)}{\lg(p_2/p_1)} \tag{4-6a}$$

或

$$a=\frac{C_c}{p_2-p_1}\lg(p_2/p_1) \tag{4-6b}$$

压缩系数 a 和压缩指数 C_c 虽同为土的压缩性指标，但对于同一种土，a 是变量且有量纲，而 C_c 是量纲为 1 的常数。

利用 e-p 曲线计算土的压缩量和沉降虽然计算简单，但这种方法的主要缺点是压缩曲线是一曲线而非直线；所以不同压力 p 所对应的土的压缩系数 a 是不同的，不是常量，如果假定其为常量就会带来较大的误差。而由于 e-$\lg p$ 曲线具有线性的特点，便于建立解析关系，使用它计算土的沉降也很方便，并且还可以针对正常固结、超固结和欠固结情况，采用不同

的计算方法，这也是其优点所在。

2. 土的压缩模量

土的压缩模量（modulus of compression）是指土体在侧限条件下竖向附加压应力与相应的竖向应变之比值，用 E_s表示。压缩模量 E_s可从 e-p 曲线求得。在 e-p 曲线中，$\Delta e=e_2-e_1$，相应的土样压缩量，即土样的高度变化量 $S=H_1-H_2$，如图 4-6 所示。在侧限条件下，压力增量 $\Delta p=p_2-p_1$，所以压缩模量为

e-p 曲线确定压缩系数和压缩模量

$$E_s=\frac{\Delta p}{S/H_1} \tag{4-7}$$

同样，根据施加荷载增量前后土颗粒的体积 V_s保持不变、土样横截面面积 A 不变的两个假定，则有

$$\frac{AH_1}{1+e_1}=\frac{AH_2}{1+e_2}=\frac{A(H_1-S)}{1+e_2} \tag{4-8a}$$

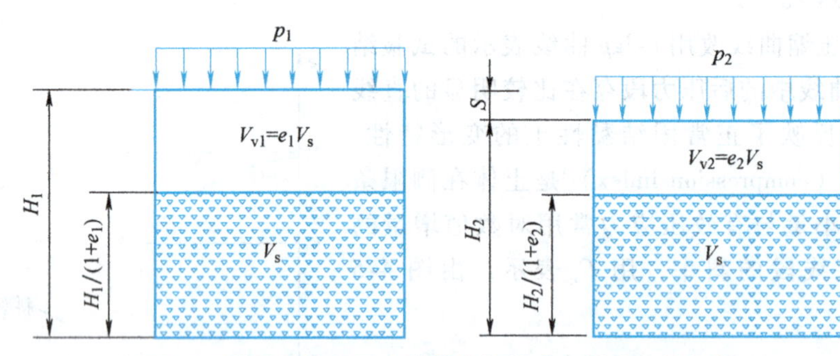

图 4-6　侧限条件下压力增量施加前后土样高度的变化

所以

$$S=\frac{e_1-e_2}{1+e_1}H_1 \tag{4-8b}$$

将式（4-4）代入得

$$S=\frac{a\Delta p}{1+e_1}H_1=\frac{\Delta p}{E_s}H_1 \tag{4-8c}$$

故，土的压缩模量可表示为

$$E_s=\frac{\Delta p}{S/H_1}=\frac{\Delta p}{(e_1-e_2)/(1+e_1)}=\frac{1+e_1}{a} \tag{4-9a}$$

式（4-9a）表明，土体在侧限条件下，当土中应力变化较小时，压应力增量与压应变增量成正比，其比例系数 E_s称为土的压缩模量，也称为侧限模量。

压缩模量 E_s也可以判断土的压缩性大小。压缩模量 E_s越大，表明在同一压力范围内土的压缩变形越小，土的压缩性就越低。反之亦然。

土的体积压缩系数 m_v（coefficient of volume compressibility）是土体在侧限条件下的竖向（体积）应变与竖向附加应力之比，单位为 kPa^{-1}或 MPa^{-1}。它与压缩模量互为倒数，即

$$m_v=\frac{1}{E_s}=\frac{a}{1+e_1} \tag{4-9b}$$

可见，体积压缩系数值越大，土的压缩性越高。

当我们在固结试验中进行卸载（unloading）和再加载（reloading）的时候，会发现加载到某值 p，如图 4-7a 中的 ab 段，然后进行卸载，相应的曲线为 bc 段。再进行重加载，则相

应的曲线在 b 点附近与卸载曲线相交于 d 点，重加载曲线与卸载曲线形成一个滞回圈；然后继续加载则曲线按 ab 段的延长趋势可达 f 点。

图 4-7a 中 bc 段所示为根据土样回弹稳定后的孔隙比 e 绘制的相应孔隙比与压力的关系曲线，称为回弹曲线（expansion curve 或 unloading curve）。由于土体并非弹性体，卸载完毕后土样并不能完全恢复到初始孔隙比 e_0 的 a 点处，而且卸载时，试样不是沿初始压缩曲线，而是沿曲线 bc 回弹，说明土体的变形是由可恢复的弹性变形（elastic deformation）和不可恢复的塑性变形（plastic deformation）两部分组成，而且后者占有较大的比例。如果卸载后重新逐级加压（reloading），并测得土样在各级压力下再压缩稳定后的孔隙比，则据此绘制的曲线称为再压缩曲线（recompression curve），如图 4-7a 的 cdf 段。

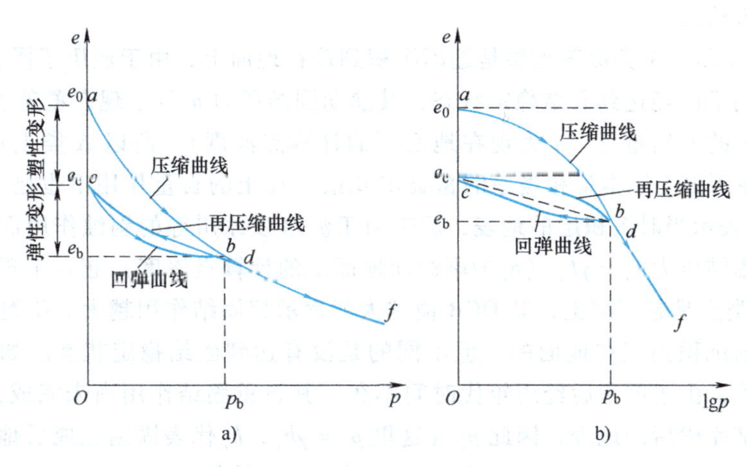

图 4-7　土的回弹曲线和再压缩曲线

a）e-p 曲线　b）e-lg$p$ 曲线

试验研究表明：①在同样的压力范围内，回弹和再压缩曲线要比初始压缩曲线平缓得多，说明在回弹或再压缩范围内，土的压缩性大大降低；②再压缩曲线段与原压缩曲线之间的连接一般是光滑的，当再加载时的压力超过 b 点所对应的压力时，再压缩曲线就趋于初始压缩曲线的延长线，即 df 段与土样未经卸压和再压而直接逐级加压的压缩曲线 abf 是基本重合的。同样，也可在半对数坐标上绘制土的回弹曲线和再压缩曲线，如图 4-7b 所示。

压缩、回弹、再压缩的 e-p 曲线，可用于分析某些类型的基础，如底面积和埋深都很大，开挖基坑后地基受到较大的卸载（应力解除），造成坑底回弹的工程。因此，在预估基础沉降时，应考虑基坑地基土的回弹，进行土的回弹再压缩试验，其压力的施加与地基中某点实际的加载卸载再加载状况一样。为计算开挖基坑底面地基的回弹变形量，必须从固结试验的回弹和再压缩的 e-p 曲线确定地基土的回弹模量。

4.2.3　前期固结压力

1. 根据前期固结压力划分的三类沉积土层

天然土层在历史上所受的最大固结压力（指土体在固结过程中所受的最大竖向有效压力），称为前期固结压力（preconsolidation pressure）。按照它与现有压力对比的状况，可将土（层）分为正常固结土（normally consolidated soil）、超固结土（overconsolidated soil）和欠固结土（under consolidated soil）三类。

正常固结土层的前期固结压力等于现有覆盖土重；超固结土层的前期固结压力大于现有覆盖土重；而欠固结土层的前期固结压力则小于现有覆盖土重。在研究沉积土层的应力历史时，通常把土层历史上所经受过的前期固结压力与现有覆盖土重之比值定义为超固结比（Over Consolidation Ratio，OCR），其计算式为

$$\mathrm{OCR}=p_c/p_1 \tag{4-10}$$

正常固结土、超固结土和欠固结土的超固结比分别为 OCR = 1、OCR > 1 和 OCR < 1。通过高压固结试验的 e-lg$p$ 曲线指标，考虑应力历史影响来计算土层固结变形是饱和土地区和国际上常用的方法之一。

如图 4-8a 所示，A 类覆盖土层是逐渐沉积到现在地面上，由于经历了漫长的地质年代，在土的自重作用下已经达到固结稳定状态，其前期固结压力 p_c 等于现有覆盖土自重应力 $p_1=\gamma h$（γ 为均质土的天然重度，h 为现在地面下的计算点深度），所以 A 类土是正常固结土。B 类覆盖土层在历史上原本是相当厚的覆盖沉积层，在土的自重作用下也已达到稳定状态，图 4-8b 中虚线表示当时沉积层的地表，后来由于流水或冰川等的剥蚀作用而形成现在的地表，因此前期固结压力 $p_c=\gamma h_c$（h_c 为剥蚀前地面下的计算点深度）超过了现有的土自重应力 p_1，所以 B 类土是超固结土，其 OCR 值越大就表示超固结作用越大。C 类土层也和 A 类土层一样是逐渐沉积到现在地面的，但不同的是没有达到固结稳定状态。如新近沉积黏性土、人工填土等，由于沉积后经历年代时间不久，其自重固结作用尚未完成，图 4-8c 中虚线表示将来固结完毕后的地表，因此 p_c（这里 $p_c=\gamma h_c$，h_c 代表固结完成后地面下的计算点深度）还小于现有的土自重应力 p_1，所以 C 类土是欠固结的。

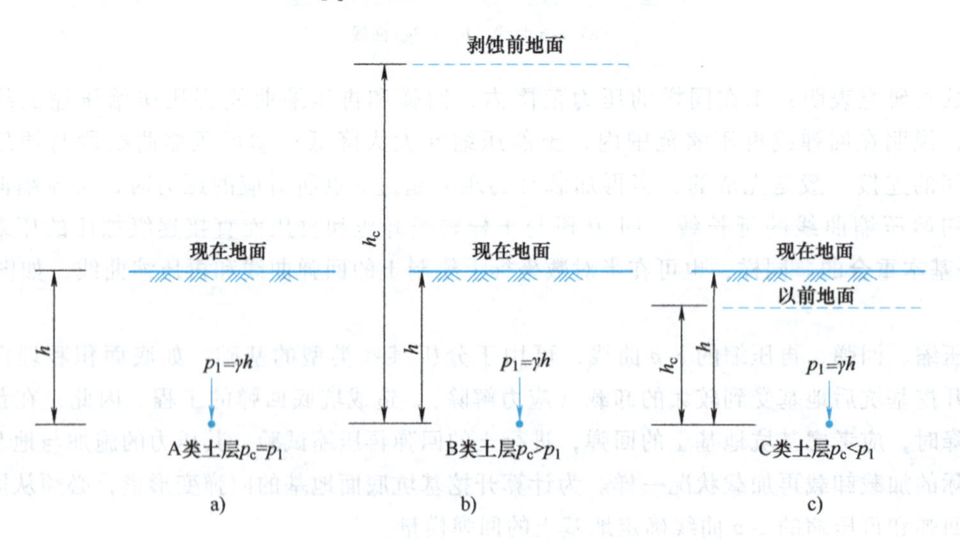

图 4-8 沉积土层按前期固结压力分类

a）正常固结 b）超固结 c）欠固结

根据土的固结状态可以对土的压缩性做出定性评价，比较而言，超固结土压缩性最低，而欠固结土的压缩性最高。

2. 前期固结压力的确定

当考虑土的应力历史进行沉降计算时，应进行高压固结试验，确定前期固结压力、压缩指数等压缩性指标，试验成果用 e-lg$p$ 曲线表示。确定前期固结压力 p_c 最常用的方法是卡萨格兰德（A. Casagrande，1936）建议的经验作图法，其作图步骤如下（图 4-9）：

1）在 e-lg$p$ 曲线上找出曲率半径最小的 A 点。

2）过 A 点作水平线 $A1$、切线 $A2$；以及 $\angle 1A2$ 的角平分线 $A3$。

3）将 e-lg$p$ 压缩曲线中的直线段向上延伸交 $A3$ 于 B 点，则 B 点的横坐标即为所求的前期固结应力 p_c。

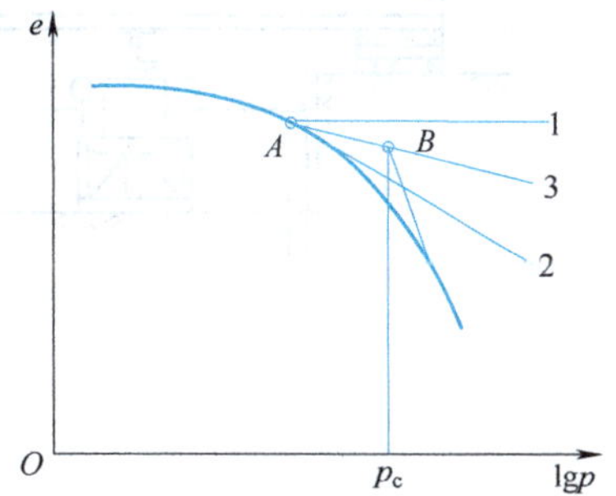

图 4-9　前期固结应力的确定

采用这种方法确定前期固结应力的精度在很大程度上取决于曲率最大的 A 点的选定。但是，通常 A 点是凭借目测决定的，有一定的误差。同时，由上述压缩曲线特征可知，对严重扰动试样，其压缩曲线的曲率不大明显，A 点的正确位置就更难以确定。另外，纵坐标用不同的比例时，A 点的位置也不尽相同。因此，要可靠地确定前期固结应力，宜结合土层形成的地质历史资料，加以综合分析。

另外，前期固结压力 p_c 只是反映土层压缩性能发生变化的一个界限值，其成因不一定都是由土的受荷历史所致。其他，如黏土风化过程的结构变化、土粒间的化学胶结、土层的地质时代变老、地下水的长期变化，以及土的干缩等作用均可能使黏土层的密实程度超过正常沉积情况下相对应的密度，而呈现一种类似超固结的性状。因此，确定前期固结压力时，需结合场地的地质情况，土层的沉积历史、自然地理环境变化等各种因素综合评定。

岩土名人——卡萨格兰德

4.3　土的侧压力系数与变形模量

4.3.1　现场载荷试验

除了室内试验，还可以通过载荷试验或旁压试验等现场原位测试手段测得地基沉降（或土的变形）与压力之间近似的比例关系，利用地基沉降的弹性力学公式来反算土的变形模量。现场静载荷试验（plate load test），即地基土的浅层平板载荷试验（shallow plate load test）就是工程地质勘察工作中一项基本的原位测试。

试验前先在现场试坑中竖立载荷架，使施加的荷载通过承压板传到地层中，以便测试浅部地基应力主要影响范围内的土的力学性质。

图 4-10 所示为堆重式和地锚式两种千斤顶反力载荷架，由加载稳压装置、反力装置及观测装置三部分组成。加载稳压装置包括承压板、立柱、加载千斤顶及稳压器；反力装置包括地锚系统或堆重系统等；观测装置包括百分表及固定支架等。

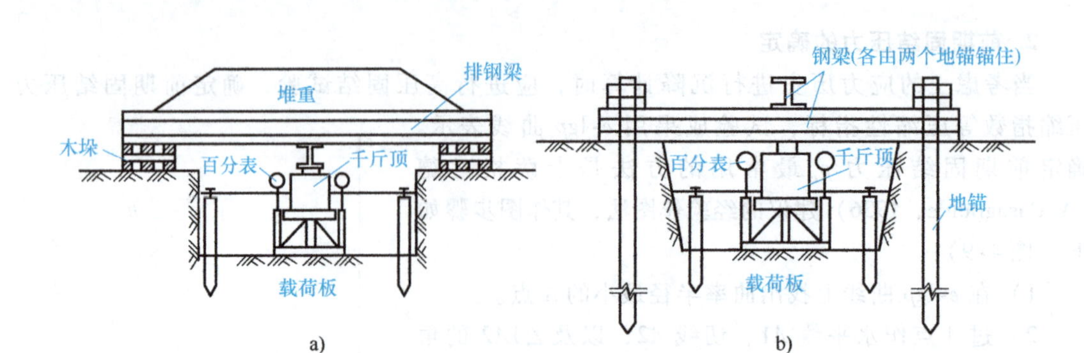

图 4-10　浅层平板载荷试验载荷架示例

a) 堆重式　b) 地锚式

《建筑地基基础设计规范》(GB 50007—2011) 规定承压板的底面积不应小于 $0.25m^2$，对软土不应小于 $0.5m^2$（边长 0.707m 的正方形或直径 0.798m 的圆形）。为模拟半空间地基表面的局部荷载，基坑宽度不应小于承压板宽度或直径的 3 倍。

载荷试验测试点通常布置在取试样的技术钻孔附近，当地质构造简单时，距离不应超过 10m，在其他情况下则不应超过 5m，但也不宜小于 2m。必须注意保持试验土层的原状结构和天然湿度，宜在拟试压表面用不超过 20mm 厚的粗、中砂层找平。

载荷试验所施加的总荷载，应尽量接近预计地基极限荷载。第一级荷载（包括设备重）宜接近开挖浅试坑所卸除的土重，与其相应的承压板沉降量不计；其后每级荷载增量，对较松软的土可采用 10～25kPa，对较硬密的土则用 50～100kPa；加载等级不应少于 8 级。最后一级荷载是判定承载力的关键，应细分二级加载，以提高结果的精确度，最大加载量不应少于荷载设计值的两倍。

载荷试验的观测标准：①每级加载后，按间隔 10min、10min、10min、15min、15min 及以后为每隔 30min 读一次沉降量，当连续 2h 内，每小时的沉降量小于 0.1mm 时，则认为已趋稳定，可加下一级荷载；②当出现下列情况之一时，即可终止加载：承压板周围的土有明显的侧向挤出（砂土）或发生裂纹（黏性土和粉土）；沉降 S 急骤增大，荷载-沉降（p-S）曲线出现陡降段；在某一级荷载下，24h 内沉降速率不能达到稳定标准；$S/b \geqslant 0.06$（b 为承压板的宽度或直径）。满足终止加载的上述 4 种情况之一时，其对应的前一级荷载定为极限荷载。

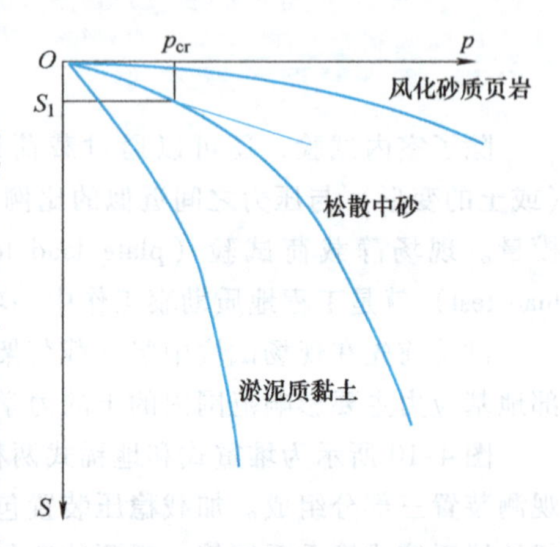

图 4-11　不同土的 p-S 曲线

根据各级荷载及其相应的相对稳定沉降的观测数值，即可采用适当的比例尺绘制荷载 p 与稳定沉降 S 的关系曲线即 p-S 曲线，必要时还可绘制各级荷载下的沉降与时间的关系曲线即 S-t 曲线。图 4-11 所示为一些代表性土类的 p-S 曲线，其中曲线的开始部分往往接近于直线，与直线段终点对应的荷载 p_{cr} 称为地基的临塑荷载或比例界限荷载。一般地基容许承载力或地基承载力特征值取接近于此比例界限荷载。所以地基的变形处于直线变形阶段，可以利用计算地基表面沉降的弹性力学公式推求地基土的变形模量

(modulus of deformation)，即土体在侧向自由变形条件下竖向应力与竖向应变之比值。

由 $S=\frac{\omega bp(1-\mu^2)}{E_0}$ 得

$$E_0=\frac{\omega bp(1-\mu^2)}{S} \tag{4-11}$$

式中 E_0——土的变形模量（kPa）；

ω——沉降影响系数，对刚性承压板取 $\omega=0.886$（方形压板）或 $\omega=0.785$（圆形压板）；

μ——土的泊松比；

b——承压板的边长（方形压板）或直径（圆形压板）（m）；

p——所取定的比例界限荷载（kPa）；

S——与比例界限荷载 p 相对应的沉降（mm）；有时 p-S 曲线不出现起始的直线段，可取 S/b 或 $S/d=0.010\sim0.015$（低压缩性土取低值，高压缩性土取高值），将对应的荷载 p 代入即可。

载荷试验一般适合于在浅土层进行。其优点是压力的影响深度可达 $(1.5\sim2)b$（b 为压板边长），因而试验成果能反映较大一部分土体的压缩性；比钻孔取样在室内测试所受到的扰动要小得多；土中应力状态在承压板较大时与实际地基情况比较接近。其缺点是试验工作量大，耗时久，所规定的沉降稳定标准也带有较大的近似性，据有些地区的经验，它所反映的土的固结程度仅相当于实际建筑施工完毕时的早期沉降量。对于成层土，尚需进行深层土的载荷试验。

4.3.2 土的侧压力系数及变形模量

1. 土的侧压力系数

土的侧压力系数（coefficient of lateral pressure）是指侧限条件下土中侧向应力 σ_x（或 σ_y）与竖向应力 σ_z 的比值，用 K_0 表示，即

$$K_0=\frac{\sigma_x}{\sigma_z}=\frac{\sigma_y}{\sigma_z} \tag{4-12a}$$

在侧限压缩试验土样中取微单元进行分析（图4-12）。在 z 轴方向的压力作用下，试样中的竖向正应力为 σ_z，由于试样的受力条件为轴对称，所以相应的水平向正应力 $\sigma_x=\sigma_y$，即

$$\sigma_x=\sigma_y=K_0\sigma_z \tag{4-12b}$$

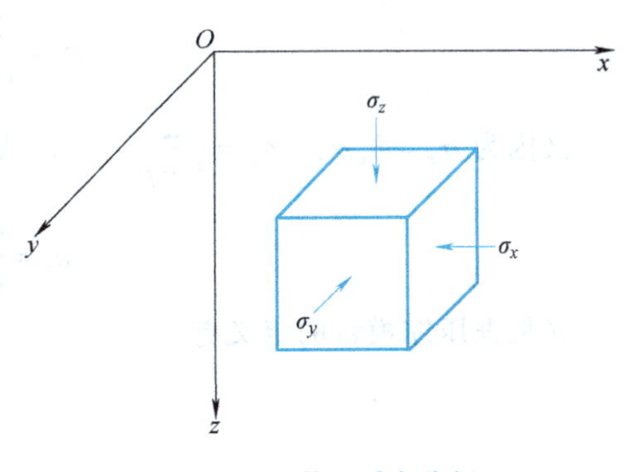

图4-12 单元受力分析

实验室常采用单向固结仪或特定的三轴压缩仪测定。若无试验条件时，K_0 可参考表4-1所列的经验值选用。其值一般小于1，如果地面是经过剥蚀后遗留下来的，或者所考虑的土层曾受过其他超固结作用，则 K_0 值可大于1.0。

由土的侧压力系数、土的泊松比的定义，按照广义胡克定律，可求得二者的关系：

$$K_0 = \frac{\mu}{1-\mu} \tag{4-13a}$$

或

$$\mu = \frac{K_0}{1+K_0} \tag{4-13b}$$

表 4-1 K_0、μ、β 的经验值

土的种类和状态		K_0	μ	β
碎石土		0.18～0.33	0.15～0.25	0.95～0.83
砂　土		0.33～0.43	0.25～0.30	0.83～0.74
粉　土		0.43	0.30	0.74
粉质黏土	坚硬状态	0.33	0.25	0.83
	可塑状态	0.43	0.30	0.74
	软塑及流塑状态	0.53	0.35	0.62
黏土	坚硬状态	0.33	0.25	0.83
	可塑状态	0.53	0.35	0.62
	软塑及流塑状态	0.72	0.42	0.39

2. 变形模量与压缩模量的关系

土的变形模量 E_0是土体在无侧限条件下的应力与应变的比值；而土的压缩模量 E_s则是土体在侧限条件下的应力与应变的比值。从理论上说，E_0与 E_s两者是完全可以互相换算的。

分析图 4-12 中微单元的三向受力状态下沿 z 轴的应变 ε_z，按照广义胡克定律，即

$$\begin{cases} \varepsilon_x = \dfrac{\sigma_x}{E_0} - \dfrac{\mu}{E_0}(\sigma_y + \sigma_z) \\ \varepsilon_y = \dfrac{\sigma_y}{E_0} - \dfrac{\mu}{E_0}(\sigma_x + \sigma_z) \\ \varepsilon_z = \dfrac{\sigma_z}{E_0} - \dfrac{\mu}{E_0}(\sigma_x + \sigma_y) \end{cases}$$

在不允许侧向膨胀条件下的压缩试验中，$\sigma_x = \sigma_y$，故有

$$\varepsilon_z = \frac{1}{E_0}(\sigma_z - 2\mu\sigma_x) \tag{4-14a}$$

又因为 $\sigma_x = K_0\sigma_z$，$K_0 = \dfrac{\mu}{1-\mu}$，所以式（4-14a）可改写为

$$\varepsilon_z = \frac{\sigma_z}{E_0}\left(1 - \frac{2\mu^2}{1-\mu}\right) \tag{4-14b}$$

又根据压缩模量的定义有

$$\varepsilon_z = \frac{\sigma_z}{E_s} \tag{4-15}$$

比较式（4-14b）、式（4-15）可得变形模量 E_0与压缩模量 E_s的理论关系为

$$E_0 = \left(1 - \frac{2\mu^2}{1-\mu}\right)E_s \tag{4-16a}$$

或
$$E_0=\left(1-\frac{2K_0^2}{1+K_0}\right)E_s \tag{4-16b}$$

令 $\beta=1-\dfrac{2\mu^2}{1-\mu}=1-\dfrac{2K_0^2}{1+K_0}$，则式（4-16a）和式（4-16b）表示为

$$E_0=\beta E_s \tag{4-16c}$$

应当注意，理论上 E_0 与 E_s 之间有如式（4-16c）的关系，而实际上由于现场载荷试验测定 E_0 和室内压缩试验测定 E_s 时，各有很多无法考虑到的因素（如压缩试验的土样容易受到扰动，尤其是低压缩性土；载荷试验与压缩试验的加载速率、压缩稳定的标准都不一样；μ 值不易精确确定等），使得式（4-16c）不能准确反映 E_0 与 E_s 之间的实际关系。根据统计资料，E_0 值可能是 βE_s 值的数倍，一般说来，土越坚硬倍数越大，而软土的 E_0 值与 βE_s 值比较接近。国内已有针对不同土类对理论 β 值进行修正的研究。

3. 弹性模量

弹性模量 E 是指土体无侧限条件下瞬时压缩的应力与弹性应变的比值，可通过室内三轴试验获得。弹性模量 E 常用于以弹性公式估算建筑物的初始瞬时沉降。

根据压缩模量 E_s、变形模量 E_0、弹性模量 E 定义可知：压缩模量和变形模量的应变为总的应变，既包括可恢复的弹性应变，又包括不可恢复的塑性应变；而弹性模量的应变只包含弹性应变。

4.4 地基沉降量计算

小邮票上的大机场

地基沉降量是指地基土压缩变形达固结稳定的最大沉降量。

地基沉降的主要原因有两个方面：一是结构主体荷载在地基中产生的附加应力；二是土的压缩性。

计算地基沉降量的方法有分层总和法、弹性理论法（elastic theory method）、应力历史法（stress history method）、斯肯普顿-比伦法（Skempton-Bjerrum method）和应力路径法（stress path method）等。

目前，我国工程中计算基础沉降时广泛采用分层总和法。分层总和法计算地基的最终沉降量（final settlement），是以无侧向变形条件下的压缩量公式为基础，在地基沉降计算深度范围内分层计算各层的压缩量，然后求其总和。本章介绍分层总和法中的单向压缩分层总和法和规范规定的方法，以及按弹性理论计算沉降量。

4.4.1 单向压缩分层总和法

地基沉降计算深度（the depth of compressive layer）z_n，是指自基础底面向下需要计算压缩变形所达到的深度（该深度以下土层的变形值小到可以忽略不计），亦称地基压缩层深度。

土的压缩性指标从固结试验的压缩曲线即 e-p 曲线确定。

单向压缩分层总和法的基本假设是：①土的压缩完全是由于孔隙体积减小所致，而土粒本身的压缩忽略不计；②土体仅产生竖向压缩，而无侧向变形；③在划分的各土层高度范围内，假定应力是均匀分布的，并按照与上、下层交界处的平均应力计算。

1. 基本公式

利用压缩试验成果计算地基沉降，根据已知的 e-p 曲线进行计算，即

$$S=\frac{e_1-e_2}{1+e_1}H=\frac{\Delta e}{1+e_1}H=\frac{a\Delta p}{1+e_1}H=\frac{\Delta p}{E_s}H \tag{4-17}$$

式中 H——薄压缩土层的厚度；

e_1——根据薄土层顶、底面处自重应力平均值 σ_c，即原始压应力 p_1，从土的压缩 e-p 曲线上查得相应的孔隙比；

e_2——根据薄土层顶、底面处自重应力平均值 σ_c 与附加应力平均值 σ_z 之和，即总压应力 p_2，从土的压缩 e-p 曲线上查得相应的孔隙比；

Δp——薄压缩土层的平均附加应力，$\Delta p=p_2-p_1$。

2. 计算方法与步骤

按照式（4-17），考虑地基中的附加应力沿地基深度衰减，可以按照下式计算地基的总沉降，即

$$S=\int_0^\infty\frac{e_1-e_2}{1+e_1}\mathrm{d}z=\int_0^\infty\frac{\Delta e}{1+e_1}\mathrm{d}z=\int_0^\infty\frac{a\Delta p}{1+e_1}\mathrm{d}z=\int_0^\infty\frac{\Delta p}{E_s}\mathrm{d}z \tag{4-18}$$

式中 e_1、e_2、Δe、a、Δp、E_s——随深度变化的函数。

但由于上述公式在工程使用中，计算繁琐，为了简化计算，工程中常常按照将地基土分为若干层，进行近似计算以能满足工程要求。如图 4-13 所示，计算时必须先确定地基压缩层深度，并在此范围内进行分层，然后计算基底中心轴线下分层的顶、底面各点的自重应力平均值和附加应力平均值。地基压缩层深度的下限，取地基附加应力等于自重应力的 20% 处，即 $\sigma_z=0.2\sigma_c$ 处（若存在软弱下卧层，则取至地基附加应力等于自重应力的 10% 处，即 $\sigma_z=0.1\sigma_c$ 处）。地基压缩层范围内的分层厚度可取 $0.4b$（b 为基础短边宽度）左右，成层土的自然界面和地下水位都是分层面。

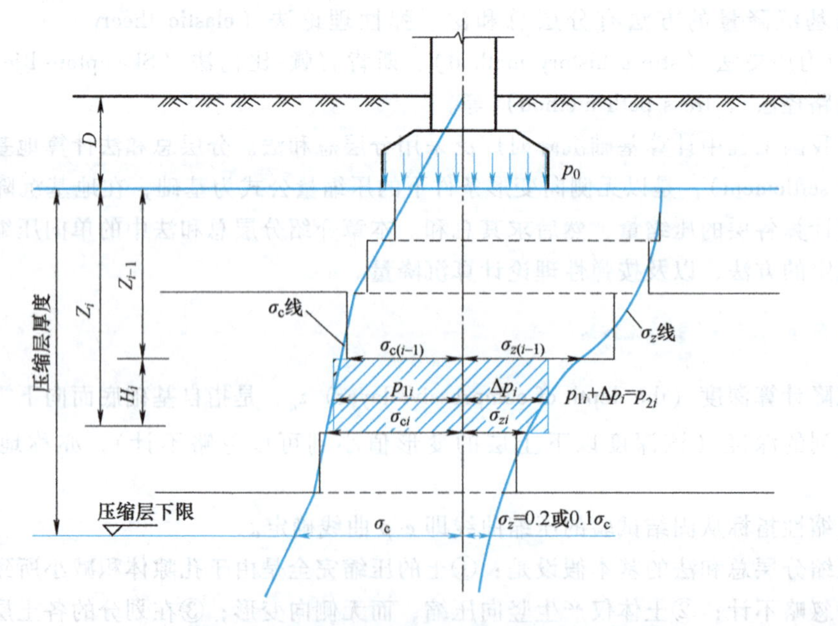

图 4-13 单向压缩分层总和法计算地基沉降量

地基沉降量 S 的分层总和法单向压缩基本公式表达如下：

$$S = \sum_{i=1}^{n} \Delta S_i = \sum_{i=1}^{n} \varepsilon_i H_i \tag{4-19a}$$

式中 ΔS_i——第 i 分层土的压缩量；

ε_i——第 i 分层土的压缩应变；

H_i——第 i 分层土的厚度。

因为

$$\varepsilon_i = \frac{e_{1i} - e_{2i}}{1 + e_{1i}} = \frac{a_i(p_{2i} - p_{1i})}{1 + e_{1i}} = \frac{\Delta p_i}{E_{si}} = m_{vi}\Delta p_i \tag{4-19b}$$

和

$$\Delta S_i = \frac{e_{1i} - e_{2i}}{1 + e_{1i}}H_i = \frac{a_i(p_{2i} - p_{1i})}{1 + e_{1i}}H_i = \frac{\Delta p_i}{E_{si}}H_i = m_{vi}\Delta p_i H_i \tag{4-19c}$$

所以

$$S = \sum_{i=1}^{n} \frac{e_{1i} - e_{2i}}{1 + e_{1i}}H_i = \sum_{i=1}^{n} \frac{a_i(p_{2i} - p_{1i})}{1 + e_{1i}}H_i = \sum_{i=1}^{n} \frac{\Delta p_i}{E_{si}}H_i = \sum_{i=1}^{n} m_{vi}\Delta p_i H_i \tag{4-19d}$$

式中 e_{1i}——根据第 i 层的自重应力平均值 p_{1i}，从 e-p 曲线上得到的相应孔隙比；

e_{2i}——根据第 i 层的自重应力平均值与附加应力平均值之和，即 p_{2i}，从土的压缩 e-p 曲线上得到的相应孔隙比；

a_i、E_{si}、m_{vi}——第 i 层土的压缩系数、压缩模量和体积压缩系数；

H_i——第 i 层土层厚度；

p_{1i}——第 i 层的自重应力平均值，$p_{1i} = (\sigma_{ci} + \sigma_{ci-1})/2$；

p_{2i}——第 i 层的自重应力平均值（$\sigma_{ci} + \sigma_{ci-1}$）/2（如图 4-13 中的 p_{1i}）与附加应力平均值（$\sigma_{zi} + \sigma_{zi-1}$）/2（如图 4-13 中的 Δp_i）之和。

计算的具体步骤如下：

1）按照上述原则将地基分层。

2）自地面以下，计算地基中各层分界面处的自重应力。

3）从基础底面以下，计算地基中各层分界面处的竖向附加应力及其分布。

4）根据上述原则确定压缩层厚度。

5）计算各层的平均自重应力和平均附加应力。

6）根据各层的平均自重应力和平均附加应力，在不同土层的 e-p 曲线中确定相应的孔隙比 e_{1i}和 e_{2i}。

7）利用式（4-19）计算地基中各层的沉降。

8）对各层的沉降求和，计算地基总沉降。

【例题 4-1】 某地基为粉质黏土，土的天然重度 $\gamma = 17\text{kN/m}^3$，地下水位深度 3.5m，地下水位以下土的饱和重度 $\gamma_{sat} = 19\text{kN/m}^3$，地基土的天然孔隙比 $e_1 = 0.95$；地下水位以上土的压缩系数 $a_1 = 0.30\text{MPa}^{-1}$，地下水位以下土的压缩系数 $a_2 = 0.25\text{MPa}^{-1}$，地基土承载力特征值 $f_{ak} = 120\text{kPa}$（图 4-14）。现有柱下独立基础坐落其上，柱基尺寸 4m × 5m，基础埋深 $d = 1\text{m}$，作用在基础顶面的轴心荷载 $F = 1600\text{kN}$。试采用单向压缩分层总和法计算该基础沉降量。

解： 1）按比例绘制柱基础及地基土的剖面图，如图 4-14 所示。

2）按式 $\sigma_{cz} = \sum\gamma_i h_i$ 计算地基土的自重应力（提示：自土面开始，地下水位以下用浮重度计算），结果见表 4-2，应力图如图 4-14 所示。

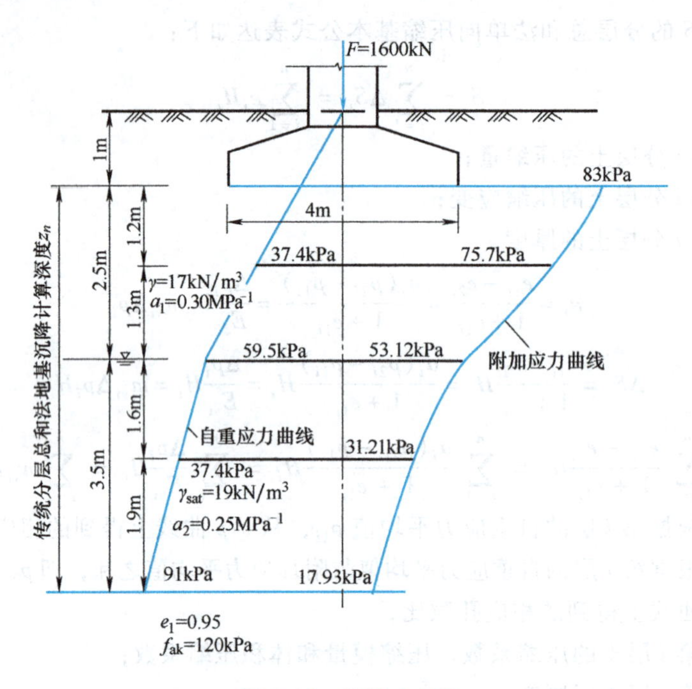

图 4-14　例题 4-1 图

3）计算基底应力 $p=\frac{F+G}{lb}=\left(\frac{1600+5\times4\times1\times20}{5\times4}\right)\text{kPa}=100\text{kPa}$

4）计算基底处附加压力 $p_0=p-\gamma d=(100-17\times1)\text{kPa}=83\text{kPa}$

5）计算地基中的附加应力。

基础底面为正方形，用角点法计算，分成相等的四个小块，每块计算边长 $l=2.5\text{m}$，$b=2\text{m}$，按式 $\sigma_z=4\alpha_c p_0$ 计算附加应力。其中 α_c 据 l/b、z/b 查表 2-11 得到，结果见表 4-2。

6）地基受压层厚度 z_n 由附加应力与自重应力的比值 $\sigma_z/\sigma_{cz}=0.2$ 所对应的深度点来确定。如图 4-14 所示，当 $z=6\text{m}$ 时：$\sigma_z=17.93\text{kPa}$，$0.2\sigma_{cz}=0.2\times91\text{kPa}=18.2\text{kPa}$，可以取压缩层厚度为 $z_n=6\text{m}$。

7）地基沉降计算分层：

每层厚度应按 $H_i\leqslant0.4b=0.4\times4\text{m}=1.6\text{m}$ 确定。地下水位以上 2.5m 分两层，可分别为 1.2m 和 1.3m；由于附加应力随深度增加越来越小，地下水位以下先分出 1.6m，其余可分为一层 1.9m。

8）按下式计算各层土的压缩量，计算结果列于表 4-2。

$$\Delta S_i=\frac{a_i}{1+e_{1i}}\Delta p_i H_i=\frac{a_i}{1+e_{1i}}\overline{\sigma}_z H_i$$

表 4-2　分层总和法计算地基沉降量

自基底深度 z/m	土层厚度 h_i/m	自重应力/kPa	附加应力/kPa				孔隙比 e_1	附加应力平均值/kPa	分层土压缩变形量 ΔS_i/mm
			l/b	z/b	α_c	σ_z			
0		17.0	1.25	0	0.250	83.00			
1.2	1.2	37.4	1.25	0.6	0.228	75.70	0.95	79.35	14.65

（续）

自基底深度 z/m	土层厚度 h_i/m	自重应力 /kPa	附加应力/kPa				孔隙比 e_1	附加应力平均值/kPa	分层土压缩变形量 ΔS_i/mm
			l/b	z/b	α_c	σ_z			
2.5	1.3	59.5	1.25	1.25	0.160	53.12	0.95	64.41	12.88
4.1	1.6	73.9	1.25	2.05	0.094	31.21	0.95	42.17	8.65
6.0	1.9	91.0	1.25	3.00	0.054	17.93	0.95	24.57	5.99

9）柱基础中点最终沉降量 $S = \sum_{i=1}^{n} \Delta S_i = (14.65 + 12.88 + 8.65 + 5.99)\text{mm} = 42.17\text{mm}$。

分层总和法沉降计算表

4.4.2　规范法

《建筑地基基础设计规范》（GB 50007—2011）推荐的计算最终沉降量计算公式是对分层总和法单向压缩公式的修正。同样采用侧限条件下 e-p 曲线的压缩性指标，但运用了平均附加应力系数 $\overline{\alpha}$ 的新参数，并规定了地基变形计算深度 z_n（即地基压缩层深度）的新标准，还提出了沉降计算经验系数 ψ_s，使得计算成果接近于实测值。

地基平均附加应力系数 $\overline{\alpha}$ 的定义：从基底某点下至地基任意深度 z 范围内的附加应力分布（图 4-15）面积 A 对基底附加应力与地基深度的乘积 $p_0 z$ 之比值，$\overline{\alpha} = A/p_0 z$。

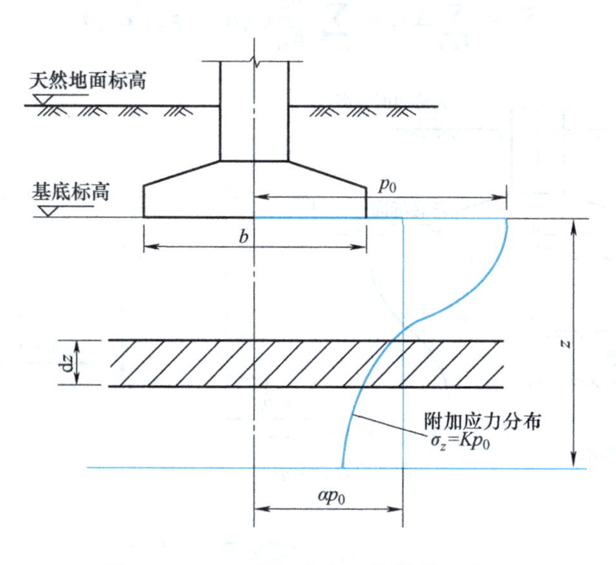

图 4-15　平均附加应力系数 $\overline{\alpha}$ 的示意图

假设地基土是均质的，在侧限条件下的压缩模量 E_s 不随深度而变，则从基底某点下至地基深度 z 范围内的压缩量 S' 计算如下：

$$S' = \int_0^z \varepsilon \text{d}z = \frac{1}{E_s}\int_0^z \sigma_z \text{d}z = \frac{A}{E_s} \tag{4-20a}$$

式中　ε——土的压缩应变，$\varepsilon = \sigma_z / E_s$；

σ_z——地基（竖向）附加应力，$\sigma_z=\alpha p_0$，p_0为基底附加压力，α为地基（竖向）附加应力系数；

A——基底某点下至任意深度z范围内的附加应力面积

$$A=\int_0^z \sigma_z \mathrm{d}z=p_0\int_0^z \alpha \mathrm{d}z$$

为便于计算，引入系数$\overline{\alpha}=A/p_0z$，则式（4-20a）改写为

$$S'=p_0z\overline{\alpha}/E_s \tag{4-20b}$$

式中　$\overline{\alpha}$——z范围内的（竖向）平均附加应力系数；

$p_0z\overline{\alpha}$——z范围内A的等代值。

式（4-20b）是以附加应力面积A的等代值$p_0z\overline{\alpha}$（引出平均附加应力系数）表达的基础底面某点的（竖向）变形量公式。由此可得成层地基中第i分层的变形量公式

$$\Delta S_i'=S_i'-S_{i-1}'=\frac{A_i-A_{i-1}}{E_{si}}=\frac{\Delta A_i}{E_{si}}=\frac{p_0}{E_{si}}(z_i\overline{\alpha}_i-z_{i-1}\overline{\alpha}_{i-1}) \tag{4-21a}$$

式中　S_i'、S_{i-1}'——z_i和z_{i-1}范围内的变形量；

$\overline{\alpha}_i$、$\overline{\alpha}_{i-1}$——z_i和z_{i-1}范围内竖向平均附加应力系数；

$p_0z_i\overline{\alpha}_i$——$z_i$范围内附加应力面积$A_i$（图4-16中面积1243）的等代值；

$p_0z_{i-1}\overline{\alpha}_{i-1}$——$z_{i-1}$范围内附加应力面积$A_{i-1}$（图4-16中面积1265）的等代值；

ΔA_i——第i分层的竖向附加应力面积（图4-16中面积5643），$\Delta A_i=A_i-A_{i-1}$。

则按分层总和法计算的地基变形公式

$$S'=\sum_{i=1}^{n}\Delta S_i'=\sum_{i=1}^{n}\frac{p_0}{E_{si}}(z_i\overline{\alpha}_i-z_{i-1}\overline{\alpha}_{i-1}) \tag{4-21b}$$

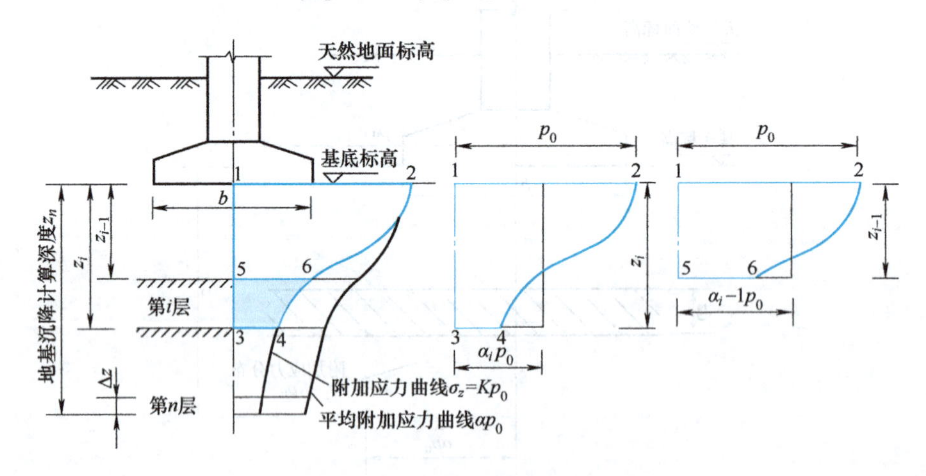

图4-16　规范法计算地基沉降原理

地基变形计算深度z_n的新标准是指规范规定：采用“变形比法”替代传统的“应力比法”来确定分层总和法地基压缩层深度，再由该计算深度向上取厚度为Δz的土层计算变形值（计算厚度按表4-3规定），所得计算变形量应满足下式要求（包括考虑相邻荷载的影响）：

$$\Delta S_n'\leqslant 0.025\sum_{i=1}^{n}\Delta S_i' \tag{4-22}$$

表 4-3　压缩层计算厚度 Δz 值

b/m	≤2	2～4	4～8	8～15	15～30	>30
Δz/m	0.3	0.6	0.8	1.0	1.2	1.5

按上式确定的地基变形计算深度下如有较软弱土层时，尚应向下继续计算，直至软弱土层中所取规定厚度 Δz 的计算变形值满足上式要求为止。

当无相邻荷载影响，基础宽度在 1～30m 范围内时，基础中点的地基变形计算深度，也可按如下简化公式计算：

$$z_n = b(2.5 - 0.4\ln b) \tag{4-23}$$

式中　b——基础宽度（m），$\ln b$ 为 b 的自然对数。

在地基变形计算深度范围内存在基岩层时，z_n 可取至基岩表面；当存在较厚的坚硬黏性土层，其孔隙比小于 0.5、压缩模量大于 50MPa，或存在较厚密实砂卵石层，其压缩模量大于 80MPa 时，z_n 可取至该层土表面。

由单向分层总和法的假设可见，其假定与实际条件不完全一致，如假定地基土没有侧向变形，这只有在建筑物基础底面积较大，而可压缩土层厚度较薄，可近似视为薄压缩层时，才接近上述假设。另外，由于采用了基础中心点下土的附加应力来计算基础沉降，又使基础沉降偏大。虽然这两个相反的因素在一定程度上相互抵消，但沉降计算结果与实际沉降仍有一定的误差。为了提高计算精度，在对分层总和法简化的基础上，根据大量工程的沉降观测结果，规范提出：地基变形计算深度范围内的计算变形量 S' [参见式（4-21）] 还需乘以一个沉降计算经验系数 ψ_s（表 4-4），其定义为

$$\psi_s = S_\infty / S' \tag{4-24}$$

式中　S_∞——利用基础沉降观测资料推算的地基最终变形量。

表 4-4　沉降计算经验系数 ψ_s

基底附加压力	$\overline{E}_s$/MPa				
	2.5	4.0	7.0	15.0	20.0
$p_0 \geqslant f_{ak}$	1.4	1.3	1.0	0.4	0.2
$p_0 \leqslant 0.75f_{ak}$	1.1	1.0	0.7	0.4	0.2

$\overline{E}_s$ 为沉降计算深度范围内的压缩模量当量值，按下式计算：

$$\overline{E}_s = \frac{\sum \Delta A_i}{\sum \frac{\Delta A_i}{E_{si}}}$$

式中　ΔA_i——第 i 层土平均附加应力系数沿土层深度的积分值，它按照下式计算：

$$\Delta A_i = A_i - A_{i-1} = p_0(z_i\overline{\alpha}_i - z_{i-1}\overline{\alpha}_{i-1})$$

综上所述，计算地基最终沉降量 S 的分层总和法规范修正公式为

$$S = \psi_s S' = \psi_s \sum_{i=1}^{n} \frac{p_0}{E_{si}}(z_i\overline{\alpha}_i - z_{i-1}\overline{\alpha}_{i-1}) \tag{4-25}$$

式中　S——地基最终沉降量（mm）；

S'——按分层总和法计算的地基变形量（mm）；

ψ_s——沉降计算经验系数，根据地区沉降观测资料及经验确定，也可采用表 4-4 数值（表中 f_{ak} 为地基承载力特征值）；

n——地基变形计算深度范围内所划分的土层数，层面和地下水位面是分层面，分层厚度不应大于 2m，以提高 E_{si} 的取值精度；

p_0——对应于荷载效应准永久组合时的基底附加压力（kPa）；

E_{si}——基础底面下第 i 层土的压缩模量，按实际应力段范围取值（kPa 或 MPa）；

z_i、z_{i-1}——基础底面至第 i 层土、第 $i-1$ 层土底面的距离（m）；

$\overline{\alpha}_i$、$\overline{\alpha}_{i-1}$——基础底面的计算点至第 i 层土、第 $i-1$ 层土底面范围内竖向平均附加应力系数，可按表 4-5、表 4-6 查用。

表 4-5、表 4-6 分别为矩形面积均布荷载作用下角点和矩形面积三角形分布荷载作用下的竖向平均附加应力系数 $\overline{\alpha}$ 值。借助于该两表可以运用角点法求算基底附加压力为均布、三角形分布时地基中任意点的竖向平均附加压力系数。若需使用均布的圆形荷载中点下和三角形分布的圆形荷载边点下地基平均附加应力系数，可以查《建筑地基基础设计规范》（GB 50007—2011）。

表 4-5 矩形面积均布荷载作用下角点的竖向平均附加应力系数 $\overline{\alpha}$

z/b	l/b												
	1.0	1.2	1.4	1.6	1.8	2.0	2.4	2.8	3.2	3.6	4.0	5.0	10.0
0.0	0.2500	0.2500	0.2500	0.2500	0.2500	0.2500	0.2500	0.2500	0.2500	0.2500	0.2500	0.2500	0.2500
0.2	0.2496	0.2497	0.2497	0.2498	0.2498	0.2498	0.2498	0.2498	0.2498	0.2498	0.2498	0.2498	0.2498
0.4	0.2474	0.2479	0.2481	0.2483	0.2483	0.2484	0.2485	0.2485	0.2485	0.2485	0.2485	0.2485	0.2485
0.6	0.2423	0.2437	0.2444	0.2448	0.2448	0.2451	0.2452	0.2454	0.2455	0.2455	0.2455	0.2455	0.2456
0.8	0.2346	0.2372	0.2387	0.2395	0.2400	0.2403	0.2407	0.2408	0.2409	0.2409	0.2410	0.2410	0.2410
1.0	0.2252	0.2291	0.2313	0.2326	0.2335	0.2340	0.2346	0.2349	0.2351	0.2352	0.2352	0.2353	0.2353
1.2	0.2149	0.2199	0.2229	0.2248	0.2260	0.2268	0.2278	0.2282	0.2285	0.2286	0.2287	0.2288	0.2289
1.4	0.2043	0.2102	0.2140	0.2164	0.2180	0.2191	0.2204	0.2211	0.2215	0.2217	0.2218	0.2220	0.2221
1.6	0.1939	0.2006	0.2049	0.2079	0.2099	0.2113	0.2130	0.2138	0.2143	0.2146	0.2148	0.2150	0.2152
1.8	0.1840	0.1912	0.1960	0.1994	0.2018	0.2034	0.2055	0.2066	0.2073	0.2077	0.2079	0.2082	0.2084
2.0	0.1746	0.1822	0.1875	0.1912	0.1938	0.1958	0.1982	0.1996	0.2004	0.2009	0.2012	0.2015	0.2018
2.2	0.1659	0.1737	0.1793	0.1833	0.1862	0.1883	0.1911	0.1927	0.1937	0.1943	0.1947	0.1952	0.1955
2.4	0.1578	0.1657	0.1715	0.1757	0.1789	0.1812	0.1843	0.1862	0.1873	0.1880	0.1885	0.1890	0.1895
2.6	0.1503	0.1583	0.1642	0.1686	0.1719	0.1745	0.1779	0.1799	0.1812	0.1820	0.1825	0.1832	0.1838
2.8	0.1433	0.1514	0.1574	0.1619	0.1654	0.1680	0.1717	0.1739	0.1753	0.1763	0.1769	0.1777	0.1784
3.0	0.1369	0.1449	0.1510	0.1556	0.1592	0.1619	0.1658	0.1682	0.1698	0.1708	0.1715	0.1725	0.1733
3.2	0.1310	0.1390	0.1450	0.1497	0.1533	0.1562	0.1602	0.1628	0.1645	0.1657	0.1664	0.1675	0.1685
3.4	0.1256	0.1334	0.1394	0.1441	0.1478	0.1508	0.1550	0.1577	0.1595	0.1607	0.1616	0.1628	0.1639
3.6	0.1205	0.1282	0.1342	0.1389	0.1427	0.1456	0.1500	0.1528	0.1548	0.1561	0.1570	0.1583	0.1595
3.8	0.1158	0.1234	0.1293	0.1340	0.1378	0.1408	0.1452	0.1482	0.1502	0.1516	0.1526	0.1541	0.1554

（续）

z/b	l/b												
	1.0	1.2	1.4	1.6	1.8	2.0	2.4	2.8	3.2	3.6	4.0	5.0	10.0
4.0	0.1114	0.1189	0.1248	0.1294	0.1332	0.1362	0.1408	0.1438	0.1459	0.1474	0.1485	0.1500	0.1516
4.2	0.1073	0.1147	0.1205	0.1251	0.1289	0.1319	0.1365	0.1396	0.1418	0.1434	0.1445	0.1462	0.1479
4.4	0.1035	0.1107	0.1164	0.1210	0.1248	0.1279	0.1325	0.1357	0.1379	0.1396	0.1407	0.1425	0.1444
4.6	0.1000	0.1070	0.1127	0.1172	0.1209	0.1240	0.1287	0.1319	0.1342	0.1359	0.1371	0.1390	0.1410
4.8	0.0967	0.1036	0.1091	0.1136	0.1173	0.1204	0.1250	0.1283	0.1307	0.1324	0.1337	0.1357	0.1379
5.0	0.0935	0.1003	0.1057	0.1102	0.1139	0.1169	0.1216	0.1249	0.1273	0.1291	0.1304	0.1325	0.1348
5.2	0.0906	0.0972	0.1026	0.1070	0.1106	0.1136	0.1183	0.1217	0.1241	0.1259	0.1273	0.1295	0.1320
5.4	0.0878	0.0943	0.0996	0.1039	0.1075	0.1105	0.1152	0.1186	0.1211	0.1229	0.1243	0.1265	0.1292
5.6	0.0852	0.0916	0.0968	0.1010	0.1046	0.1076	0.1122	0.1156	0.1181	0.1200	0.1215	0.1238	0.1266
5.8	0.0828	0.0890	0.0941	0.0983	0.1018	0.1047	0.1094	0.1128	0.1153	0.1172	0.1187	0.1211	0.1240
6.0	0.0805	0.0866	0.0916	0.0957	0.0991	0.1021	0.1067	0.1101	0.1126	0.1146	0.1161	0.1185	0.1216
6.2	0.0783	0.0842	0.0891	0.0932	0.0966	0.0995	0.1041	0.1075	0.1101	0.1120	0.1136	0.1161	0.1193
6.4	0.0762	0.0820	0.0869	0.0909	0.0942	0.0971	0.1016	0.1050	0.1076	0.1096	0.1111	0.1137	0.1171
6.6	0.0742	0.0799	0.0847	0.0886	0.0919	0.0948	0.0993	0.1027	0.1053	0.1073	0.1088	0.1114	0.1149
6.8	0.0723	0.0779	0.0826	0.0865	0.0898	0.0926	0.0970	0.1004	0.1030	0.1050	0.1066	0.1092	0.1129
7.0	0.0705	0.0761	0.0806	0.0844	0.0877	0.0904	0.0949	0.0982	0.1008	0.1028	0.1044	0.1071	0.1109
7.2	0.0688	0.0742	0.0787	0.0825	0.0857	0.0884	0.0928	0.0962	0.0987	0.1008	0.1023	0.1051	0.1090
7.4	0.0672	0.0725	0.0769	0.0806	0.0838	0.0865	0.0908	0.0942	0.0967	0.0988	0.1004	0.1031	0.1071
7.6	0.0656	0.0709	0.0752	0.0789	0.0820	0.0846	0.0889	0.0922	0.0948	0.0968	0.0984	0.1012	0.1054
7.8	0.0642	0.0693	0.0736	0.0771	0.0802	0.0828	0.0871	0.0904	0.0929	0.0950	0.0966	0.0994	0.1036
8.0	0.0627	0.0678	0.0720	0.0755	0.0785	0.0811	0.0853	0.0886	0.0912	0.0932	0.0948	0.0976	0.1020
8.2	0.0614	0.0663	0.0705	0.0739	0.0769	0.0795	0.0837	0.0869	0.0894	0.0914	0.0931	0.0959	0.1004
8.4	0.0601	0.0649	0.0690	0.0724	0.0754	0.0779	0.0820	0.0852	0.0878	0.0898	0.0914	0.0943	0.0988
8.6	0.0588	0.0636	0.0676	0.0710	0.0739	0.0764	0.0805	0.0836	0.0862	0.0882	0.0898	0.0927	0.0973
8.8	0.0576	0.0623	0.0663	0.0696	0.0724	0.0749	0.0790	0.0821	0.0846	0.0866	0.0882	0.0912	0.0959
9.2	0.0554	0.0599	0.0637	0.0670	0.0697	0.0721	0.0761	0.0792	0.0817	0.0837	0.0853	0.0882	0.0931
9.6	0.0533	0.0577	0.0614	0.0645	0.0672	0.0696	0.0734	0.0765	0.0789	0.0809	0.0825	0.0855	0.0905
10.0	0.0514	0.0556	0.0592	0.0622	0.0649	0.0672	0.0710	0.0739	0.0763	0.0783	0.0799	0.0829	0.0880
10.4	0.0496	0.0537	0.0572	0.0601	0.0627	0.0649	0.0686	0.0716	0.0739	0.0759	0.0775	0.0804	0.0857
10.8	0.0479	0.0519	0.0553	0.0581	0.0606	0.0628	0.0664	0.0693	0.0717	0.0736	0.0751	0.0781	0.0834
11.2	0.0463	0.0502	0.0535	0.0563	0.0587	0.0609	0.0644	0.0672	0.0695	0.0714	0.0730	0.0759	0.0813
11.6	0.0448	0.0486	0.0518	0.0545	0.0569	0.0590	0.0625	0.0652	0.0675	0.0694	0.0709	0.0738	0.0793
12.0	0.0435	0.0471	0.0502	0.0529	0.0552	0.0573	0.0606	0.0634	0.0656	0.0674	0.0690	0.0719	0.0774
12.8	0.0409	0.0444	0.0474	0.0499	0.0521	0.0541	0.0573	0.0599	0.0621	0.0639	0.0654	0.0682	0.0739
13.6	0.0387	0.0420	0.0448	0.0472	0.0493	0.0512	0.0543	0.0568	0.0589	0.0607	0.0621	0.0649	0.0707
14.4	0.0367	0.0398	0.0425	0.0448	0.0468	0.0486	0.0516	0.0540	0.0561	0.0577	0.0592	0.0619	0.0677
15.2	0.0349	0.0379	0.0404	0.0426	0.0446	0.0463	0.0492	0.0515	0.0535	0.0551	0.0565	0.0592	0.0650
16.0	0.0332	0.0361	0.0385	0.0407	0.0425	0.0442	0.0469	0.0492	0.0511	0.0527	0.0540	0.0567	0.0625
18.0	0.0297	0.0323	0.0345	0.0364	0.0381	0.0396	0.0422	0.0442	0.0460	0.0475	0.0487	0.0512	0.0570
20.0	0.0269	0.0292	0.0312	0.0330	0.0345	0.0359	0.0383	0.0402	0.0418	0.0432	0.0444	0.0468	0.0524

矩形面积均布荷载角
点平均附加应力系数

表 4-6 矩形面积上三角形分布荷载作用下的竖向平均附加应力系数 $\overline{\alpha}$

z/b	l/b=0.2 点1	l/b=0.2 点2	l/b=0.4 点1	l/b=0.4 点2	l/b=0.6 点1	l/b=0.6 点2	l/b=0.8 点1	l/b=0.8 点2	l/b=1.0 点1	l/b=1.0 点2
0.0	0.0000	0.2500	0.0000	0.2500	0.0000	0.2500	0.0000	0.2500	0.0000	0.2500
0.2	0.0112	0.2161	0.0140	0.2308	0.0148	0.2333	0.0151	0.2339	0.0152	0.2341
0.4	0.0179	0.1810	0.0245	0.2084	0.0270	0.2153	0.0280	0.2175	0.0285	0.2184
0.6	0.0207	0.1505	0.0308	0.1851	0.0355	0.1966	0.0376	0.2011	0.0388	0.2030
0.8	0.0217	0.1277	0.0340	0.1640	0.0405	0.1787	0.0440	0.1852	0.0459	0.1883
1.0	0.0217	0.1104	0.0351	0.1461	0.0430	0.1624	0.0476	0.1704	0.0502	0.1746
1.2	0.0212	0.0970	0.0351	0.1312	0.0439	0.1480	0.0492	0.1571	0.0525	0.1621
1.4	0.0204	0.0865	0.0344	0.1187	0.0436	0.1356	0.0495	0.1451	0.0534	0.1507
1.6	0.0195	0.0779	0.0333	0.1082	0.0427	0.1247	0.0490	0.1345	0.0533	0.1405
1.8	0.0186	0.0709	0.0321	0.0993	0.0415	0.1153	0.0480	0.1252	0.0525	0.1313
2.0	0.0178	0.0650	0.0308	0.0917	0.0401	0.1071	0.0467	0.1169	0.0513	0.1232
2.5	0.0157	0.0538	0.0276	0.0769	0.0365	0.0908	0.0429	0.1000	0.0478	0.1063
3.0	0.0140	0.0458	0.0248	0.0661	0.0330	0.0786	0.0392	0.0871	0.0439	0.0931
5.0	0.0097	0.0289	0.0175	0.0424	0.0236	0.0476	0.0285	0.0576	0.0324	0.0624
7.0	0.0073	0.0211	0.0133	0.0311	0.0180	0.0352	0.0219	0.0427	0.0251	0.0465
10.0	0.0053	0.0150	0.0097	0.0222	0.0133	0.0253	0.0162	0.0308	0.0186	0.0336

z/b	l/b=1.2 点1	l/b=1.2 点2	l/b=1.4 点1	l/b=1.4 点2	l/b=1.6 点1	l/b=1.6 点2	l/b=1.8 点1	l/b=1.8 点2	l/b=2.0 点1	l/b=2.0 点2
0.0	0.0000	0.2500	0.0000	0.2500	0.0000	0.2500	0.0000	0.2500	0.0000	0.2500
0.2	0.0153	0.2342	0.0153	0.2343	0.0153	0.2343	0.0153	0.2343	0.0153	0.2343
0.4	0.0288	0.2187	0.0289	0.2189	0.0290	0.2190	0.0290	0.2190	0.0290	0.2191
0.6	0.0394	0.2039	0.0397	0.2043	0.0399	0.2046	0.0400	0.2047	0.0401	0.2048
0.8	0.0470	0.1899	0.0476	0.1907	0.0480	0.1912	0.0482	0.1915	0.0483	0.1917
1.0	0.0518	0.1769	0.0528	0.1781	0.0534	0.1789	0.0538	0.1794	0.0540	0.1797
1.2	0.0546	0.1649	0.0560	0.1666	0.0568	0.1678	0.0574	0.1684	0.0577	0.1689
1.4	0.0559	0.1541	0.0575	0.1562	0.0586	0.1576	0.0594	0.1585	0.0599	0.1591
1.6	0.0561	0.1443	0.0580	0.1467	0.0594	0.1484	0.0603	0.1494	0.0609	0.1502
1.8	0.0556	0.1354	0.0578	0.1381	0.0593	0.1400	0.0604	0.1413	0.0611	0.1422

（续）

z/b	l/b									
	1.2		1.4		1.6		1.8		2.0	
	点									
	1	2	1	2	1	2	1	2	1	2
2.0	0.0547	0.1274	0.0570	0.1303	0.0587	0.1324	0.0599	0.1338	0.0608	0.1348
2.5	0.0513	0.1107	0.0540	0.1139	0.0560	0.1163	0.0575	0.1180	0.0586	0.1193
3.0	0.0476	0.0976	0.0503	0.1008	0.0525	0.1033	0.0541	0.1052	0.0554	0.1067
5.0	0.0356	0.0661	0.0382	0.0690	0.0403	0.0714	0.0421	0.0734	0.0435	0.0749
7.0	0.0277	0.0496	0.0299	0.0520	0.0318	0.0541	0.0333	0.0558	0.0347	0.0572
10.0	0.0207	0.0359	0.0224	0.0379	0.0239	0.0395	0.0252	0.0409	0.0263	0.0403

z/b	l/b									
	3.0		4.0		6.0		8.0		10.0	
	点									
	1	2	1	2	1	2	1	2	1	2
0.0	0.0000	0.2500	0.0000	0.2500	0.0000	0.2500	0.0000	0.2500	0.0000	0.2500
0.2	0.0153	0.2343	0.0153	0.2343	0.0153	0.2343	0.0153	0.2343	0.0153	0.2343
0.4	0.0290	0.2192	0.0291	0.2192	0.0291	0.2192	0.0291	0.2192	0.0291	0.2192
0.6	0.0402	0.2050	0.0402	0.2050	0.0402	0.2050	0.0402	0.2050	0.0402	0.2050
0.8	0.0486	0.1920	0.0487	0.1920	0.0487	0.1921	0.0487	0.1921	0.0487	0.1921
1.0	0.0545	0.1803	0.0546	0.1803	0.0546	0.1804	0.0546	0.1804	0.0546	0.1804
1.2	0.0584	0.1697	0.0586	0.1699	0.0587	0.1700	0.0587	0.1700	0.0587	0.1700
1.4	0.0609	0.1603	0.0612	0.1605	0.0613	0.1606	0.0613	0.1606	0.0613	0.1606
1.6	0.0623	0.1517	0.0626	0.1521	0.0628	0.1523	0.0628	0.1523	0.0628	0.1523
1.8	0.0628	0.1441	0.0633	0.1445	0.0635	0.1447	0.0635	0.1448	0.0635	0.1448
2.0	0.0629	0.1371	0.0634	0.1377	0.0637	0.1380	0.0638	0.1380	0.0638	0.1380
2.5	0.0614	0.1223	0.0623	0.1233	0.0627	0.1237	0.0628	0.1238	0.0628	0.1239
3.0	0.0589	0.1104	0.0600	0.1116	0.0607	0.1123	0.0609	0.1124	0.0609	0.1125
5.0	0.0480	0.0797	0.0500	0.0817	0.0515	0.0833	0.0519	0.0837	0.0521	0.0839
7.0	0.0391	0.0619	0.0414	0.0642	0.0435	0.0663	0.0442	0.0671	0.0445	0.0674
10.0	0.0302	0.0462	0.0325	0.0485	0.0340	0.0509	0.0359	0.0520	0.0364	0.0526

【例题 4-2】　试采用《建筑地基基础设计规范》的分层总和法修正公式计算例题 4-1（图 4-14）的柱基础沉降量。

解：1）因为无相邻荷载影响，且基础宽度在 1～30m 范围内，所以地基沉降计算深度可按以下经验公式计算：

$$z_n = b(2.5 - 0.4\ln b) = 4 \times (2.5 - 0.4 \times \ln 4)\,\mathrm{m} = 7.8\,\mathrm{m}$$

2）分层：自基础底面以下，沉降计算深度范围内共分 2 层，按地下水位面划分为 2.5m、5.3m。

3）按式 $E_{si} = \dfrac{1+e_1}{a_i}$ 计算各层土的压缩模量，结果见表 4-7。

4）按 l/b，z/b 查表得平均附加应力系数 $\overline{\alpha}$（角点法查得的系数实际计算时应乘以 4），

结果见表 4-7，如图 4-17 所示。

表 4-7　规范推荐分层总和法计算地基沉降量

自基底深度 z_i/m	层厚 h_i/m	E_s/MPa	l/b	z/b	$\overline{\alpha}_i$	$z_i\overline{\alpha}_i$	$z_i\overline{\alpha}_i-z_{i-1}\overline{\alpha}_{i-1}$	S_i'/mm
0			1.25	0	1.000	0.000		
2.5	2.5	6.5	1.25	1.25	0.873	2.183	2.183	27.88
7.8	5.3	7.8	1.25	3.9	0.491	3.830	1.647	17.53

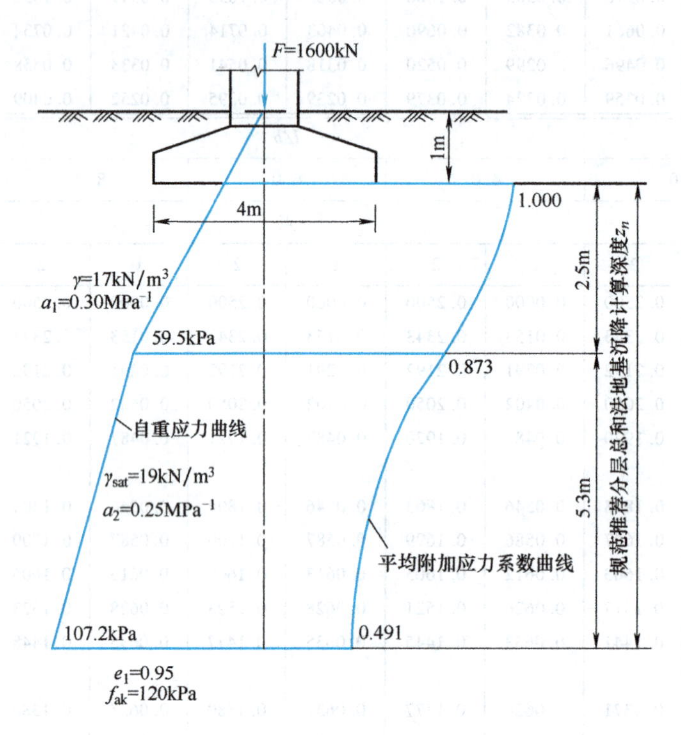

图 4-17　例题 4-2 图

5）计算地基土压缩模量的当量值（加权平均值）$\overline{E}_s$：

$$\overline{E}_s=\frac{\sum \Delta A_i}{\sum \frac{\Delta A_i}{E_{si}}}=\frac{\sum p_0(z_i\overline{\alpha}_i-z_{i-1}\overline{\alpha}_{i-1})}{\sum \frac{p_0(z_i\overline{\alpha}_i-z_{i-1}\overline{\alpha}_{i-1})}{E_{si}}}=\frac{\sum (z_i\overline{\alpha}_i-z_{i-1}\overline{\alpha}_{i-1})}{\sum \frac{(z_i\overline{\alpha}_i-z_{i-1}\overline{\alpha}_{i-1})}{E_{si}}}=\left(\frac{2.183+1.647}{\frac{2.183}{6.5}+\frac{1.647}{7.8}}\right)\text{MPa}=7.0\text{MPa}$$

6）查表 4-4，$p_0=83\text{kPa}<0.75f_{ak}=0.75\times120\text{kPa}=90\text{kPa}$，沉降计算经验系数 $\psi_s=0.7$。

7）按分层总和法计算地基基底以下 7.8m 深度内的变形量：

$$S'=\sum_{i=1}^{n}\Delta S_i'=\sum_{i=1}^{n}\frac{p_0}{E_{si}}(z_i\overline{\alpha}_i-z_{i-1}\overline{\alpha}_{i-1})=(27.88+17.53)\text{mm}=45.41\text{mm}$$

8）按式（4-24）计算柱基中点最终沉降量 S：

$$S=\psi_sS'=\psi_s\sum_{i=1}^{n}\frac{p_0}{E_{si}}(z_i\overline{\alpha}_i-z_{i-1}\overline{\alpha}_{i-1})=31.79\text{mm}$$

9）验算变形深度 z_n：

按表4-2在计算深度向上取厚度为 $\Delta z=0.6\text{m}$ 的土层计算变形值

$$\Delta S'_n=\frac{p_0}{E_{s2}}(z_2\bar{\alpha}_2-z_1\bar{\alpha}_1)=\left[\frac{83}{7.8}\times(7.8\times0.491-7.2\times0.519)\right]\text{mm}=0.990\text{mm}$$

由于 $\Delta S'_n<0.025S'$，计算层深度满足要求，为7.8m。

比较例题4-1、例题4-2可以看出，用单向压缩分层法和用规范推荐的方法的计算结果略有不同。

规范法计算地基沉降表

4.4.3 其他方法及讨论

1. 弹性力学公式法

按照布辛奈斯克（J. Boussinesq，1885）给出的一个竖向集中力 P 作用在弹性半空间表面时半空间内任意点 $M(x,y,z)$ 处产生的垂直位移 $w(x,y,z)$ 解答，可取坐标 $z=0$，则所得的半空间表面任意点垂直位移 $w(x,y,0)$ 就可作为地基表面任意点沉降 S（图4-18），即

$$S=w(x,y,0)=\frac{F(1-\mu^2)}{\pi Er} \tag{4-26}$$

式中　S——竖向集中力 P 作用下地基表面任意点沉降；

r——地基表面任意点到竖向集中力作用点的距离，$r=\sqrt{x^2+y^2}$；

E——地基土的弹性模量（估算黏性土的瞬时沉降，一般用 E 表示）或变形模量（估算最终沉降，用 E_0 表示）；

μ——地基土的泊松比。

对于局部柔性荷载作用下的地基表面沉降，可利用上式，根据叠加原理求得。如图4-19a所示，设荷载面 A 内任意点 $N(\xi,\eta)$ 处的分布荷载为 $p(\xi,\eta)$，该点微面积 $\mathrm{d}\xi\mathrm{d}\eta$ 上的分布荷载可由集中力 $\mathrm{d}P=p(\xi,\eta)\mathrm{d}\xi\mathrm{d}\eta$ 代替。于是，与竖向集中力作用点相距为 $r=\sqrt{(x-\xi)^2+(y-\eta)^2}$ 的 $M(x,y)$ 点沉降 $S(x,y)$，可按式（4-27）积分得到

$$S(x,y)=\frac{1-\mu^2}{\pi E}\iint_A\frac{p(\xi,\eta)\mathrm{d}\xi\mathrm{d}\eta}{\sqrt{(x-\xi)^2+(y-\eta)^2}} \tag{4-27}$$

对均布矩形荷载 $p(\xi,\eta)=p=$ 常数，则矩形角点 C 处产生的沉降按上式积分的结果表达为

$$S=\delta_c p$$

式中　δ_c——单位均布矩形荷载 $p=1$ 在角点 C 处产生的沉降，称为角点沉降系数，即

$$\delta_c=\frac{1-\mu^2}{\pi E}\left(l\ln\frac{b+\sqrt{l^2+b^2}}{l}+b\ln\frac{l+\sqrt{l^2+b^2}}{b}\right)$$

以长宽比 $m=l/b$ 代入上式，则

$$S=\frac{1-\mu^2b}{\pi E}\left(m\ln\frac{1+\sqrt{m^2+1}}{m}+\ln(m+\sqrt{m^2+1})\right)p \tag{4-28a}$$

令 $\omega_c=\frac{1}{\pi}\left(m\ln\frac{1+\sqrt{m^2+1}}{m}+\ln(m+\sqrt{m^2+1})\right)$，$\omega_c$ 称为角点沉降影响系数，上式改写为

$$S=\omega_c \frac{1-\mu^2}{E} bp \tag{4-28b}$$

利用上式，以角点法可求均布矩形荷载下地基表面任意点的沉降。

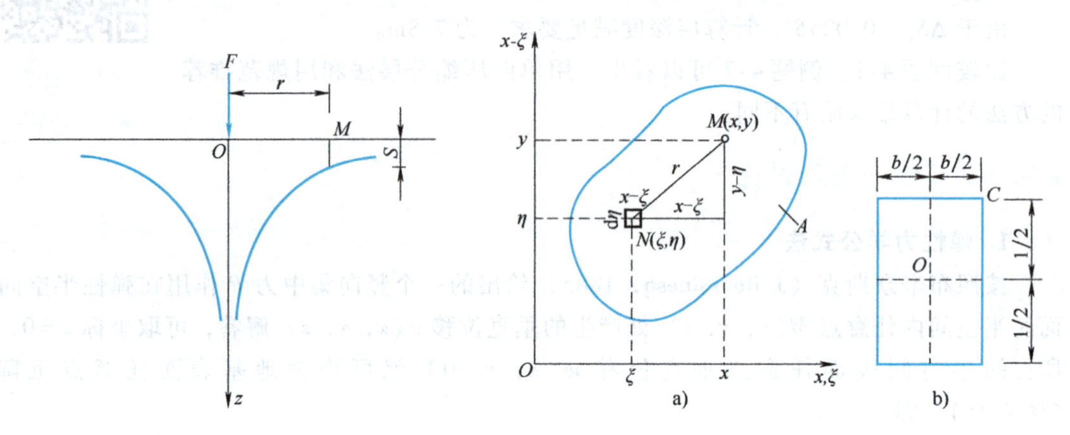

图 4-18 竖向集中力作用下地基表面的沉降曲线

图 4-19 局部柔性荷载下的地面沉降计算

a）任意荷载面 b）矩形荷载面

对于矩形中点的沉降量（图 4-19b），应等于四个按虚线划分的相同小矩形角点沉降量之和，即

$$S=4\omega_c \frac{1-\mu^2}{E}(b/2)p=2\omega_c \frac{1-\mu^2}{E} bp \tag{4-29a}$$

即矩形荷载中心点沉降量为角点沉降量的两倍，若令 $\omega_0=2\omega_c$，其中 ω_0 称为中心点沉降影响系数，则

$$S=\omega_0 \frac{1-\mu^2}{E} bp \tag{4-29b}$$

计算和实践表明，局部柔性荷载下的半空间地基具有应力扩散性。地基表面沉降不仅产生于荷载面范围之内，还影响到荷载面以外。一般扩展基础多具有一定的抗弯刚度，因而基底中心点沉降可近似按柔性荷载考虑，即

$$S=\left(\iint_A S(x,y)\,dxdy\right)/A \tag{4-30a}$$

式中 A——基底面积。

对于均布的矩形荷载，上式的积分结果为

$$S=\omega_m \frac{1-\mu^2}{E} bp \tag{4-30b}$$

式中 ω_m——平均沉降影响系数。

为了便于查表计算，将式（4-28b）、式（4-29b）、式（4-30b）统一表达为地基表面沉降的弹性力学公式：

$$S=\omega(1-\mu^2)bp/E \tag{4-31}$$

式中 S——地基表面各种计算点的沉降量（mm）；

b——矩形荷载的宽度或圆形荷载的直径（m）；

p——地基表面均布荷载（kPa）；

E——地基土的弹性模量，常用土的变形模量 E_0 代替来估算最终沉降；

μ——地基土的泊松比；

ω——各种沉降影响系数，按基础的刚度、基底形状及计算点位置而定，可查表4-8得到。

表4-8　沉降影响系数 ω 值

计算点位置		荷载面形状												
		圆形	方形	矩形（l/b）										
				1.5	2.0	3.0	4.0	5.0	6.0	7.0	8.0	9.0	10.0	100.0
柔性荷载	ω_c	0.64	0.56	0.68	0.77	0.89	0.98	1.05	1.11	1.16	1.20	1.24	1.27	2.00
	ω_0	1.00	1.12	1.36	1.53	1.78	1.96	2.10	2.22	2.32	2.40	2.48	2.54	4.01
	ω_m	0.85	0.95	1.15	1.30	1.52	1.70	1.83	1.96	2.04	2.12	2.19	2.25	3.70
刚性基础	ω_r	0.785	0.886	1.08	1.22	1.44	1.61	1.72	—	—	—	—	2.12	3.40

中心荷载作用下的刚性基础被假设为具有无限大的抗弯刚度，受荷沉降后基础不挠曲，因而基底各点的沉降量处处相等。S 也以式（4-31）表示，常取基底平均附加应力作为公式中的地基表面均布荷载。

对于土质均匀的地基，利用式（4-31）估算地基表面的最终沉降量是很简便的。由于弹性力学公式是按均质、线弹性半空间的假设得出的，而实际上地基常常是非均质的成层土，其变形模量 E_0 一般随深度增大而增大，所以用土的变形模量 E_0 来估算最终沉降所得的结果往往偏大。因此，利用弹性力学公式计算基础沉降问题，在于所用的 E_0 值是否能反映地基变形的真实情况。地基土层的 E_0 值，如能从已有建筑物的沉降观测资料，以弹性力学公式反算求得，这种数据是很有价值的。通常在整理地基载荷试验资料时，就是利用式（4-31）来反算 E_0 的。

2. 地基沉降量计算的其他方法及讨论

地基变形的计算方法除了有分层总和法、弹性理论法之外，还有应力历史法、斯肯普顿-比伦法和应力路径法等。

（1）应力历史法（e-lg$p$ 曲线法）　应力历史是指土在形成的地质年代中经受应力变化的情况。黏性土在形成及存在过程中所经受的地质作用和应力变化不同，压缩过程及固结状态也不同，而土体的加载与卸载对黏性土压缩性的影响十分显著。

考虑应力历史影响的地基最终沉降量的计算方法仍为分层总和法，只是以原始压缩曲线（e-lg$p$）确定土的压缩性指标 C_c。用 e-lg$p$ 曲线法来计算地基的沉降时，其基本方法与 e-p 曲线法相似，都是以无侧向变形条件下压缩量的基本公式和分层总和法为前提，即每一分层的压缩量用式（4-17）计算，所不同的是：①Δe 由现场压缩曲线求得；②初始孔隙比为 e_0；③对不同应力历史的土层，需要用不同的方法来计算 Δe，即正常固结土、超固结土和欠固结土的计算公式在形式上略有不同。

因此，e-lg$p$ 曲线法计算地基的沉降可按照如下步骤进行：①选择沉降计算断面和计算点，确定基底压力；②将地基分层；③计算地基中各分层面的自重应力及土层平均自重应力 p_{oi}；④计算地基中各分层面的竖向附加应力及土层平均附加应力；⑤用卡萨格兰德的方法，根据室内压缩曲线确定前期固结应力 p_{ci}；判定土层属于正常固结土、超固结土还是欠固结

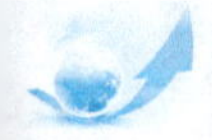

土；推求现场压缩曲线；⑥对正常固结土、超固结土和欠固结土分别用不同的方法求各分层的压缩量，然后，将各分层的压缩量累加得总沉降量，即 $S = \sum_{i=1}^{n} S_i$。

（2）斯肯普顿（Skempton）—比伦（Bjerrum）法（变形发展三分法） 根据对黏性土地基在外荷载作用下实际变形发展的观察和分析，可以认为地基土的总沉降量 S 由三个分量组成（图 4-20），即

$$S = S_d + S_c + S_s \tag{4-32}$$

式中 S_d——瞬时沉降；

S_c——固结沉降（主固结沉降）；

S_s——次固结沉降（次压缩沉降）。

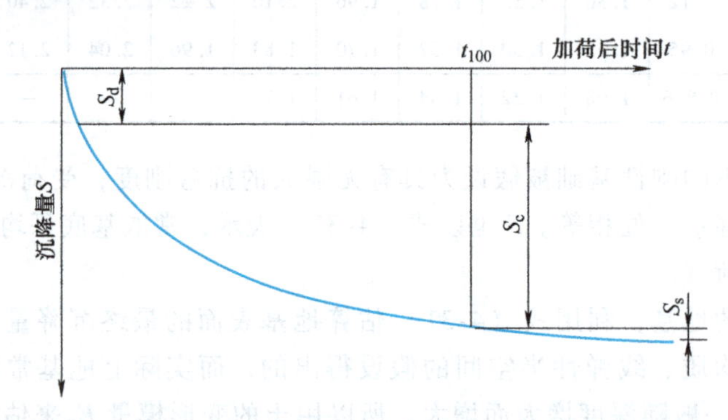

图 4-20 地基表面某点总沉降量的三个分量示意图

此分析方法由斯肯普顿（A. W. Skempton）和比伦（L. Bjerrum）在 1955 年提出，是较全面的计算黏性土地基表面最终沉降量的方法。

瞬时沉降（immediate settlement）是紧随着加压之后地基即时发生的沉降，地基土在外荷载作用下其体积还来不及发生变形，这是地基土的不排水沉降。固结沉降（consolidation settlement）是由于在荷载作用下随着土中超孔隙水压力的消散，有效应力的增长而完成的。次固结沉降（secondary consolidation settlement）被认为与土的骨架蠕变有关，它是在超孔隙水压力已经消散、有效应力增长基本不变之后仍随时间而缓慢增长的压缩。

斯肯普顿提出黏性土层初始不排水变形所引起的瞬时沉降可用弹性力学公式进行计算，通过室内大比例尺模型试验和现场实测，结果表明当饱和及接近饱和的黏性土在受到中等应力增量的作用时，整个土层的弹性模量可近似地假定为常数。与此相反，无黏性土的弹性模量明显地与其侧限条件有关，线性弹性理论的假设已不适用；通常用有限元法等数值解法，对土层采用相应于各点应力大小的弹性模量进行分析，即无黏性土的弹性模量是根据介质内各点的应力水平而确定的（实际应力与破坏时的应力之比，如地基土在应力变化的过程中达到的最大剪应力或土样受到的最大周围压力与抗剪强度的比值，称为剪应力水平，简称应力水平）。

斯肯普顿还提出当分别计算不同固结状态（超固结土、正常固结土和欠固结土）黏性土在外荷载作用下的固结沉降时，其压缩指标必须从曲线上获得。虽然这是单向压缩条件下得到的，与实际工程有差异，但斯肯普顿和比伦建议将单向压缩条件下计算的固结沉降乘以一个考虑侧向变形的修正系数以提高计算精度。

次固结沉降在总沉降中一般占有较小比例，因此与固结沉降相比显得不太重要，但是对于软黏土（特别是土中含有一定量有机质）或在深处可压缩土层中附加应力与自重应力之比较小的情况，次固结沉降应给予重视。次固结沉降的时间与土层厚度无关。

（3）应力路径法　应力路径是指在外力作用下土中某点的应力变化过程在应力坐标图中的移动轨迹。土体中任一单元体的变形和强度变化都与应力路径有关（参见5.7节）。应力路径法是用应力轨迹表示现场在施工前、施工中以及完工后地基土中某点的应力变化情况。土体中的孔隙水压力和有效应力强度指标需要从三轴压缩试验中得到。

应力路径法计算地基沉降，其步骤如下：

1）在现场荷载作用下估计地基中某些有代表性土体单元（如每一土层的中点处）的有效应力路径。

2）现场钻孔取样，在试验室内做这些单元的三轴压缩试验（见第5章），复制现场有效应力路径，并测定各阶段的竖向应变。

3）将各阶段的竖向应变乘上各土层厚度，即可求得各阶段沉降包括初始和最终沉降。

应力路径法在土的强度问题中有较强的理论和实际应用价值，但用来计算地基表面沉降并不方便。

在地基沉降量的各种计算方法中，以分层总和法较为方便实用，采用侧限条件下的压缩性指标，以有限压缩层范围的分层计算加以总和。三种分层总和法中，单向压缩基本公式最简单方便。对于中小型基础，通常取基底中心轴线下的地基附加应力进行计算，以弥补所采用的压缩性指标偏小的不足。对于基底形状简单，尺寸不大的民用建筑基础，根据经验给以一个合适的地基变形允许值（如12cm）也能解决地基变形问题。随着建筑物作用荷载和基础尺寸的不断加大，以及基础形式的复杂多变，基础沉降将不仅限于计算基底中心点。规范修正公式运用了简化的平均附加应力系数（按实际应力分布图面积计算），规定了合理的沉降计算深度，提出了关键的沉降计算经验系数，还相应给出了各种建筑物基础变形特征的地基变形允许值。而三向变形分层总和法是单向压缩分层总和法的一个发展，它考虑了侧向变形，由于没有积累出相应的沉降计算经验系数，实用上受到了限制，但对于大型、复杂、重要的基础，采用此法的计算成果进行宏观、定性的分析，控制沉降量也是有益的。

弹性力学公式计算最终沉降量计算结果往往偏大，这是由于采用了均质线性变形半空间的假设，而实际地基的压缩层厚度总是有限的，无黏性土地基的变形模量是随深度增大而增大的。另外，弹性力学公式法无法考虑相邻基础的影响。但是弹性力学公式可以计算刚性基础在短暂荷载作用下的相对倾斜以及变形发展三分法中黏性土的瞬时沉降，不过计算时必须注意所取用的模量不是土的变形模量而是土的弹性模量。

变形发展三分法计算最终沉降量，全面考虑了地基变形发展过程中由三个分量组成，将瞬时沉降、固结沉降及次固结沉降分开来计算，然后叠加。固结沉降部分又考虑了不同应力历史生成的三类固结土（层），正常固结土（层）、超固结土（层）及次固结土（层），分别采用各自不同的压缩性指标和计算各自不同的固结沉降。对于正常固结土，固结沉降与前面单向压缩分层总和法的总沉降计算结果是基本一致的，因为压缩性指标均由单向压缩固结试验的侧限条件得到。注意，这里指标取自 e-lg$p$ 曲线，前面指标取自 e-p 曲线。此法计算的三类固结土层各自的固结沉降，在叠加瞬时沉降和次固结沉降后更趋于实际的最终沉降。除此之外，又提出了将单向压缩条件下计算的固结沉降乘上一个修正系数得到轴对称线上的

地基考虑侧向变形的修正后的固结沉降，提高了计算精度。但此法计算最终沉降量只适用于黏性土层。

不同应力历史生成的三种固结土（层），其变形参数即压缩性指标及固结沉降量是不同的（见4.5节）；同样应力历史对土的强度也有影响，三种固结土的（抗剪）强度指标（参数）也是不同的（见第5章），可见土的变形和强度的性质是紧密地联系在一起的。此外，在加载过程中土体内某点的应力状态的变化，对土的变形和强度也是有影响的。

4.5 沉降差和倾斜

基础的沉降差和倾斜对上部结构有显著影响，许多建筑物的破坏并非由于沉降量过大而是由于沉降差或倾斜超过某一限度所致。沉降差是指在同一建筑中相邻两基础沉降量的差值。对于一个单独基础，如果由于偏心荷载或其他原因，使基础两端产生不相等的沉降，是沉降差的另一种表现形式，一般是用两端沉降差除以基础边长而得到的倾斜度 $\tan\theta$ 或直接用倾斜角 θ 来表示。

两相邻基础之间的沉降差的计算，是在沉降计算中将相邻荷载在基础中点下各个深度处引起的附加应力叠加到基础自身引起的附加应力中去，然后按4.4节所述方法求基础总沉降量，最后求它们的差。对于一个单独基础的沉降差或倾斜的计算比较复杂，可根据其产生的具体原因采用不同的近似算法。

4.5.1 偏心荷载引起的倾斜

假定引起基础倾斜的主要原因是荷载偏心，如图4-21a所示。其在对称轴 x 上的荷载偏心距为 e，则在偏心力作用下，基础将会产生不均匀沉降，靠偏心一侧的边点 A 比另一侧的边点 B 的下沉要多些。设 A 点下沉量为 S_A，B 点为 S_B，中心点为 S_O，基础的倾斜为 θ 角或 $\tan\theta$。首先计算 S_O，其计算方法前面已经讨论过。下面采用分层总和法计算 S_A、S_B 和 $\tan\theta$。

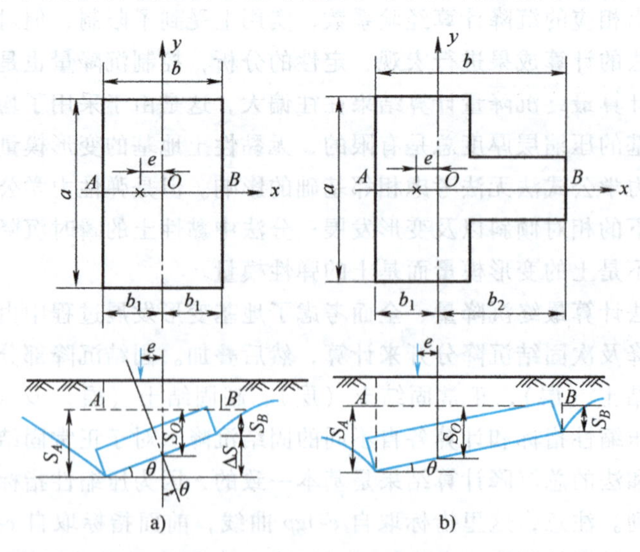

图 4-21 偏心荷载作用下的基础

a) 矩形基础 b) T形基础

把土层分成若干薄层，根据基底梯形压力分布图，用应力系数表求算 A 点和 B 点垂线上各薄层分界面的 σ_{zi}，与相应位置的自重应力 σ_{czi}对比，按条件 $\sigma_{zi}=0.1\sigma_{czi}$或 $0.2\sigma_{czi}$来确定两端的压缩层底，再计算 A 和 B 点的相对沉降量 f_A和 f_B。但上述沉降量并不是 A 和 B 两点的真正沉降值 S_A和 S_B；因为按分层总和法的原则计算沉降时 A、B 两点下的土柱被看作无侧向膨胀的土柱，实际上它们很容易向外侧挤出，所求出的沉降量 f_A和 f_B必然要小于真正的沉降量 S_A和 S_B。真正沉降量的计算可采用近似方法，即假定 f_A和 S_A之差与 f_B和 S_B之差相等，即 $S_A-f_A=S_B-f_B$，或者 $S_A-S_B=f_A-f_B=\Delta S$，如图 4-21a 所示。

由于基础平均沉降 S_O已经求出，则

$$S_A=S_O+\frac{\Delta S}{2}=S_O+\frac{f_A-f_B}{2} \tag{4-33a}$$

$$S_B=S_O-\frac{\Delta S}{2}=S_O-\frac{f_A-f_B}{2} \tag{4-33b}$$

$$\tan\theta=\frac{\Delta S}{b}=\frac{f_A-f_B}{b} \tag{4-34}$$

如基础平面的一个轴是非对称轴，如图 4-21b 所示，则两端沉降差仍为 $\Delta S=f_A-f_B$，而 $\tan\theta$、S_A和 S_B用上式表示，$b=2b_1$，则

$$S_A=S_O+b_1\tan\theta \tag{4-35a}$$

$$S_B=S_O-b_2\tan\theta \tag{4-35b}$$

式中 b_1——由中性轴到基础 A 端的距离；

b_2——由中性轴到基础 B 端的距离。

4.5.2 相邻基础的影响

若甲乙两个基础相距很近，则其中一个基础乙荷载产生的应力将扩散到另一个基础甲底部，使得基础甲基底下的附加应力增加，从而增加了基础甲的平均沉降量。又因为基础甲两边点受到基础乙荷载引起的附加应力大小不同，距离基础乙近的点增加的附加应力要比距离基础乙远的点大得多，从而使得基础甲两端产生沉降差。反之亦然。

4.5.3 弹性力学基础倾斜角计算

刚性基础承受偏心荷载时，沉降后基底为倾斜平面，基底形心处的沉降（即平均沉降）可按式（4-31）取 $\omega=\omega_r$ 计算；基底倾斜的弹性力学公式如下：

圆形基础
$$\tan\theta=6\cdot\frac{1-\mu^2}{E}\cdot\frac{Pe}{b^3} \tag{4-36a}$$

矩形基础
$$\tan\theta=8K\cdot\frac{1-\mu^2}{E}\cdot\frac{Pe}{b^3} \tag{4-36b}$$

式中 θ——基础倾斜角；

P——基底竖向偏心荷载（kN）；

e——合力的偏心距；

b——荷载偏心方向的矩形基底边长或圆形基底直径（m）；

E——地基土的弹性模量，常用土的变形模量 E_0代替（kPa）；

μ——地基土的泊松比；

K——矩形刚性基础的倾斜影响系数，无量纲，按 l/b（l 为矩形基础底另一边长）值由图 4-22 查取。

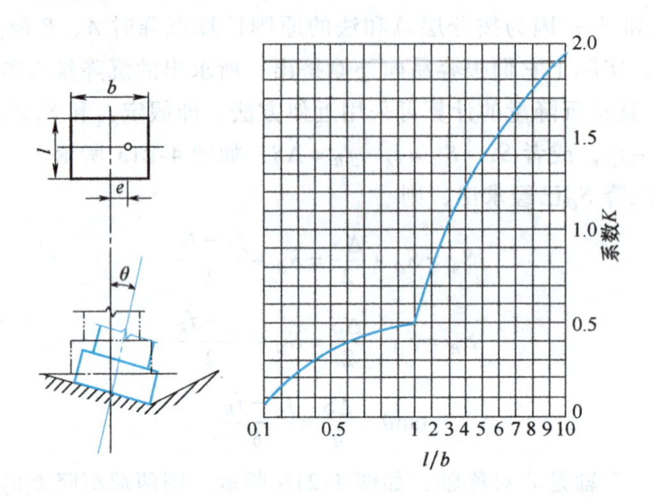

图 4-22　刚性基础的倾斜影响系数

对于成层土地基，在地基压缩层深度范围内应取各土层的变形模量 E_{0i} 和泊松比 μ_i 的加权平均值 $\overline{E}_0$ 和 $\overline{\mu}$，即近似均按各土层厚度的加权平均取值。

此外，弹性力学公式可用来计算短暂荷载作用下地基的沉降和基础的倾斜，此时认为地基土不产生压缩变形（体积变形）而产生剪切变形（形状变形），如在风力或其他短暂荷载作用下，基础的倾斜可按上述公式计算，但式中 E_0 应换取土的弹性模量 E 代入，并以土的泊松比 $\mu=0.5$ 代入。

4.6　饱和土的固结理论

当可压缩土层为厚度不大的饱和软黏土层，其上面或下面（或两者）有排水砂层时，在土层表面有大面积均布荷载作用，该层土中孔隙水主要沿竖直方向排出，情况类似于土的室内侧限压缩试验。土体在荷载作用下产生的变形与孔隙水的流动仅发生在一个方向上的固结问题称为一维渗透固结（one-dimensional consolidation），也称为单向固结。严格地说，土的一维固结只发生在室内有侧限的固结试验中，在实际工程中并不存在，但在大面积均布荷载作用下的固结，可近似为一维固结问题。

4.6.1　一维固结模型

饱和土的固结包括渗透固结（primary consolidation）和次固结（secondary consolidation）两部分，前者由土孔隙中自由水的排出速度所决定；后者由土骨架的蠕变速度所决定。饱和土在附加压应力作用下，孔隙中相应的一些自由水将随时间推移而逐渐被排出，同时孔隙体积也随着缩小，这个过程称为饱和土的渗透固结。

在研究饱和土一维渗透固结时，弹簧活塞模型可以很好地说明问题。如图 4-23 所示，在一个盛满水的圆筒中装有一个带有弹簧的活塞，弹簧上、下端分别与活塞和筒底连接，活

塞上有多个透水孔。以此模型来模拟饱和土一维固结的受力状况，弹簧活塞模型整体代表一个土单元，弹簧代表土骨架，圆筒中的水相当于土孔隙中的水，活塞上的小孔代表土的渗透性。活塞与筒壁间光滑接触，不考虑摩擦。弹簧逐渐受力的过程就是饱和土体渗透固结中有效应力增加（同时，孔隙水压力逐渐消散）的过程。

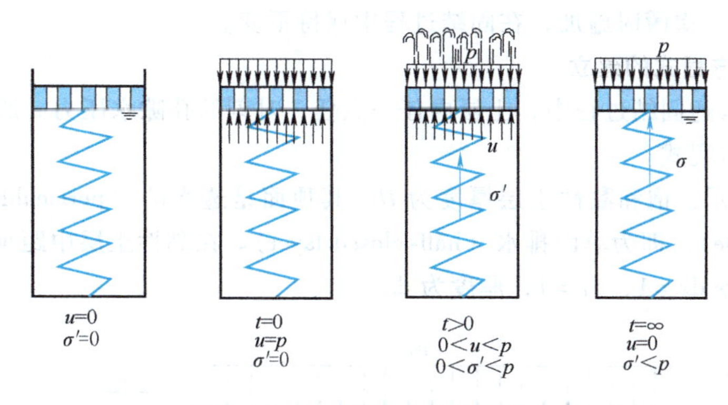

图4-23　土固结的弹簧活塞模型

当外力（均布荷载 p）施加在活塞上的一瞬间（$t=0$），弹簧还没来得及受压而全部压力由圆筒内的孔隙水所承受（$u=\sigma=p$）。随着时间的推移，水不断从小孔中向外排出，超静孔隙水压力逐渐减小，弹簧逐步受到压缩，弹簧所承担的力逐渐增大。弹簧中的应力代表土骨架所受的力，即土体中的有效应力 σ'，在这个阶段 $\sigma'+u=p$，即有效应力与超静孔隙水压力之和称为总应力 σ。当水中超静孔隙水压力减小到0，水不再从小孔中排出，全部外荷载由弹簧承担，即有效应力 $\sigma'=p$。在整个过程中，总应力 σ、有效应力 σ' 和超静孔隙水压力 u 的变化详见表4-9，三者之间关系满足有效应力原理，即

$$\sigma'+u=\sigma$$

表4-9　饱和土一维渗透固结过程中的应力与变形变化规律

时　　间	竖向总应力	超静孔隙水压力	竖向有效应力	主固结变形
$t=0$	$\sigma=p$	$u=p$	$\sigma'=0$	$S_{ct}=0$
$0<t<\infty$	$\sigma=p$	u 从 p 减至0	σ' 从0增至 p	S_{ct} 从0增至 $S_{c\infty}$
$t\longrightarrow\infty$	$\sigma=p$	$u=0$	$\sigma'=p$	$S_{ct}=S_{c\infty}$

4.6.2　太沙基一维固结理论

1. 基本假设

工程实践中，常需要预估建筑物完工及一段时间后的沉降量和达到某一沉降所需要的时间，这就要求解决沉降与时间的关系问题。太沙基（K. Terzaghi）于1924年建立了一维固结理论（Terzaghi theory of one-dimensional consolidation），目前被广泛采用，其适用条件为大面积均布荷载，地基中孔隙水主要沿竖向渗流。

一维固结理论的基本假设如下：

1）土体是均质、各向同性和完全饱和的。

2）土粒和孔隙水都是不可压缩的，土体变形完全是由于土层中孔隙水排出、超孔隙水

压力消散引起。

3）土中附加应力沿水平面是无限均布的，土的压缩和渗流都是一维的。

4）土中水的渗流为层流，服从于达西定律。

5）固结过程中，渗透系数 k 与压缩系数 α 为常数。

6）外荷载为一次瞬时施加，在固结过程中保持不变。

2. 固结微分方程式的建立

在饱和土体渗透固结过程中，土层内任一点任一时刻的孔隙水压力 u 所满足的微分方程式称为固结微分方程式。

如图 4-24 所示，饱和黏性土层厚度为 H，其顶面是透水的（permeable），底面是不透水的（impermeable），即为单面排水（half-closed layer）。在黏性土层中距顶面 z 处取一微分单元体 $dxdydz$，令 $dx=1$，$dy=1$，厚度为 dz。

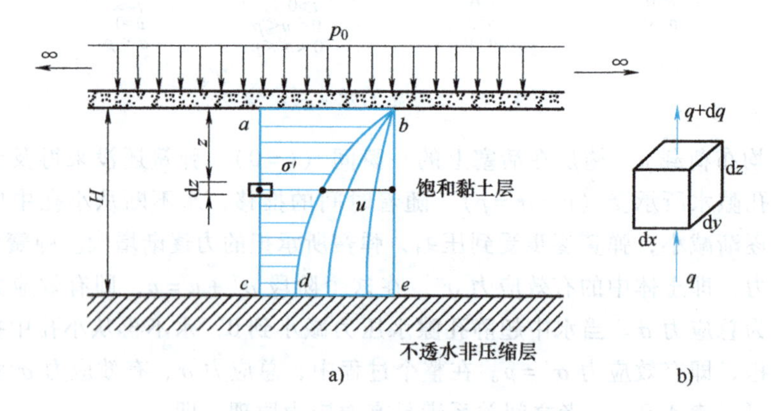

图 4-24　饱和土层中孔隙水压力（或有效应力）的分布随时间而变化

a）一维固结情况之一　b）单元体

选取坐标 z 以向下为正，以地面为 0 点；流速 v、流量 q 都以真实方向为正（向上），体积也以压缩为正。

（1）微单元流出水量分析　流入的流量为 q，则流出的流量：

$$q+dq=q-\frac{\partial q}{\partial z}dz$$

这里流出流量增量 dq 是正的，但 q 沿着 z 向下是递减的，$\frac{\partial q}{\partial z}dz<0$。

在 dt 时段内净流出水量 dV_w：

$$dV_w=-\frac{\partial q}{\partial z}dzdt \tag{4-37}$$

$$q=v=ki=k\frac{\partial h}{\partial z}=\frac{k}{\gamma_w}\frac{\partial u}{\partial z} \tag{4-38}$$

由于流速 q 向上为正，而 $\partial u/\partial z$ 向下则是正的，不加负号。根据式（4-38）：

$$-\frac{\partial q}{\partial z}=-\frac{\partial v}{\partial z}=-\frac{k}{\gamma_w}\frac{\partial^2 u}{\partial z^2} \tag{4-39}$$

这里的 q、v 和水力坡降 i 都是随着 z 增加而减小的。

将式（4-39）代入式（4-37）：

$$dV_w = -\frac{k}{\gamma_w}\frac{\partial^2 u}{\partial z^2}dzdt \tag{4-40}$$

（2）微单元的体积压缩 dV 分析　以体积压缩为正。设 dt 时段的体积压缩量为 dV：

$$dV = \frac{\partial V}{\partial t}dt = \frac{-de}{1+e_1}dz = -\frac{\frac{\partial e}{\partial t}dt}{1+e_1}dz \tag{4-41}$$

按照压缩系数的定义：

$$\frac{\partial e}{\partial t}dt = -a\frac{\partial \sigma_z'}{\partial t}dt$$

由于 $p=\sigma_z'+u$，p 为常数，所以 $d\sigma_z'=-du$，则上式可写为

$$\frac{\partial e}{\partial t}dt = a\frac{\partial u}{\partial t}dt \tag{4-42}$$

将式（4-42）代入式（4-41）：

$$dV = -\frac{a}{1+e_1}\frac{\partial u}{\partial t}dtdz \tag{4-43}$$

（3）在 dt 时段内微单元净流出水量 dV_w 等于其体积压缩量 dV　根据 $dV_w=dV$，即式（4-40）等于式（4-43），则

$$-\frac{k}{\gamma_w}\frac{\partial^2 u}{\partial z^2}dzdt = -\frac{a}{1+e_1}\frac{\partial u}{\partial t}dtdz \tag{4-44}$$

即可表示为

$$\frac{\partial u}{\partial t} = C_v\frac{\partial^2 u}{\partial z^2} \tag{4-45}$$

此式即为饱和土体一维固结微分方程（differential equation of one-dimensional consolidation），它表明对于同一种饱和土，孔隙水压力随时间的变化率与水力梯度随深度的变化率相关。其中

$$C_v = \frac{k(1+e_1)}{a\gamma_w}$$

C_v称为固结系数，常用的单位有 m^2/a、cm^2/s 等。

式（4-45）是描述在渗流固结过程中，超静孔压时空分布的微分方程，其中 $\partial u/\partial t$ 与 C_v成正比，而 $\partial u/\partial t$ 表示孔压随时间的变化率，所以可见固结系数 C_v是反映土体中孔压变化速率的参数。

3. 微分方程的求解

式（4-45）一般称为一维渗流固结微分方程，可以根据不同的初始条件和边界条件求得它的特解。对于图 4-24 所示的瞬时加载情况：

当 $t=0$ 时，$0\leqslant z\leqslant H$ 时，$u=u_0=p$。

当 $0<t\leqslant\infty$，$z=0$ 时，$u=0$。

当 $0<t\leqslant\infty$，$z=H$ 时，$\frac{\partial u}{\partial z}=0$。

当 $t=\infty$，$0\leqslant z\leqslant H$ 时，$u=0$。

傅里叶级数可求得上述边界条件和初始条件下的解答如下：

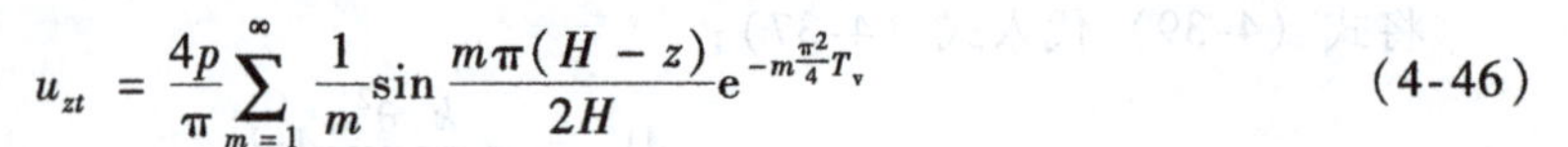

$$u_{zt}=\frac{4p}{\pi}\sum_{m=1}^{\infty}\frac{1}{m}\sin\frac{m\pi(H-z)}{2H}e^{-m^{2}\frac{\pi^{2}}{4}T_{v}} \tag{4-46}$$

式中 m——正奇数（1，3，5，…）；

e——自然对数底数；

H——竖向排水的最长距离，单面排水时，等于土层厚度；双面排水（open layer）时，等于土层厚度的一半；

T_v——无量纲的时间因数（dimensionless time factor），按下式计算：

$$T_v=\frac{C_v t}{H^2}$$

根据式（4-46）可以计算图4-24a中任一点任一时刻的超静孔隙水压力 $u(t,z)$。

4.6.3 固结度及其应用

1. 固结度

固结度（degree of consolidation）是指在某一固结应力作用下，经某一时间 t 后，土体固结过程完成的程度或孔隙水压力消散的程度，通常用 U 表示。对于土层任一深度 z 处经时间 t 后的固结度，可用下式表示：

$$U=\frac{\sigma'}{\sigma}=\frac{\sigma-u}{\sigma}=1-\frac{u}{\sigma} \tag{4-47}$$

式中 σ——在外荷载的作用下，土体中某点的总应力（kPa）；

σ'——土体中该点的有效应力（kPa）；

u——土体中该点的超静孔隙水压力（kPa）。

但实际应用中，土层平均固结度显得更为重要，当土层为均质时，地基在固结过程中任一时刻 t 时的固结变形量 S_{ct} 与地基的最终固结变形量 S_c 之比称为地基在 t 时刻的平均固结度（average degree of consolidation），即

$$U=\frac{S_{ct}}{S_c}=1-\frac{\int_0^H u(z,t)\,dz}{\int_0^H \sigma(z)\,dz} \tag{4-48}$$

式中 $\int_0^H u(z,t)\,dz$、$\int_0^H \sigma(z)\,dz$——土层在外荷作用下 t 时刻孔隙水压力面积与固结应力的面积。

在地基的固结应力、土层性质和排水条件已定的前提下，U 仅是时间 t 的函数。对于附加应力呈矩形分布的饱和黏性土的单向固结情形，将式（4-45）代入上式得

$$\begin{aligned}U&=1-\frac{8}{\pi^2}\left[\exp\left(-\frac{\pi^2}{4}T_v\right)+\frac{1}{9}\exp\left(-\frac{9\pi^2}{4}T_v\right)+\frac{1}{25}\exp\left(-\frac{25\pi^2}{4}T_v\right)+\cdots\right]\\&=1-\frac{8}{\pi^2}\sum_{m=1}^{\infty}\frac{1}{m^2}\exp\left(-\frac{m^2\pi^2}{4}T_v\right)\quad(m=1,3,5,7,\cdots)\end{aligned} \tag{4-49}$$

由于 U 计算公式包括快速收敛级数，当 T_v 不是很小时，为了方便，常常近似取收敛前几项或第1项，此时式（4-49）可写为

$$U=1-\frac{8}{\pi^2}\exp\left(-\frac{\pi^2}{4}T_v\right) \tag{4-50}$$

从式（4-49）和式（4-50）可看出，土层的平均固结程度 U 是时间因数 T_v 的单值函数，它与所加的固结应力的大小无关，但与土层中固结应力的分布有关。对于单面排水，各种直线型附加应力分布的土层平均固结程度与时间因数的关系理论上均可采用上述方法求得。

对于附加应力 σ 呈三角形分布（透水面处 $\sigma=0$，不透水面处 $\sigma=p$）的饱和黏性土的一维固结情形，其平均固结度为

$$U=1-\frac{32}{\pi^3}\left[\exp\left(-\frac{\pi^2}{4}T_v\right)-\frac{1}{27}\exp\left(-\frac{9\pi^2}{4}T_v\right)+\frac{1}{125}\exp\left(-\frac{25\pi^2}{4}T_v\right)-\cdots\right]$$

$$=1-\frac{32}{\pi^3}\sum_{n=1}^{\infty}\frac{(-1)^{n-1}}{(2n-1)^3}\exp\left[-\frac{(2n-1)^2\pi^2}{4}T_v\right]\quad(n=1,2,3,\cdots)\tag{4-51}$$

类似，式（4-51）可近似写为

$$U=1-\frac{32}{\pi^3}\exp\left(-\frac{\pi^2}{4}T_v\right)\tag{4-52}$$

典型直线型附加应力分布，如图4-25所示，共包含“0”型、“1”型、“2”型、“0-1”型和“0-2”型5种，并用透水面的附加应力 p_1 与不透水面的附加应力 p_2 之比 α 表示附加应力的分布形态，即 $\alpha=p_1/p_2$，上述几种情况的 α 值各不相同。需要说明的是，对于“0”型，包括双面排水、附加应力呈矩形、梯形、三角形分布和单面排水、附加应力呈矩形分布。

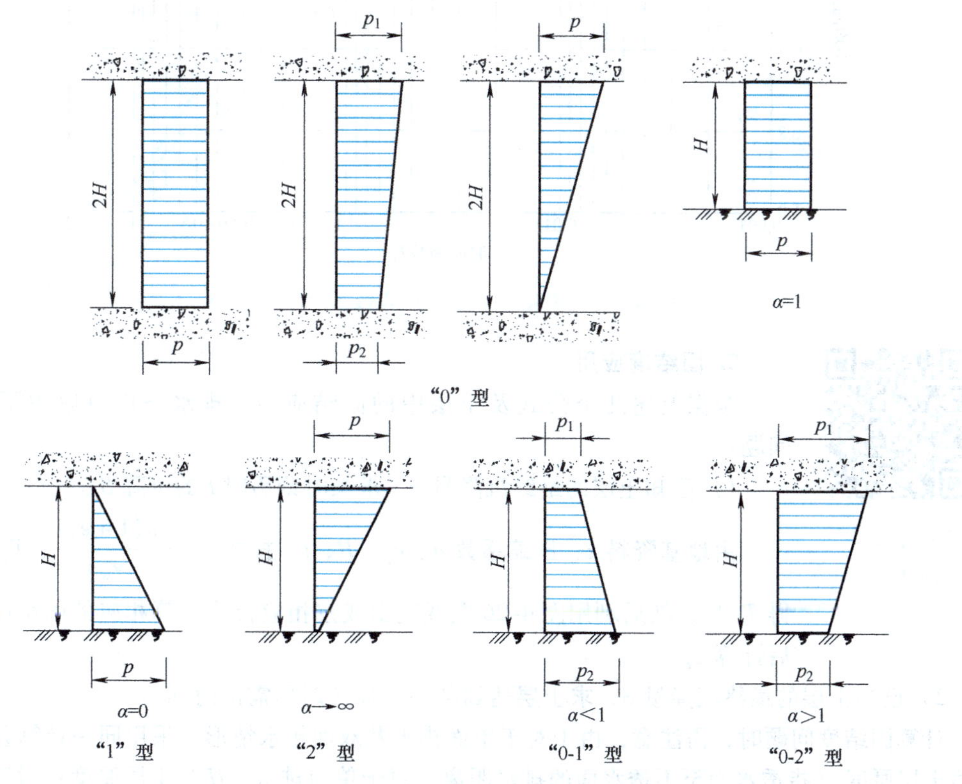

图4-25　典型直线型附加应力分布

对于“0-1”型和“0-2”型，可分别根据“0”型、“1”型及“0”型、“2”型，采用“叠加”原理得到其平均固结度，以下以“0-1”型为例进行推导。

$$u_{01}=u_0+u_1$$

因为 $p_1 = \alpha p_2$，$p_2 = p_1 + \Delta p$，所以

$$\Delta p = p_2 - p_1 = p_2(1-\alpha)$$

$$U_{01} = \frac{U_0 p_1 H + \frac{1}{2}\Delta p H U_1}{H\frac{(p_1+p_2)}{2}} = \frac{2\alpha U_0 + (1-\alpha)U_1}{(1+\alpha)} \quad (\alpha<1) \tag{4-53}$$

同理对“0-1”型，可推导出其平均固结度的计算公式，其形式与式（4-51）相同，只不过此时 $p_1 > p_2$，故 $\alpha > 1$。

为了便于实际应用，将上述“0”型、“1”型、“2”型的平均固结程度与时间因数绘制成图4-26所示的 U-T_v 关系曲线，图中（0）、（1）、（2）分别对应于“0”型、“1”型、“2”型情形，为了方便，可直接通过二维码获取任意 T_v 值不同类型对应的平均固结度。

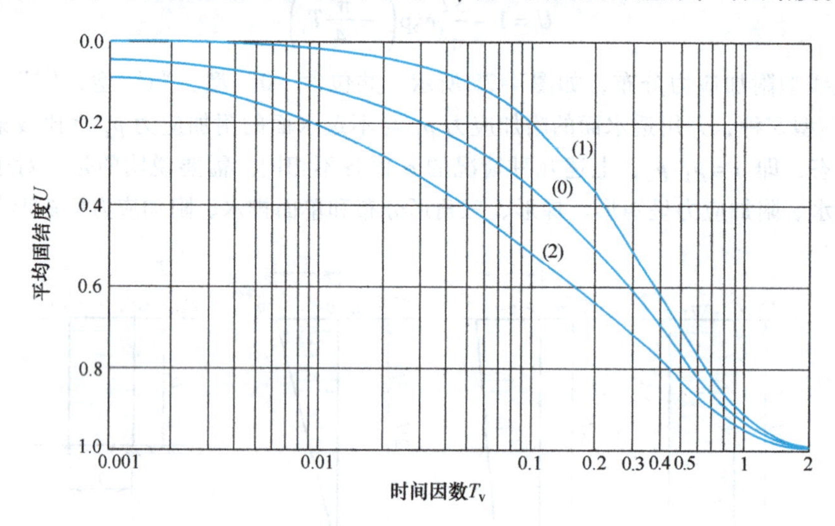

图4-26 平均固结度 U 与时间因数 T_v 的关系曲线

平均固结度与时间因素关系曲线

2. 固结度应用

根据上述几个公式及土层中的固结应力、排水条件可解决下列两类问题：

1）已知土层的最终沉降量 S，求某时刻历时 t 的沉降 S_t。

由地基资料 k、压缩系数 a、e_1、H、t，按式 $C_v = \frac{k(1+e_0)}{\gamma_w a}$、$T_v = \frac{C_v t}{H^2}$ 求得 T_v 后，然后利用图4-26曲线查出或按相应公式计算相应的固结度 U，然后计算 S_t。

2）已知土层的最终沉降量 S，求土层达到某一沉降 S_t 时所需的时间 t。

计算固结度问题时，需注意，由于对于单面排水及双面排水情形，采用同一计算公式，故压缩土层厚度 H 指透水面至不透水面的排水距离，对于单面排水，H 为土层厚度；对于双面排水，H 采用土层厚度的一半。而计算地基最终固结沉降采用压缩土层的实际厚度，即总厚度，只不过要达到相同的固结度，单面排水、双面排水情形所需的时间不同。

【例题4-3】 某饱和黏性土层，厚10m，在大面积荷载 $p_0 = 200\text{kPa}$ 作用下，黏土层中附加应力沿深度均匀分布。已知初始孔隙比 $e_0 = 0.85$，压缩系数 $a = 0.25\text{MPa}^{-1}$，渗透系数 $k =$

2.5cm/年。求单面排水条件下：

（1）加荷1年后的沉降量。

（2）土层沉降16.0cm所需时间。

解：（1）$t=1$ 年时的竖向变形量

黏土层中附加应力沿深度均匀分布，$\sigma_z=p_0=200\text{kPa}$；

黏土层最终变形量

$$S=\frac{a}{1+e_0}\sigma_z H=\left(\frac{0.25\times10^{-3}}{1+0.85}\times200\times10\right)\text{m}=0.27\text{m}=270\text{mm};$$

竖向固结系数

$$C_v=\frac{k(1+e_0)}{\gamma_w a}=\left[\frac{2.5\times10^{-2}\times(1+0.85)}{10\times0.25\times10^{-3}}\right]\text{m}^2/\text{年}=1.85\times10^5\text{cm}^2/\text{年};$$

竖向固结时间因数

$$T_v=\frac{C_v t}{H^2}=\frac{1.85\times10^5\times1}{(10\times10^2)^2}=0.185;$$

附加应力沿深度均匀分布，$\alpha=1$，查图4-26“0”型中的 U-T_v 关系，得相应的固结度 $U=0.48$；

则 $t=1$ 年的变形量为 $S_t=US=0.48\times270\text{mm}=129.6\text{mm}$。

（2）变形量达到 $S_t=16.0\text{cm}$ 所需时间

此时平均固结度为 $U=\frac{S_t}{S}=\frac{160}{270}=0.59$；查图4-26“0”型中的 U-T_v 关系，得时间因数 $T_v=0.28$；单向排水条件下所需时间：

$$t=\frac{T_v H^2}{C_v}=\left(\frac{0.28\times1000^2}{1.85\times10^5}\right)\text{年}=1.5\text{年}。$$

本例类似的计算功能，可通过二维码中Excel计算表直接获取不同参数下的“0”型、“1”型的固结度，也可获得达到某一固结度对应的时间，方便进行固结度计算。

“0”型、“1”型固结度计算

【例题4-4】 某饱和黏性土层，在三种不同的排水条件下进行固结，如图4-27所示，设三种情况下的饱和黏性土层的 e_0、C_v、a 均相同。

（1）要达到相同固结度，试计算三种情况下所需的固结时间 t_a、t_b、t_c 之间的比值。

（2）试确定三种情况下地基最终沉降量 S_a、S_b、S_c 之间的比值。

解：（1）上述三种情况均属于“0”型，其平均固结度为

$$U=1-\frac{8}{\pi^2}\left[\exp\left(-\frac{\pi^2}{4}T_v\right)+\frac{1}{9}\exp\left(-\frac{9\pi^2}{4}T_v\right)+\frac{1}{25}\exp\left(-\frac{25\pi^2}{4}T_v\right)+\cdots\right]$$

因此，要达到相同固结度 U，时间因数 T_v 均相同，由于三者 C_v 的相同，故有

$$\frac{t_a}{\left(\frac{4H}{2}\right)^2}=\frac{t_b}{H^2}=\frac{t_c}{\left(\frac{H}{2}\right)^2}$$

所以 $t_a:t_b:t_c=16:4:1$。

（2）地基的最终沉降量为

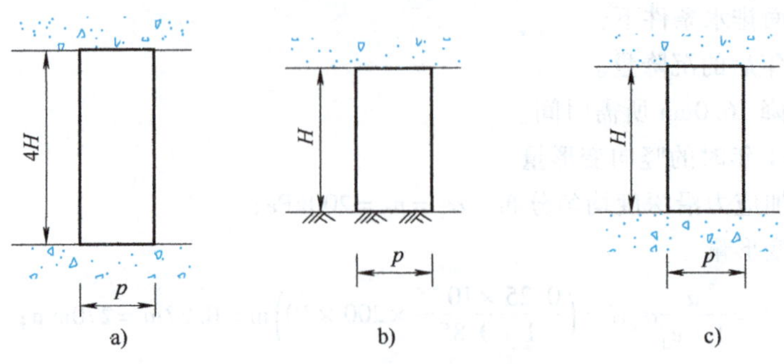

图 4-27 例题 4-4 示意图

$$S=\frac{e_0-e_1}{1+e_0}H=\frac{a\Delta p}{1+e_0}H$$

对上述三种情况，由于地基中附加应力均为 p，三者的 e_0、a 相同，故有

$$S_a:S_b:S_c=(p\cdot 4H):(p\cdot H):(p\cdot H)=4:1:1$$

3. 工程中的非一维固结情况

实际工程中并不存在完全的一维固结，例如砂井的排水固结就是不但有竖向固结还存在径向固结。实际工程的荷载施加情况也不是只有瞬时加载，其实还有分级加载，具体参阅有关手册。

习 题

4-1 某一场地在地表以下 20m 内有两层土，上层为粗砂，下层为黏性土。粗砂厚 4.5m，其饱和重度 $\gamma_{sat}=19.8\text{kN/m}^3$，原地下水面位于地表，由于某种原因地下水位大面积下降至黏土层顶面，此时粗砂重度为 17kN/m^3，黏土层压缩模量 $E_s=3\text{MPa}$。求：由于地下水位的大面积下降引起的黏土层沉降量。

4-2 一黏土层厚 6m，其上铺设 5m 厚的砾石层，砾石土重度为 17kN/m^3，黏土层初始孔隙比 $e=0.88$，其平均压缩系数 $a=0.6\text{MPa}^{-1}$，求黏土层的沉降量。

4-3 黏性土层厚 10m，地面作用着大面积连续均布荷载 $p=150\text{kPa}$，已知该黏性土层的压缩模量 $E_s=5.0\text{MPa}$，固结系数 $C_v=10\text{m}^2/\text{a}$。

① 预估该饱和黏性土层的最终沉降量；

② 分别求该黏土层在单面排水与双面排水条件下固结度达到 60% 所需要的时间（已知当固结度 $U_t=60\%$ 时，时间因数 $T_v=0.287$）。

4-4 有一 12m 的饱和黏土层，地面上作用有无限均布荷载 $p_0=140\text{kPa}$。黏土层初始孔隙比 $e_1=0.90$，压缩系数 $a=0.4\text{MPa}$，渗透系数 $k=1.8\text{cm/a}$，双面排水，求施加荷载一年后地面的沉降量$\left(C_v=\frac{k(1+e_1)}{a\gamma_w},U_t=1-\frac{8}{\pi^2}e^{-\frac{\pi^2}{4}T_v}\right)$。

4-5 两个厚度不同而性质相同的土层，若排水条件和初始应力分布相同，在某荷载作用下，甲土层固结度达到 80% 需要 5 年，问乙土层在相同荷载作用下达到同一固结度时需要多长时间？

第 5 章　土的抗剪强度

5.1　概述

土的抗剪强度（shear strength）是指土抵抗剪切破坏的极限能力，是土的重要力学指标之一。在荷载作用下，土体中应力不断变化，若土中一点某方向上的剪应力达到其抗剪强度时，该点出现剪切破坏，地基土中产生剪切破坏的区域随着荷载的增加而扩展，最终形成连续的滑动面，则地基土体因发生整体剪切破坏而丧失稳定性。建筑物地基、各种构筑物（包括道路、坝、塔、桥梁等）的地基、挡土墙、地下结构的土压力以及各类土工结构（如堤坝、路堑、基坑等）的边坡和自然边坡的稳定性等均由土的抗剪强度控制，因此，诸如挡土结构、边坡稳定性及地基承载力等土工结构分析而言，土的抗剪强度是最重要的计算参数。

在工程实践中，与土的抗剪强度有关的工程问题主要有三类：第一类是土质边坡，如土坝、路堤等填方边坡以及天然土坡等稳定性问题（图 5-1a）；第二类是土对工程构筑物的侧压力，即土压力问题，如挡土墙、基坑围护结构、地下结构等，其后侧土体产生的较大侧向土压力可能引起土体产生剪切破坏，可能导致这些工程构筑物发生滑动、倾覆等破坏事故（图 5-1b 及图 5-1c）；第三类是建筑物地基的承载力问题，如果基础下的地基土体产生整体滑动或因局部剪切破坏而导致过大的地基变形，将会造成上部结构的破坏或影响其正常使用功能（图 5-1d）。这些工程中的失稳、破坏问题，都与土的抗剪强度密切相关。

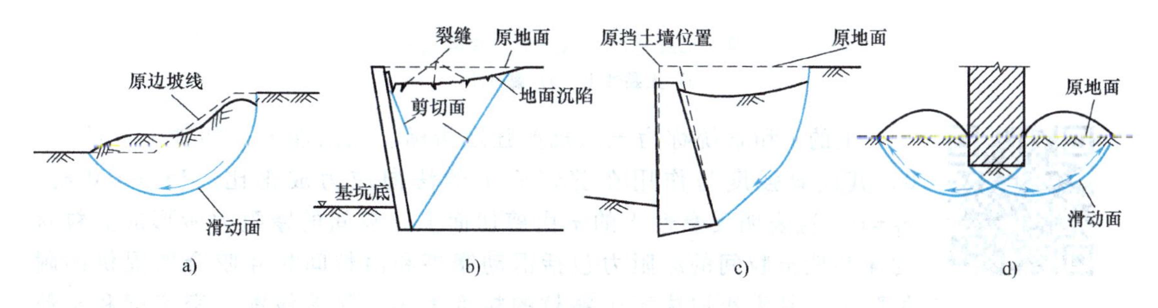

图 5-1　土抗剪强度相关的工程问题

a）土坡滑动　b）基坑失稳　c）挡土墙倾倒　d）建筑地基失稳

本章将介绍土的抗剪强度理论、常用的室内和现场抗剪强度试验以及无黏性土和黏性土的抗剪强度性状，并简要介绍孔隙压力系数和应力路径等问题。

5.2 土的抗剪强度理论

当一个物体在另一个物体的表面上相对运动（或有相对运动的趋势）时，受到的阻碍相对运动（或相对运动趋势）的力，是摩擦力，一般可分为静摩擦力和滑动摩擦力。而在土颗粒之间，也存在类似上述摩擦的相互作用，主要表现为土体发生破坏时，将沿着其内部某一剪切破坏面产生相对滑动，该剪切破坏面上剪应力的极限值就等于土的抗剪强度。

5.2.1 库仑公式

法国科学家库仑（C. A. Coulomb）于1776年根据剪切试验，提出土抗剪强度的表达式（图5-2）为

$$\tau_f = \sigma\tan\varphi + c \tag{5-1}$$

式中 τ_f——土的抗剪强度（kPa）；

σ——作用在剪切面上的法向应力（kPa）；

φ——土的内摩擦角（°）；

c——土的黏聚力（kPa），对于无黏性土 $c=0$。

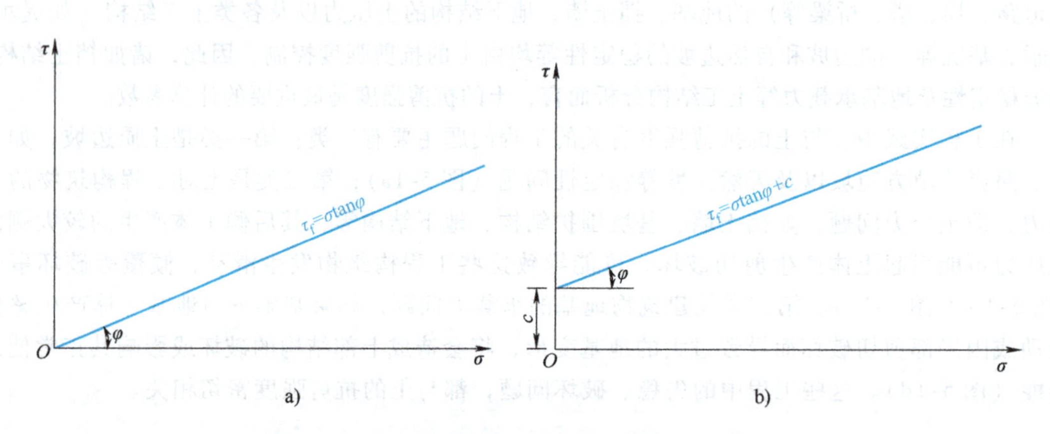

图5-2 抗剪强度与法向应力之间的关系

a）无黏性土 b）黏性土

岩土名人——库仑

土的 c 和 φ 统称为土的抗剪强度指标。无黏性土（如砂土）的 $c=0$，其抗剪强度与作用在剪切面上的法向应力成正比。当 $\sigma=0$ 时，$\tau_f=0$，这表明无黏性土的 τ_f 由剪切面上土粒间的摩阻力所形成。粒状的无黏性土粒间的摩阻力包括滑动摩擦和由粒间相互咬合所提供的附加阻力，其大小取决于土颗粒的粒度大小、颗粒级配、密实度和土粒表面的粗糙度等因素。而黏性土的 τ_f 包括摩阻力和黏聚力两个部分。黏聚力是土粒间包括库仑力、范德华力、胶结作用力等各种物理化学作用力的结果，其大小与土的矿物组成和密实度有关。当 $\sigma=0$ 时，c 值即为抗剪强度线在纵坐标轴上的截距。

一般而言，土的抗剪强度表达式中采用的法向应力为总应力 σ，称为总应力表达式。总应力法是用剪切面上的总应力来表示土的抗剪强度，即

$$\tau_f = \sigma\tan\varphi + c$$

有效应力法是用剪切面上的有效应力来表示土的抗剪强度，即

$$\tau_f = \sigma'\tan\varphi' + c' \tag{5-2}$$

式中，φ'、c'分别为有效内摩擦角和有效黏聚力。

饱和土的抗剪强度与土受剪前在法向应力作用下的固结度有关。而土只有在有效应力作用下才能固结。有效应力逐渐增加的过程，就是土的抗剪强度逐渐增加的过程。根据有效应力原理，土中某点的总应力 σ 等于有效应力 σ'和孔隙水压力 u 之和，剪切面上的法向应力与有效应力之间有如下关系：

$$\sigma = \sigma' + u$$

土的强度主要取决于有效应力大小，故采用有效应力 σ'表达的抗剪强度关系式更为合理，即

$$\tau_f = \sigma'\tan\varphi' + c' = (\sigma - u)\tan\varphi' + c'$$

5.2.2　抗剪强度构成

土抗剪强度指标包含黏聚力和内摩擦力两部分，这可以从土的结构上进行解释，土的黏聚力包括原始黏聚力、固化黏聚力和毛细黏聚力。原始黏聚力主要是由于土颗粒间水膜受到相邻土颗粒之间的电分子引力而形成的。当土体被压密时，土颗粒间的距离减小，原始黏聚力随之增大；当土的天然结构被破坏时，原始黏聚力将丧失一些，但会随着时间而逐渐恢复或部分恢复。固化黏聚力是由于土中化合物的胶结作用而形成的，当土的天然结构被破坏时，则固化黏聚力随之丧失，并且不能恢复。毛细黏聚力是由于毛细压力所引起的。内摩擦力包括土颗粒之间的表面摩擦力和由于土颗粒之间的嵌入和联锁而产生的咬合作用。咬合作用是指针对土颗粒相对移动，相邻颗粒的约束作用，是土颗粒相互交错嵌入排列，产生抗剪切的阻力作用。土越密实，其咬合作用越强。

5.2.3　摩尔-库仑强度理论

1. 摩尔应力圆

取土中任意一点的微单元体（图 5-3a），在其水平面（A 平面）与竖直面（B 平面）上的大、小主应力分别为 σ_1 和 σ_3，在该微单元与大主应力作用平面夹角为 α 的平面 C 上有正应力 σ 和剪应力 τ（图 5-3b），则可按下式计算：

$$\begin{cases} \sigma = \dfrac{1}{2}(\sigma_1 + \sigma_3) + \dfrac{1}{2}(\sigma_1 - \sigma_3)\cos2\alpha \\ \tau = \dfrac{1}{2}(\sigma_1 - \sigma_3)\sin2\alpha \end{cases} \tag{5-3}$$

由式（5-3）可得

$$\left(\sigma - \frac{\sigma_1 + \sigma_3}{2}\right)^2 + \tau^2 = \left(\frac{\sigma_1 - \sigma_3}{2}\right)^2 \tag{5-4}$$

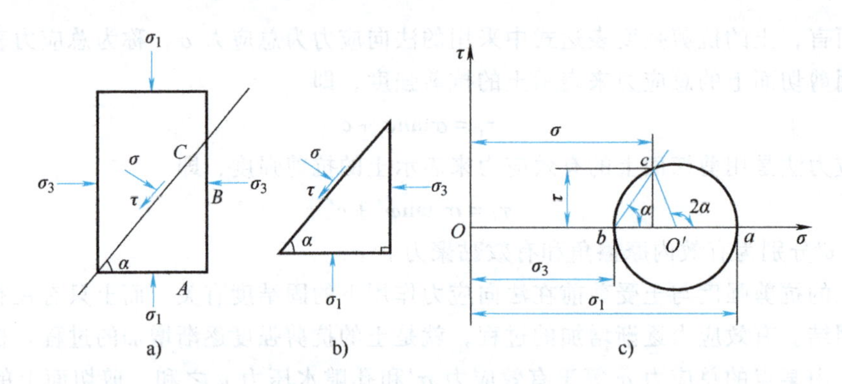

图 5-3　土微单元体的应力状态

a）微单元体应力　b）隔离体　c）摩尔应力圆

可见在 σ-τ 坐标平面内，土单元体应力状态的轨迹是一个圆，圆心距原点 $(\sigma_1+\sigma_3)/2$，半径为 $(\sigma_1-\sigma_3)/2$，该圆称为摩尔应力圆。因此，摩尔应力圆可以表示土体中某位置的应力状态，圆周上的各点坐标就表示该位置处所对应平面上的正应力与剪应力，因此某土单元的摩尔应力圆一经确定，该单元的应力状态也就确定了。利用摩尔应力圆可方便求得过某位置任一平面上的正应力与剪应力，这里介绍极点（pole）概念，可方便获得任一平面上应力分量。

根据应力圆的性质，过土中任意点 M 的无数平面上的应力分量均可表示为应力圆圆周上的对应点，如已知过 M 点的平面 A 上的应力分量，在应力圆上用 a 点表示，那么过 M 点的平面 B 上的应力分量，可根据平面 A 与平面 B 的夹角关系，自应力圆上 a 点与圆心 O' 连线逆时针转 2α 角至 b 点，b 点即表示平面 B 上的应力分量。现在根据圆的几何性质，按下述方法来找出 b 点。过应力圆上 a 点作平行于平面 A 的直线，交于圆上 p 点，p 点称为极点（pole），然后再过 p 点作 pb 直线平行于平面 B 并交于 b 点，设圆周角 $\angle apb=\alpha$，则对应的圆心角为 $\angle aO'b=2\alpha$（图 5-4），因此点 b 就是所求的代表 B 平面上的应力分量的点。显然利用极点 p 特性求任一平面的应力分量更为简便。如果过这些点作 M 点的对应平面的平行线，它们必交于一点，这一点就是极点 p。或者说，过极点 p 作过 M 的无数平面的平行线，这些平行线交应力圆的点，代表对应平面上的应力分量。因此，可利用极点的性质求出任意平面上的应力分量（极点法），或确定应力圆上的一点所对应的实际平面位置。

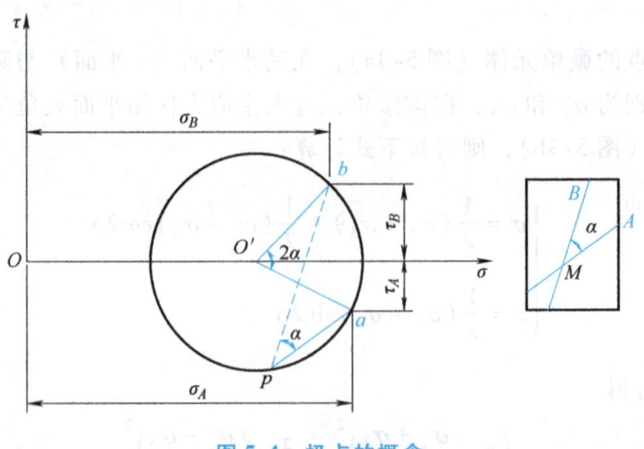

图 5-4　极点的概念

2. 极限平衡状态

摩尔（O. Mohr，1910）在库仑早期研究工作基础上，提出剪切破坏理论，认为破裂面上的法向应力 σ 与抗剪强度 τ_f 之间存在着函数关系，即

$$\tau_f = f(\sigma) \tag{5-5}$$

这个函数所表达的抗剪强度曲线，称为摩尔破坏包线或抗剪强度包线（图 5-5）。试验证明，一般土在应力水平不很高的情况下，摩尔破坏包线近似于一条直线，为了使用方便，一般情况下将摩尔破坏包线简化为一条直线（图 5-5），这样剪应力与法向应力可以用直接库仑抗剪强度公式来表示。这种以库仑抗剪强度公式为基础，根据剪应力是否达到抗剪强度的条件作为破坏准则就称为摩尔-库仑（Mohr-Coulomb）强度理论。

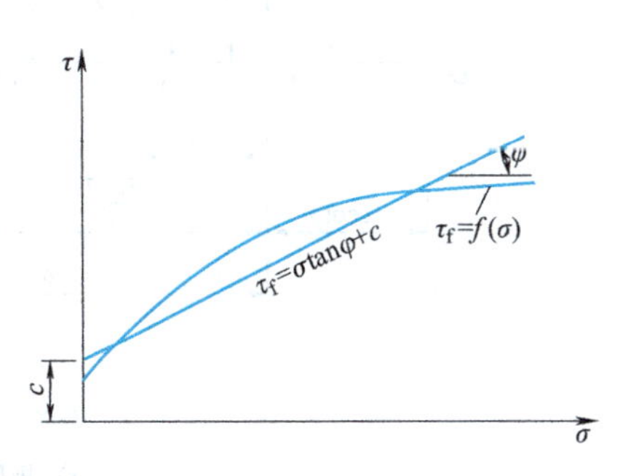

图 5-5 摩尔-库仑破坏线

根据土中某点的应力大小与摩尔抗剪强度包线的相对关系，可以检验该点是否达到破坏状态，若正好落在破坏包线上，则表明剪切面上剪应力等于抗剪强度，土单元体处于临界破坏状态或极限平衡状态。

为判别土中一点是否破坏，即是否处于极限平衡状态，可将该点对应的摩尔应力圆与土的抗剪强度包线绘在 σ-τ 同一坐标系下（图 5-6），根据其相对位置关系，分为以下三种情况：

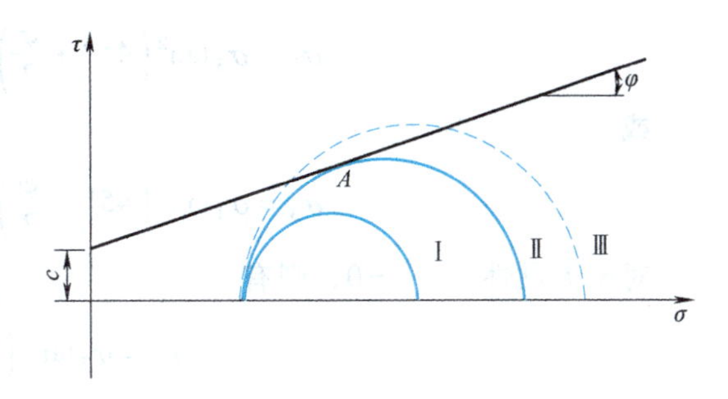

图 5-6 应力圆和抗剪强度包线关系

1）应力圆（圆Ⅰ）位于抗剪强度包线的下方，即应力圆与抗剪强度线相离，表明该点在任何平面上的剪应力 τ 均小于土能发挥的抗剪强度 τ_f，因而，该点不会发生剪切破坏，处于弹性平衡状态。

2）应力圆（圆Ⅱ）与抗剪强度包线相切，说明在切点所代表的平面上剪应力 τ 恰好等于土的抗剪强度 τ_f，该点就处于极限平衡状态，此时的摩尔应力圆亦称为极限应力圆。

3）应力圆（圆Ⅲ）位于抗剪强度包线的上方，即应力圆与抗剪强度包线相割，则该点早已破坏。实际上圆Ⅲ所代表的应力状态是不可能存在的，因为剪应力增加到抗剪强度时，不可能再继续增长，产生剪切破坏，进行应力迁移和应力重分布。

3. 极限平衡条件

当土中某点（设为 M 点）处于极限平衡状态时，摩尔应力圆与抗剪强度线相切（图 5-7），根据几何关系可得

$$\sin\varphi = \frac{O'A}{O''A} = \frac{\sigma_1 - \sigma_3}{\sigma_1 - \sigma_3 + 2c\cot\varphi} \tag{5-6}$$

化简后可得

$$\sigma_1 = \sigma_3 \frac{1+\sin\varphi}{1-\sin\varphi} + 2c\frac{\cos\varphi}{1-\sin\varphi}$$

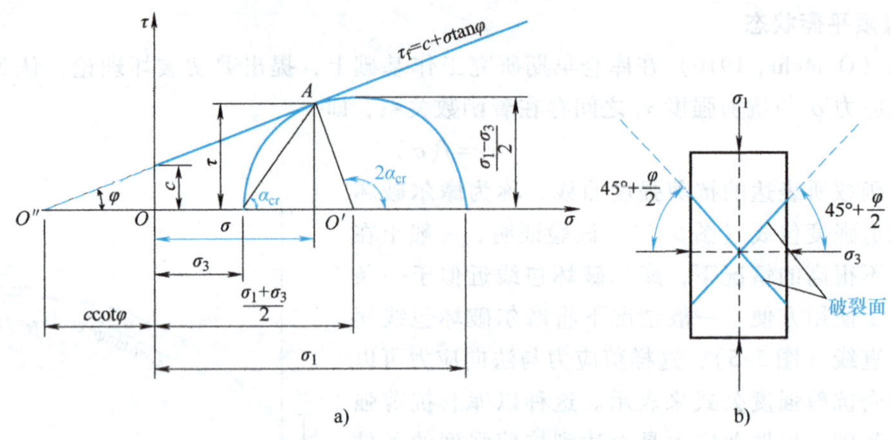

图 5-7 土中一点的极限平衡条件

a）极限平衡状态 b）M 点的破裂面

或

$$\sigma_3=\sigma_1\frac{1-\sin\varphi}{1+\sin\varphi}-2c\frac{\cos\varphi}{1+\sin\varphi}$$

经三角函数关系变换后可表达为

$$\sigma_1=\sigma_3\tan^2\left(45°+\frac{\varphi}{2}\right)+2c\tan\left(45°+\frac{\varphi}{2}\right) \tag{5-7a}$$

或

$$\sigma_3=\sigma_1\tan^2\left(45°-\frac{\varphi}{2}\right)-2c\tan\left(45°-\frac{\varphi}{2}\right) \tag{5-7b}$$

对于无黏性土，$c=0$，则有

$$\sigma_1=\sigma_3\tan^2\left(45°+\frac{\varphi}{2}\right) \tag{5-8a}$$

或

$$\sigma_3=\sigma_1\tan^2\left(45°-\frac{\varphi}{2}\right) \tag{5-8b}$$

处于极限平衡状态时，由图 5-7 中看出，通过 M 点将产生一对破裂面，它们均与大主应力作用面成 α_{cr} 夹角，由图中应力圆切点的位置还可确定该点破坏面的方向，连接切点 A 与摩尔应力圆圆心，连线与横坐标轴之间的夹角为 $2\alpha_{cr}$。

由几何关系，可得到破坏面与大主应力作用面间的夹角 α_{cr} 为

$$\alpha_{cr}=\frac{1}{2}(90°+\varphi)=45°+\frac{\varphi}{2} \tag{5-9}$$

相应地在摩尔应力圆上横坐标上下对称地有两个破裂面（A 和 A′点）。而这一对破裂面之间夹角为 $90°-\varphi$（σ_1 侧）或 $90°+\varphi$（σ_3 侧）。

已知土体中某点的大小主应力，求得对应于 σ_3 满足极限平衡条件的 σ_{1f}，若 $\sigma_1<\sigma_{1f}$，说明实际应力状态对应的应力圆未与抗剪强度线相切，则该点未发生剪切破坏；$\sigma_1\geqslant\sigma_{1f}$，说明实际应力状态对应的应力圆与抗剪强度线相切或相割，则该点发生剪切破坏。同理，可求得对应 σ_1 满足极限平衡条件的 σ_{3f} 来判断。

【例题 5-1】 设砂土地基中一点的大主应力 $\sigma_1=280\text{kPa}$，小主应力 $\sigma_3=100\text{kPa}$，砂土

的黏聚力 $c=0$，内摩擦角 $\varphi=30°$，试判断该点是否破坏。

解：为加深对极限平衡条件的理解，以下用两种方法求解。

（1）按某一平面上的剪应力 τ 和抗剪强度 τ_f 的对比判断

根据土中一点的极限平衡条件可知，破坏时土单元中可能出现的破裂面与最大主应力 σ_1 作用面的夹角 $\alpha_{cr}=45°+\frac{\varphi}{2}$。因此，作用在与 σ_1 作用面成 $\left(45°+\frac{\varphi}{2}\right)$ 平面上的法向应力 σ 和剪应力 τ 为

$$\sigma=\frac{1}{2}(\sigma_1+\sigma_3)+\frac{1}{2}(\sigma_1-\sigma_3)\cos 2\alpha_{cr}$$

$$=\left[\frac{1}{2}\times(280+100)+\frac{1}{2}\times(280-100)\cos(90°+30°)\right]\text{kPa}=145\text{kPa}$$

$$\tau=\frac{1}{2}(\sigma_1-\sigma_3)\sin 2\alpha_{cr}$$

$$=\left[\frac{1}{2}\times(280-100)\sin(90°+30°)\right]\text{kPa}=77.9\text{kPa}$$

抗剪强度 τ_f 为

$$\tau_f=\sigma\tan\varphi=(145\times\tan 30°)\text{kPa}=83.7\text{kPa}>\tau=77.9\text{kPa}$$

故可判断该点未发生剪切破坏。

（2）按极限平衡条件判断

$$\sigma_{1f}=\sigma_3\tan^2\left(45°+\frac{\varphi}{2}\right)=\left[100\times\tan^2\left(45°+\frac{30°}{2}\right)\right]\text{kPa}=300\text{kPa}>\sigma_1=280\text{kPa}$$

故该点未发生剪切破坏。

或根据 σ_1 计算 σ_{3f}：

$$\sigma_{3f}=\sigma_1\tan^2\left(45°-\frac{\varphi}{2}\right)=\left[280\times\tan^2\left(45°-\frac{30°}{2}\right)\right]\text{kPa}=93.33\text{kPa}<\sigma_3=100\text{kPa}$$

故该点未发生剪切破坏。

【例题5-2】 某条形均布荷载 $p=100\text{kPa}$，分布宽度 b 为5.0m（图5-8）。求：

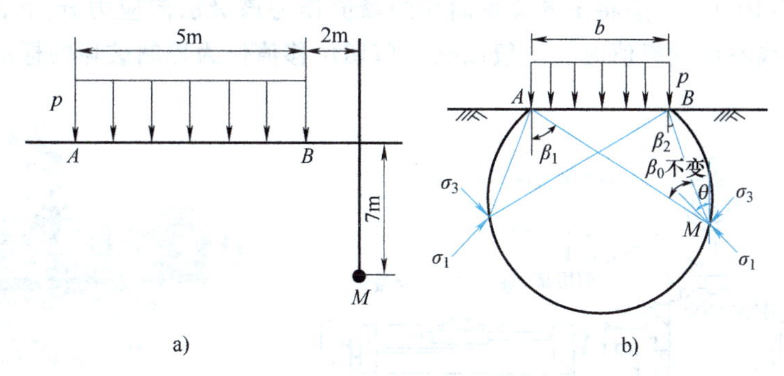

图5-8 例题5-2示意图

a）地基上作用条形荷载 b）主应力方向

（1）计算条形荷载作用下 M 点的大、小主应力，并标出其作用方向。

（2）若地基土的 $c=10\text{kPa}$，$\varphi=30°$，判断该点是否达到破坏状态。

解：（1）M 点对荷载分布点的视角

$$\beta_0=\beta_1-\beta_2=\arctan\left(\frac{5+2}{7}\right)-\arctan\left(\frac{2}{7}\right)=45°-15.95°=29.05°=0.507\text{rad}$$

$$\left.\begin{matrix}\sigma_1\\ \sigma_3\end{matrix}\right\}=\frac{p}{\pi}(\beta_0\pm\sin\beta_0)=\left[\frac{100}{3.14}\times(0.507\pm\sin0.507)\right]\text{kPa}=\begin{matrix}31.62\text{kPa}\\ 0.67\text{kPa}\end{matrix}$$

大主应力与竖直方向夹角

$\theta=(\beta_1+\beta_0)/2=30.475°$，大主应力方向在视角的角平分线上，如图 5-8b 所示。

（2） $\sigma_{1f}=\sigma_3\tan^2(45°+\varphi/2)+2c\tan(45°+\varphi/2)=36.65\text{kPa}$

$\sigma_1<\sigma_{1f}$，未达到破坏状态。

5.3 抗剪强度指标测试方法

土的抗剪强度是决定建筑物地基和土工构筑物稳定性的关键因素，因此正确测定土的抗剪强度指标对工程实际具有重要的意义。通过不断发展，目前已有多种仪器和方法测定抗剪强度指标。室内常用的有直接剪切试验、三轴剪切试验和无侧限抗压强度试验等，现场原位测试常用的有十字板剪切试验、大型现场直剪试验等。

5.3.1 直接剪切试验

1. 试验原理和试验方法

直接剪切试验（direct shear test，或 shear box test）使用的仪器称为直剪仪（图 5-9），分为应变控制式和应力控制式两种。它的主要部分是剪切盒。剪切盒分上下盒，上盒通过量力环固定于仪器架上，下盒放在能沿滚珠槽滑动的底板上。试件通常是用环刀切出的一块厚为 20mm 的圆形土饼，试验时，将土饼推入剪切盒内。先在试件上加法向压力 P，然后通过推进螺杆推动下盒，使试件沿上下盒间的平面直接受剪切。剪力 T 由量力环测定，剪切变形 δ 由测微计测定。在施加每一级法向压应力后（$\sigma_n=P/A$，A 为试件面积），逐级增加剪切面上的剪应力 τ（$\tau=T/A$），直至试件破坏，将试验结果绘制成剪应力 τ 与剪切变形 δ 的关系曲线（图 5-10）。一般将 τ-δ 关系曲线的峰值作为该级法向应力 σ_n下相应的抗剪强度 τ_f，对于 τ-δ 曲线不出现峰值时，一般以某一剪切位移值作为控制破坏的标准。

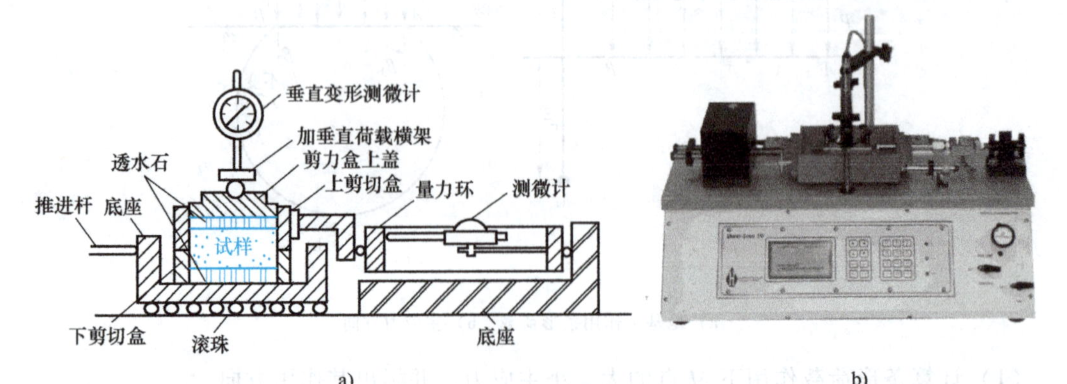

图 5-9 直剪仪

a）仪器构造 b）仪器照片

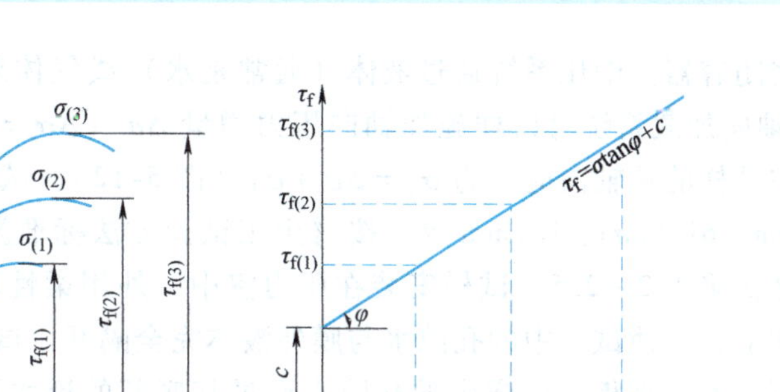

图 5-10　直剪试验成果整理

a）剪应力-剪切变形曲线　b）抗剪强度线

要绘制某种土的抗剪强度包线，以确定其抗剪强度指标，至少应取4个以上试样，在不同的法向压力 σ（一般可取100kPa、200kPa、300kPa、400kPa等）作用下测得相应的 τ_f。在 σ-τ 坐标系上，绘制抗剪强度曲线，也就是摩尔-库仑破坏包线。根据直剪试验成果计算土的抗剪强度指标的方法见二维码，也可按照最小二乘法计算。

直剪试验整理抗剪强度指标方法

为模拟土体实际受力情况，按照排水条件直剪试验又分为快剪、固结快剪及慢剪三种。快剪试验是在试样施加法向压力后，立即快速施加剪应力使之剪切，可认为，土样在短暂的时间内来不及排水，所以又称不排水剪。固结快剪试验是土样先在法向压力作用下排水固结，待固结完毕后，再施加水平剪力，并快速将土样剪坏。慢剪试验是在整个试验过程中允许土样有充分的时间排水固结。

最小二乘法计算直剪试验抗剪强度指标

2. 优缺点

直剪试验已有百年以上的历史，仪器简单，操作方便，工程实践中广泛应用。但是它存在若干缺点，主要包括：①由于其构造原因，剪切面被限定在上下盒之间的平面，而不是沿土样最薄弱面剪切破坏；②虽然分析中假定剪切面上的剪应力是均匀分布，但实际上并非如此，土样剪切破坏时一般先从边缘开始，会在边缘发生应力集中现象；③在剪切过程中，土样剪切面逐渐缩小，而在计算抗剪强度时仍按土样的初始截面积计算；④试验时不能严格控制排水条件，因此不能量测孔隙水压力，特别对于饱和黏性土，其抗剪强度显著受排水条件影响，因此不够理想。

5.3.2　三轴剪切试验

1. 常规三轴剪切试验方法

三轴剪切试验（triaxial shear test），又称为三轴压缩试验，是测定土的抗剪强度常用方法，相对于直剪试验，三轴试验试样的应力比较均匀和明确，三轴剪切仪也分为应变控制式和应力控制式两种。三轴剪切仪的原理图和照片如图5-11所示，三轴剪切仪的核心部分主要包括压力室、加载系统及量测系统等，压力室是一个由金属上盖、底座以及透明有机玻璃圆筒组成的密闭容器。围压系统通过液体（通常是水）或气体对试样各向（包含竖向）施加围压 σ_3，轴向加载系统对试样施加轴向压力增量 $\Delta\sigma$（$\Delta\sigma=\sigma_1-\sigma_3$，称为偏应力），因此实际施加在试样的总轴向应力为 $\sigma_1=\Delta\sigma+\sigma_3$（图 5-12）。试样为圆柱形，常见的试样直径有：39.1mm、61.8mm、101mm 等，按《土工试验方法标准》（GB/T 50123—2019），其高度与直径之比采用 2~2.5。试样安装在压力室中，外用柔性乳胶膜包裹，乳胶膜扎紧在试样帽和底座上，以使试样中的孔隙水与膜外液体完全隔开。试样上、下两端可根据试验要求放置透水石或不透水板。试样中的孔隙水通过其底部的透水石与孔隙水压力量测系统连通，并由孔隙水压力阀门控制。根据剪切前围压 σ_3 作用下的固结状态和剪切过程中的排水条件，三轴剪切试验可分为三种试验方法：不固结不排水剪（UU）、固结不排水剪（CU）、固结排水剪（CD），因此可根据工程实际情况，选择不同排水条件进行模拟。

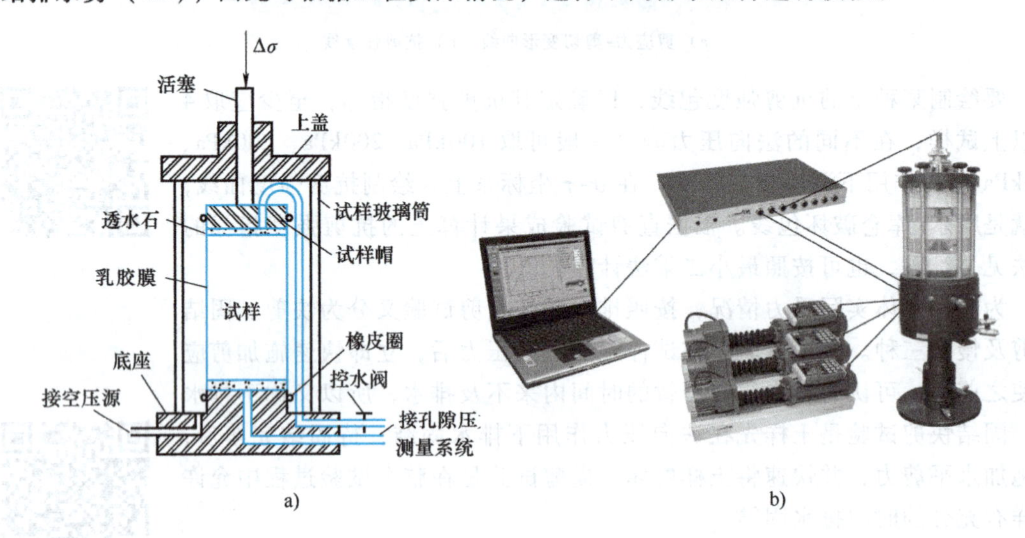

图 5-11　三轴试验仪器

a）三轴试验压力室　b）GDS 三轴试验系统

三轴试验整理抗剪强度指标方法

三轴试样由于其轴对称性，$\sigma_2=\sigma_3$，因此称为常规三轴试验。试验中围压 σ_3 保持不变，逐渐增加轴向应力 σ_1，直至试样破坏，称为三轴压缩试验。而三轴伸长试验（conventional triaxial extension test）是指三轴试验中保持轴向应力不变，逐渐增加围压，破坏时试样被挤长，出现“伸长破坏”。

2. 三轴试验强度指标确定方法

用同一种土制成若干试样（3 个以上），按上述方法分别进行试验，对每个试样施加不同的围压，可分别获得剪切破坏时对应的大主应力，将这些结果绘成一组极限应力圆。这些应力圆的包络线，一般接近于直线（图 5-12），根据土的极限平衡条件，可得抗剪强度指标 c、φ 值。根据三轴试验成果计算土抗剪强度指标的方法见二维码，也可按照最小二乘法计算。

最小二乘法计算三轴试验抗剪强度指标

三轴试验突出优点是能较严格控制排水条件，可量测获得剪切试验中孔隙水压力变化，因此按照有效应力原理，饱和土的抗剪强度有效应力表达式为

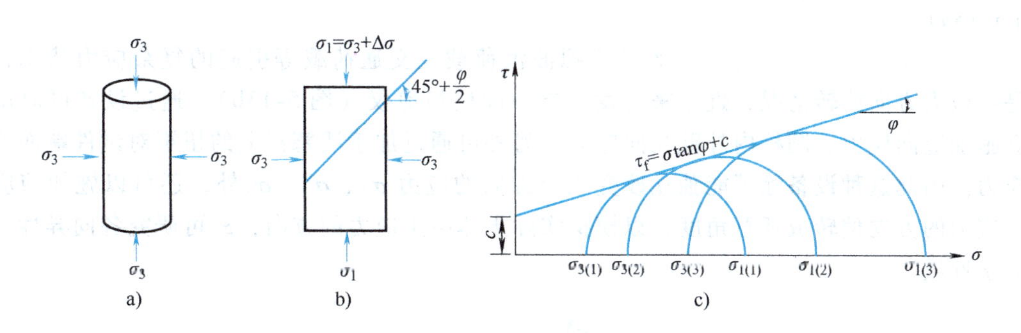

图 5-12 三轴试验原理及结果整理

a）试样受围压 b）试样破坏时应力 c）抗剪强度包络线

$$\tau_f = (\sigma - u)\tan\varphi' + c' = \sigma'\tan\varphi' + c'$$

抗剪强度的有效应力法由于考虑了孔隙水压力的影响，因此，对于同一种土，不论采取哪一种试验方法，只要能够准确量测出土样破坏时的孔隙水压力，则可用有效应力表示土的抗剪强度关系，而且所得的有效抗剪强度指标应该是相同的。换言之，在理论上抗剪强度与有效应力有对应关系，这一点已为许多试验所证实。

关于三轴试验的变形特性，如应力-应变关系曲线［$(\sigma_1-\sigma_3)$-ε_a］与体积应变与轴向应变关系曲线（ε_v-ε_a）参见后续章节的有关内容。

3. 三轴剪切仪的发展

前述的常规三轴剪切试验仪，它的缺点主要是试件所受力必须是轴对称的，在试样所受的三个主应力中，有两个相等的主应力。因此，测试获取的土力学性质被限定在特定应力状态下。实际上，一般条件下土的应力状态十分复杂，往往处于三维应力状态。为了模拟更广泛的应力状态，现代的土工试验还发展了如下几种新型的剪切试验仪器。

（1）平面应变试验仪 这种仪器用以测定平面应变状态下土的剪切特性。试样形状为长方体，左右两个受限刚性侧板不能产生任何变形或位移，相当于中主应力 σ_2 的作用平面，试样可视为处于平面应变状态，前后面可通过柔性加压水囊施加小主应力 σ_3，然后加竖向主应力 σ_1 直至试样破坏。试验中的主应力 σ_1、σ_2、σ_3 以及 ε_1、ε_3 均可测出（$\varepsilon_2=0$），并可求出破坏包线。试验表明平面应变试验测得的抗剪强度指标比三轴剪切试验高。

（2）真三轴试验仪 真三轴试验仪是一种能独立施加三个方向主应力的土工剪切仪器，试件一般为正立方体，仪器通过刚性板或橡皮囊分别向试件施加 σ_1、σ_2、σ_3，并可独立测定三个主应力方向的变形量。但是为了保证三个方向能独立施加应力而变形不互相干扰，使仪器的构造十分复杂，有时仍难以完全避免这种干扰，因此目前主要用于研究性的试验中。真三轴试验仪可分为改造（压力室）的真三轴仪与盒式真三轴仪两大系列，所谓改造的真三轴仪是指在原三轴压力室中增加一对侧向加载板，用以施加中主应力 σ_2，原围压加载系统提供 σ_3，具代表性的有加州大学伯克利分校莱特和邓肯研制的真三轴仪以及新南威尔士大学 Lo 等学者设计的真三轴仪。而盒式真三轴仪是在立方体或长方体试样的三个方向上设置三个独立加载系统，可以是柔性加载或刚性加载，最具有代表性的是 20 世纪 60 年代英国剑桥大学 Hambly 和 Pearce 研发的由三对刚性加载板组成加载系统的剑桥盒式真三轴仪

(图 5-13a)。

(3) 空心圆柱扭剪试验仪　为了模拟波浪荷载及交通荷载等引起的复杂应力状态，特别是主应力方向旋转情况，近年来研发了空心圆柱扭剪仪（图 5-13b）。通过设备可对试件独立施加竖向应力、圆柱内外壁径向应力。另外可通过加于活塞杆上的扭矩对试件端面施加剪应力。因此这种设备除了能独立改变三个方向的应力 σ_1、σ_2、σ_3外，还可以施加剪应力使主应力的方向偏转成任意角度，以模拟实际土体中主应力的方向，故可研究各向异性时土的力学性质。

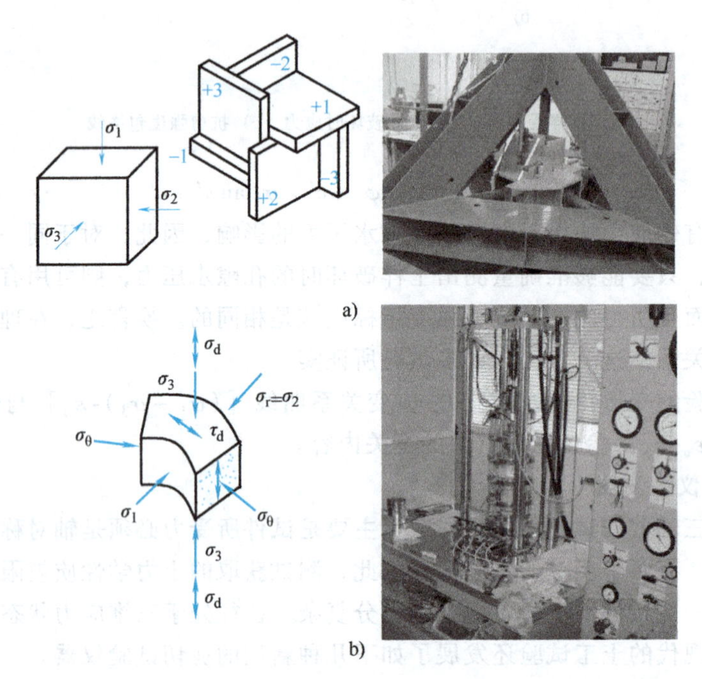

图 5-13　新型三轴仪及其试样受力状态

a) 盒式真三轴仪　b) 空心圆柱扭剪仪

5.3.3　无侧限抗压强度试验

无侧限抗压强度试验是三轴剪切试验中围压 $\sigma_3=0$ 的一种特殊情况，将圆柱形试样放在无侧限压力仪中（图 5-14），在不加任何侧向压力的情况下，对圆柱形试样施加轴向压力，直至试样剪切破坏为止。试样破坏时的轴向压力以 q_u表示，称为无侧限抗压强度。

无侧限抗压强度试验的破坏标准，对于含水率较小的黏性土，按照 σ_1-ε_a 的峰值点确定，如没有明显峰值点，按《土工试验方法标准》（GB/T 50123—2019），取轴向应变 $\varepsilon_a=15\%$ 对应的轴向应力值作为破坏点。根据极限平衡条件，当 $\sigma_3=0$ 时破坏时的大主应力为

$$q_u=2c\tan\left(45°+\frac{\varphi}{2}\right) \tag{5-10}$$

式中　q_u——土的无侧限抗压强度（kPa）。

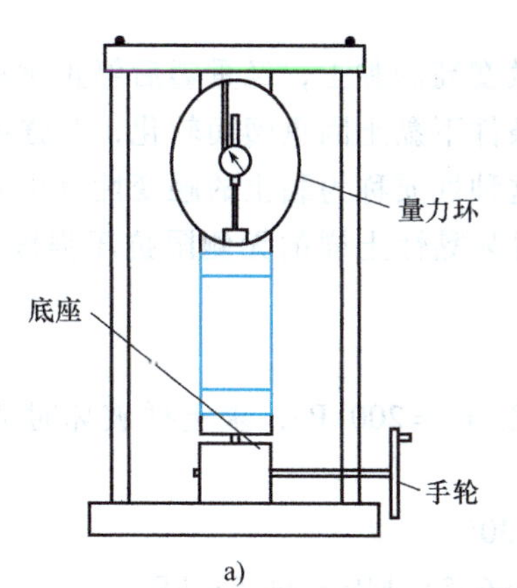

图 5-14　无侧限压力仪

a）仪器构造示意图　b）照片

由于不能施加围压，根据试验结果，只能作一个极限应力圆（$\sigma_3=0$，$\sigma_1=q_u$），因此一般黏性土难以得到破坏包线。试验中若能测得试样的破裂角（图 5-15b），则可根据 $\alpha_{cr}=45°+\varphi/2$，推算出黏性土的内摩擦角 φ，然后根据极限平衡条件计算土的黏聚力 c。但由于土的不均匀性导致破裂面形状不规则或者软黏土没有明显破裂面挤压成鼓形（图 5-15c），试样的破裂角 α_{cr} 一般不易准确量测。

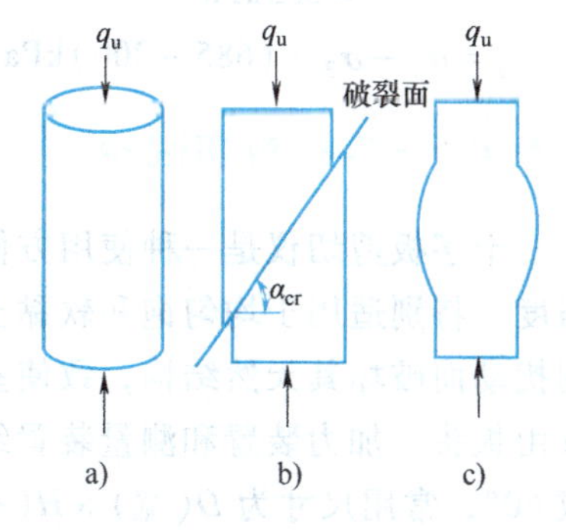

图 5-15　无侧限抗压强度试验试样

但对于饱和软黏土，三轴不固结不排水试验（UU）结果表明，其破坏包线为一水平线，即 $\varphi_u=0$。因此，对饱和软黏土进行无侧限抗压强度试验，可认为 $\varphi_u=0$，由无侧限抗压强度试验所得的极限应力圆的水平切线，即为饱和软黏土的不排水抗剪强度包线（图 5-16）。因此，饱和黏性土的不排水抗剪强度 τ_f，就可利用无侧限抗压强度 q_u 来得到，即

$$\tau_f=c_u=\frac{q_u}{2} \tag{5-11}$$

式中　c_u——土的不排水抗剪强度（kPa）。

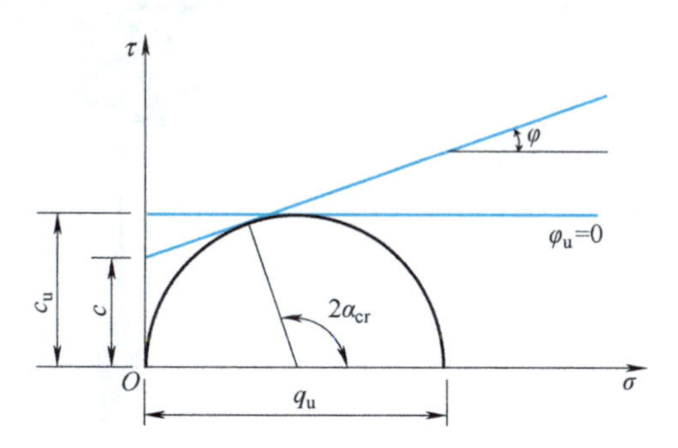

图 5-16　土的无侧限抗压强度试验结果

无侧限抗压强度也常常用来评价黏土的灵敏度计算，当黏土的结构性遭受破坏或扰动后，其强度就会降低，工程中常用灵敏度 S_t 来反映黏土对结构扰动的敏感程度，灵敏度（sensitivity）是指原状试样与重塑试样的无侧限抗压强度之比。

$$S_t=\frac{q_u}{q_u'} \tag{5-12}$$

式中　q_u——原状试样的无侧限抗压强度；

q'_u——重塑试样的无侧限抗压强度。

黏土可根据灵敏度进行划分，对于灵敏度高的黏土，经重塑后停止扰动，静置一段时间后其强度又会部分恢复。在含水率不变的条件下黏土因重塑而软化，其强度降低，软化后又随静置时间的延长而硬化，其强度增加，这种性质称为黏土的触变性（thixotropy）。

【例题 5-3】 无侧限抗压强度试验测得某黏性土样的无侧限抗压强度 $q_u = 85\text{kPa}$，试验量得其破裂面与水平面的夹角 $\alpha_{cr} = 60°$。

（1）确定其抗剪强度参数 c、φ。

（2）如果用该土样进行三轴试验，围压 $\sigma_3 = 200\text{kPa}$，求土样破坏时活塞杆上施加的偏应力 q。

解：（1）$\alpha_{cr} = 45° + \varphi/2 = 60°$，故 $\varphi = 30°$。

$q_u = 2c\tan(45° + \varphi/2)$，故 $c = [85/(2\tan 60°)]\text{kPa} = 24.537\text{kPa}$

（2）
$$\begin{aligned}\sigma_1 &= \sigma_3\tan^2(45° + \varphi/2) + 2c\tan(45° + \varphi/2)\\ &= [200 \times \tan^2(45° + 30°/2) + 2 \times 24.537 \times \tan(45° + 30°/2)]\text{kPa}\\ &= 685\text{kPa}\end{aligned}$$

$q = \sigma_1 - \sigma_3 = (685 - 200)\text{kPa} = 485\text{kPa}$

5.3.4 十字板剪切试验

十字板剪切仪是一种使用方便的原位测试仪器，通常用来测定饱和黏性土的原位不排水强度，特别适用于均匀饱和软黏土中。因为这种土常因取样操作和制样过程中不可避免地受到扰动而破坏其天然结构，致使室内试验测得的强度值明显低于原位土的强度。十字板剪切仪由板头、加力装置和测量装置组成（图 5-17），板头是两片正交的金属板，厚 2mm，刃口成 60°，常用尺寸为 D(宽) × H(高) = 50mm × 100mm。

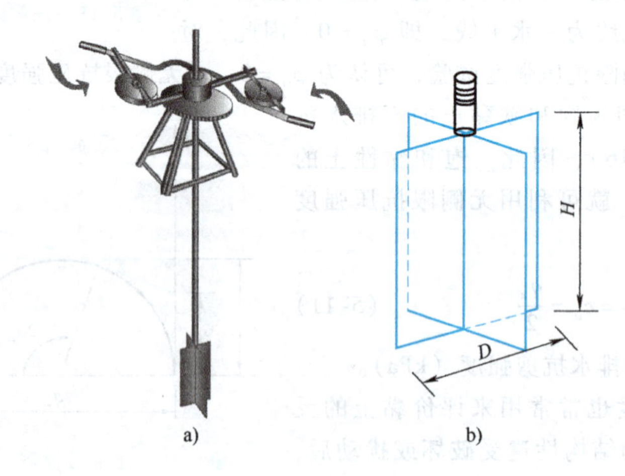

图 5-17 十字板剪切仪示意与试验原理图

a) 总体构造 b) 十字板头

试验通常在钻孔内进行，先将钻孔钻进至要求测试的深度以上 75cm 左右。清理孔底后，将十字板头压入土中至测试的深度。然后通过安装在地面上的施加扭力装置，旋转钻杆以扭转十字板头，这时十字板周围的土体内形成一个直径为 D、高度为 H 的圆柱形剪切面。

剪切面上的剪应力随扭矩的增加而增加，直到最大扭矩 M_{max} 时，土体沿圆柱面破坏，剪应力达到土的抗剪强度 τ_f。

分析土的抗剪强度与扭矩的关系。抗扭力矩是由 M_1 和 M_2 两部分所构成。即

$$M_{max} = M_1 + M_2 \tag{5-13}$$

式中 M_1、M_2——土柱体上下面的抗剪强度对圆心所产生的抗扭力矩和圆柱面上的剪应力对圆心所产生的抗扭力矩。其值为

$$M_1 = 2\int_0^{D/2} \tau_{fh} \cdot 2\pi r \cdot r\mathrm{d}r = \frac{\pi D^3}{6}\tau_{fh} \tag{5-14}$$

$$M_2 = \pi DH \cdot \frac{D}{2}\tau_{fv} = \frac{\pi D^2 H}{2}\tau_{fv} \tag{5-15}$$

式中 τ_{fh}——圆柱剪切面上、下面上的抗剪强度；

τ_{fv}——圆柱剪切面侧表面上的抗剪强度。

假定十字板试验中原状土体为各向同性，$\tau_{fh} = \tau_{fv}$，并记为 τ_f，则总抵抗力矩 M_{max} 为

$$M_{max} = \frac{\pi D^3}{6}\tau_f + \frac{\pi D^2 H}{2}\tau_f \tag{5-16}$$

则

$$\tau_f = \frac{M_{max}}{\frac{\pi D^2}{2}\left(H + \frac{D}{3}\right)} = \frac{2M_{max}}{\pi D^2\left(H + \frac{D}{3}\right)} \tag{5-17}$$

式中 τ_f——由十字板试验测定的土的抗剪强度（kPa），也可用 τ_+ 表示。

通常认为在不排水条件下，饱和软黏土的内摩擦角 $\varphi_u = 0$，因此测得的抗剪强度相当于土的不排水强度，或无侧限抗压强度 q_u 的一半。

因为十字板剪切试验直接在原位进行试验，地基土体所受的扰动较小，因此是比较能反映土体原位强度的测试方法，故在实际中得到广泛应用。

正常固结饱和软黏土用十字板测定的结果，在硬壳层以下的软土层中抗剪强度随深度基本上呈线性变化（图5-18），可表示为

$$\tau_f = c_0 + \lambda z \tag{5-18}$$

式中 λ——直线段的斜率（kN/m^3）；

z——地表以下的深度（m）；

c_0——直线段的延长线在水平坐标轴（即原地面）上的截距（kPa）。

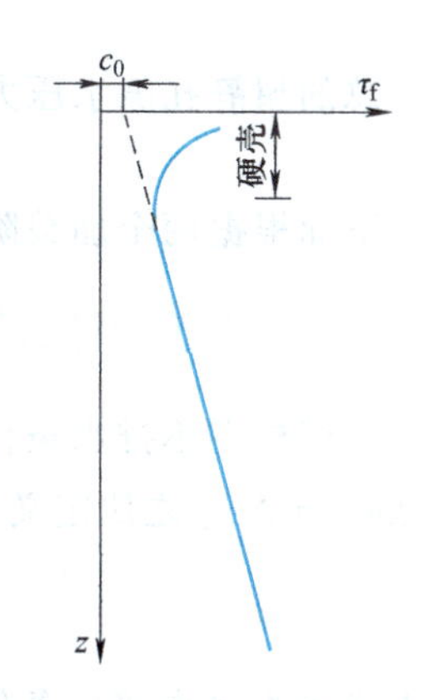

图5-18 十字板测定的抗剪强度随深度的变化

5.4 三轴剪切试验的孔隙压力系数

5.4.1 孔隙压力变化特性

1954年，斯肯普顿（A. W. Skempton）根据三轴试验结果，提出了孔隙压力系数 A 和 B 的概念，并用来表示孔隙水压力的发展和变化，建立了轴对称应力状态下土中孔隙压力与

大、小主应力之间的关系。

对于非饱和土，其孔隙中既有气又有水，由于水、气界面上的表面张力和与弯液面的存在，孔隙气应力 u_a 与孔隙水压力 u_w 并不相等，且 $u_a > u_w$。当土的饱和度较高时，可不考虑表面张力的影响，则 u_a 与 u_w 大致相等。为简单起见，下面的讨论中不再区分 u_a、u_w，孔隙水压力用 u 表示。

在常规三轴剪切试验中，试样先在各向相等的围压 σ_c 下固结稳定，以模拟试样的原位应力状态，这时超静孔隙水压力 u_0 为零。在试验过程中分两个阶段来加载，先使试样承受围压增量 $\Delta\sigma_3$，然后维持围压不变，施加附加轴向压力 q，即偏应力，其大小为（$\Delta\sigma_1 - \Delta\sigma_3$）。若试验在不排水条件下进行，则施加 $\Delta\sigma_3$、（$\Delta\sigma_1 - \Delta\sigma_3$）必将分别引起超静孔隙水压力增量 Δu_1 和 Δu_2（图 5-19）。

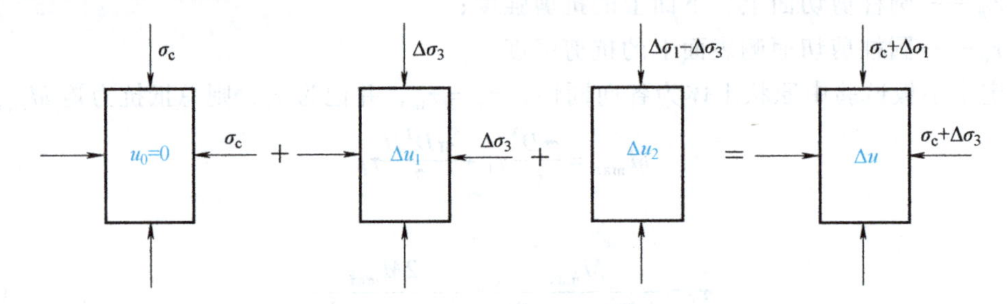

图 5-19　不排水剪切试验中的孔隙压力变化

于是，试样由于 $\Delta\sigma_3$ 和（$\Delta\sigma_1 - \Delta\sigma_3$）的作用产生超静孔隙水压力的总量为

$$\Delta u = \Delta u_1 + \Delta u_2 \tag{5-19}$$

总的超静孔隙水压力为

$$u = u_0 + \Delta u = \Delta u \tag{5-20}$$

下面根据两个加载阶段来讨论孔隙水压力系数的表达式。

5.4.2　孔隙压力系数 *B*

当试样在不排水条件下受到各向相等压力增量 $\Delta\sigma_3$ 时，产生的孔隙压力增量为 Δu_1，将 Δu_1 与 $\Delta\sigma_3$ 之比定义为孔隙压力系数 B，即

$$B = \frac{\Delta u_1}{\Delta\sigma_3} \tag{5-21}$$

式中 B 是在各向等压条件下的孔隙压力系数。它是反映土体在各向相等压力作用下，孔隙压力变化情况的指标，同时也是反映土体饱和程度的指标，由于孔隙水和土粒都被认为是不可压缩的，因此在饱和土的不固结不排水剪试验中，试样在围压增量下将不发生竖向和侧向变形，这时围压增量将完全由孔隙水承担，所以 $B=1$；当土完全干燥时，孔隙气的压缩性要比骨架的压缩性高得多，这时围压增量将完全由土骨架承担，于是 $B=0$。在非饱和土中，孔隙中流体的压缩性与土骨架的压缩性为同一量级，B 介于 0～1。所以，土的饱和度越大，B 越接近 1。

5.4.3　孔隙压力系数 *A*

当试样受到轴向应力增量 q（即主应力差 $\Delta\sigma_1 - \Delta\sigma_3$）作用时，产生的孔隙水压力为

Δu_2，Δu_2 的大小与主应力差 $\Delta\sigma_1-\Delta\sigma_3$ 及土样的饱和程度有关，则引入另一孔隙压力系数 A，即

$$\Delta u_2 = BA(\Delta\sigma_1-\Delta\sigma_3) \tag{5-22}$$

式中 A 是在偏应力条件下的孔隙压力系数，其数值与土的种类、应力历史等有关。式（5-22）也可写成

$$\Delta u_2 = \overline{A}(\Delta\sigma_1-\Delta\sigma_3) \tag{5-23}$$

式中 $\overline{A}$ 是综合反映主应力差（$\Delta\sigma_1-\Delta\sigma_3$）作用下孔隙压力变化情况的一个指标，$\overline{A}=BA$。

若将式（5-21）写成 $\Delta u_1 = B\Delta\sigma_3$ 后与式（5-22）叠加，即可得到土体在围压增量和轴向应力增量作用下，亦即三向压缩条件下的孔隙压力

$$\Delta u = \Delta u_1 + \Delta u_2 = B\Delta\sigma_3 + BA(\Delta\sigma_1-\Delta\sigma_3)$$

或

$$\Delta u = B[\Delta\sigma_3 + A(\Delta\sigma_1-\Delta\sigma_3)] \tag{5-24}$$

上式可改为

$$\begin{aligned}\Delta u &= B[\Delta\sigma_1-(1-A)(\Delta\sigma_1-\Delta\sigma_3)]\\ &= B\Delta\sigma_1\left[1-(1-A)\left(1-\frac{\Delta\sigma_3}{\Delta\sigma_1}\right)\right]\end{aligned}$$

或

$$\overline{B} = \frac{\Delta u}{\Delta\sigma_1} = B\left[1-(1-A)\left(1-\frac{\Delta\sigma_3}{\Delta\sigma_1}\right)\right] \tag{5-25}$$

式中 $\overline{B}$ 也是一个孔隙压力系数，它表示在一定围压增量下，由主应力增量 $\Delta\sigma_1$ 所引起的孔隙压力变化的一个参数。这一参数可在三轴试验中模拟土的实际受力状态来测定。

对于饱和土而言，由于 $B=1$，A 就等于 $\overline{A}$。于是，由式（5-21）和式（5-22）可得

$$\Delta u_1 = \Delta\sigma_3,\quad \Delta u_2 = A(\Delta\sigma_1-\Delta\sigma_3)$$

因此，在饱和土的不固结不排水剪试验中，超孔隙水压力的总增量为

$$\Delta u = \Delta\sigma_3 + A(\Delta\sigma_1-\Delta\sigma_3) \tag{5-26}$$

在固结不排水剪试验中，由于试样在 $\Delta\sigma_3$ 下固结稳定，故 $\Delta u_1=0$。于是

$$\Delta u = \Delta u_2 = A(\Delta\sigma_1-\Delta\sigma_3) \tag{5-27}$$

在固结排水剪试验中，由于排水阀一直打开，所以孔隙压力全部消散，即试样受剪前 Δu_1 等于零，受剪过程中 Δu_2 始终要求保持为零，故 $\Delta u=0$。

5.5　无黏性土的抗剪强度特性

5.5.1　应力-应变特性

无黏性土的密实度对其剪切过程中的应力-应变特性有着决定性的影响，在相同围压 σ_3 下处于松散、密实两种不同初始密实度的同一种砂土，受剪时的三轴剪切的偏应力（$\sigma_1-\sigma_3$）、轴向应变 ε_a、体积应变 ε_v 三者的关系曲线如图 5-20 所示。试验结果表明，对松砂而言，应力-应变关系呈应变硬化型（strain hardening），它的体积则逐渐减小，表现为剪缩性（contraction）。但对于密砂，其应力-应变曲线有明显的峰值，超过峰值后，随应变的增加偏应力逐步降低，呈应变软化型（strain softening），它的体积开始时稍有减小，继而增加，超过了其初始体积，表现为剪胀性（dilatation），这是由于较密实的砂土颗粒之间排列比较紧密，剪切时砂粒之间产生相对滚动，土颗粒之间的位置重新排列的结果。同一种砂土，无论

密砂或松砂，在相同周围压力 σ_3 作用下最终强度总是趋向同一值。

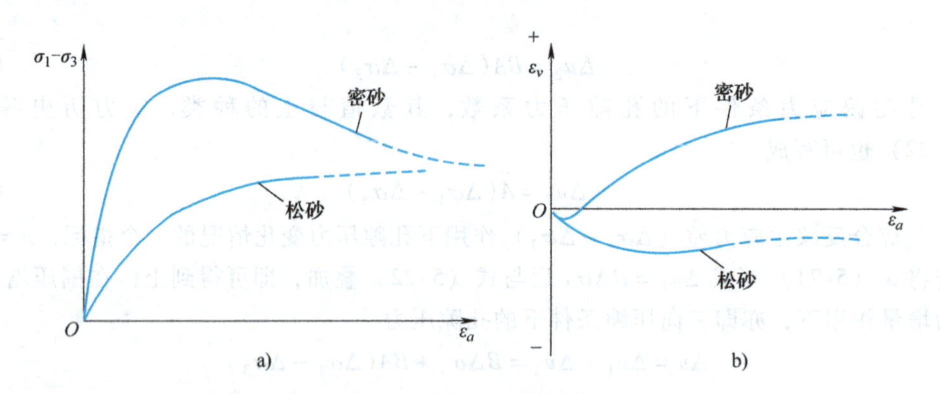

图 5-20　无黏性土剪切时的应力-应变和应变-体变关系

a）$(\sigma_1-\sigma_3)-\varepsilon_a$　b）$\varepsilon_v-\varepsilon_a$

密实砂土的内摩擦角与初始孔隙比、土颗粒表面的粗糙度以及颗粒级配等因素有关。初始孔隙比越小，土颗粒表面越粗糙，级配良好的砂土，其内摩擦角较大。松砂的内摩擦角大致与干砂的天然休止角相等（天然休止角是指干燥砂土堆积起来所形成的自然坡角）。此外，无黏性土的强度性状还受各向异性、土体的沉积形式、应力历史等因素影响。

5.5.2　临界孔隙比及砂土振动液化

不同初始孔隙比的试样在同一压力下进行剪切试验，可以得出初始孔隙比 e_0 与体积变化 $\Delta V/V$ 之间的关系（图 5-21），相应于体积变化为零的初始孔隙比称为临界孔隙比 e_{cr}，在三轴试验中，临界孔隙比是与围压 σ_3 有关的，不同的 σ_3 可以得出不同的 e_{cr} 值。

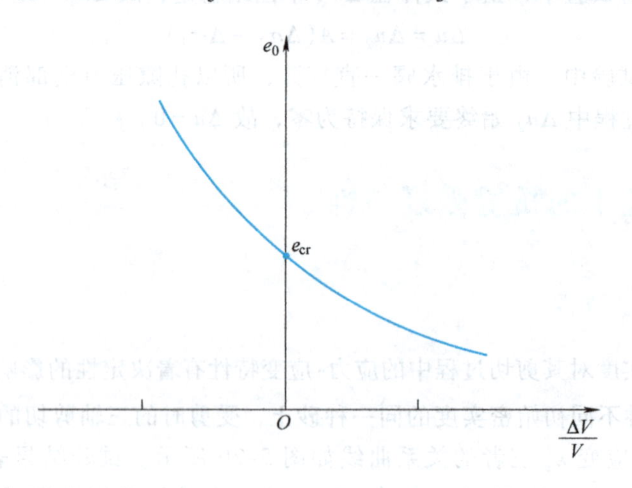

图 5-21　砂土的临界孔隙比

如果饱和砂土的初始孔隙比 e_0 大于临界孔隙比 e_{cr}，这种饱和松散的砂土在振动荷载作用下，一方面由于动剪应力的作用有使体积缩小的趋势，另一方面由于时间短来不及向外排水，就产生了较大的（超）孔隙水压力积累，有效应力下降，因此在反复的动剪力作用下，

孔隙水压力不断增加，就有可能使有效应力降低到零，土粒处于悬浮状态，表现出类似于液体的性质而完全丧失其抗剪强度，这种现象称为土的振动液化（liquefaction）。地震、波浪以及交通荷载、打桩、爆炸、机器振动等产生的振动，均可能引起土的振动液化。

5.5.3　残余强度

直剪试验与三轴试验结果表明，松砂的应力-应变曲线没有明显的峰值，剪应力（或偏应力）随着剪应变的增加而增大，最后趋于某一恒定值；密砂的应力-应变曲线有明显的峰值，峰值过后剪应力随剪应变的增加而降低，最后趋于松砂相同的稳定值（图5-22）。这个稳定值通常称为残余强度（residual strength），以 τ_r 表示，可通过反复直剪试验来测求土的残余强度参数。事实上，对于黏性土同样存在着残余强度，密砂或超固结黏土在剪切变形较大时达到残余抗剪强度，此时砂土的砂粒间咬合作用被完全破坏，而黏性土的残余强度机理与砂土有所不同，其强度降低主要是由于在剪切过程中其结构发生变化所致。残余强度对研究天然土坡的渐近性破坏及长期稳定性问题等具有重要的意义。

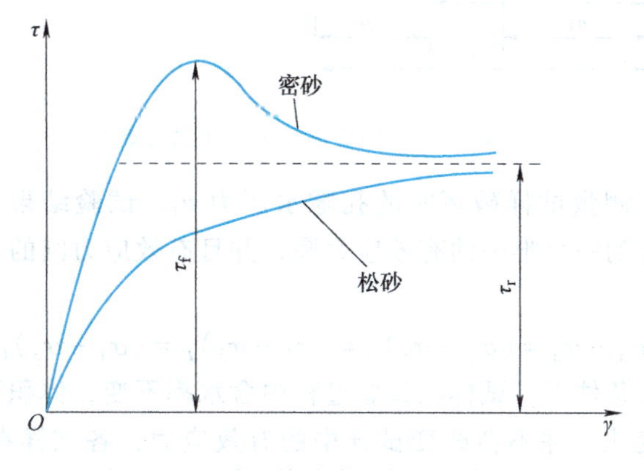

图5-22　砂土的剪应力与剪应变关系

5.6　黏性土的抗剪强度特性

黏性土从广义上讲，包括粉土、黏性土。黏性土的抗剪强度远比无黏性土复杂，而天然沉积的原状黏土就更复杂，因此准确掌握原状土的强度特性非常困难。在黏性土强度研究中，往往采用重塑土。本节重点讨论正常固结饱和黏性土的抗剪强度特性，同时简要介绍超固结黏性土的抗剪强度特性。

5.6.1　不固结不排水抗剪强度

不固结不排水剪试验（Unconsolidated Undrained Test，UU 试验），指试样在施加周围压力和随后施加偏应力直至剪坏的整个试验过程中都不允许试样排水，这样从开始加压直至试样剪坏，整个过程中孔隙水压力不消散，得到的抗剪强度指标用 c_u、φ_u 表示，这种试验方法所对应的实际工程条件相当于土中快速加荷时的应力状况。典型的不固结不排水试验结果如图5-23所示，其中三个实线圆 A、B、C 分别表示三个试样在不同的 σ_3 作用下破坏时的总应力圆，虚线表示有效应力圆。结果表明，虽然三个试件的周围压力 σ_3 不同，但破坏时的

主应力差相等，试验结果用总应力整理，在 τ-σ 上表现出三个直径相同的极限应力圆，破坏包线是一条水平线，即

$$\varphi_u = 0 \tag{5-28}$$

$$\tau_f = c_u = \frac{1}{2}(\sigma_1 - \sigma_3) \tag{5-29}$$

式中　c_u——不排水抗剪强度（kPa）；

　　　φ_u——不排水内摩擦角（°）。

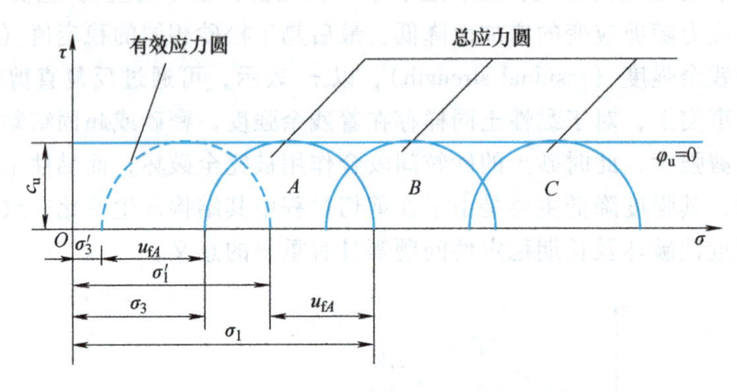

图 5-23　正常固结黏性土 UU 试验结果

在试验中如果分别测量试样破坏时的孔隙水压力 u_f，试验结果可以用有效应力整理，结果表明，三个试件得到一个唯一的有效应力圆，并且有效应力圆的直径与三个总应力圆直径相等，即

$$\sigma_1' - \sigma_3' = (\sigma_1 - \sigma_3)_A = (\sigma_1 - \sigma_3)_B = (\sigma_1 - \sigma_3)_C$$

这是由于在不排水条件下，试样在试验过程中含水率不变，体积不变，改变围压增量只能引起孔隙水压力的变化，并不会改变试样中的有效应力，各试样在剪切前的有效应力相等，因此抗剪强度不变。由于有效应力圆是同一个，因而就不能得到有效应力强度包线和 c'、φ'，因此该方法一般只用于测定饱和土的不排水强度。

不固结不排水试验的“不固结”是在三轴压力室压力下不再固结，而保持试样原来的有效应力不变，如果饱和黏性土从未固结过，将是一种泥浆状土，抗剪强度也必为零。对一般天然土样，相当于某一压力下已经固结，总有一定的天然强度，其有效固结应力是随深度变化的，所以不排水抗剪强度 c_u 也随深度变化，均质的正常固结不排水强度大致随有效固结应力成线性增大。超固结饱和黏土的不固结不排水强度包线也是一条水平线，由于超固结土的前期固结压力的影响，其 c_u 值比正常固结土大。

5.6.2　固结不排水抗剪强度

固结不排水剪试验（Consolidated Undrained Test，CU 试验），在施加围压 σ_3 时排水阀门打开，允许试样充分排水，待固结稳定后关闭排水阀门，然后再施加偏应力，使试样在不排水的条件下剪切破坏。得到的抗剪强度指标用 c_{cu}、φ_{cu} 表示。由于剪切过程中不排水，故试样在剪切中没有任何体积变形。打开试样与孔隙水压力量测系统间的管路阀门可量测剪切过程中孔隙水压力。固结不排水剪试验适用的实际工程条件常常是一般正常固结土层在工程竣工或在使用阶段受到大量、快速的活荷载或新增加的荷载的作用时所对应的受力情况。

饱和黏性土固结不排水剪试验结果如图 5-24 所示，其中实线对应于总应力表示的强度特性，虚线对应于有效应力表示的强度特性。若用 u_f 表示剪切破坏时的孔隙水压力，由于 $\sigma_1'=\sigma_1-u_f$，$\sigma_3'=\sigma_3-u_f$，故 $\sigma_1'-\sigma_3'=\sigma_1-\sigma_3$，即有效应力圆与总应力圆直径相等，但其位置不同，两者之间的距离为 u_f，因为正常固结试样在剪切破坏时孔隙水压力 >0，故有效应力圆位于总应力圆的左方。总应力破坏包线和有效应力破坏包线都通过原点，说明未受任何固结压力的土（如泥浆状土）不会具有抗剪强度。总应力破坏包线的 $c_{cu}=0$，倾角为 φ_{cu}，一般在 10°~20°之间；有效应力破坏包线的 $c'=0$，其倾角 φ'称为有效内摩擦角，一般情况下，φ'比 φ_{cu}大 1 倍左右。所以用总应力、有效应力表示的 CU 试验抗剪强度分别为

$$\tau_f=\sigma\tan\varphi_{cu} \tag{5-30}$$

$$\tau_f=\sigma'\tan\varphi' \tag{5-31}$$

式中　σ、σ'——剪破面上的法向总应力、有效应力。

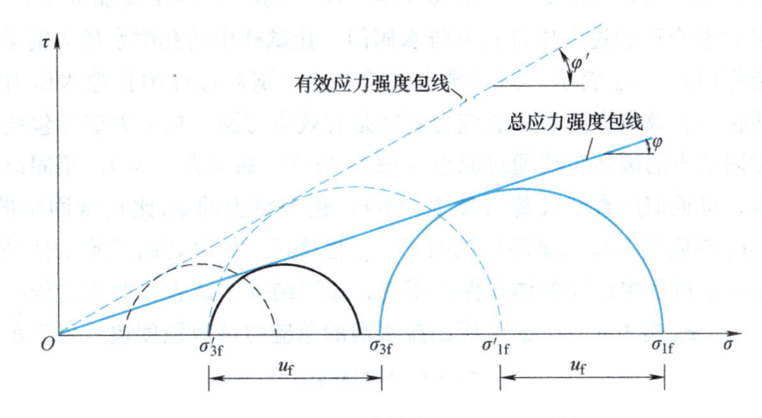

图 5-24　正常固结黏性土 CU 试验结果

固结不排水抗剪强度，土在剪切过程中的抗剪强度在一定程度上受到应力历史的影响，因此研究饱和黏性土的固结不排水强度时，要区分土体是正常固结还是超固结状态。在三轴剪切试验中常用各向等压的周围压力来模拟历史上所处的固结状态。因此，试样所受到的周围压力 σ_3小于曾受到的最大固结压力 p_c，试样就处于超固结状态，反之，当 $\sigma_3 \geqslant p_c$，试样就处于正常固结状态。试验结果表明，这两种不同固结状态的试样，其抗剪强度性状是不同的。

超固结黏性土的固结不排水试验结果如图 5-25a 所示，在相同的围压作用下，在剪切前超固结土的孔隙比比正常固结土要小，在剪切破坏时的孔隙水压力相对较小，甚至产生负的孔隙水压力，所以应力圆直径较大，因此其总应力破坏包线是一条平缓的曲线，与正常固结破坏包线相交，实用上将其简化为一条直线（图 5-25b），超固结土的固结不排水剪的总应力抗剪强度包线可表示为

$$\tau_f=c_{cu}+\sigma\tan\varphi_{cu} \tag{5-32}$$

如以有效应力表示，有效应力圆和有效应力破坏包线如图 5-25b 中的虚线所示

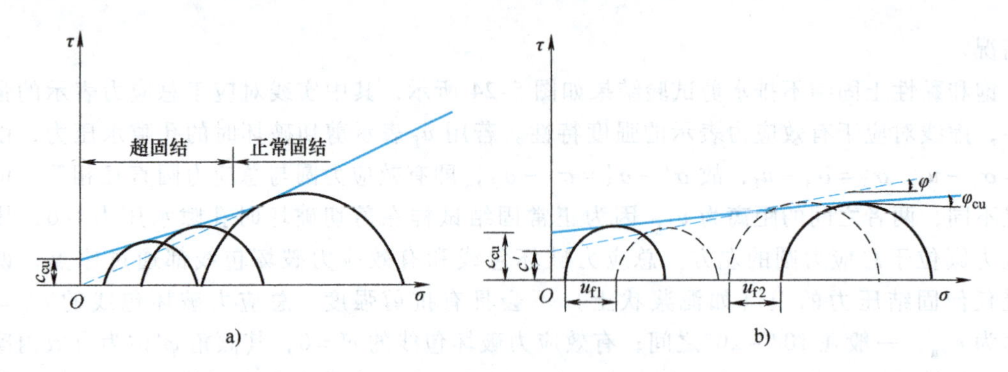

图 5-25 超固结黏性土 CU 试验结果

a）试验结果对比 b）简化情况

5.6.3 固结排水抗剪强度

固结排水剪试验（Consolidated Drained Test，CD 试验），指在施加周围压力和随后施加偏应力直至剪坏的整个试验过程中都打开排水阀门，让试样中的孔隙水压力能够完全消散。得到的抗剪强度指标用 c_d、φ_d 表示。固结排水试验在整个试验过程中孔隙水压力始终为零，总应力最后全部转化为有效应力，所以总应力圆就是有效应力圆，总应力破坏包线就是有效应力破坏包线。正常固结土的破坏包线通过原点（图 5-26a），黏聚力 $c_d=0$，超固结土的强度包线为一条微弯曲线，可近似用直线代替（图 5-26b），超固结土的 φ_d 比正常固结的内摩擦角小。试验表明：c_d、φ_d 与固结不排水试验得到的 c'、φ'很接近，但两者的试验条件是有差别的，固结不排水试验在剪切过程中试样的体积保持不变，而固结排水试验在剪切过程中试样的体积一般要发生变化，c_d、φ_d 略大于 c'、φ'。固结排水剪的总应力抗剪强度包线可表示为

$$\tau_f = c_d + \sigma\tan\varphi_d \tag{5-33}$$

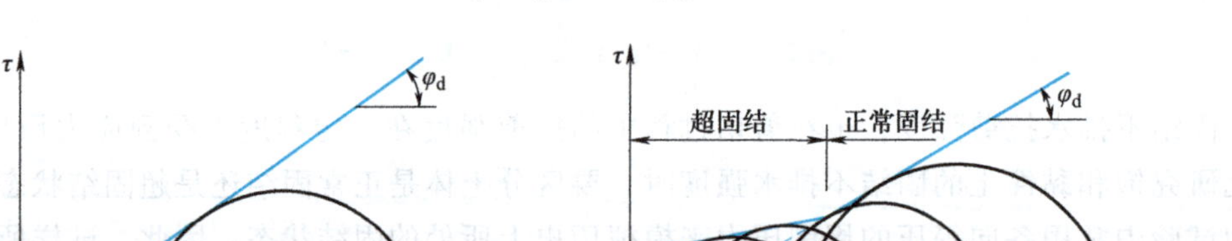
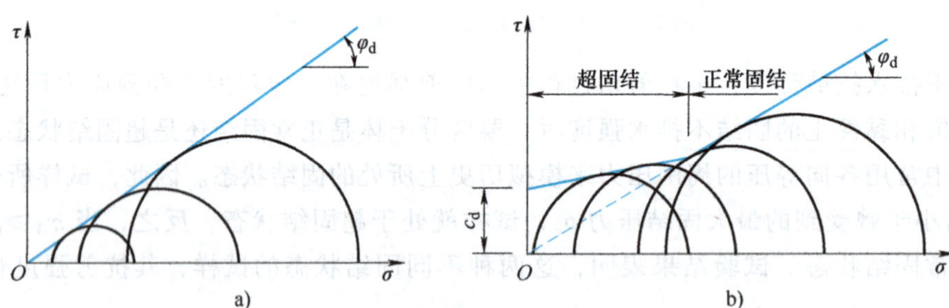

图 5-26 饱和黏性土 CD 试验结果

a）正常固结 b）超固结

5.6.4 不同排水条件下的强度特性对比

将上述三种三轴剪切试验的结果汇总于一张图中（图 5-27）。由图可见，对于同一种正常固结的饱和黏土，若用总应力表示，三种不同的试验方法测定的抗剪强度是不同的。其中 UU 试验结果是一条水平线，其不排水强度 c_u 的大小与有效固结应力 σ_c 有关，CU 和 CD 试验分别是一条通过坐标原点的直线。三种方法所得到的强度指标间的关系：$c_u > c_{cu} = c_d = 0$，

$\varphi_d > \varphi_{cu} > \varphi_u = 0$。若以有效应力表示，则不论采用那种试验方法，都得到近乎同一条有效应力破坏包线，由此可见，抗剪强度与有效应力有唯一对应关系。

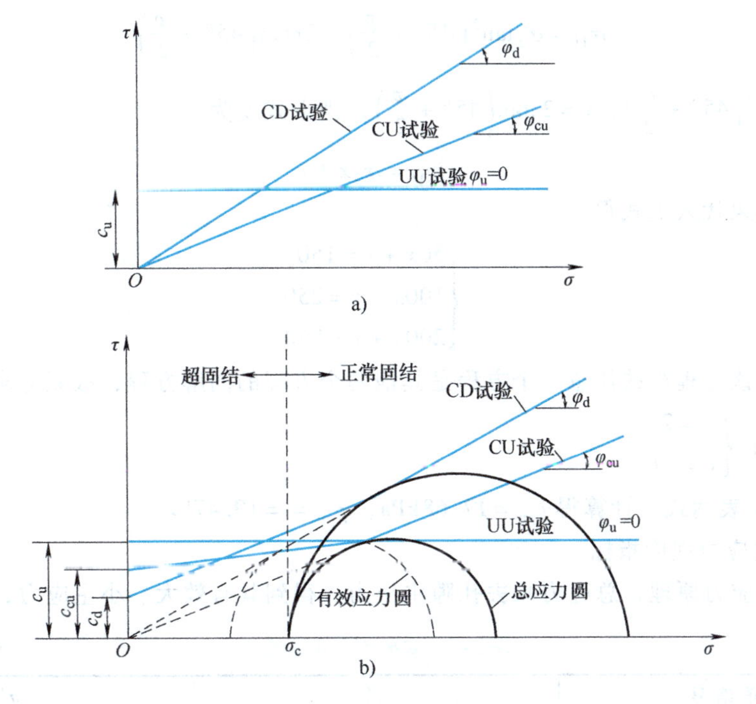

图 5-27　三种试验方法结果对比

a）正常固结　b）超固结

对于超固结的饱和黏土，三种不同的试验方法获得的强度包线也不相同，其中 UU 试验是一条水平线，CU 和 CD 试验是一条不通过坐标原点的微弯曲线（可用直线近似代替）。它们的强度指标关系：$c_u > c_{cu} > c_d$，$\varphi_d > \varphi_{cu} > \varphi_u = 0$。

以上三种三轴试验方法中，试样在固结和剪切过程中的孔隙水压力变化和所得到的强度指标见表 5-1。

表 5-1　不同排水条件下孔隙水压力变化和强度指标

试验类型	初始状态	围压 σ_3 状态	偏应力 q 状态	实际状态	强度指标
UU 试验	$u_0 = 0$	$\Delta u_1 \neq 0$	$\Delta u_2 \neq 0$	$u = \Delta u_1 + \Delta u_2$	c_u，φ_u
CU 试验	$u_0 = 0$	$\Delta u_1 = 0$	$\Delta u_2 \neq 0$	$u = \Delta u_2$	c_{cu}，φ_{cu}
CD 试验	$u_0 = 0$	$\Delta u_1 = 0$	$\Delta u_2 = 0$	$u = 0$	c_d，φ_d

【例题 5-4】　从某一饱和黏土样中切取三个试样进行固结不排水剪试验。三个试样所受围压 σ_3、剪切破坏时大主应力 σ_1 及孔隙水压力 u_f 见表 5-2。试求总应力强度指标 c_{cu}、φ_{cu} 和有效应力强度指标 c'、φ'。

表 5-2　固结不排水剪试验结果　（单位：kPa）

试样编号	σ_3	σ_1	u_f
Ⅰ	50	150	15
Ⅱ	100	250	40
Ⅲ	200	450	90

解：（1）总应力强度指标

由极限平衡条件得

$$\sigma_{1f}=\sigma_3\tan^2\left(45°+\frac{\varphi}{2}\right)+2c\tan\left(45°+\frac{\varphi}{2}\right)$$

令 $x=\tan^2\left(45°+\frac{\varphi}{2}\right)$，$y=2c\tan\left(45°+\frac{\varphi}{2}\right)$，则上式变为

$$\sigma_{1f}=\sigma_3 x+y$$

将试验结果代入上式得

$$\begin{cases}50x+y=150\\100x+y=250\\200x+y=450\end{cases}$$

分析发现该方程组的任意一个方程是其他两个方程的同解方程，故联立求解该方程组前2个方程，得：$\begin{cases}x=2\\y=50\end{cases}$

代入 x、y 表达式，计算得 $c_{cu}=17.68\text{kPa}$，$\varphi_{cu}==19.47°$。

（2）有效应力强度指标

根据有效应力原理，总应力减去孔隙水压力，得到其有效大、小主应力，见表5-3。

表5-3 有效大、小主应力 （单位：kPa）

试样编号	σ_3'	σ_1'
Ⅰ	35	135
Ⅱ	60	210
Ⅲ	110	360

同理，根据有效应力极限平衡条件，有

$$\begin{cases}35x+y=135\\60x+y=210\end{cases}$$

联立求解得：$c'=8.66\text{kPa}$，$\varphi'=30°$

将计算获得的抗剪强度指标表示于 σ-τ 坐标系（图5-28）。

实际上，三轴试验结果一般不可能完全满足线性关系，常采用最小二乘法计算土的强度参数，具体见有关试验数据处理文献。

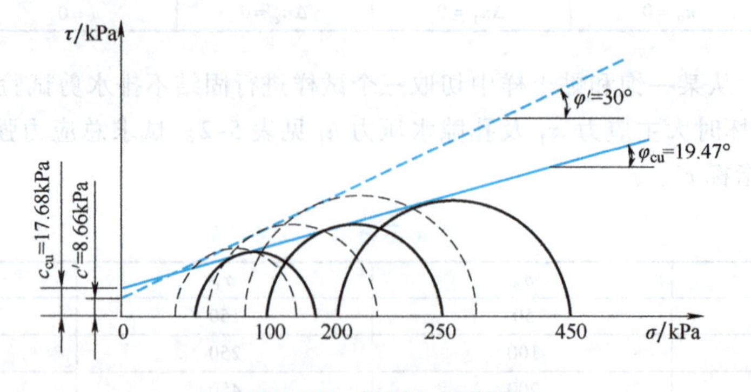

图5-28 例题5-4附图

5.6.5　抗剪强度指标的选择

土体稳定分析成果的可靠性，在很大程度上取决于对抗剪强度试验方法和取强度指标的正确选择，因为试验方法所引起的抗剪强度的差别往往超过不同稳定分析方法之间的差别。与有效应力分析法和总应力分析法相对应，应分别采用土的有效应力强度指标或总应力强度指标。当土体内的孔隙水压力能通过理论计算或其他方法确定时，宜采用有效应力法，当难以确定时采用总应力法。采用总应力法时应按土体可能的排水固结情况，选择不固结不排水或固结不排水试验，固结排水强度与有效应力抗剪强度很接近，常用于有效应力分析法中。表5-4中列出了各种剪切试验方法适用范围，可供参考。

表5-4　各种剪切试验方法适用范围

试验方法	适用范围
排水剪切	加荷速率慢，排水条件好，如透水性较好的砂土等低塑性土
固结不排水剪切	建筑物竣工后较长时间，突遇荷载增大。如房屋加层、天然土坡上堆载，或地基条件等介于其余两种情况之间
不排水剪切	透水性较差的黏性土地基，且施工速度快，常用于施工期的强度和稳定性验算

实际工程中应尽可能根据现场条件决定试验方法，以获得合适的抗剪强度指标。一般认为，由三轴固结不排水剪确定的有效应力强度参数 c'、φ'宜用于分析地基的长期稳定性，如土坡的长期稳定分析，估计挡土结构物的长期土压力，位于软土地基上结构物的地基长期稳定分析等。而对于饱和软黏土的短期稳定问题，则宜采用不排水剪的强度指标。

5.7　应力路径及其应用

5.7.1　应力路径及表示方法

应力路径是指在外荷载发生变化过程中，土中某点在某一方向的微面上应力值在应力坐标系中变化的轨迹。它是描述土体中某点在一微面上在外力作用下应力变化情况或过程的一种方法。对于同一种土，当采用不同的试验手段和不同的加荷方法使之剪切破坏时，其应力变化的过程是不同的，相应的土的变形与强度特性也将出现很大的差异。土的应力路径可以模拟土体实际的应力历史，通过研究应力变化过程对土的力学性质的影响，进而在土体的变形和强度分析中反映土的应力历史条件等具有十分重要的意义。与土的抗剪强度表达方式一样，应力路径也分为总应力路径（Total Stress Path，TSP）及有效应力路径（Effective Stress Path，ESP），它们分别用来表示土样在剪切过程中某特定平面上的总应力变化和有效应力变化。常用的应力路径主要通过剪切面及最大剪应力面上的应力来表达。

在二维问题中，应力的变化过程可用一系列应力圆来表示，而应力变化是一个连续过程，也可能存在加载、卸载等复杂过程，因此用应力圆表示应力变化过程并不方便。用应力路径表示则较为方便，应力路径通常在 σ-τ 及 p-q 两种坐标系中表示。

1. σ-τ 坐标系

用以表示剪破面上法向应力和剪应力变化的应力路径（图5-29a），其中$\overline{ABCD}$为土中某

点最大剪应力 $\tau_{\max}$ 作用平面上（即应力圆顶点）的应力变化轨迹，箭头表明应力状态的发展方向。

2. p-q（或 p'-q'）坐标系

通常在 p-q 坐标系中表示最大剪应力 $\tau_{\max}$ 面上的应力变化的应力路径。其中，在二维应力状态下 $p=\dfrac{\sigma_1+\sigma_3}{2}$，$q=\dfrac{\sigma_1-\sigma_3}{2}$；而在三向应力状态下 $p=\dfrac{\sigma_1+\sigma_2+\sigma_3}{3}$，$q=\sigma_1-\sigma_3$。对于有效应力路径，相应的坐标系为 p'-q'，采用有效应力表示。最大剪应力作用平面（对应于应力圆顶点）上的应力变化轨迹，即应力路径 $\overline{ABCD}$（图 5-29b）。

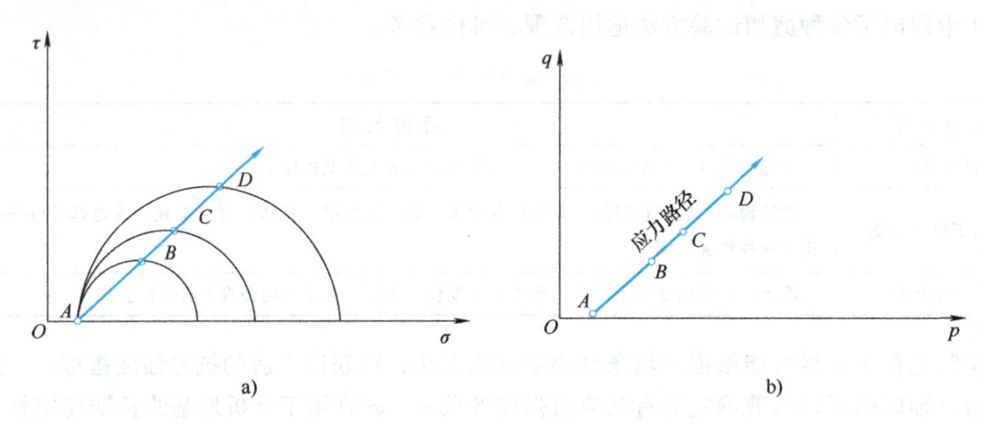

图 5-29　应力路径表示方法

绘制应力路径常用到摩尔强度包线（f 线）、K_0 线和 K_f 线（K_f'线），其中 K_0 线是静止侧压力线即地基土内原始应力状态线，将 σ_1' 和 $\sigma_3'=K_0\sigma_1'$ 作的应力圆顶点 $\left(\dfrac{\sigma_1'+\sigma_3'}{2},\ \dfrac{\sigma_1'-\sigma_3'}{2}\right)$ 连线，这条应力路径线就称为 K_0 线，其中 K_0 表示无侧向变形时的侧向压力系数，称为静止侧压力系数。而 K_f 线（K_f'线）称为破坏主应力线，下面予以介绍。

5.7.2　破坏主应力线 K_f（K_f'）

破坏主应力线 K_f 为若干总应力极限应力圆顶点的连线（图 5-30），是剪切破坏状态最大剪应力作用平面上的应力变化轨迹，当应力达到 K_f 线表示已产生了剪切破坏。需特别注意，K_f 线是剪切破坏时极限应力圆顶点的连线，表示最大剪应力平面上应力的变化，它不同于摩尔强度包线（f 线），后者表示剪切面上应力的变化。若用有效应力表示，则为 K_f'线。

由 K_f 与破坏线 f 的关系可知，破坏线与对应的极限应力圆相切，切点为 B（图 5-30）。K_f 线是若干个极限状态应力圆中各自最大剪应力面上应力的点，即图中 D 点的连线，每一个极限应力圆都存在 B 和 D 两点。当应力圆的半径无限小而趋于 0 时，变成聚集于 O' 的点圆，也就是说 f 线和 K_f 线都通过 O' 点，根据几何关系不难看出

$$\sin\varphi=\frac{\overline{AB}}{\overline{O'A}},\quad \tan\alpha=\frac{\overline{AD}}{\overline{O'A}}$$

所以

$$\sin\varphi=\tan\alpha$$

故

$$\varphi=\arcsin(\tan\alpha) \tag{5-34}$$

因为$\overline{OO'} = \dfrac{a}{\tan\alpha} = \dfrac{c}{\tan\varphi}$，故 $a = \tan\alpha \cdot \dfrac{c}{\tan\varphi} = \sin\varphi \cdot \dfrac{c}{\dfrac{\sin\varphi}{\cos\varphi}} = c\cos\varphi$，则有

$$c = \frac{a}{\cos\varphi} \tag{5-35}$$

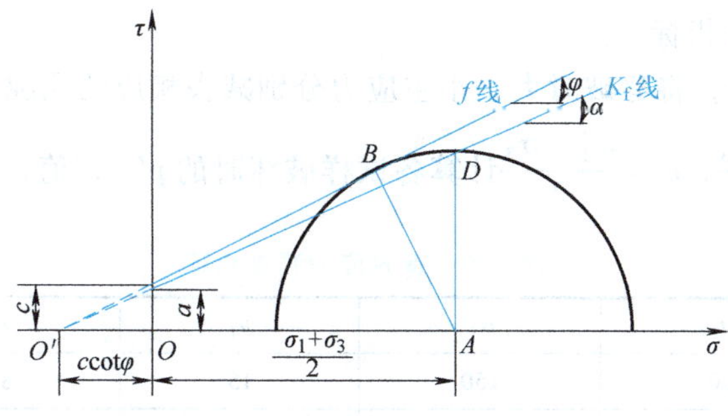

图 5-30　K_f 与破坏线 f 之间的关系

因此，根据试验结果绘出应力路径 K_f 线后，利用式（5-34）、式（5-35）即可直接求得抗剪强度指标。

【例题 5-5】　根据例题 5-4 的三轴试验结果，按照应力路径方法计算其抗剪强度指标。

解：按照应力路径的 K_f（K_f'）线求解。

（1）总应力强度指标

根据试验结果计算各试样破坏时的 p、q 值，见表 5-5。其中，$p = \dfrac{\sigma_1 + \sigma_3}{2}$，$q = \dfrac{\sigma_1 - \sigma_3}{2}$。

表 5-5　三轴试验结果　（单位：kPa）

试样编号	σ_3	σ_1	u_f	p	q
Ⅰ	50	150	15	100	50
Ⅱ	100	250	40	175	75
Ⅲ	200	450	90	325	125

在 p-q 坐标系中，绘出 3 个试样最大剪应力面的应力路径，并得到 K_f 线（图 5-31）。

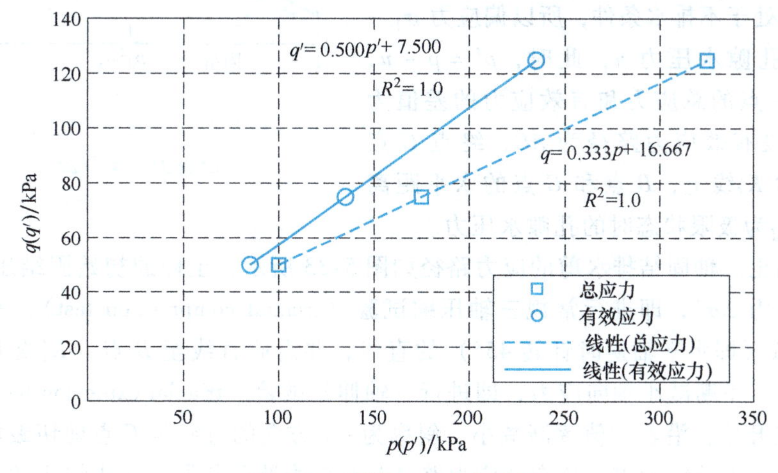

图 5-31　例题 5-5 求解附图

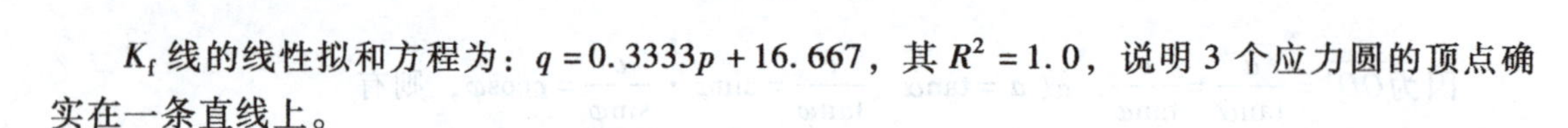

K_f 线的线性拟和方程为：$q=0.3333p+16.667$，其 $R^2=1.0$，说明 3 个应力圆的顶点确实在一条直线上。

按照 K_f 线与总应力抗剪强度线的关系，即 $\sin\varphi=\tan\alpha$，$c=\dfrac{a}{\cos\varphi}$，可求得总应力抗剪强度参数：$c_{cu}=17.68\text{kPa}$，$\varphi_{cu}=19.47°$。

（2）有效应力强度指标

按照有效应力原理，将剪破时大、小主应力分别减去相应的孔隙水压力，得到其有效主应力，根据 $p'=\dfrac{\sigma_1'+\sigma_3'}{2}$，$q'=\dfrac{\sigma_1'-\sigma_3'}{2}$计算各试样破坏时的 p'、q'值，见表 5-6。

表 5-6　有效应力强度指标　（单位：kPa）

试样编号	σ_3	σ_1	u_f	p'	q'
Ⅰ	50	150	15	85	50
Ⅱ	100	250	40	135	75
Ⅲ	200	450	90	235	125

同样采用以上方法对有效应力 p'、q' 顶点组成的 K_f'线进行线性拟合，其拟合方程为：$q'=0.5p'+7.5$，其 $R^2=1.0$，说明 3 个点也确实呈线性关系。再按照 K_f'线与有效应力抗剪强度线的关系求得 $c'=8.66\text{kPa}$，$\varphi'=30°$。

5.7.3　常规三轴试验的应力路径

对于饱和土的常规三轴固结不排水试验，在施加周围压力 σ_3 阶段，进行排水固结，试样内孔隙水压力消散为零，所以在此阶段总应力路径和有效应力路径相同，如图 5-32 所示，均为 OA。而在施加偏应力 $\sigma_1-\sigma_3$ 阶段，总应力路径是与 p 轴呈 45°向上线性发展，直至试样破坏。图中，该段总应力路径为 AB，终点 B 点位于总应力 K_f线上。

由于剪切处于不排水条件，所以偏应力 $\sigma_1-\sigma_3$ 产生超静孔隙水压力 u，此时，$p'=p-u$，$q'=q$，即每一点的总应力和有效应力的差值为 u。图中，该段有效应力路径为 AC，终点 C 点位于有效应力 K_f'线上，B 点和 C 点的水平距离为 u_f，其中 u_f为极限状态时的孔隙水压力。

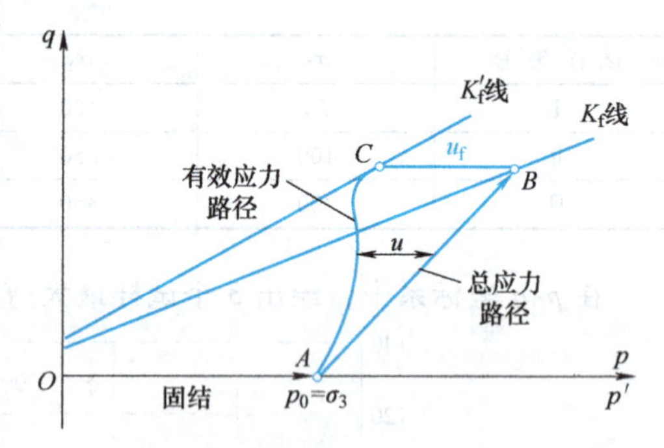

图 5-32　固结不排水三轴试验的总应力和有效应力路径

正常固结土三轴固结排水剪的应力路径如图 5-33 所示，土样的初始固结压力 σ_3'保持不变，增加偏应力 $\Delta\sigma_1'$，即进行常规三轴压缩试验（triaxial compression test），所以应力路径 AB 是斜率为 1（即水平轴逆时针转 45°）的直线，并沿此直线至 B 点（K_f'线上）剪破。若围压保持不变，不断减小轴向应力，即进行三轴伸长试验（triaxial extension test），此时应力路径为自 A 点开始，沿着 p'值逐渐减小、斜率为 -1 方向的直线至 C 点剪切破坏。由于土样排水使孔隙水压力始终为零，故有效应力路径与总应力路径相同。超固结土的固结排水剪的应力路径与正常固结土一致，但其 K_f'线不通过坐标原点。

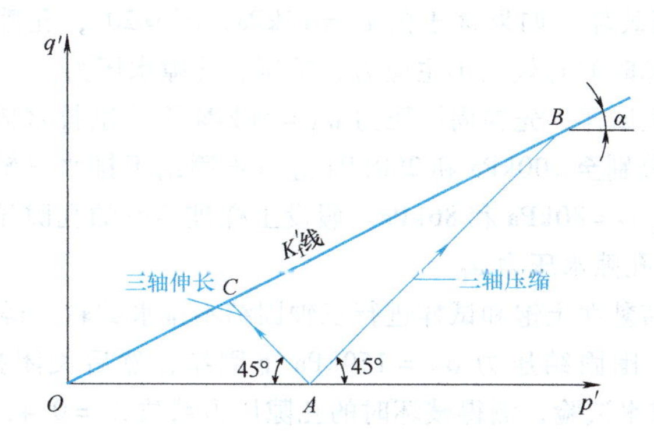

图 5-33　正常固结土三轴固结排水剪的应力路径

习　题

5-1　设地基内某点的大、小主应力分别为：$\sigma_1 = 320\text{kPa}$，$\sigma_3 = 150\text{kPa}$，孔隙水压力 $u = 50\text{kPa}$，试验测得土的有效强度指标 $c' = 0$，$\varphi' = 30°$。判断地基该点处于什么状态。

5-2　某土工实验室进行应变式直剪试验，数据经过整理得到 σ 和 τ 见表 5-7。试用最小二乘法求出该土样的抗剪强度指标。

表 5-7　直剪试验结果　（单位：kPa）

σ	50	100	200	300	400
τ	24	32	56	76	96

5-3　取 4 个土样进行三轴不排水试验，结果见表 5-8，试绘制其 K_f线，根据应力路径方法，确定其抗剪强度参数 c、φ。

表 5-8　土样三轴不排水试验结果　（单位：kPa）

试样编号	σ_3	σ_1
1	50	150
2	100	250
3	150	350
4	200	450

5-4　根据饱和黏性土的三轴固结排水剪试验，测得有效应力的抗剪强度参数为 $c' = 0$，$\varphi' = 30°$。若对该土样进行固结不排水试验，当围压为 300kPa、偏应力为 400kPa 时土样发生破坏，求破坏时的孔隙水压力 u_f 及孔隙水压力系数 A。

5-5　某饱和黏性土进行三轴固结不排水试验，$\sigma_3 = 200\text{kPa}$，孔隙水压力 $u_f = 80\text{kPa}$。已知土的有效抗剪强度指标 $c' = 15\text{kPa}$，$\varphi' = 30°$。求试样破坏时轴向有效应力 σ_1'及孔隙水压力系数 A。

5-6 某饱和黏性土试样在围压 250kPa 下固结，然后在不排水条件下把围压升至 400kPa，再增加轴压至破坏。如果该土的 $c'=15\text{kPa}$，$\varphi'=20°$，孔隙水压力系数 $B=0.8$，$A=0.35$。试求土样破坏时的有效大小主应力、轴压、孔隙水压力。

5-7 有两个饱和土试样，先在周围压力 $\sigma_3=50\text{kPa}$ 下分别排水固结。然后，关闭排水阀门，增加围压力 σ_3 分别至 100kPa 和 200kPa 进行不固结不排水三轴试验，测得破坏时的偏应力分别为 $(\sigma_1-\sigma_3)_f=80\text{kPa}$ 和 86kPa。假设土样破坏时的孔隙压力系数 $A_f=0.25$，试分别计算试样破坏时的孔隙水压力 u_f。

5-8 对某正常固结黏性土饱和试样进行三轴固结不排水试验，得 $c'=0$，$\varphi'=30°$，问：

（1）若试样先在周围固结压力 $\sigma_3=150\text{kPa}$ 下固结，然后关闭排水阀，将 σ_3 增大至 250kPa 进行不固结不排水试验，测得破坏时的孔隙压力系数 $A_f=0.4$，求土的不排水抗剪强度指标。

（2）若试样在周围压力 $\sigma_3=200\text{kPa}$ 下进行固结不排水试验，试样破坏时的主应力差 $(\sigma_1-\sigma_3)_f=150\text{kPa}$，求固结不排水总应力强度指标、破坏时试样内的孔隙水压力及相应的孔隙水压力系数 A。

第 6 章　土压力和挡土墙

6.1　概述

中国创造：
乌东德水电站

土压力（earth pressure）是指挡土结构受到的土体侧向压力。挡土结构物（earth retaining structure）是用来支撑天然或人工土坡以维持土体稳定的一种构筑物，广泛用于房建、公路、铁路及水利工程中，例如路基边坡支挡、地下室侧墙、基坑支护、桥台等（图 6-1）。挡土墙（earth retaining wall）是典型挡土结构物，挡土墙的类型对土压力的分布有很大影响，按其刚度及变形特点大致可分为刚性挡土墙、柔性挡土墙。刚性挡土墙一般指用块石、浆砌片石或混凝土所筑成的断面较大的挡土墙，由于墙体刚度大，在侧向土压力作用下仅发生整体平移或转动，如堤岸挡土墙、地下室侧墙等。柔性挡土墙一般指由于自身刚度小在土压力作用下发生挠曲变形的挡土结构物，如为支护深基坑坑壁而打入土中的锚桩墙，用于路基支挡的加筋土挡墙等。

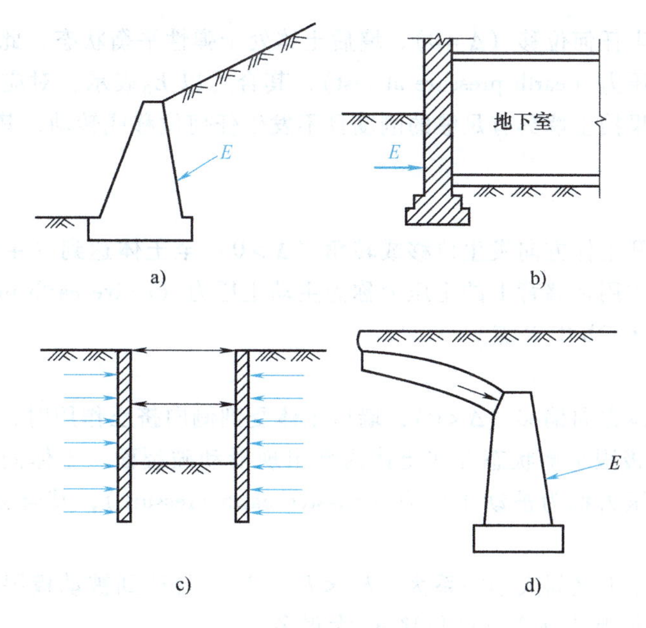

图 6-1　典型的挡土结构

a）支撑天然斜坡　b）地下室侧墙　c）基坑支护　d）拱桥桥台

本章主要介绍刚性挡土墙的经典土压力理论，即朗肯土压力理论（W. J. M. Rankine，1857）和库仑土压力理论（C. A. Coulomb，1776），用来计算主动土压力和被动土压力。朗肯土压力理论根据土体中一点极限平衡条件，而库仑土压力理论则是根据滑动楔体的极限平衡条件，均可得到主动和被动两种极端条件下作用在墙背上的土压力。在实际工程中，这两种理论，尤其是库仑土压力理论在计算主动土压力时适用于各种复杂情况且具有足够的精度，因此到目前为止，依然是工程中主要的计算方法。

挡土结构位移是影响土压力的主要因素，根据挡土墙侧向位移的方向和大小，土压力可以分为静止土压力、主动土压力及被动土压力三种类型（图 6-2）。

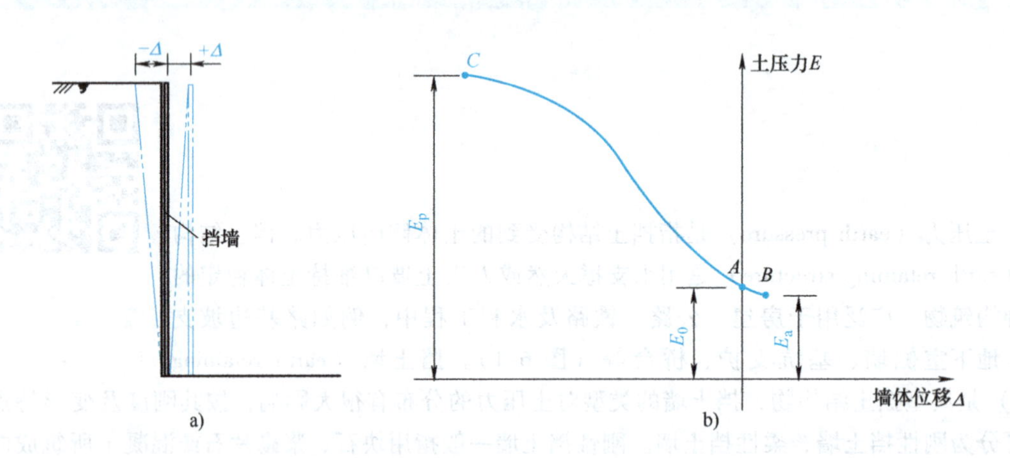

图 6-2　挡土墙位移与土压力关系

a）位移方向　b）土压力变化

1. 静止土压力

当挡土墙不发生任何位移（$\Delta=0$），墙后土体处于弹性平衡状态，此时作用在墙背上的土压力称为静止土压力（earth pressure at rest），其合力以 E_0 表示，对应于图 6-2b 中 A 点。在实际工程中，如果挡土墙具有足够的刚度且不发生任何位移或转动，其所受的土压力可视为静止土压力。

2. 主动土压力

当挡土墙向离开土体方向发生位移或转角（$\Delta>0$）至土体达到（主动）极限平衡状态并出现破裂面时，作用在墙背上的土压力称为主动土压力（active earth pressure），其合力用 E_a 表示，对应于图 6-2b 中 B 点。

3. 被动土压力

当挡土墙向土体方向偏移（$\Delta<0$），墙后土体受到侧向挤压作用时，土压力逐渐增大至土体达到（被动）极限平衡状态并在土体内部出现滑动破裂面，土体向上挤出隆起，此时作用在墙背上的土压力称为被动土压力（passive earth pressure），其合力用 E_p 表示，对应于图 6-2b 中 C 点。

显然，三种土压力之间大小关系为：$E_a<E_0<E_p$，且达到被动极限状态所需要的位移 Δ_p 要比达到主动极限状态所需要的位移 Δ_a 大很多。

6.2　静止土压力

如前所述，挡土墙没有发生任何位移时，作用在墙上的土压力为静止土压力。此时，挡土墙后的土体处于弹性平衡状态，可按半无限体水平自重应力计算。在土中取一任意深度 z 处的土单元（图 6-3a），作用在该单元体上的竖向应力为自重应力 $\sigma_z=\gamma z$，水平应力 $\sigma_x=K_0\gamma z$。设想用一挡土墙代替单元体左侧的土体（图 6-3b），若墙背垂直、光滑，则墙后的土体的应力状态并未发生改变，墙后土体仍处于侧限状态，竖向应力仍为土的自重应力，而水平应力则由土体内部的应力变为挡土墙对土体的应力，即静止土压力的反作用力，由此可得

$$\sigma_0=\sigma_x=K_0\gamma z \tag{6-1}$$

式中　σ_0——静止土压力强度（kPa）；

K_0——静止土压力系数（coefficient of earth pressure at rest）；

z——计算单元体距离地表的深度（m）；

γ——墙后土体重度（kN/m^3）。

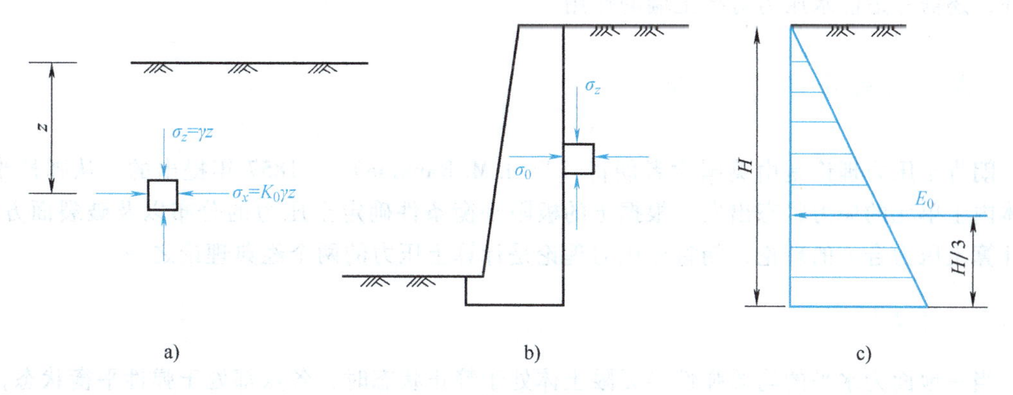

图 6-3　静止土压力计算

a）土单元应力状态　b）墙后土单元应力状态　c）静止土压力分布

关于静止土压力系数 K_0，理论上 $K_0=\dfrac{\mu}{1-\mu}$，μ 为土的泊松比，但由于实测其泊松比困难，故在实际应用中，K_0 常常通过室内试验或原位试验测得。在缺乏试验资料时，可用下列经验公式来估算，即：

对砂性土，有　$K_0=1-\sin\varphi'$　（Jaky，1948）　(6-2)

对黏性土，有　$K_0=0.95-\sin\varphi'$　（Brooker 等，1965）　(6-3)

对超固结黏性土，有　$K_0=\mathrm{OCR}^m(1-\sin\varphi')$　（Alplan，1967）　(6-4)

式中　φ'——土的有效内摩擦角（°）；

OCR——超固结比；

m——经验系数，一般可取 0.4～0.5。

可以看出：对于砂性土及正常固结黏性土，$K_0<1.0$；对于 OCR 值较大的超固结土，K_0 值有可能大于 1.0。

由式（6-1）可以看出，静止土压力沿墙高呈三角形分布（图 6-3c）。若挡土墙取单位长度（常称为每延米），则作用在墙背的静止土压力合力 E_0 为

$$E_0 = \int_0^H \sigma_0 \mathrm{d}z = \frac{1}{2}K_0 \gamma H^2 \tag{6-5}$$

E_0 的作用点在距墙底 $H/3$ 处。

对于成层土或有连续均布超载的情况，第 n 层底面处的静止土压力强度大小可按式（6-6）计算，即

$$\sigma_0 = K_{0n}\left(\sum_{i=1}^{n} \gamma_i h_i + q\right) \tag{6-6}$$

式中　K_{0n}——第 n 层土静止土压力系数；

γ_i——计算点以上第 i 层土的重度（kN/m^3）；

h_i——计算点以上第 i 层土的厚度（m）；

q——填土平面作用的连续均布超载（kPa）。

若墙后土体中有地下水存在时，对透水性较好的砂性土应采用其浮重度，即有效重度，此外，还需考虑静水压力对挡土墙的作用。

6.3 朗肯土压力理论

朗肯土压力理论是由英国学者朗肯（W. J. M. Rankine）于 1857 年提出的，从弹性半无限体内土单元的应力状态出发，根据土的极限平衡条件确定土压力的分布以及破裂面方向，来计算土压力合力的理论，朗肯土压力理论是计算土压力的两个经典理论之一。

6.3.1 基本原理

当一地面为水平的均质弹性半无限土体处于静止状态时，各点都处于弹性平衡状态，地面以下 z 深度处土单元 M 在水平截面上的法向应力等于自重应力，即 $\sigma_z = \gamma z$，作用于竖直平面上的水平向应力相当于静止土压力强度，即 $\sigma_x = K_0\gamma z$。由于半无限土体内每一竖直平面都为对称面，因此竖直面和水平面上的剪应力都为零，即 σ_z 和 σ_x 为大、小主应力，表示其应力状态对应的应力圆Ⅰ（图 6-4），处于抗剪强度线下方。

岩土名人——朗肯

假设由于某种原因，整个土体在水平方向均匀伸展（图 6-4a），则 M 单元的水平向应力 σ_x 逐渐减小，而竖向应力 σ_z 保持不变，相应的应力圆增大。此时，σ_x 是小主应力，σ_z 是大主应力，σ_x 减小至 M 单元达到极限平衡状态时，σ_x 达到最小值 σ_a，其相应的应力圆Ⅱ与抗剪强度线相切（图 6-4b），这种状态称为主动极限平衡（active limit equilibrium）状态，应力圆极点由初始的 p_0 处平移至 p_a。反之，若由于某种原因整个土体在水平方向被压缩，则 σ_z 保持不变而 σ_x 逐渐增大至 $\sigma_x = \sigma_z$；而后 σ_x 继续增大，大、小主应力方向发生逆转，$\sigma_x > \sigma_z$，σ_x 最终达到最大值 σ_p，此时应力圆Ⅲ与抗剪强度线相切（图 6-4d），满足极限平衡条件，称为被动极限平衡（passive limit equilibrium）状态，应力圆极点由初始的 p_0 处平移至 p_p。

根据摩尔-库仑强度理论，土体剪切破坏面与大主应力作用平面的夹角为 $45° + \varphi/2$，这样的破裂面在土体中有两簇。当土体处于主动极限平衡时，破裂面方向与水平面的夹角为 $\pm(45° + \varphi/2)$，如图 6-4a 中两簇破裂面或图 6-4b 中与应力圆Ⅱ相交的两条虚线表示的主动破裂面方向；而当土体处于被动极限平衡时，破裂面方向与水平面的夹角为 $\pm(45° - \varphi/2)$，如图 6-4c 中的两簇破裂面或图 6-4d 中与应力圆Ⅲ相交的两条虚线表示的被动破裂面。

将上述原理应用于挡土墙土压力计算中，并做出如下假设：

1）墙背直立，即假定挡墙与土体间的破裂面出现在二者交界面。

2）墙背光滑，即不考虑墙背与土体之间的摩擦力。

3）墙后土体表面为平面并无限延伸。

由此可得出计算主动、被动土压力的朗肯土压力理论。

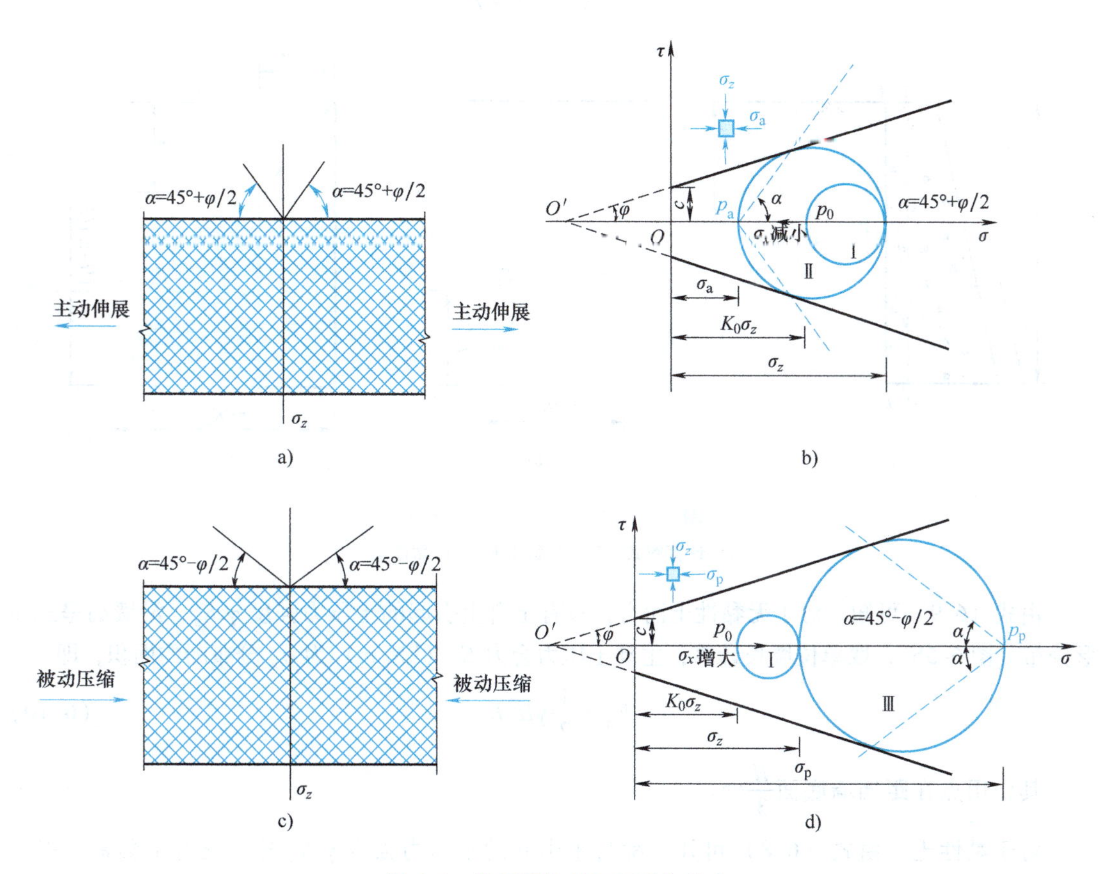

图 6-4　半无限体的极限平衡状态

a）朗肯主动状态　b）主动状态应力圆　c）朗肯被动状态　d）被动状态应力圆

6.3.2　主动土压力计算

根据朗肯土压力理论的基本假设，如果用光滑、直立的挡土墙墙背作为半无限土体中的一个对称面，用挡土墙代替左侧土体，不会改变土体原来的应力状态（图 6-5a）。如果挡土墙向着离开墙后土体的方向发生平移，墙背由原来的位置 AB 移动到 $A'B'$，当墙后土体达到主动极限状态时，墙后土体单元的大主应力为竖向应力 σ_z，其值保持 $\sigma_z = \gamma z$ 不变；而小主

应力为水平向应力 σ_x，其值减小至 σ_a，即主动土压力强度。根据土的极限平衡条件，有

$$\sigma_3 = \sigma_1 \tan^2\left(45° - \frac{\varphi}{2}\right) - 2c\tan\left(45° - \frac{\varphi}{2}\right) \tag{6-7}$$

将 $\sigma_1 = \gamma z$ 代入式（6-7），即得该点的朗肯主动土压力强度

$$\sigma_a = \gamma z\tan^2\left(45° - \frac{\varphi}{2}\right) - 2c\tan\left(45° - \frac{\varphi}{2}\right) = \gamma z K_a - 2c\sqrt{K_a} \tag{6-8}$$

式中　K_a——朗肯主动土压力系数，$K_a = \tan^2(45° - \varphi/2)$；

　　c、φ——土的黏聚力（kPa）和内摩擦角（°）。

对于无黏性土，$c=0$，则上式变为

$$\sigma_a = \gamma z\tan^2\left(45° - \frac{\varphi}{2}\right) = \gamma z K_a \tag{6-9}$$

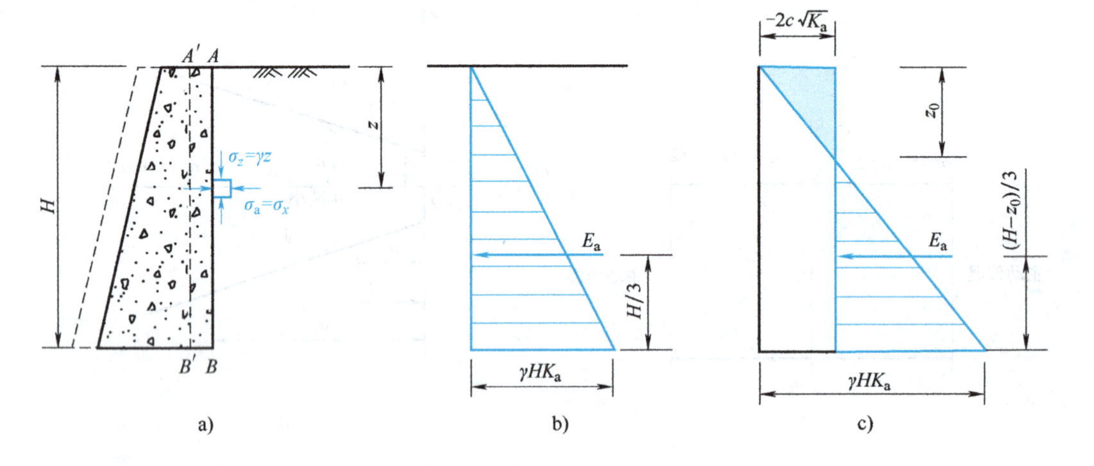

图 6-5　朗肯主动土压力计算

a）计算图式　b）无黏性土　c）黏性土

由式（6-9）可知，对于无黏性土而言，只有土自重引起的土压力强度 $\gamma z K_a$，沿墙高呈三角形分布（图 6-5b），取单位墙长计算，主动土压力合力 E_a（kN/m）为 σ_a 分布图的面积，即

$$E_a = \frac{1}{2}\gamma H^2 K_a \tag{6-10}$$

其作用点在距挡墙底面$\frac{H}{3}$处。

对于黏性土，由式（6-8）可知，除自重引起的土压力强度 $\gamma z K_a$ 外，还有由黏聚力引起的 $-2c\sqrt{K_a}$，将这两部分土压力叠加，如图 6-5c 所示。从图 6-5c 中可以看出，在距离土体表面 z_0 深度范围内 $\sigma_a<0$，只有在 z_0 以下 $\sigma_a>0$，而在深度为 z_0 分界处 $\sigma_a=0$。该深度 z_0 称为临界深度或直壁高度，将 $\sigma_a=0$ 的条件代入式（6-8）可得

$$z_0 = \frac{2c}{\gamma\sqrt{K_a}} = \frac{2c}{\gamma}\tan\left(45° + \frac{\varphi}{2}\right) \tag{6-11}$$

从地表到深度 z_0 范围内 σ_a 为负值，也就是说在这部分墙背和墙后土体之间存在拉应力，但实际上墙与土体在很小的拉力作用下就会分离，故计算土压力合力时负值应力部分忽略不计，因此，主动土压力合力为阴影部分的面积，即

$$E_a = \frac{1}{2}(H - z_0)(\gamma H K_a - 2c\sqrt{K_a}) = \frac{1}{2}\gamma(H - z_0)^2 K_a \tag{6-12}$$

其作用点位置在距挡墙底面$\frac{H - z_0}{3}$处。

【例题 6-1】 有一高 8m 的挡土墙，墙背直立、光滑、土体表面水平（图 6-6）。土体的物理力学性质指标为：$c = 14\text{kPa}$，$\varphi = 30°$，$\gamma = 20\text{kN/m}^3$。试求主动土压力及作用点位置，并绘出主动土压力分布图。

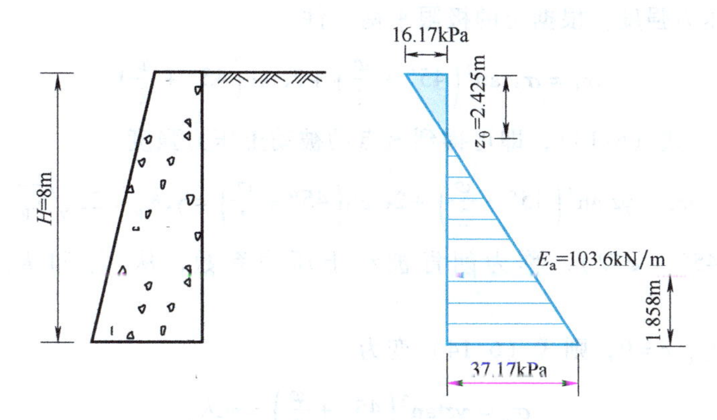

图 6-6　例题 6-1 图

解：（1）计算临界深度 z_0

$$z_0 = \frac{2c}{\gamma\sqrt{K_a}} = \left[\frac{2 \times 14}{20 \times \tan\left(45° - \frac{30°}{2}\right)}\right]\text{m} = 2.425\text{m}$$

（2）计算单位长度挡墙上主动土压力合力

$$E_a = \frac{1}{2}\gamma(H - z_0)^2 K_a = \left[\frac{1}{2} \times 20 \times (8 - 2.425)^2 \times \tan^2\left(45° - \frac{30°}{2}\right)\right]\text{kN/m} = 103.6\text{kN/m}$$

（3）主动土压力 E_a 作用点距墙底的距离

$$h_a = \frac{H - z_0}{3} = \left(\frac{8 - 2.425}{3}\right)\text{m} = 1.858\text{m}$$

（4）主动土压力分布

在墙顶处的主动土压力强度为

$$\sigma_a = -2c\tan\left(45° - \frac{\varphi}{2}\right) = \left[-2 \times 14 \times \tan\left(45° - \frac{30°}{2}\right)\right]\text{kPa} = -16.17\text{kPa}$$

在墙底处的主动土压力强度为

$$\begin{aligned}\sigma_a &= \gamma H\tan^2\left(45° - \frac{\varphi}{2}\right) - 2c\tan\left(45° - \frac{\varphi}{2}\right)\\ &= \left[20 \times 8 \times \tan^2\left(45° - \frac{30°}{2}\right)\right]\text{kPa} - 2 \times 14 \times \tan\left(45° - \frac{30°}{2}\right)\text{kPa}\\ &= 37.17\text{kPa}\end{aligned}$$

主动土压力分布图，如图 6-6 所示。

朗肯主动土压力计算（$q=0$）

上述朗肯主动土压力的强度、分布、合力等相关计算可扫描本小节二维码。

6.3.3 被动土压力计算

挡土墙向着墙后土体的方向发生位移（图 6-7a），即挡墙挤压土体，土体中任意一点的小主应力为竖向应力 $\sigma_z=\gamma z$ 仍不变，水平方向应力 σ_x 逐渐增加达到 σ_z 后，继续增加至 σ_p 达到被动极限状态，σ_p 即为大主应力，也即被动土压力强度。根据土的极限平衡条件

$$\sigma_1=\sigma_3\tan^2\left(45°+\frac{\varphi}{2}\right)+2c\tan\left(45°+\frac{\varphi}{2}\right) \tag{6-13}$$

将 $\sigma_3=\gamma z$ 代入式（6-13），即可得到该点的被动土压力强度

$$\sigma_p=\gamma z\tan^2\left(45°+\frac{\varphi}{2}\right)+2c\tan\left(45°+\frac{\varphi}{2}\right)=\gamma zK_p+2c\sqrt{K_p} \tag{6-14}$$

式中 $K_p=\tan^2(45°+\varphi/2)$，称为朗肯被动土压力系数，从 K_a 和 K_p 的表达式可知，$K_aK_p=1$。

对于无黏性土，$c=0$，则式（6-14）变为

$$\sigma_p=\gamma z\tan^2\left(45°+\frac{\varphi}{2}\right)=\gamma zK_p \tag{6-15}$$

由式（6-14）和式（6-15）可知，无黏性土被动土压力强度沿深度呈三角形分布，对于黏性土，当 $z=0$ 时，$\sigma_p=2c\sqrt{K_p}>0$，故沿深度呈梯形分布，如图 6-7 所示。

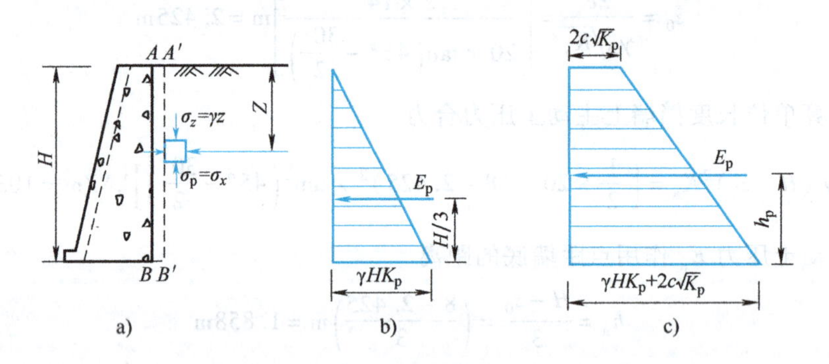

图 6-7 朗肯被动土压力计算

a）计算图式 b）无黏性土 c）黏性土

取单位墙长计算，被动土压力（合力）E_p 的计算式为

对于无黏性土，有
$$E_p=\frac{1}{2}\gamma H^2K_p \tag{6-16}$$

其作用点位置通过三角形，距挡墙底面 $\frac{1}{3}H$ 处。

对于黏性土，有
$$E_p=\frac{1}{2}\gamma H^2K_p+2cH\sqrt{K_p} \tag{6-17}$$

其作用点位置通过梯形的形心。

6.3.4 典型情况下土压力计算

1. 地面有连续均布超载

通常将挡土墙墙后填土面上的分布荷载称为超载。当挡土墙墙后土体表面有连续均布荷载 q 作用时，一般将均布荷载 q 在深度为 z 处所引起的竖向应力增量换算成当量的土重来计算土压力。因此，在深度为 z 处的竖向应力为

$$\sigma_z = \gamma z + q \tag{6-18}$$

所以，其主动土压力强度为

$$\sigma_a = (\gamma z + q)K_a - 2c\sqrt{K_a} \tag{6-19}$$

主动土压力分布，如图 6-8 所示，主动土压力合力为

$$E_a = \left(\frac{1}{2}\gamma H^2 + qH\right)K_a - 2c\sqrt{K_a}H \tag{6-20}$$

其作用点位置通过梯形的形心。

若土体表面连续均布超载较小，当 $q < 2c/\sqrt{K_a}$，在填土表面 $\sigma_a < 0$，此时其临界深度为

$$z_0 = \frac{2c}{\gamma\sqrt{K_a}} - \frac{q}{\gamma} \tag{6-21a}$$

即可按照前述方法计算主动土压力，即

$$E_a = \frac{1}{2}\gamma(H - z_0)^2 K_a \tag{6-21b}$$

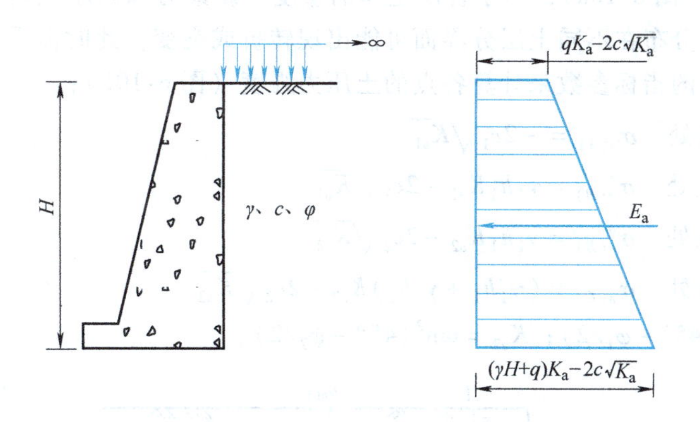

图 6-8 墙后土体为黏性土的主动土压力分布

【例题 6-2】 在例题 6-1 的基础上，挡土墙墙后土体有连续均布荷载 q 为 10kPa，试求主动土压力及作用点位置，并绘出主动土压力分布图。

解：(1) 计算临界深度 z_0

$$\frac{2c}{\sqrt{K_a}} = \left[\frac{2\times 14}{\tan\left(45° - \frac{30°}{2}\right)}\right]\text{kPa} = 48.5\text{kPa} > q = 10\text{kPa}$$

且填土表面主动土压力强度为

$$\sigma_a = qK_a - 2c\sqrt{K_a} = \left[10\times\tan^2\left(45° - \frac{30°}{2}\right)\right]\text{kPa} - \left[2\times 14\times\tan\left(45° - \frac{30°}{2}\right)\right]\text{kPa} = -12.8\text{kPa} < 0$$

所以 $z_0=\dfrac{2c}{\gamma\sqrt{K_a}}-\dfrac{q}{\gamma}=1.925\text{m}$

（2）计算单位长度挡墙上主动土压力合力

$$E_a=\frac{1}{2}\gamma(H-z_0)^2K_a=123.0\text{kN/m}$$

（3）主动土压力 E_a 作用点距墙底的距离

$$h_a=\frac{H-z_0}{3}=\left(\frac{8-1.925}{3}\right)\text{m}=2.025\text{m}$$

（4）主动土压力分布

在墙顶处的主动土压力强度为

$$\sigma_a=-12.8\text{kPa}$$

在墙底处的主动土压力强度为

$$\sigma_a=(\gamma H+q)\tan^2\left(45°-\frac{\varphi}{2}\right)-2c\tan\left(45°-\frac{\varphi}{2}\right)=40.5\text{kPa}$$

主动土压力分布图，如图 6-9 所示。

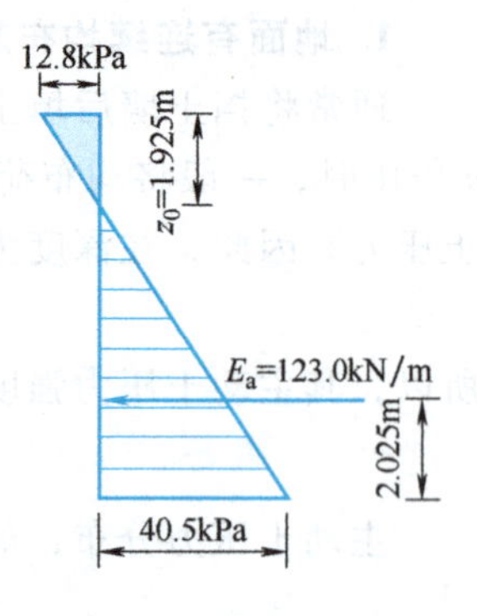

图 6-9　例题 6-2 图

朗肯主动土压力计算（$q\neq0$）

上述朗肯主动土压力的强度、分布、合力等相关计算可扫描本小节二维码。

2. 成层填土情况

若挡土墙后土体由几层不同物理力学性质的水平土层组成（图 6-10a），由于各层土体的重度、黏聚力和内摩擦角不同，土压力强度分布在不同土层分界面可能出现转折或突变，此时需采用计算点所在地层的指标参数来计算各点的土压力强度（图 6-10b）：

上层土：A 点处　$\sigma_{a(A)}=-2c_1\sqrt{K_{a1}}$

B 点处　$\sigma'_{a(B)}=\gamma_1h_1K_{a1}-2c_1\sqrt{K_{a1}}$

下层土：B 点处　$\sigma''_{a(B)}=\gamma_1h_1K_{a2}-2c_2\sqrt{K_{a2}}$

C 点处　$\sigma_{a(C)}=(\gamma_1h_1+\gamma_2h_2)K_{a2}-2c_2\sqrt{K_{a2}}$

其中，$K_{a1}=\tan^2(45°-\varphi_1/2)$；$K_{a2}=\tan^2(45°-\varphi_2/2)$。

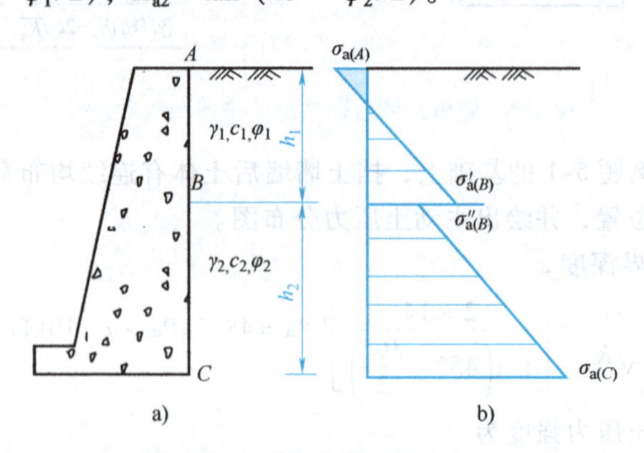

图 6-10　成层土体土压力分布

主动土压力（合力）E_a 为分布图形的面积，作用点位置为其形心处。

对多层土的被动土压力，其计算原理与上类似，不再赘述。

根据各层土的重度 γ、内摩擦角 φ、黏聚力 c 的不同，成层土的土压力分布主要包括以下几种情况（图 6-11）。

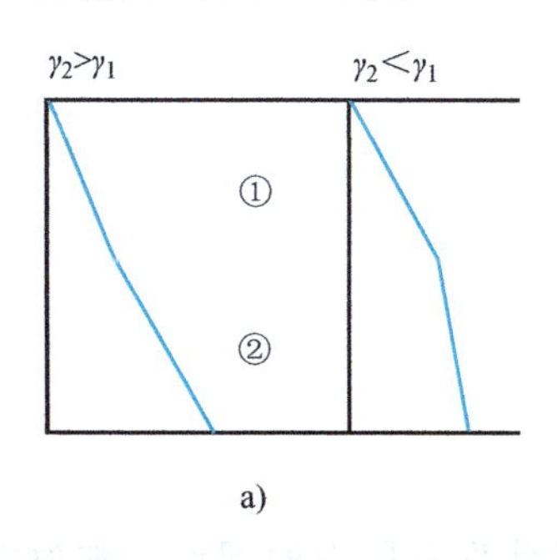

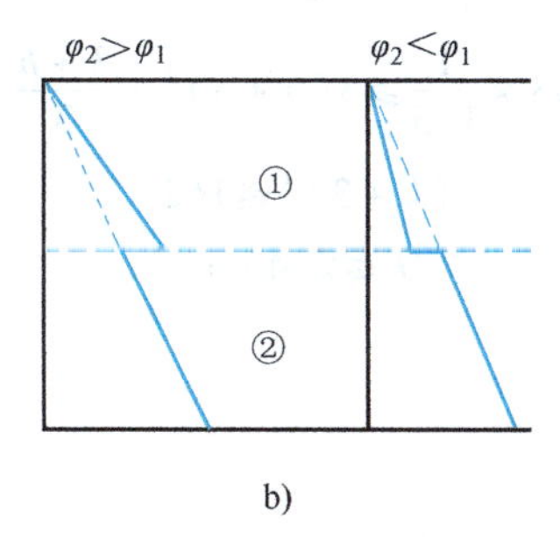

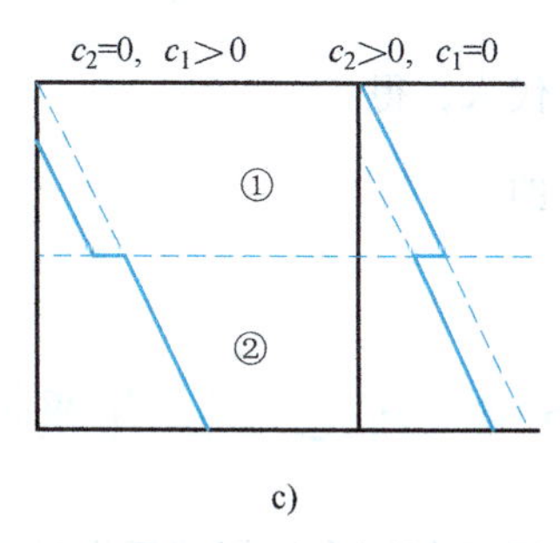

图 6-11　典型成层土土压力分布示意

a) $\varphi_1=\varphi_2$，$c_1=c_2=0$　b) $\gamma_1=\gamma_2$，$c_1=c_2=0$　c) $\gamma_1=\gamma_2$，$\varphi_1=\varphi_2$

3. 墙后有地下水

典型成层土主动土压力分布

当挡土墙后土体中有地下水时，对于地下水位以上的土层，与前面单层或多层土的计算方法相同。对于地下水位以下的土层，作用于墙背的压力由土压力和静水压力两部分组成，其计算方法有“水土分算”和“水土合算”两种。根据《建筑边坡工程技术规范》（GB 50330—2013）第 6.2.6 条，土体中有地下水但未形成渗流时，作用于支护结构上的侧压力可以按下列规定计算：

1）对砂土和粉土应按水土分算原则计算。

2）对黏性土宜根据工程经验按水土分算或水土合算原则计算。

水土分算方法先分别计算作用于挡墙上的土压力和水压力，再求两者之和来计算作用于挡墙上的总压力。当单独考虑土压力时，要考虑水浮力及地下水对于土体强度指标的影响。在计算地下水位以下土层的土压力时，应采用有效重度及有效强度指标；作用于挡墙上的水压力根据静水压力分布规律确定。

对于透水性弱的粉土及黏性土，当具有地区工程经验时，可按水土合算原则计算土压力。地下水位以下土体取土的饱和重度 γ_{sat} 及总应力抗剪强度指标 c、φ。

【例题 6-3】　将刚性板桩墙打入砂层地基中（图 6-12），砂土的重度为 18kN/m³，抗剪强度参数 $c=0$、$\varphi=30°$。假定该板桩两面光滑并绕墙底 B 点旋转，当板桩的埋入基底深度为 3m，为保证基坑的稳定性（安全系数 $K=1.5$），试计算基坑的最大开挖深度 h。

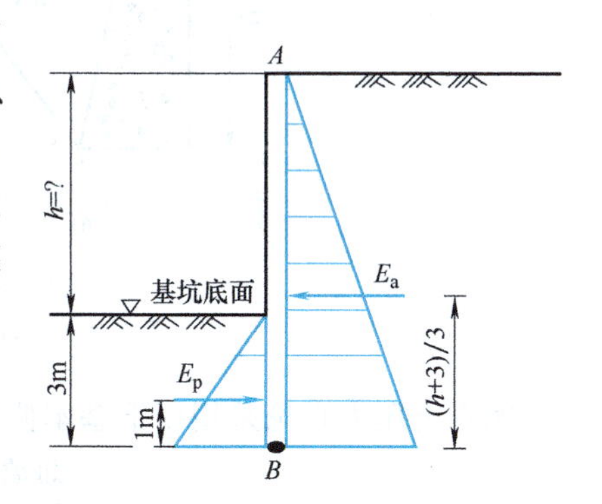

图 6-12　例题 6-3 图

解：要使基坑稳定，必须使

$$M_{抗}/K \geqslant M_{倾}$$

假定主动、被动状态同时出现，则

$$E_p \cdot 3 \cdot \frac{1}{3} \cdot \frac{1}{K} \geqslant E_a \frac{3+h}{3}$$

$$E_p = \frac{1}{2}K_p\gamma z_p^2 = \frac{1}{2}\tan^2\left(45° + \frac{\varphi}{2}\right) \times 18 \times 3^2 \text{kN/m} = 243\text{kN/m}$$

$$E_a = \frac{1}{2}K_a\gamma z_a^2 = \frac{1}{2}\tan^2\left(45° - \frac{\varphi}{2}\right) \times 18 \times (h+3)^2 = 3(h+3)^2$$

代入，得

$$243 \times \frac{1}{1.5} \geqslant 3(h+3)^2 \cdot \frac{3+h}{3}$$

即

$$(h+3)^3 \leqslant 162$$

$$h \leqslant 2.45\text{m}$$

6.4 库仑土压力理论

1776年库仑根据墙后滑动土楔体的静力平衡条件提出了计算土压力的理论，称为库仑土压力理论。库仑主要针对墙后填土为无黏性土进行推导。该理论能适用于各种复杂情况，而且具有足够的精度，至今仍被广泛采用。在现行的设计规范中，计算主动土压力一般采用库仑土压力理论。

6.4.1 基本原理

库仑土压力理论最初假定墙后土体为均匀砂性土情况，即 $c=0$，后来该理论又推广到黏性土的情况。若挡土墙墙背 AB 倾斜（图6-13a），与竖直线夹角为 ε，墙后土体为砂性土，内摩擦角为 φ，与墙背之间的摩擦角为 δ，土体表面为平面，与水平面的夹角为 β。若挡土墙向离开墙后土体方向发生平移或转动，到一定程度时，墙后土体达到极限平衡状态并沿 BC 面向下滑动，形成一滑动土楔体 ABC。此时，可根据滑动土楔体 ABC 的静力平衡条件推导出墙后土体作用在墙背上的主动土压力。相反，若挡土墙向着墙后土体方向发生平移或转动，当墙后土体达到极限平衡状态时，将沿另一个滑动面向上滑动，可根据向上滑动土楔体的静力平衡条件推导出作用于墙背的被动土压力。

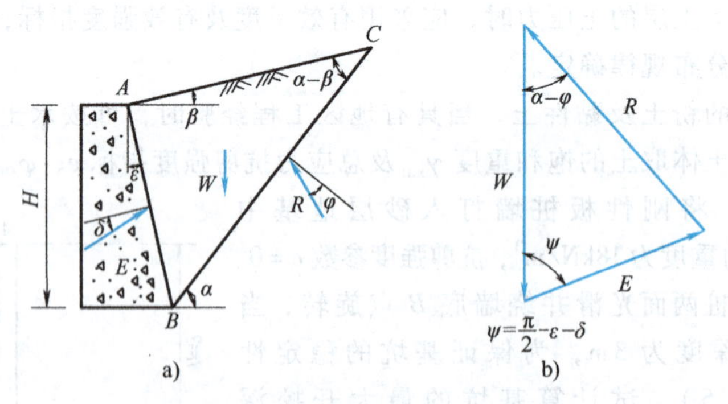

图6-13 库仑主动土压力计算图式

a）计算图式 b）力三角形

库仑土压力理论采用以下基本假定：

（1）滑动破裂面为一平面　即墙后土体破坏时，沿着墙背与土体接触面 AB、通过墙踵 B 的平面 BC 向下滑动（主动极限平衡状态）或向上滑动（被动极限平衡状态），如图6-13a所示。

(2) 滑动楔体视为刚性　假定破坏楔体 ABC 为刚体，在滑动过程中不会产生变形。

(3) 整体满足极限平衡条件　在 AB 和 BC 两个滑动面上，各自的抗剪强度同时得到充分发挥。

6.4.2　主动土压力计算

假设土体中破裂面 BC 与水平面夹角为 α，根据滑动楔体 ABC 上作用力的静力平衡，可得到主动土压力 E 随破裂面 BC 倾角 α 的变化函数，通过对其求极值可以得到无黏性土的库仑主动土压力。

1. 滑动楔体的力系分析

如上所述，土楔 ABC 受到自身重力 W、墙背反力 E 和滑动面 BC 下方土体的反力 R 三个力作用。

1) 土楔 ABC 重力 W。它与滑动面 BC 倾角 α 有关，若 α 已知，重力 W 的大小、方向及作用点位置均已知。

2) 墙背 AB 对滑动土楔体的反力 E，即土压力的反作用力。土楔体 ABC 相对于墙背向下滑动时，受到墙背对土楔体的法向支撑力和沿接触面向上的摩擦力，E 为两者的合力，故其方向在 AB 面法线下方，与墙背法线成 δ 角，因此 E 的作用方向已知但大小未知。

3) 滑动面 BC 下方土体的反力 R。R 是 BC 面上的摩擦力与法向反力合力，同理，土楔 ABC 向下滑动时，其方向在 BC 面法线下方，与 BC 平面的法线成 φ 角，因此 R 的作用方向也为已知，大小未知。

土楔 ABC 在三个力的作用下处于静力平衡状态，因此作用于土楔上的外力 W、E 和 R 构成一闭合的力三角形（图 6-13b），根据正弦定律可得

$$\frac{E}{\sin(\alpha-\varphi)}=\frac{W}{\sin[180^\circ-(\psi+\alpha-\varphi)]}$$

即

$$E=\frac{W\sin(\alpha-\varphi)}{\sin(\psi+\alpha-\varphi)} \tag{6-22}$$

式中 $\psi=90^\circ-(\delta+\varepsilon)$。

由图 6-13 可知 $W=\gamma S_{\triangle ABC}$，而 $S_{\triangle ABC}=\frac{1}{2}\overline{AB}\cdot\overline{AC}\cdot\sin\angle BAC$，由几何关系得 $\overline{AB}=H/\cos\varepsilon$、$\overline{AC}=H\cdot\cos(\alpha-\varepsilon)/[\sin(\alpha-\beta)\cos\varepsilon]$、$\angle BAC=90^\circ-\varepsilon+\beta$，故

$$W=\frac{1}{2}\gamma H^2\frac{\cos(\alpha-\varepsilon)\cos(\beta-\varepsilon)}{\cos^2\varepsilon\sin(\alpha-\beta)} \tag{6-23}$$

将式 (6-23) 代入式 (6-22) 可得

$$E=\frac{1}{2}\gamma H^2\frac{\sin(\alpha-\varphi)\cos(\varepsilon-\alpha)\cos(\beta-\varepsilon)}{\cos^2\varepsilon\sin(\alpha-\beta)\cos(\alpha-\varphi-\delta-\varepsilon)} \tag{6-24}$$

2. 主动土压力 E_a 计算

对于特定的挡墙及确定的墙后土体，H、ε、δ、β、γ、φ 都为已知，则墙背 AB 对于滑动楔体作用力的合力 E 是关于滑动面 BC 倾角 α 的函数，即 $E=f(\alpha)$。将 $\alpha=90^\circ+\varepsilon$ 及 $\alpha=\varphi$ 分别代入式 (6-25)，可得 $E=0$，也就是说滑动面方向过陡或过缓都可导致作用在墙背上

的土压力为0，因此在（$90°+\varepsilon$）和φ之间必存在一最危险的滑动面使得$E=f(\alpha)$有极大值E_{max}，该极大值E_{max}即为挡土墙所受到的主动土压力E_a的反作用力。

将式（6-24）对α求导，令$\frac{dE}{d\alpha}=0$得破裂面倾角$\alpha=\varphi+\omega$，其中

$$\tan\omega=\frac{\sqrt{\tan(\varphi-\beta)[\tan(\varphi-\beta)+\cot(\varphi-\varepsilon)][1+\tan(\varepsilon+\delta)\cot(\varphi-\varepsilon)]}-\tan(\varphi-\beta)}{1+\tan(\varepsilon+\delta)[\tan(\varphi-\beta)+\cot(\varphi-\varepsilon)]}$$

将α代入式（6-24），可得作用于墙背的主动土压力

$$E_a=\frac{1}{2}\gamma H^2K_a \tag{6-25}$$

其中

$$K_a=\frac{\cos^2(\varphi-\varepsilon)}{\cos^2\varepsilon\cos(\varepsilon+\delta)\left[1+\sqrt{\frac{\sin(\varphi+\delta)\sin(\varphi-\beta)}{\cos(\delta+\varepsilon)\cos(\varepsilon-\beta)}}\right]^2} \tag{6-26}$$

式中　γ——墙后土体的重度（kN/m^3）；

φ——墙后土体的内摩擦角（°）；

H——挡墙的高度（m）；

ε——墙背倾角（墙背与铅直线的夹角）（°），以铅直线为基准，当墙背俯斜时为正，反之为负；

δ——墙背与土体之间的摩擦角（°），由试验确定；缺乏试验资料时，一般取$\delta=\left(\frac{1}{3}\sim\frac{2}{3}\right)\varphi$，也可参考表6-1中的数值；

β——土体表面的倾角（°）；

K_a——库仑主动土压力系数，是φ、ε、β、δ的函数，对于$\beta=0$的情况，可以查表6-2，也可通过本节二维码，获得Excel库仑主动土压力系数计算表，输入φ、ε、δ、β自动得到K_a。

若挡土墙墙背光滑直立、土体表面水平，即ε、δ、β都为0°，此时库仑主动土压力系数变为

$$K_a=\frac{\cos^2\varphi}{(1+\sin\varphi)^2}=\frac{1-\sin^2\varphi}{(1+\sin\varphi)^2}=\frac{1-\sin\varphi}{1+\sin\varphi}=\tan^2\left(45°-\frac{\varphi}{2}\right) \tag{6-27}$$

可见在上述条件下，库仑主动土压力与朗肯主动土压力系数相同。因此，朗肯主动土压力公式是库仑主动土压力公式的特殊情况。

表6-1　挡土墙墙背与土间的摩擦角

挡土墙情况	摩擦角δ
墙背平滑、排水不良	$(0\sim0.33)\varphi$
墙背粗糙、排水良好	$(0.33\sim0.5)\varphi$
墙背很粗糙、排水良好	$(0.5\sim0.67)\varphi$
墙背与土体间不可能滑动	$(0.67\sim1.0)\varphi$

表 6-2　库仑主动土压力系数 K_a 值（$\beta=0$）

$\delta=0°$

ε	φ 15°	20°	25°	30°	35°	40°	45°	50°
-15°	0.518	0.406	0.315	0.241	0.180	0.132	0.092	0.062
-10°	0.539	0.433	0.344	0.270	0.209	0.158	0.117	0.083
-5°	0.563	0.460	0.374	0.301	0.239	0.187	0.143	0.106
0°	0.589	0.490	0.406	0.333	0.271	0.217	0.172	0.132
5°	0.618	0.523	0.440	0.368	0.306	0.251	0.203	0.162
10°	0.652	0.559	0.478	0.407	0.343	0.287	0.238	0.194
15°	0.690	0.601	0.521	0.449	0.386	0.329	0.277	0.232

$\delta=5°$

ε	φ 15°	20°	25°	30°	35°	40°	45°	50°
-15°	0.479	0.378	0.295	0.227	0.171	0.125	0.088	0.059
-10°	0.503	0.405	0.324	0.256	0.199	0.151	0.112	0.080
-5°	0.528	0.434	0.354	0.286	0.229	0.179	0.138	0.103
0°	0.556	0.465	0.387	0.319	0.260	0.210	0.166	0.129
5°	0.587	0.499	0.421	0.354	0.295	0.243	0.198	0.158
10°	0.622	0.536	0.460	0.393	0.333	0.280	0.233	0.191
15°	0.662	0.578	0.503	0.436	0.376	0.321	0.272	0.228

$\delta=10°$

ε	φ 15°	20°	25°	30°	35°	40°	45°	50°
-15°	0.451	0.357	0.280	0.216	0.163	0.120	0.085	0.057
-10°	0.476	0.385	0.309	0.245	0.191	0.146	0.109	0.078
-5°	0.503	0.415	0.340	0.276	0.221	0.174	0.134	0.101
0°	0.533	0.447	0.373	0.308	0.253	0.204	0.163	0.127
5°	0.566	0.482	0.408	0.344	0.288	0.238	0.194	0.156
10°	0.603	0.520	0.448	0.384	0.326	0.275	0.229	0.189
15°	0.646	0.564	0.492	0.428	0.370	0.317	0.270	0.227

$\delta=15°$

ε	φ 15°	20°	25°	30°	35°	40°	45°	50°
-15°	0.431	0.342	0.269	0.208	0.158	0.117	0.083	0.056
-10°	0.457	0.371	0.298	0.237	0.186	0.142	0.106	0.076
-5°	0.486	0.401	0.329	0.268	0.215	0.170	0.132	0.099
0°	0.518	0.434	0.363	0.301	0.248	0.201	0.160	0.125
5°	0.553	0.471	0.400	0.338	0.283	0.235	0.192	0.155
10°	0.592	0.511	0.441	0.378	0.323	0.273	0.228	0.188
15°	0.637	0.558	0.487	0.424	0.367	0.316	0.270	0.227

库仑主动土压力系数

3. 库仑主动土压力的分布

将 E_a 对 z 求导，可以得到主动土压力沿墙高的分布，即距墙顶任意深度 z 处的主动土压力强度 σ_a，即

$$\sigma_a = \frac{dE_a}{dz} = \frac{d}{dz}\left(\frac{1}{2}\gamma z^2 K_a\right) = \gamma z K_a \tag{6-28}$$

可以看出库仑主动土压力强度沿墙高呈三角形分布（图 6-14）。库仑主动土压力 E_a 的作用点位于距挡墙底面 $H/3$ 处，方向与墙背法线方向成 δ 角，与水平方向夹角为 $\theta=\varepsilon+\delta$。可以将 E_a 在水平和竖直方向进行分解，得到两个方向的分量 E_{ax}、E_{ay}，其作用点位置同样在距墙底 $H/3$ 处，E_{ax}、E_{ay} 为

$$E_{ax} = \frac{1}{2}\gamma H^2 K_a \cos(\varepsilon+\delta) \tag{6-29}$$

$$E_{ay} = \frac{1}{2}\gamma H^2 K_a \sin(\varepsilon+\delta) \tag{6-30}$$

库仑主动土压力计算表

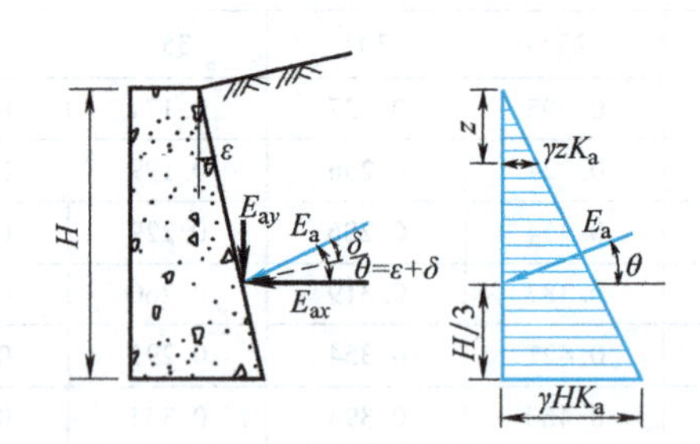

图 6-14　库仑主动土压力分布

6.4.3　被动土压力计算

当挡土墙在外力作用下向土体方向发生位移（图 6-15a），直至墙后土体沿一滑动面 BC 向上滑动，滑动土楔体 ABC 达到被动极限平衡状态，此时作用在墙背上的土压力为被动土压力。土楔体 ABC 在重力 W、墙背 AB 对滑动楔体的反力 E 和滑动面 BC 下方土体的反力 R 三个力的共同作用下处于静力平衡状态。根据静力平衡条件，通过其力矢量三角形（图 6-15b），可求得墙背对滑动土楔体的反力为

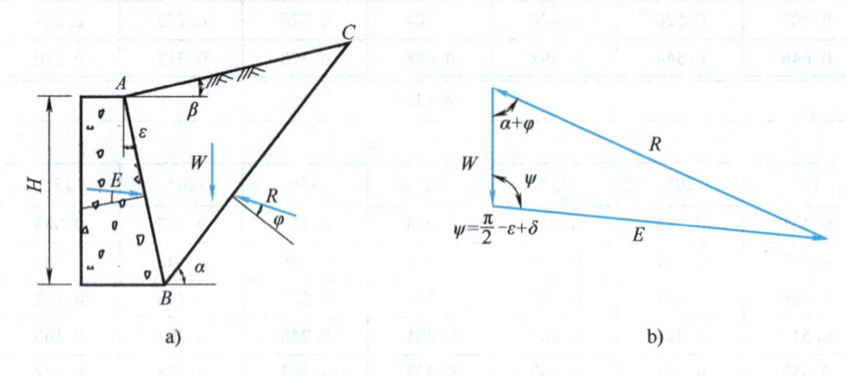

图 6-15　无黏性土被动土压力计算

a) 计算图式　b) 力三角形

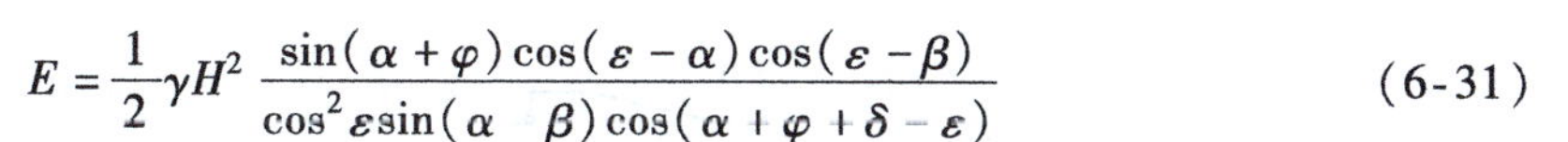

$$E=\frac{1}{2}\gamma H^2\frac{\sin(\alpha+\varphi)\cos(\varepsilon-\alpha)\cos(\varepsilon-\beta)}{\cos^2\varepsilon\sin(\alpha-\beta)\cos(\alpha+\varphi+\delta-\varepsilon)} \tag{6-31}$$

式中，各符号意义同前。

由于滑动楔体 ABC 沿墙背 AB 和滑裂面 BC 向上滑动，故 E、R 的作用方向均偏向法线的上侧。

与上述求主动土压力的原理相同，E 值随破裂面倾角 α 而变，通过求导得到使土楔体上滑的最小值 E_{min}，即被动土压力（合力）E_p 的计算公式为

$$E_p=E_{min}=\frac{1}{2}\gamma H^2K_p \tag{6-32}$$

其中

$$K_p=\frac{\cos^2(\varphi+\varepsilon)}{\cos^2\varepsilon\cos(\varepsilon-\delta)\left[1-\sqrt{\frac{\sin(\varphi+\delta)\sin(\varphi+\beta)}{\cos(\varepsilon-\delta)\cos(\varepsilon-\beta)}}\right]^2} \tag{6-33}$$

式中 K_p——库仑被动土压力系数，为 φ、ε、δ、β 的函数。其他符号意义同前。

可扫描二维码，获得 Excel 库仑被动土压力系数计算表，输入 φ、ε、δ、β 后，自动得到 K_p。

库仑被动土压力系数

同样将 E_p 对 z 求导可以得到沿墙高分布的被动土压力强度 σ_p，即

$$\sigma_p=\frac{dE_p}{dz}=\frac{d}{dz}\left(\frac{1}{2}\gamma z^2K_p\right)=\gamma zK_p \tag{6-34}$$

从式（6-34）可以看出，被动土压力强度 σ_p 沿墙高也呈三角形线性分布；被动土压力 E_p 的作用点在挡墙底面以上 $H/3$ 处，其方向与墙背法线成 δ 角并在法线上方，与水平面夹角为 $\varepsilon-\delta$。

6.4.4 特殊情况下库仑主动土压力计算

1. 地面有连续均布超载

挡土墙后土体表面作用有连续均布荷载 q 时（图 6-16），可先将均布荷载 q 换算为土体的当量厚度 $h_0=\frac{q}{\gamma}$（γ 为土体的重度）；然后将墙背延长与假想的土面线相交于 A' 点，即假想的墙顶；然后自 A 点向假想土面作垂线并与之交于 A_0 点，由图中可以看出 $\overline{AA_0}=h_0\cos\beta$；此外根据图中几何关系可知 $\angle A'AA_0=\varepsilon-\beta$，在 $\triangle AA'A_0$ 中，由几何关系可得

$$\overline{A'A}=\frac{\overline{AA_0}}{\cos(\varepsilon-\beta)}=h_0\frac{\cos\beta}{\cos(\varepsilon-\beta)} \tag{6-35}$$

$A'A$ 在竖向的投影为

$$h'=\overline{A'A}\cos\varepsilon=\frac{q}{\gamma}\cdot\frac{\cos\varepsilon\cos\beta}{\cos(\varepsilon-\beta)} \tag{6-36}$$

故墙顶 A 点与墙底 B 点处的土压力强度分别为

$$\sigma_{aA}=\gamma h'K_a \tag{6-37}$$

$$\sigma_{aB}=\gamma(h+h')K_a \tag{6-38}$$

于是墙背 AB 上的土压力合力为

$$E_a=\gamma h\left(\frac{1}{2}h+h'\right)K_a \tag{6-39}$$

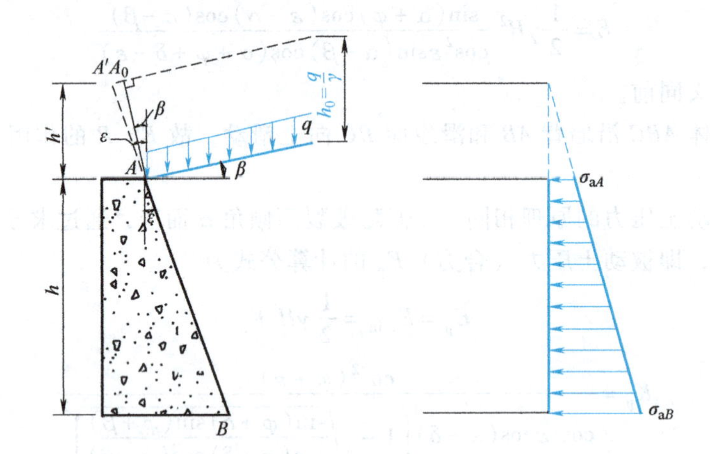

图 6-16　连续均布荷载作用下的库仑主动土压力

2. 黏性土库仑主动土压力计算

库仑土压力理论最初假定挡墙后的土体为砂性土（$c=0$），对于黏性土不能直接应用。但在实际工程中，不得不考虑挡土墙后土体是黏性土的情况，在此情况下，图解法是一种典型的求解方法，但比较烦琐，工程实践中一般采用等效/综合内摩擦角方法，直接采用库仑土压力公式，现行《公路路基设计规范》（JTG D30—2015）、《铁路路基支挡结构设计规范》（TB 10025—2019）均按库仑土压力理论计算，对黏性土采用综合内摩擦角。所谓等效内摩擦角，是指将黏聚力 c 对土压力数值的作用，等效为内摩擦角影响，将黏性土等效为砂性土，采用等效内摩擦角 φ_d，然后计算库仑土压力。此外，《建筑边坡工程技术规范》（GB 50330—2013）中给出了黏性土的主动土压力计算公式。

（1）等效内摩擦角 φ_d 计算

1）按抗剪强度相等条件。根据土的摩尔-库仑强度理论，砂性土的抗剪强度为

$$\tau_f = \sigma\tan\varphi \tag{6-40}$$

黏性土的抗剪强度为

$$\tau_f = \sigma\tan\varphi + c \tag{6-41}$$

式中　τ_f——土的抗剪强度；

σ——作用在破坏面上的法向正应力；

φ——内摩擦角；

c——黏性土的黏聚力。

根据挡墙底部平面上黏性土和等效砂性土抗剪强度相等的条件（图 6-17），可以计算等效内摩擦角。

$$\sigma_v\tan\varphi + c = \sigma_v\tan\varphi_d \tag{6-42}$$

式中　σ_v——作用于挡墙底部平面的竖向应力；

φ_d——等效内摩擦角。

根据上式得到

$$\varphi_d = \arctan\left(\tan\varphi + \frac{c}{\sigma_v}\right) \tag{6-43}$$

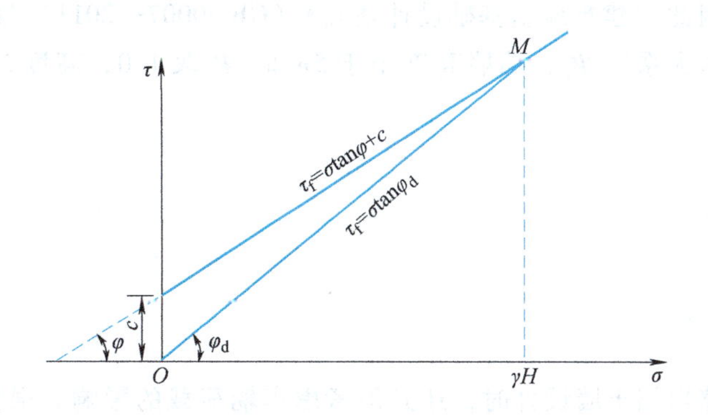

图 6-17 等效内摩擦角计算

式（6-43）就是根据抗剪强度相等条件计算 φ_d 的公式。从式（6-43）及图 6-17 可以看出 φ_d 不仅与土的内摩擦角和黏聚力有关，还与土的重度、挡土墙的高度以及其顶部作用超载有关。

2）按朗肯土压力合力相等条件。假定挡土墙墙背光滑、竖直，墙后土体表面水平，根据朗肯土压力理论，分别计算墙后土体为黏性土、具有摩擦角 φ_d 的无黏性土时作用于墙背上的主动土压力合力，令二者相等即可求得等效内摩擦角 φ_d 为

$$\varphi_d = 90° - 2\arctan\left[\tan\left(45° - \frac{\varphi}{2}\right) - \frac{2c}{\gamma H}\right] \tag{6-44}$$

此外还可根据黏性土与等效无黏性土的朗肯土压力对挡墙墙底力矩相等的条件计算，其公式为

$$\varphi_d = 90° - 2\arctan\left\{\left[\tan\left(45° - \frac{\varphi}{2}\right) - \frac{2c}{\gamma H}\right]\sqrt{1 - \frac{2c}{\gamma H}\tan\left(45° + \frac{\varphi}{2}\right)}\right\} \tag{6-45}$$

当挡土墙的设计由抗滑移条件控制时，等效内摩擦角宜按式（6-44）确定。当挡土墙的设计由抗倾覆条件控制时，等效内摩擦角宜按（6-45）确定。

在挡墙设计中，等效内摩擦角的计算方法应根据验算项目类型确定。由于挡土墙的设计主要由抗滑移和抗倾覆条件来控制，因此按式（6-44）及式（6-45）计算等效内摩擦角比较符合实际。

（2）规范推荐的计算公式 《建筑边坡工程技术规范》（GB 50330—2013）中根据平面滑裂面假定，给出墙后填土为黏性土、地表均布荷载为 q 的主动土压力合力计算公式为

$$E_a = \frac{1}{2}\gamma H^2 K_a \tag{6-46}$$

$$K_a = \frac{\cos(\beta-\varepsilon)}{\cos^2\varepsilon\cos^2(\beta-\varphi-\delta-\varepsilon)}\{k_q[\cos(\beta-\varepsilon)\cos(\varepsilon+\delta)+\sin(\varphi+\delta)\sin(\varphi-\beta)] + 2\eta\cos\varepsilon\cos\varphi\times\sin(\varepsilon+\varphi+\delta-\beta) - 2[k_q\cos(\beta-\varepsilon)\sin(\varphi-\delta)+\eta\cos\varepsilon\cos\varphi]^{1/2}[k_q\cos(\varepsilon+\delta)\sin(\varphi+\delta)+\eta\cos\varepsilon\cos\varphi]^{1/2}\} \tag{6-47}$$

$$k_q = 1 + 2q\cos\varepsilon\cos\beta/[\gamma H\cos(\beta-\varepsilon)] \tag{6-48}$$

$$\eta = 2c/\gamma H \tag{6-49}$$

式中 c——墙后土体的黏聚力（kPa）；其他符号意义同式（6-26）。

根据大量的试算与实测结果对比，对于高度较大的挡土墙，采用经典土压力理论计算的

主动土压力偏小，因此《建筑地基基础设计基础》（GB 50007—2011）推荐式（6-46）计算主动土压力时乘以增大系数 Ψ_c，挡墙高度小于 5m 时 Ψ_c 取 1.0，高度 5～8m 时 Ψ_c 取 1.1，大于 8m 宜取 1.2。

6.5 土压力计算的讨论

6.5.1 车辆荷载作用

在进行桥台、路堤挡土墙设计时，还必须考虑车辆荷载的影响。根据库仑土压力理论，当土体表面水平（$\beta=0°$）时，可将车辆荷载用厚度为 h 的等代均布土层来代替，即

$$h=\frac{q}{\gamma}=\frac{\sum G}{Bl_0\gamma} \tag{6-50}$$

式中 $\sum G$——车辆总重力，计算时涉及多车道加载时，应进行折减，详见《公路桥涵设计通用规范》（JTG D60—2015）；

B——桥台横向全宽或挡土墙的计算长度，一般取挡土墙的分段长度和重车的扩散长度之中的较小者计算（m）；

γ——土体重度（kN/m^3）。

l_0——台背或墙背后土体破坏棱体长度，对于墙顶以上有填土的挡土墙，为破坏棱体范围内路基宽度部分，对于桥台或墙顶以上没有填土的挡土墙，可按下式计算：

$$l_0=H(\tan\varepsilon+\tan\theta) \tag{6-51}$$

式中 H——桥台或挡土墙高度（m）；

ε——桥台或挡土墙与竖直面的夹角（°），墙背俯斜时为正值，反之为负值。

角 θ 为破坏棱体破裂面与竖直面的夹角，当 $\beta=0°$时，θ 的正切值可按下式计算：

$$\tan\theta=-\tan\omega+\sqrt{(\cot\varphi+\tan\omega)(\tan\omega-\tan\varepsilon)} \tag{6-52}$$

$$\omega=\varepsilon+\delta+\varphi \tag{6-53}$$

式中 φ——土体内摩擦角；

δ——土与挡土墙墙背的外摩擦角。

于是，当土体表面水平（$\beta=0°$）并作用有车辆荷载时，主动土压力合力为

$$E_a=\frac{1}{2}\gamma H(H+2h)BK_a \tag{6-54}$$

$$K_a=\frac{\cos^2(\varphi-\varepsilon)}{\cos^2\varepsilon\cos(\varepsilon+\delta)\left[1+\sqrt{\frac{\sin(\varphi+\delta)\sin\varphi}{\cos(\varepsilon+\delta)\cos\varepsilon}}\right]^2} \tag{6-55}$$

式中各符号意义同式（6-50）、式（6-51）和式（6-52）。

主动土压力的作用点在距计算土层底面 h_a 处，可按下式计算：

$$h_a=\frac{H}{3}\cdot\frac{H+3h}{H+2h} \tag{6-56}$$

6.5.2　局部荷载作用

当挡土墙后土体表面作用有局部均布荷载 q 时，其影响范围理论上缺乏严格分析，可近似认为 q 产生的土压力沿着平行于破裂面的方向传递到墙背，如图 6-18a 所示。根据假定可先将 q 换算为当量土柱 $h_0=\frac{q}{\gamma}$，当量土柱的范围在荷载分布范围 EF 之间，则局部荷载 q 和土体引起的土压力分别为

$$\sigma_{aq}=\gamma h_0 K_a=qK_a \tag{6-57}$$

$$\sigma_{aH}=\gamma HK_a \tag{6-58}$$

式中　K_a——主动土压力系数，具体参照有关手册。

假定破裂面为 BC，与水平面的夹角为 α；过局部荷载分布范围端点 E、F 分别作平行于破裂面 BC 的直线分别交墙背 AB 于 R、S 两点，荷载 q 仅在墙背 RS 范围内产生影响，而在 R 点之上及 S 点之下的区域，则被认为不受荷载 q 的影响。因此，可采用“推平行线”的方法，将两端点间的土压力增量叠加得到土压力的分布图上（图 6-18b）。

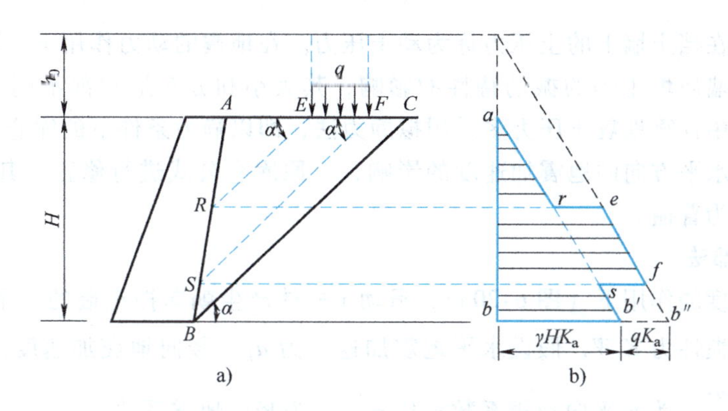

图 6-18　局部荷载作用下的库仑主动土压力

6.5.3　墙后滑动面受限

当墙后有较陡峻的稳定岩石坡面，即土体范围有限时，如图 6-19a 所示，由朗肯或库仑理论所确定的滑动面不可能通过岩体。在这类情况下，不能按朗肯或库仑土压力的计算公式求解土压力，可以选取在所考虑的土体中最外的滑动面，再通过土楔体的极限平衡条件下的力三角形进行求解，如图 6-19b 所示。由此推出有限范围填土时，主动土压力的计算公式为

$$E_a=\frac{1}{2}\gamma H^2 K_a \tag{6-59}$$

$$K_a=\frac{\sin(\alpha+\beta)}{\sin(\alpha-\delta+\theta-\delta_r)\sin(\theta-\beta)}\left[\frac{\sin(\alpha+\theta)\sin(\theta-\delta_r)}{\sin^2\alpha}-\eta\frac{\cos\delta_r}{\sin\alpha}\right] \tag{6-60}$$

式中　θ——稳定岩石坡面的倾角（°）；

δ_r——稳定且无软弱层岩石坡面与填土间的内摩擦角（°），可根据试验确定，当无试验资料时，可取 $\delta_r=(0.4\sim0.7)\varphi$。

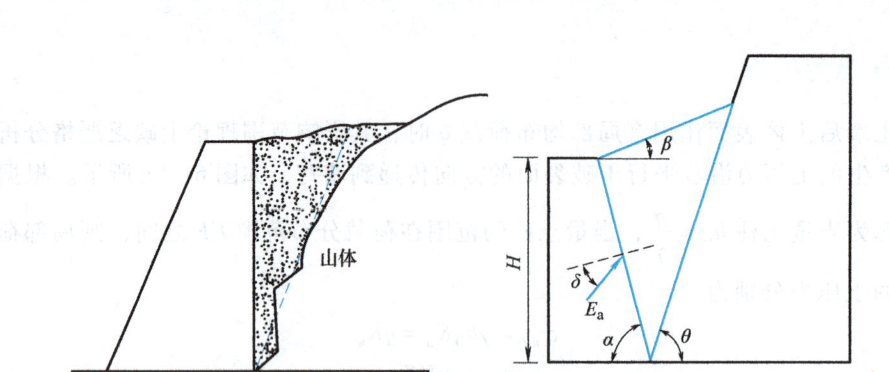

图 6-19　墙后土体受限情况土压力

a）滑动面受限　b）计算图式

6.5.4　地震荷载作用

地震时作用在挡土墙上的土压力称为动土压力。在地震的动力作用下，动土压力受地震强度、挡土墙和墙后填土等的振动特性的影响，其大小和分布形式都不同于静土压力。目前，国内外工程中计算地震土压力多采用拟静力法，即以静力条件下的库仑土压力理论为基础，考虑竖向和水平方向的地震加速度的影响，对原库仑公式进行修正，其中物部-冈部法和规范法应用较为普遍。

1. 物部-冈部法

在地震加速度的作用下（图 6-20a），滑动土楔体产生朝向挡土墙的水平惯性力 K_hW 和竖直向上的竖向惯性力 K_vW，假设水平地震加速度为 a_h，竖向地震加速度为 a_v，重力加速度为 g，则 $K_h = \dfrac{a_h}{g}$，为水平向地震系数；$K_v = \dfrac{a_v}{g}$，为竖向地震系数。

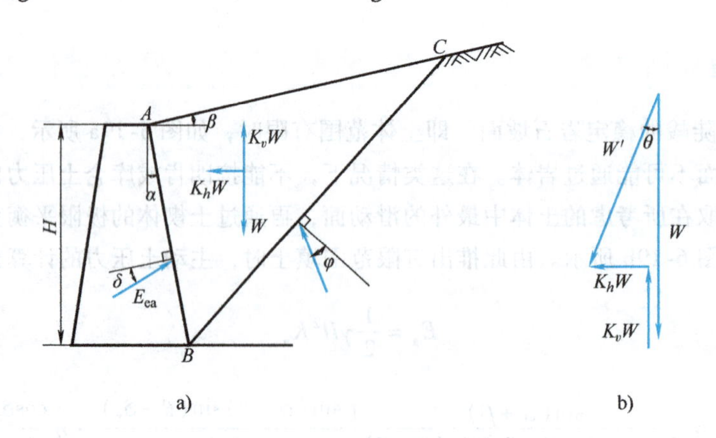

图 6-20　地震时滑动土楔体受力分析

a）计算图式　b）力多边形

将这两个惯性力与静力条件下滑动土楔体的重力 W 组合成合力 W'（图 6-20b），则合力 W' 与铅直线的夹角为 θ，称为地震偏角，可以得到

$$\tan\theta = \frac{K_h}{1 - K_v} \tag{6-61}$$

$$W' = (1 - K_v) W\sec\theta \tag{6-62}$$

由此可见，若地震作用下土的内摩擦角 φ 及墙背与土体间的摩擦角 δ 均不改变，那么作用在滑动土楔体上的平衡力系与原库仑理论的平衡力系的区别仅在于 W'方向与竖直方向倾斜了 θ 角（图 6-21a）。于是，物部-冈部提出了将墙背与填土均逆时针旋转 θ 角的方法，使 W'仍处于竖直方向（图 6 21b）。由于这种转动并未改变平衡力系中三力的相互关系，对地震土压力的大小没有影响，因此可将旋转后新的边界参数代入库仑公式来计算地震土压力 E_{ea}。

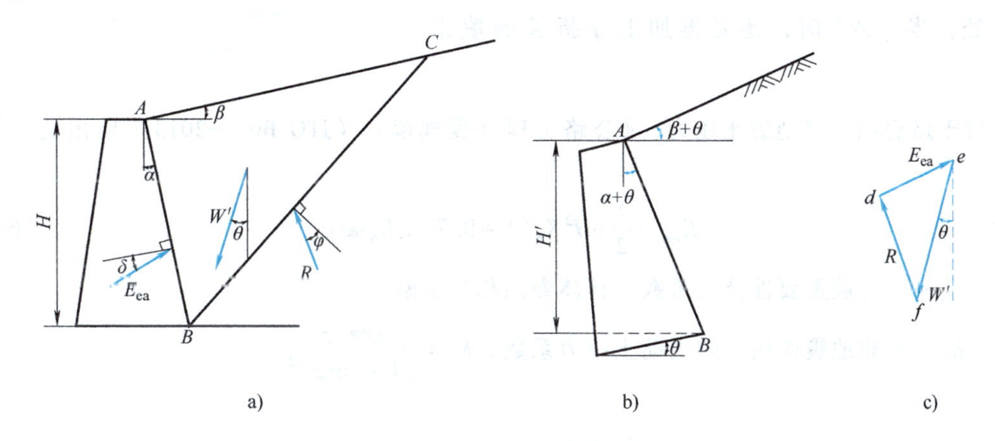

图 6-21　物部-冈部法计算地震土压力

改变后的参数如下：

$$\begin{cases} \beta' = \beta + \theta \\ \alpha' = \alpha + \theta \\ H' = H\dfrac{\cos(\alpha + \theta)}{\cos\alpha} \end{cases} \tag{6-63}$$

土楔体的重度由原来的 γ 变为 $\gamma' = \gamma(1 - K_v)\sec\theta$，将这些新参数代替库仑公式的原参数后，可以得到地震条件下的库仑主动土压力 E_{ea}：

$$E_{ea} = (1 - K_v)\frac{\gamma H^2}{2}K_{ea} \tag{6-64}$$

$$K_{ea} = \frac{\cos^2(\varphi - \alpha - \theta)}{\cos\theta\cos^2\alpha\cos(\alpha + \theta + \delta)\left[1 + \sqrt{\dfrac{\sin(\varphi + \delta)\sin(\varphi - \beta - \theta)}{\cos(\alpha - \beta)\cos(\alpha + \theta + \delta)}}\right]^2} \tag{6-65}$$

K_{ea}即为地震作用下主动土压力系数，式（6-65）为物部-冈部主动土压力公式。需要注意的是，若（$\varphi - \beta - \theta$）<0，则 K_{ea}没有实数解，因此若要满足平衡条件，填土坡面 $\beta \leqslant \varphi - \theta$。

由式（6-64）可知地震作用下的土压力分布仍为三角形，作用点在距墙底$\frac{1}{3}H$处，但实测资料表明，作用点的高度会随地震水平作用的加强而提高，约为$\left(\frac{1}{3} \sim \frac{1}{2}\right)H$。

2. 规范法

对于一般挡土墙（图 6-22），《公路工程抗震规范》（JTG B02—2013）给出其地震主动

土压力的计算公式为

$$E_{ea}=\left[\frac{1}{2}\gamma H^2+qH\frac{\cos\alpha}{\cos(\alpha-\beta)}\right]K_{ea}-2cHK_{ca} \tag{6-66}$$

式中，K_{ea}同式（6-65）；c为黏性填土的黏聚力，当为砂性土时，$c=0$；系数K_{ca}可按下式计算：

$$K_{ca}=\frac{1-\sin\varphi}{\cos\varphi} \tag{6-67}$$

当$q=0$时，地震主动土压力的作用点在距墙底$\frac{1}{3}H$处，当$q\neq0$时，还要再加上q折算的填土高度。

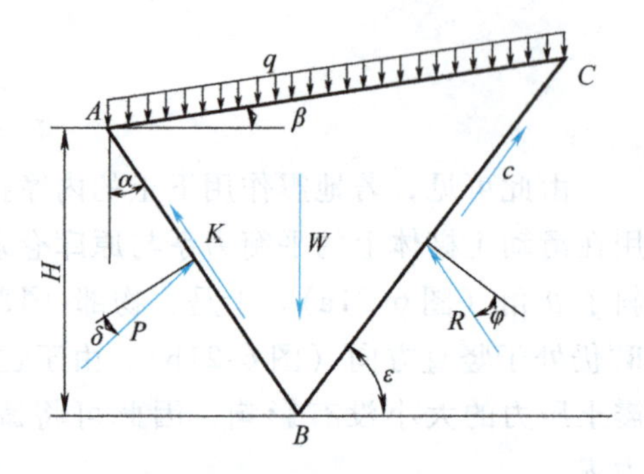

图 6-22　地震主动土压力计算图式（规范法）

对于路肩挡土墙地震土压力，《公路工程抗震规范》（JTG B02—2013）给出的建议公式为

$$E_{ea}=\frac{1}{2}\gamma H^2K_a(1+0.75C_iK_h\tan\varphi) \tag{6-68}$$

式中　C_i——抗震重要性修正系数，具体参照相关文献；

K_a——非地震作用下的主动土压力系数，$K_a=\frac{\cos^2\varphi}{(1+\sin\varphi)^2}$。

6.6　典型挡土墙结构类型及计算

6.6.1　典型挡土墙结构类型

根据挡土墙所处的环境条件、结构形式、施工方法、建筑材料等的不同，可将挡土墙进行分类。按挡土墙的结构形式进行划分，常见的挡土墙有重力式、悬臂式、扶壁式、锚杆及锚定板式和加筋土挡土墙等。

1. 重力式挡土墙

重力式挡土墙是依靠墙体自重抵抗土压力、保持墙身稳定的一种挡土墙。该类型挡土墙通常由块石、浆砌片石或素混凝土砌筑而成，一般不配钢筋或只在局部范围内配少量钢筋，因此墙体的抗拉强度较小，所需的墙身截面较大。重力式挡土墙（图6-23），挡土墙靠近填土的一侧为墙背，墙背与墙基的交线为墙踵；另一侧为墙面，墙面与墙基的交线为墙趾，墙高一般小于6m，适用于小型工程。重力式挡土墙具有结构简单、施工方便，能够就地取材等优点，在土建工程中被广泛采用。

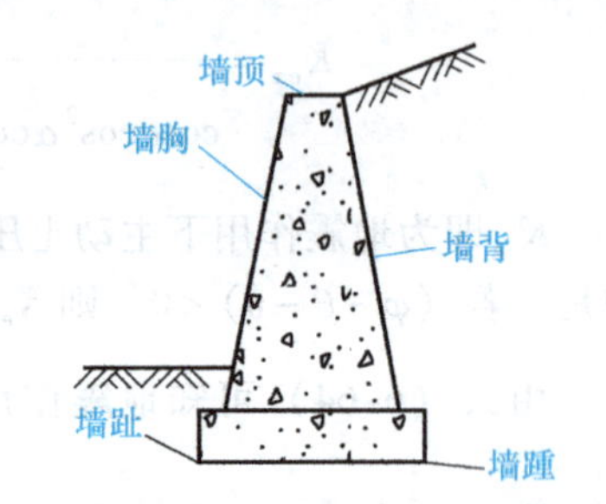

图 6-23　重力式挡土墙部位名称

按墙背倾斜方向可将重力式挡土墙分为仰斜、直立、俯斜三种形式（图6-24）。根据土压力理论，俯斜式挡土墙所受的土压力最大，直立式挡土墙次之，仰斜式所受土压力最小。

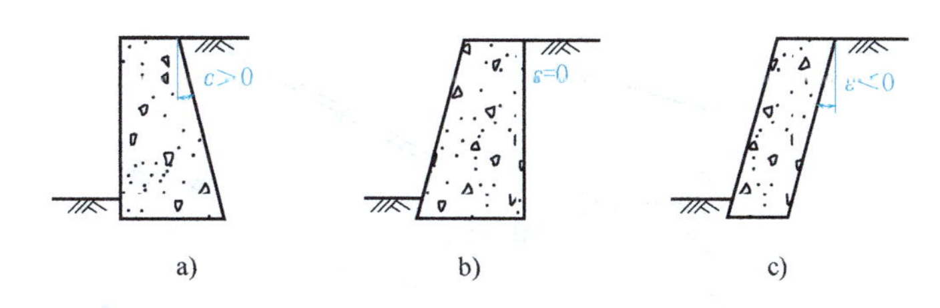

图 6-24　重力式挡土墙形式

a）俯斜　b）直立　c）仰斜

当墙高超过 10m 时，宜采用衡重式挡土墙（图 6-25a）。衡重式挡土墙也属于重力式挡土墙，它由上墙和下墙组成，上、下墙间有一平台，称为衡重台。衡重台上土体相当于挡土墙的一部分，既节省了圬工，又增加了墙体的稳定性。

为了减小作用在挡土墙上的主动土压力，还可以在墙身设置减压平台（图 6-25b），减压平台一般设在墙背中部附近，以伸到潜在滑动面附近为佳。平台把墙背分为上下两部分，上墙主动土压力与一般重力式挡土墙相同，下墙主动土压力只与减压平台以下的土体有关，因而比起同高的重力式挡土墙，下墙承受的主动土压力小许多。

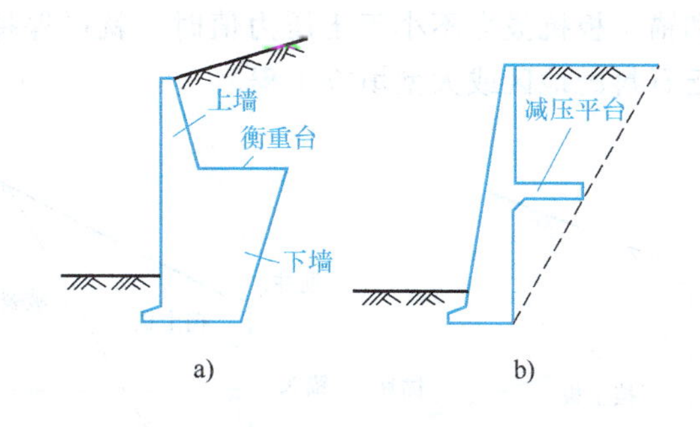

图 6-25　衡重式挡土墙

a）衡重式挡土墙　b）减压平台

2. 悬臂式、扶臂式挡土墙

悬臂式挡土墙是依靠墙身自重和地板以上填土的重力来维持稳定的挡土墙，挡土墙结构及各部分名称如图 6-26a 所示。由于挡土墙由钢筋混凝土制成，墙身立壁板在土压力作用下受弯时，可由钢筋承担墙身内弯曲拉应力。因此，充分利用钢筋混凝土的受力特性、墙体截面较小是该类型挡土墙的优点。悬臂式挡土墙一般适用于墙高大于 5m、地基土质较差、当地缺少石料的情况，多用于市政工程及贮料仓库。

当悬臂式挡土墙高度大于 10m 时，墙体立壁挠度较大，为了增强立壁的抗弯刚度，沿墙体纵向每隔一定距离（0.3～0.6 倍墙高）设置一道加劲扶臂，故称为扶臂式挡土墙，如图 6-26b 所示。

3. 锚杆及锚定板挡土墙

锚杆挡土墙属于轻型支挡结构物，由肋柱、挡土板和锚固于稳定岩土层中锚杆组成（图 6-27a）。锚杆挡土墙墙高一般大于 12m，依靠锚杆提供的拉力来维持挡土墙的稳定，适用于承载力较低的地基，不必进行复杂的地基处理，常作为深基坑开挖时一种经济有效的支挡结构。

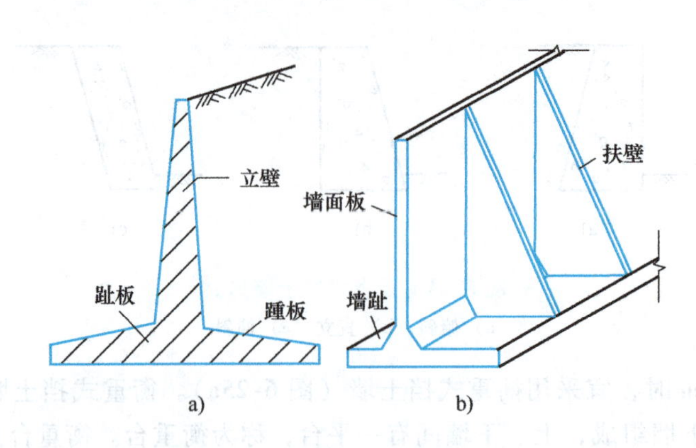

图 6-26　悬臂式、扶壁式挡土墙

a）悬臂式　b）扶壁式

锚定板挡土墙与锚杆式挡土墙类似，只是在锚杆的端部用锚定板固定于滑动破裂面以外，依靠锚定板前面的被动土压力提供拉力。一般由墙面系（由肋柱和挡土板组成）、拉杆、锚定板组成（图 6-27b）。锚定板挡土墙所受到的主动土压力由拉杆和锚定板承受，只要锚杆所受到的摩阻力和锚定板抗拔力不小于土压力值时，就可保持结构和土体的稳定性。锚定板挡土墙常用于缺乏石料的地区或大型填方工程。

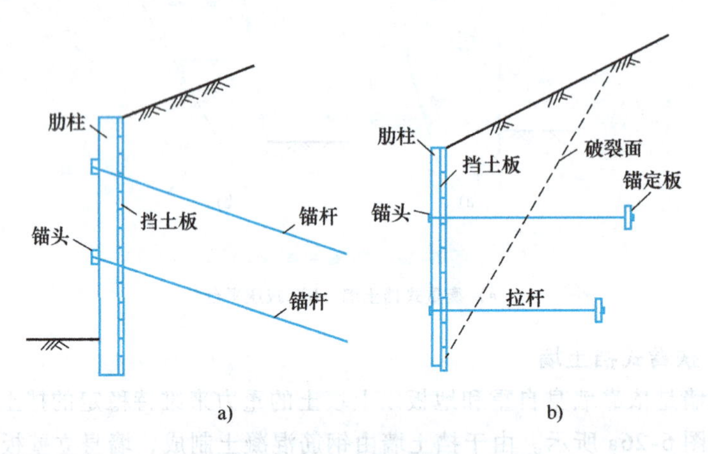

图 6-27　锚杆与锚定板挡土墙

a）锚杆挡土墙　b）锚定板挡土墙

4. 加筋土挡土墙

加筋土挡土墙由墙面板、拉筋和填土三部分组成，按照布筋方式可分为条带式（拉筋为条带式，每一层不满铺拉筋）和满铺式（每一层连续满铺土工格栅或土工织物拉筋）。面板形式可采用面板式、模块式、自嵌式等。对满铺土工格栅或土工织物，常在端部采用包裹式，可不设面板，或设置独立面板系统。加筋土挡土墙的典型构造，如图 6-28 所示。土体与筋材间的摩擦力、筋条承受的拉力、墙面板承受的土压力都是整个复合结构的内力，这些内力相互平衡，将拉筋、土体及墙面板结合成一个整体的复合结构；同时加筋土挡土墙作为整体的土工构筑物，还要在外荷载的作用下保持稳定，即保持整个挡土墙的外部稳定。加筋土挡土墙对地基承载力要求较低，适用于大型填方工程。

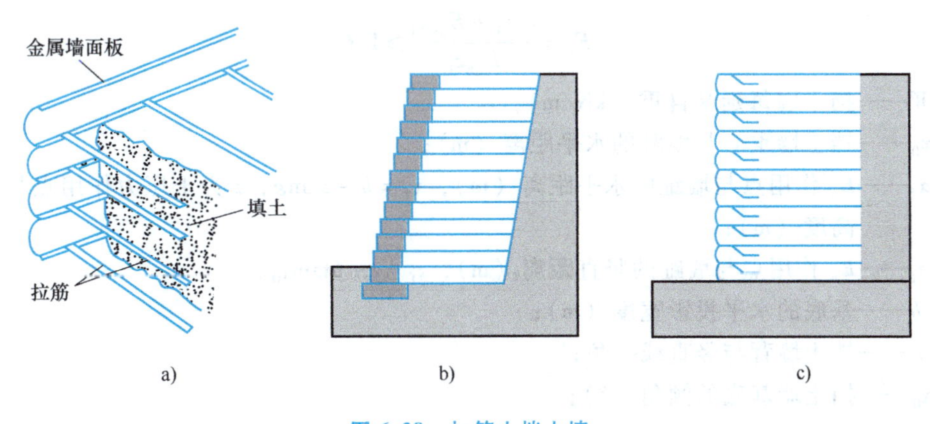

图 6-28　加筋土挡土墙

a）条带式　b）模块式　c）包裹式

6.6.2　重力式挡土墙结构计算

挡土墙的设计主要包括墙型选择和截面尺寸确定，先根据挡土墙所处的条件选择挡土墙类型，再按经验初步拟定截面尺寸，然后进行挡土墙的验算，如不满足条件再改变截面尺寸或采用其他措施。重力式挡土墙的验算主要包括稳定性验算、地基承载力验算、墙身强度验算。

（1）作用于挡土墙上的力系　要进行挡土墙的稳定性验算，必须先分析作用在挡土墙上的各种力系，包括永久荷载、可变荷载和偶然荷载。可变荷载主要为挡土墙受到的水压力、温度荷载等。偶然荷载一般需要考虑地震力、施工及临时荷载。永久荷载主要包括以下几种力系：

1）土压力。土压力是挡土墙的主要设计荷载。根据挡土墙的位移情况，可以形成不同性质的土压力。例如路基挡土墙一般都可能有向外的位移或倾覆，因此在设计中假定墙背土体达到主动极限平衡状态，采用主动土压力作为验算荷载。对于墙趾前土体的被动土压力 E_p，在挡土墙基础埋深不大的情况下，一般均不计，以偏于安全。

2）墙身自重 W 及墙上的恒载。当挡土墙的形式及截面尺寸确定后可计算挡土墙的自重，墙上的恒载主要包括护栏的压重等有效荷载。

3）挡土墙基底反力。包括挡土墙基底的法向反力 N 及摩擦力 T。

在浸水地区，除上述几种力之外，还包括挡土墙受到的水压力。对于地震地区，还应考虑地震附加惯性力对挡土墙的影响。

（2）挡土墙稳定性验算　挡土墙的稳定性破坏通常有两种形式，一种是挡土墙在自身重力及主动土压力作用下向外倾覆，需进行抗倾覆稳定性验算，另一种是挡土墙在土压力作用下沿基底发生滑移，需进行抗滑移稳定性验算，本节以《建筑地基基础设计规范》（GB 50007—2011）相关内容为依据。

1）抗倾覆稳定性验算。一倾斜基底的挡土墙（图 6-29a），在自身重力及主动土压力作用下，有可能绕墙趾 O 点向外转动并发生倾覆，必须进行抗倾覆稳定性验算。抗倾覆稳定安全系数 F_t = 抗倾覆力矩/倾覆力矩，抗倾覆稳定验算公式为

$$F_t=\frac{Wx_0+E_{ay}x_f}{E_{ax}z_f}\geqslant 1.6 \tag{6-69}$$

式中　W——挡土墙每延米自重（kN/m）；

x_0——挡土墙重心与墙趾的水平距离（m）；

x_f——E_a 作用点与墙趾的水平距离（m），$x_f=b-z\tan\varepsilon$，z 为土压力作用点与墙踵的高度（m）；

z_f——E_a 作用点与墙趾的竖直距离（m），$z_f=z-b\tan\alpha_0$；

b——基底的水平投影宽度（m）；

ε——挡土墙背与竖直线夹角；

α_0——挡土墙基底的倾角（°）；

E_{ay}——主动土压力 E_a 的竖向分力（kN/m），$E_{ay}=E_a\sin(\varepsilon+\delta)$；

E_{ax}——主动土压力 E_a 的水平分力（kN/m），$E_{ax}=E_a\cos(\varepsilon+\delta)$；

δ——挡土墙墙背与土间的摩擦角（°），缺少实测数据可按表 6-1 选用。

挡土墙的抗倾覆不满足要求时，可采取如下措施：

① 增大挡土墙截面尺寸，使 W 增大，但工程量将增加。

② 加宽墙趾，增加抗倾覆力矩，但应注意墙趾宽高比满足墙身材料刚性角的要求，否则需验算墙趾根部剪切承载力，必要时需配抗剪筋。

③ 墙背做成仰斜，减小土压力。

④ 设计成衡重式挡土墙或在挡土墙背上做减压平台。

⑤ 当地基软弱时，在墙身倾覆的同时，墙趾可能陷入土中，造成力矩中心 O 点向内移动，抗倾覆安全系数就会降低，因此验算抗倾覆稳定性时，应注意地基土的压缩性。对软弱地基应按圆弧滑动面验算地基的稳定性，必要时可进行地基处理。

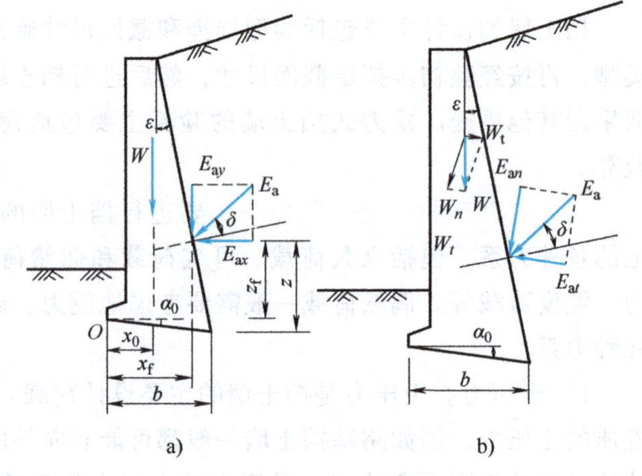

图 6-29　重力式挡土墙稳定性验算

a）抗倾覆稳定性　b）抗滑移稳定性

2）抗滑移稳定性验算。挡土墙在土压力作用下，有可能沿基底发生滑移（图 6-29b）。抗滑安全系数 F_s = 基底抗滑力/滑动力，抗滑移稳定性验算公式为

$$F_s=\frac{(W_n+E_{an})\mu}{E_{at}-W_t}\geqslant 1.3 \tag{6-70}$$

式中　W_n、W_t——挡土墙每延米自重分别垂直于基底和平行于基底的分量（kN/m）；其中 $W_n=W\cos\alpha_0$，$W_t=W\sin\alpha_0$；

E_{an}——E_a 垂直于墙底的分量（kN/m），$E_{an}=E_a\sin(\varepsilon+\alpha_0+\delta)$；

E_{at}——E_a 平行于墙底的分量（kN/m），$E_{at}=E_a\cos(\varepsilon+\alpha_0+\delta)$；

δ——土对挡土墙墙背的摩擦角，可按表 6-1 选用；

μ——土对挡土墙基底的摩擦系数，宜通过试验确定，也可参照表 6-3 确定。

表 6-3 土对挡土墙基底的摩擦系数

土的类别		摩擦系数 μ
黏性土	可塑	0.25 ~ 0.30
	硬塑	0.30 ~ 0.35
	坚硬	0.35 ~ 0.45
粉土		0.30 ~ 0.40
中砂、粗砂、砾砂		0.40 ~ 0.50
碎石土		0.40 ~ 0.60
软质岩石		0.40 ~ 0.60
表面粗糙的硬质岩石		0.65 ~ 0.75

注：1. 对易风化的软质岩石和塑性指数 I_p 大于 22 的黏性土，基底摩擦系数应通过试验确定。
2. 对碎石土，可根据其密实度、填充物状况、风化程度等确定。

抗滑移验算不满足要求时，可采取以下措施：

① 修改挡土墙截面尺寸，以加大 W 值。

② 加大基底宽度，以提高总抗滑力。

③ 增加基础埋深，使墙趾前的被动土压力增大。

④ 挡土墙底面做砂、石垫层，以提高基底的摩擦力。

（3）地基承载力验算　地基的承载力验算，一般与偏心荷载作用下基础的计算方法相同，即要求同时满足基底平均应力 $p \leqslant f_a$ 和基底最大压应力 $p_{max} \leqslant 1.2f_a$（f_a 为持力层地基承载力特征值），同时应满足基底合力的偏心距不应大于 0.25 倍基础的宽度。具体计算内容详见《建筑地基基础设计规范》（GB 50007—2011）。

（4）墙身截面强度验算　对于一般地区的挡土墙，需选取一或二个控制截面进行强度计算，验算截面的承载力，主要包括偏心受压承载力验算、弯曲承载力验算，必要时还需进行抗剪承载力验算。计算内容与方法可根据墙身材料按砌体结构、素混凝土结构和混凝土结构有关计算方法确定。

（5）重力式挡土墙的主要构造措施　重力式挡土墙除了满足强度和稳定性要求，还应进行挡土墙的构造设计，主要包括挡土墙基础埋置深度、墙身材料与回填土材料要求、排水措施及沉降缝与伸缩缝等。

1）基础埋置深度。应根据地基稳定性、地基承载力、冻结深度、水流冲刷情况和岩石风化程度等因素确定重力式挡墙的基础埋置深度。在土质地基中，基础最小埋置深度不宜小于 0.5m；在岩质地基中，基础埋置深度不宜小于 0.3m。

2）墙身材料及坡度要求。重力式挡墙材料可使用浆砌块石、条石或素混凝土。块石、条石的强度等级应不低于 MU30，砂浆强度等级应不低于 M5.0，混凝土强度等级应不低于 C15。重力式挡墙基底可做成逆坡。对土质地基，基底逆坡坡度不宜大于 1∶10。挡墙地基表面纵向坡度大于 5% 时，基底应设计为台阶式。

3）墙后填土要求。墙后土体应优先选择抗剪强度高、透水性较强、性能稳定的粗粒土填料。若要采用黏性土作填料，宜掺入适量的砂砾或碎石。不应选择淤泥质土、膨胀性黏土、有机土等做填料。土体压实质量应严格控制，分层夯实，并检查其压密质量。

4）沉降缝与伸缩缝。为避免地基不均匀沉陷而引起墙身开裂，应根据地基地质条件及

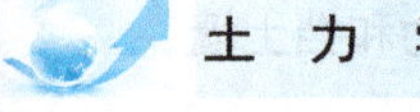

墙高、墙身断面的变化情况，设置沉降缝。同时，为防止圬工砌体因收缩、硬化和温度变化而产生裂缝，也应设置伸缩缝。设计时，一般将沉降缝与伸缩缝合并设置，沿挡墙纵向10～25m设置一道。挡土墙拐角处应适当采取加强的构造措施。

5）挡墙排水措施。为防止墙后填土在地表水下身后积水，并疏干墙后土体，应设置墙身泄水孔、截水沟、盲沟等。

① 截水沟：当墙后有山坡时，应在离开挡墙适当距离的填土顶面处设置截水沟。

② 墙身泄水孔：通常在挡土墙下部设置泄水口，当墙高 >12m 时，可在墙体中部增设泄水孔，下层泄水孔的底部应高出地面 0.3m；当为路堑墙时，出水口应高于边沟水位 0.3m。

③ 反滤层：墙后要做好反滤层和必要的排水盲沟，可选用卵石、碎石等粗颗粒或土工织物作为反滤层。

【例题 6-4】 某混凝土重力式挡土墙墙高5.5m，顶宽0.6m，底宽2.0m（图6-30），墙背竖直、光滑，墙后填土面水平，填土重度 $\gamma=18\text{kN/m}^3$，黏聚力 $c=0$，内摩擦角 $\varphi=35°$，混凝土重度为23kN/m³，墙底与地基土摩擦系数 $\mu=0.6$。试用朗肯理论计算主动土压力，并确定其抗滑和抗倾覆稳定安全系数。若墙背与填土间的摩擦角 $\delta=16°$，用库仑理论计算并与朗肯理论计算结果比较。

解：（1）朗肯理论

主动土压力系数 $K_{a1}=\tan^2\left(45°-\dfrac{\varphi}{2}\right)=0.271$

主动土压力合力 $E_a=\dfrac{1}{2}\gamma H^2 K_a=\left(\dfrac{1}{2}\times18\times5.5^2\times0.271\right)\text{kN/m}=73.78\text{kN/m}$

挡土墙混凝土自重 $W=\left\{\left[\dfrac{1}{2}\times(0.6+2.0)\times5.5\right]\times23\right\}\text{kN/m}=164.45\text{kN/m}$

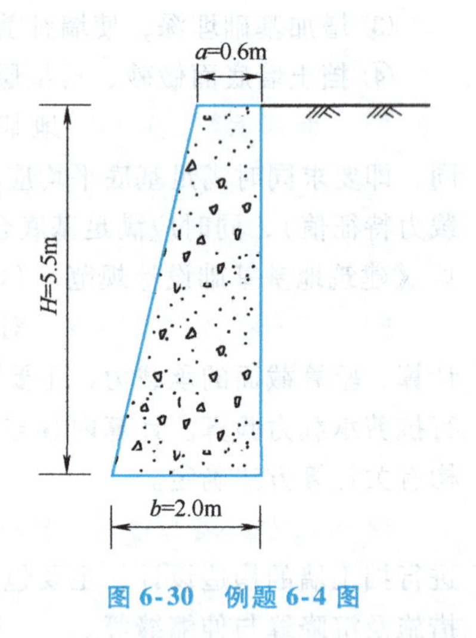

图 6-30 例题 6-4 图

挡土墙抗滑稳定安全系数 $F_s=\dfrac{164.45\times0.6}{73.78}=1.337$

设绕墙趾转动，得倾覆力矩为：$M_0=\dfrac{1}{3}HE_a=(73.78\times5.5/3)\text{kN}\cdot\text{m/m}=135.26\text{kN}\cdot\text{m/m}$

抗倾覆力矩为：$M_r=\left\{\left[0.6\times5.5\times1.7+\dfrac{1}{2}\times1.4\times5.5\times(2\times1.4/3)\right]\times23\right\}\text{kN}\cdot\text{m/m}=211.68\text{kN}\cdot\text{m/m}$

则抗倾覆安全稳定系数为：$F_s=\dfrac{211.68}{135.26}=1.565$

（2）库仑理论

由于墙背竖直（$\varepsilon=0°$），填土面水平（$\beta=0°$），由式（6-27）得库仑主动土压力系数：

$$K_a=\frac{\cos^2\varphi}{\cos\delta\left[1+\sqrt{\dfrac{\sin(\varphi+\delta)\sin\varphi}{\cos\delta}}\right]^2}=0.247$$

主动土压力合力 $E_a = \frac{1}{2}\gamma H^2 K_a = \frac{1}{2} \times 18 \times 5.5^2 \times 0.247\text{kN/m} = 67.25\text{kN/m}$

其中水平分量 $E_{ax} = E_a \cos 16° = 64.64\text{kN/m}$

竖直分量 $E_{ax} = E_a \sin 16° = 18.54\text{kN/m}$

所以，挡土墙抗滑稳定安全系数 $F_s = \frac{(164.45 + 18.54) \times 0.6}{64.64} = 1.699$

倾覆力矩为：$M_0 = \frac{1}{3}HE_a = 64.64 \times 5.5/3\text{kN} \cdot \text{m/m} = 118.51\text{kN} \cdot \text{m/m}$

抗倾覆力矩为：$M_r = (211.68 + 18.54 \times 2.0)\text{kN} \cdot \text{m/m} = 248.76\text{kN} \cdot \text{m/m}$

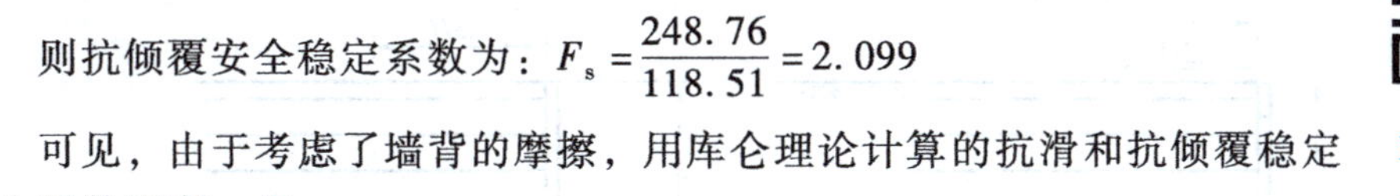

则抗倾覆安全稳定系数为：$F_s = \frac{248.76}{118.51} = 2.099$

重力式挡土墙土压力和稳定性验算

可见，由于考虑了墙背的摩擦，用库仑理论计算的抗滑和抗倾覆稳定安全系数更高一些。

重力式挡土墙土压力计算和稳定性验算可参考二维码。

6.6.3　加筋土挡土墙结构计算

“加筋土”是由法国 Henri Vidal 于 1963 年提出的，是一种由拉筋和填土组成的复合材料。法国于 1965 年建造了世界上第一座加筋土结构，美国、日本、加拿大、澳大利亚等国在 20 世纪 60 年代末、70 年代初引进该项技术，并进行了相关试验与理论研究。20 世纪 80 年代，在世界各国，加筋土工程已从加筋土挡土墙发展应用到桥台、护岸、堤坝、基础、路堤、码头、水库、尾矿坝、地下结构、边坡稳定、地基加固等多个领域。在 1986 年维也纳召开的第 3 届国际土工织物学术研讨会上，美国 Giroud 教授将加筋材料——“土工合成材料”（Geosynthetics）的发展誉为岩土工程界的一场变革。在我国加筋土技术的发展和应用开始于 20 世纪 70 年代末，我国第一座加筋土结构是云南煤矿设计院在田坝矿区建成的 3 座 2～4m 高的试验性加筋土结构，迄今，全国已建成数千座加筋土工程，其中三峡库区建造的三级加筋土挡土墙，总高度达 55m。加筋土结构与传统的挡土结构相比，具有结构新颖、造型美观、施工方便、节省材料、造价低廉、适应性强等特点。

1. 作用机理

加筋土挡土墙是在土中加入拉筋，利用拉筋与土之间的摩擦作用，改善土体的变形条件和提高土体的工程特性，从而达到稳定土体的目的。在加筋土挡土墙结构中，墙面板的作用是防止在拉筋端土的松动，承受剩余侧压力，同时，保持墙的设计形状及外观要求等。加筋土中拉筋的作用是通过拉筋的抗拉强度及拉筋与填土间接触面的摩擦阻力，来限制土体的拉伸应变，从而增加土的强度及加筋土结构的稳定性。

如果墙面未发生任何位移，处于 K_0 状态，这时拉筋不起作用，墙面承受静止土压力。当墙面发生位移，且当加筋土的侧向伸张应变达到一定程度时，加筋才能发挥作用。随着侧向伸张应变的产生与发展，土与筋相互作用、共同工作，当加筋土挡土墙土体达到主动极限平衡状态时，墙面板上的土压力显著减小。当加筋有足够长度且产生足够大的侧向应变时，加筋土体能够在自重及外荷作用下自立，此时，墙面板甚至不承受土压力。因此，墙面板上承受的土压力与传统重力式挡墙所对应的主动土压力显然不同。破裂面的位置应根据现场试验及模型试验中筋条拉力峰值点的连线确定，加筋土挡土墙稳定性分析中，破裂面常采用库仑-朗肯破裂面，即与水平面呈 $45°+\varphi/2$，实际的破裂面形状类似于对数螺旋面，在挡土墙底部接近于朗肯破裂面，在顶部与墙背接近平行，在地表处距墙背 $0.3H$（H 为挡土墙高度），如图 6-31a 所示。在破裂面范围以内的区域称为主动区，在破裂面范围以外称为锚固区。分析中，加筋土挡土墙内部稳定性的计算方法常依据简化破裂面建立（图 6-31b）。每根拉筋条上受到的拉力随深度的增加而增大，最下面一层筋的拉应力最大；同时拉筋所受到的拉力在筋材长度方向上也是变化的，拉力的最大值并不在墙面板处，而是在加筋土内主动区与锚固区的分界处。

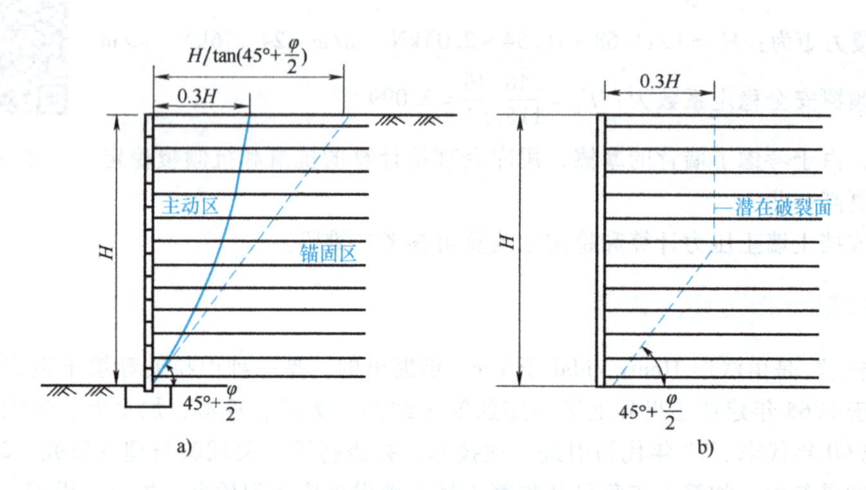

图 6-31　加筋土挡土墙破裂面

a）基本形状　b）0.3H 简化破裂面

2. 破坏模式

加筋土挡土墙的破坏模式主要包括外部稳定性破坏、内部稳定性破坏和整体稳定性破坏三种。除此之外还有由于变形累积或不均匀变形过大使结构丧失正常使用功能的变形破坏，如加筋土挡土墙过大的地基沉降、不均匀沉降或墙面过大的水平位移等。

加筋土挡土墙的外部稳定性破坏与重力式挡土墙类似，主要表现形式有水平滑动破坏、倾覆破坏及地基承载力不足引起的破坏。整体稳定性破坏是指滑动面通过加筋土体、墙后填土及地基发生的整体滑动，一般发生在软土地基加筋土挡土墙结构中。加筋土挡土墙的内部稳定性破坏主要表现为加筋材料拉断或拔出破坏（图 6-32a 及图 6-32b）。对于模块式加筋土挡土墙，还可能发生沿筋材表面滑动破坏、筋材与面板连接强度过低导致面板脱落、筋材竖向间距过大发生面板鼓出甚至脱落等（图 6-32c 及图 6-32d）。

3. 结构计算

在进行加筋土挡土墙的外部稳定性分析时，视结构为加筋复合体，将加筋范围内的土体视为刚性体，相当于厚度为加筋长度的一般重力式挡土墙，因此加筋挡土墙的外部稳定性分析与重力式挡土墙相近，可参考相关规范进行计算。

加筋土结构的筋材长度、截面及其布置等内容属于加筋挡土墙的内部稳定性分析范畴，主要包括筋材的强度验算和筋材的锚固长度验算等，其中筋材的强度验算主要是验算抗拉断破坏，锚固长度验算主要是验算筋材的抗拔稳定性，具体分析如下。

（1）筋材拉力计算　国外大多数的标准（指南）规定加筋土挡土墙潜在破裂面为朗肯

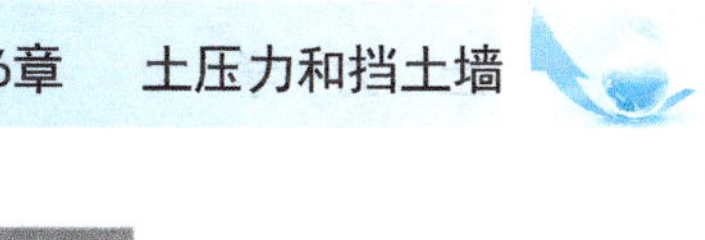

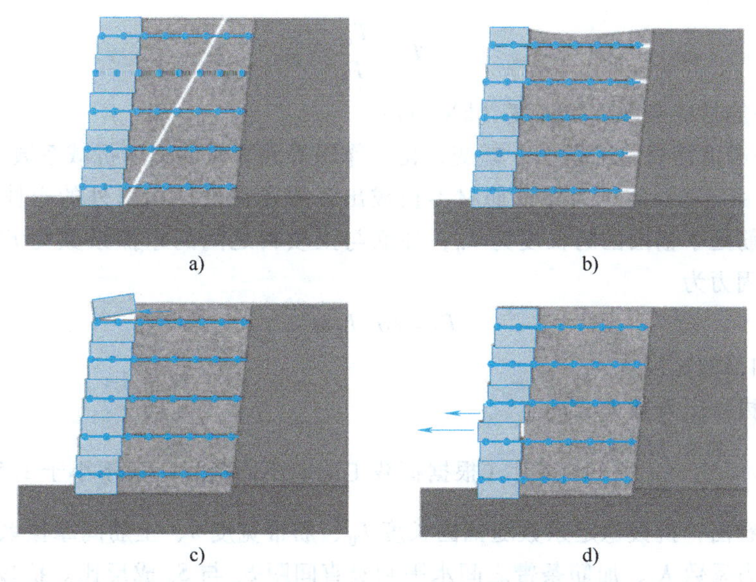

图 6-32 加筋挡土墙内部稳定性破坏模式

a）筋材拉断 b）筋材拔出 c）面板脱落 d）面板鼓出

破裂面。美国 FHWA 和 AASHTO 规定非土工合成材料加筋土挡土墙的潜在破裂面为0.3H折线形破裂面。我国相关行业规范采用0.3H折线形破裂面主要是沿用《公路加筋土工程设计规范》（JTJ 015—1991）的规定。因此结合国内外相关标准和规范，建议拉伸塑料土工格栅加筋土挡土墙潜在破裂面为朗肯破裂面。加筋土挡土墙筋材拉力计算方法主要有库仑合力法、库仑力矩法、朗肯法、梅耶霍夫（Meyerhof）法、梯形分布法、弹性分析法等，下面以朗肯法为例介绍筋材拉力计算方法。

朗肯法假设墙面所受的土压力为朗肯主动土压力，即

$$T_i = K_i \sigma_{zi} S_x S_y \tag{6-71}$$

式中 σ_{zi}——由填土自重、超载及交通荷载等引起第 i 层加筋处的竖向附加应力（kPa）；

S_x、S_y——拉筋间水平、竖直间距，如采用土工格栅等满布式铺设时 S_x 取1；

K_i——加筋体内深度 z_i 处土压力系数，可按《公路路基设计规范》（JTG D30—2015）确定，第 i 层加筋距离地表的深度 $z_i \leqslant 6\text{m}$ 时，$K_i = K_0(1 - z_i/6) + K_a z_i/6$，当 $z_i > 6\text{m}$ 时，$K_i = K_a$。

此外，《公路路基设计规范》（JTG D30—2015），给出筋带所受拉力的计算公式，即

$$T_i = (\sum \sigma_{Ei}) S_x S_y \tag{6-72}$$

式中 $\sum \sigma_{Ei}$——在 z_i 层深度处，作用于墙背的侧向土压应力，包括由填土自重产生的侧向土压力、加筋体顶面均布永久荷载产生的侧向土压力、交通荷载及其他可变荷载产生的侧向土压力（kPa）；

S_x、S_y——筋带结点水平、竖直间距（m）。

（2）筋材强度验算 进行筋材强度验算时，为保证筋材不被拉断，应确保筋材拉力不大于筋材容许抗拉强度，即：

$$T_a / T_i \geqslant 1.0 \tag{6-73}$$

式中 T_a——筋材的设计容许抗拉强度，可按下式确定：

$$T_a = \frac{T_{ult}}{F_s} \tag{6-74}$$

式中 T_{ult}——筋材的极限抗拉强度（kN/m）；

F_s——考虑筋材施工损伤、蠕变、化学作用等因素时的强度折减系数。

（3）抗拔稳定性验算　为保证筋材不被拔出，需要在滑动面以外的土体中有足够的锚固长度。设加筋处于锚固区的长度为 L_0；加筋与土填料之间的摩擦系数为 f'，则锚固区的加筋提供的锚固力为

$$F_i = 2\sigma_{zi} L_0 b f' \tag{6-75}$$

式中 b——加筋的宽度。

加筋的抗拔稳定系数 K_f 为

$$K_f = \frac{F_i}{T_i} = \frac{2L_0 bf'}{K_i S_x S_y} \geqslant [K_f]\text{（根据荷载工况取不同值，一般不小于 1.5）} \tag{6-76}$$

从上式可看出，抗拔稳定系数随锚固长度 L_0、筋带宽度 b、土筋间摩擦系数 f' 的增大而增大；与土压力系数 K_i、加筋条带之间水平和竖直间距 S_x 与 S_y 成反比。抗拔稳定系数与深度 z_i 无关。在其他参数已知的情况下，拉筋的锚固长度应满足：

$$L_0 = \frac{K_f K_i S_x S_y}{2bf'} \tag{6-77}$$

得到加筋锚固长度后，可根据库仑-朗肯破裂面，计算各层的主动区筋条长度，加上计算得出的锚固长度，可得深度 z_i 处的加筋总长度，总长度还应满足加筋土挡土墙设计规范相关构造要求。

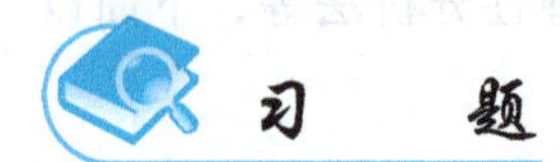

习　　题

6-1　有一重力式挡土墙高 6m，墙背直立光滑，墙后填土表面水平，其上作用连续均布荷载 $q = 10\text{kPa}$。填土的重度 $\gamma = 18\text{kN/m}^3$，抗剪强度指标为 $c = 15\text{kPa}$，$\varphi = 18°$。试求作用于墙背的主动土压力强度及单位长度上主动土压力（合力）大小及作用点位置。

6-2　有一重力式挡土墙高 6m，墙背直立、光滑，墙后填土表面水平。填土分两层，上层填土厚 2m，$\gamma_1 = 18\text{kN/m}^3$，抗剪强度指标为 $c_1 = 0$，$\varphi_1 = 30°$；下层填土厚 4m，$\gamma_2 = 20\text{kN/m}^3$，抗剪强度指标为 $c_2 = 10\text{kPa}$，$\varphi_2 = 25°$，如图 6-33 所示。试求作用于墙背的主动土压力强度 σ_a，并绘出土压力沿墙高的分布图。

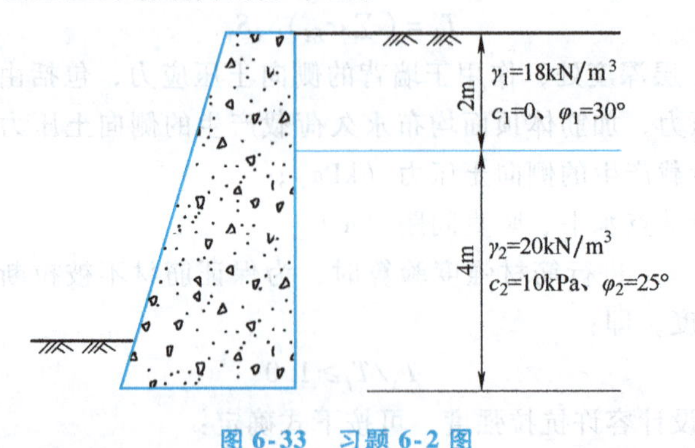

图 6-33　习题 6-2 图

6-3　某挡土墙高度 6.0m，墙背直立光滑，墙后填土两层为砂土，其性质指标如图 6-34 所示，地下水位在填土表面下 2.0m，处于上、下两层填土分界面。填土表面作用有 $q=90\text{kPa}$ 的连续均布荷载。试求作用在墙上的主动土压力合力 E_a、水压力 E_w 及其作用点位置。

6-4　在地表水平的砂土中，AB 为支撑土体的表面光滑而竖直的刚性板桩墙，其高度为 3m，在土压力的作用下假定绕墙底 B 点旋转。墙背连接一根足够长的水平拉杆与一个高度为 1m 的锚固墙 DE 相连，拉杆埋深距地表 2/3m。砂土重度 $\gamma=18\text{kN/m}^3$，强度指标为 $c=0$，$\varphi=30°$。板桩墙、锚固墙与拉杆的重量均忽略不计，且均无任何变形，如图 6-35 所示。问锚固墙 DE 能否保证板桩墙 AB 的稳定，而不绕 B 点倾倒？

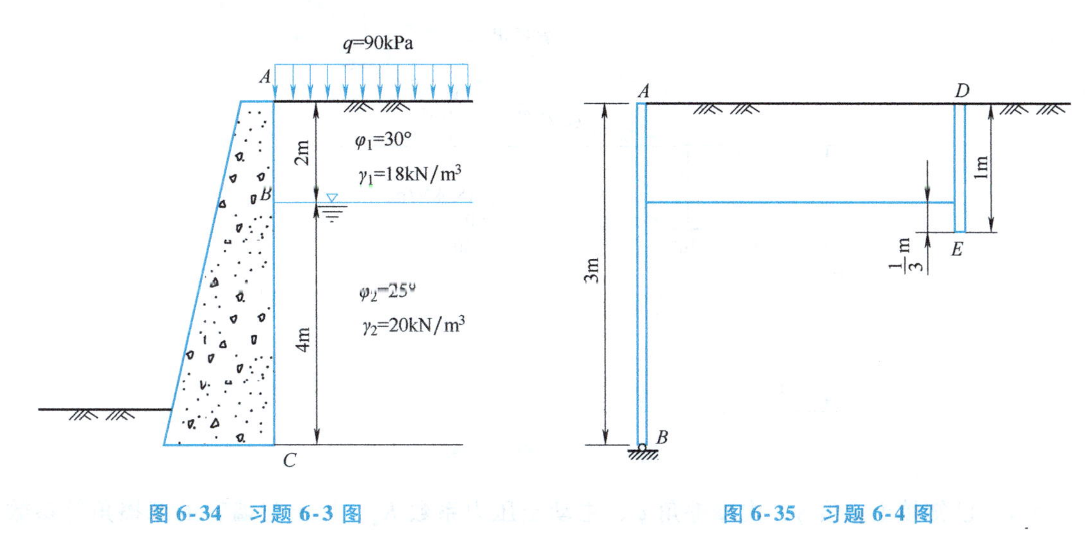

图 6-34　习题 6-3 图　　　　图 6-35　习题 6-4 图

6-5　如图 6-36 所示，已知挡土墙高度 $H=6\text{m}$，墙背倾角 $\varepsilon=10°$，墙背摩擦角 $\delta=15°$，填土面水平，填土的物理力学性质指标为 $\gamma=19.0\text{kN/m}^3$，$c=0$，$\varphi=30°$。试用库仑土压力理论计算挡土墙上的主动土压力合力及作用点位置。

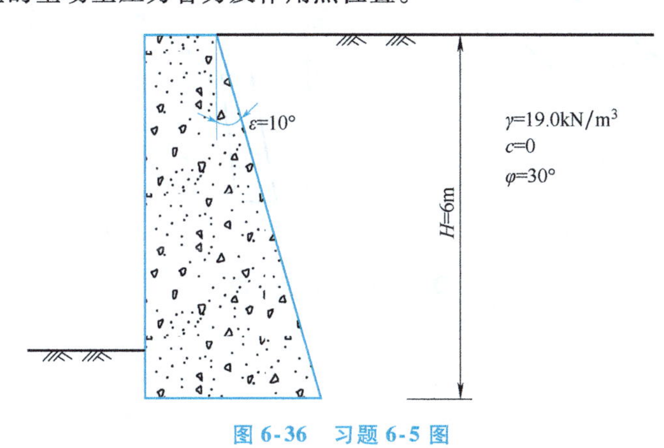

图 6-36　习题 6-5 图

6-6　有一重力式挡土墙，墙背竖直光滑，填土面水平。地表荷载 $q=49.9\text{kPa}$，无地下水，拟使用两种墙后填土，一种是黏土 $c_1=20\text{kPa}$，$\varphi_1=12°$，$\gamma_1=19\text{kN/m}^3$，另一种是砂土 $c_2=0$，$\varphi_2=30°$，$\gamma_2=21\text{kN/m}^3$。问当采用黏土填料和砂土填料的墙总主动土压力两者基本

相等时，墙高 H 是多少？

6-7 某重力式挡土墙墙高 8m，墙背竖直。墙后填土为砂土，$\gamma=18\text{kN/m}^3$，$c=0$，$\varphi=30°$填土面水平，用朗肯理论计算其主动与被动土压力。若墙背与填土间的外摩擦角 $\delta=15°$，试用库仑理论计算该墙的主动与被动土压力，并与朗肯理论计算结果进行比较。

6-8 如图 6-37 所示，挡土墙高度 $H=6\text{m}$，墙背倾角 $\varepsilon=10°$，墙背摩擦角 $\delta=10°$，填土面倾斜，与水平面的夹角 $\beta=15°$，填土的物理力学性质指标为 $\gamma=18.0\text{kN/m}^3$，$c=0$，$\varphi=30°$。填土表面作用均布荷载 $q=15\text{kPa}$。试用库仑土压力理论求作用在墙背上的主动土压力及作用点位置。

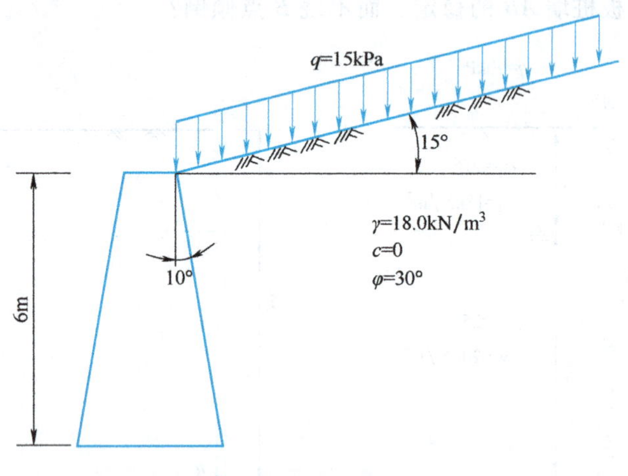

图 6-37 习题 6-8 图

6-9 已知填土重度 γ、内摩擦角 φ、主动土压力系数 K_a、填土与墙背的摩擦角等参数 δ，分别绘出图 6-38 中所示两种情况的主动土压力分布，并标出主动土压力的方向。

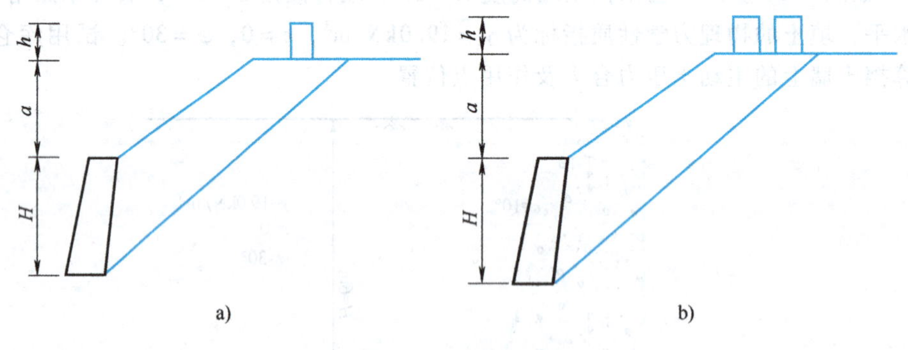

图 6-38 习题 6-9 图

第 7 章　边坡稳定性分析

7.1　概述

边坡是指具有侧向临空面的岩土体。边坡按形成方式可分为天然边坡和人工边坡，按材料类型可分为岩质边坡和土质边坡，对土质边坡而言，土坡可分为无黏性土边坡和黏性土边坡，前者指由碎石土、砂土等组成的边坡，后者指由黏性土组成的边坡。边坡表面倾斜，土体在自重或外部荷载作用下，有从高处向低处滑动的趋势，在自然或人为因素的影响下，如果边坡内部某一个面上的滑动力超过土体抗滑能力，最终形成连续的剪切破坏面，边坡土体稳定平衡状态遭到破坏，从而丧失稳定的现象称为边坡失稳，通常称为滑坡。滑坡是人类面临的主要地质灾害之一，常造成巨大损失。滑坡规模大小不一，小型滑坡体体积不足 $100m^3$，巨型滑坡体体积达几千万甚至几亿 m^3，如 1963 年 10 月意大利瓦伊昂（Vajont）水库发生巨型滑坡，滑动体积达 2.6 亿 m^3，如图 7-1 所示。

若边坡外部受到的作用力不变，边坡内部土体也未发生变化，则边坡将一直保持稳定状态，也就是说，边坡失稳一定是外部或内部经历了某种变化过程，从而改变了其平衡状态。引起边坡失稳的根本原因在于土体内部某个面上的剪应力达到了该面上的抗剪强度，土体稳定平衡遭到破坏，具体可能的原因如下：

图 7-1　意大利瓦伊昂水库滑坡（1963 年）

（1）外荷载变化引起坡体中剪应力增加　例如路堑或基坑开挖、路堤施工中在坡顶堆载引起土中应力变化，在坡顶修建建筑物使坡顶荷载增加，由于打桩、爆破、地震等原因在边坡上产生动荷载作用，降雨使土体重度增加等，都会导致坡体内剪应力增加。

（2）坡体中土体抗剪强度降低　由于降雨或其他水分入渗，使边坡内孔隙水压力增大、有效应力减小，从而导致土的抗剪强度降低；边坡中的软弱夹层因受水浸泡软化、膨胀土反复胀缩、黏性土蠕变，或振动荷载使土体结构松动、结构破坏等原因，也会导致土的抗剪强度降低。

边坡是基坑、道路、水利水电等工程中常见的地质体或土工构筑物，因此，边坡稳定性问题是土木工程领域十分关注的问题。边坡稳定和土压力、地基承载力被认为是土力学的三个经典问题，这三个领域的分析方法属于同一理论体系，即极限分析方法和极限平衡方法。极限分析的严格方法在数学处理上会遇到较大的困难，不便在实际工程问题中推广。极限平衡方法通过分析条块静力平衡获得一个许可的应力场及其相应的解，它将组成边坡的土视为刚体，仅考虑力或力矩平衡，而不考虑土体本身的变形，由于简单实用，极限平衡法在实际工程中得到了广泛应用。随着计算机技术的发展，有限单元法越来越多地应用于边坡稳定分析，有限单元法从求解边坡土体的应力应变出发，能较真实地描述出边坡的变形和破坏过程，是复杂和大型边坡稳定分析的重要方法。

本章对边坡稳定分析的主要理论和方法进行介绍，按直线滑动面、圆弧滑动面和任意形状滑动面介绍极限平衡方法，简要分析地下水和地震对边坡稳定性的影响，另外简要介绍边坡稳定分析的其他方法及滑动面搜索技术。

7.2 直线滑动面边坡稳定性分析

大量的实际调查表明，由砂、卵石、碎石等无黏性土组成的边坡，其滑动面近似为平面。层面、裂隙面或软弱夹层为平面的简单岩质边坡，往往也沿这些薄弱平面发生滑动。

如图 7-2 所示无黏性土边坡沿平面 AB 发生滑动，滑动面与水平面的夹角为 α，滑动面处土的内摩擦角为 φ，黏聚力 $c=0$，滑面上土体重力为 W，将 W 分解为与滑动面垂直的法向分力 $N=W\cos\alpha$ 及与滑动面平行的切向分力 $T=W\sin\alpha$。切向分力 T 促使滑动体下滑，称之为下滑力，滑动面处的极限摩擦力 $T_f=N\tan\varphi=W\cos\alpha\tan\varphi$ 阻止滑动体下滑，称之为抗滑力。

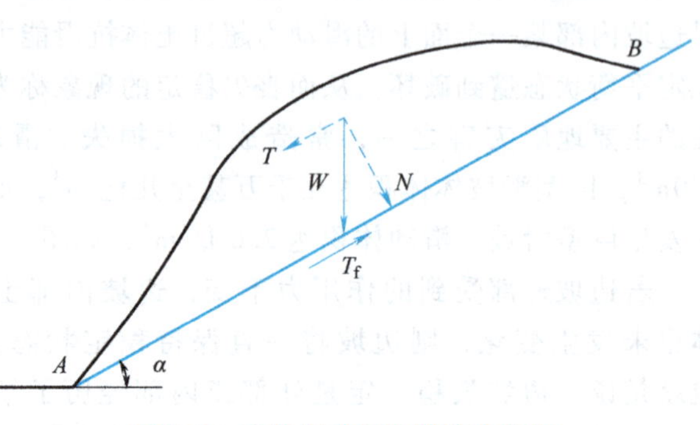

图 7-2 直线滑动面边坡稳定分析

将边坡稳定安全系数 F_s 定义为抗滑力与下滑力之比，即

$$F_s=\frac{T_f}{T}=\frac{W\cos\alpha\tan\varphi}{W\sin\alpha}=\frac{\tan\varphi}{\tan\alpha} \tag{7-1}$$

可见，对于沿平面滑动的无黏性土坡，其稳定安全系数等于滑动面处土的内摩擦角 φ 正切值与滑动面倾角 α 正切值之比。

对于均质、干燥的无黏性土坡，由于土颗粒间缺少黏结力，只要位于坡面上的土单元体能够保持稳定，整个土坡就是稳定的。由上述分析可知，无黏性土坡的安全系数可用坡面处土单元体的抗滑力与下滑力之比表示，即

$$F_s=\frac{\tan\varphi}{\tan\beta} \tag{7-2}$$

式 (7-2) 中 β 为边坡的坡角。因此，无黏性土坡的稳定安全系数仅与坡角及土的内摩擦角有关，而与坡高无关。当 $\beta<\varphi$ 时，$F_s>1$，边坡处于稳定状态，当 $\beta>\varphi$ 时，$F_s<1$，

边坡失稳。当 $\beta=\varphi$ 时，无黏性土坡处于极限平衡状态。

对应滑动面为软弱夹层的情况，如滑动面处土体黏聚力为 c，内摩擦角为 φ，滑动面长度为 l，则抗滑力为 $T_f=W\cos\alpha\tan\varphi+lc$，下滑力 $T=W\sin\alpha$，则安全系数为

$$F_s=\frac{T_f}{T}=\frac{W\cos\alpha\tan\varphi+lc}{W\sin\alpha} \tag{7-3}$$

式（7-3）中 W 和 c 均与边坡高度有关，因此，若直线滑动面处土体黏聚力 c 不为0，则边坡安全系数还与坡高有关。

若滑动面处于地下水位以下，则抗滑力计算时摩擦力一项正应力中应减掉孔隙水压力，并应使用有效抗剪强度指标计算。

在实际工程中，为了保证边坡具有足够的安全储备，在进行边坡稳定性评价时，通常取安全系数 F_s 大于规定数值，见表7-1。

表7-1　边坡稳定安全系数

边坡类型		边坡安全等级		
		一级边坡	二级边坡	三级边坡
永久边坡	一般工况	1.35	1.30	1.25
	地震工况	1.15	1.10	1.05
临时边坡		1.25	1.20	1.15

注：表中一级、二级、三级边坡分别对应破坏后果很严重、严重、不严重的情况。地质条件复杂的特殊边坡，安全等级应根据工程情况适当提高，具体可参阅《建筑边坡工程技术规范》（GB 50330—2013）。

7.3　圆弧滑动面边坡稳定性分析

7.3.1　圆弧条分法的基本原理

研究表明，均质干燥黏性土边坡的滑动面为通过坡脚的圆弧，在空间为圆柱面，对这类边坡进行稳定性分析的一种比较简单而实用的方法就是圆弧条分法。

圆弧条分法是由瑞典人彼德森（Petterson）于1915年提出的，后来经费伦纽斯（Fellenius）等人不断改进得到完善。他们假定土坡稳定问题为平面应变问题、滑动面是圆柱面，计算时不考虑土条之间的相互作用力，土坡稳定安全系数定义为滑动面上抗滑力矩与下滑力矩之比。20世纪40年代以后，随着土力学学科的不断发展，很多学者对圆弧条分法进行了改进。一方面，他们着重探索了最危险滑动面位置的分布规律，制作表格、曲线，以便工程实用。另一方面，对基本假定如分条方法、条间力做了修改和补充，提出了新的计算方法，使条分法更符合实际情况。其中毕肖普（Bishop）等提出将土坡稳定安全系数定义为沿整个滑动面的平均抗剪强度 τ_f 与实际产生的平均剪应力（也称抗剪强度发挥度）τ 之比，即

$$F_s=\frac{\tau_f}{\tau} \tag{7-4}$$

式（7-4）所表示的安全系数与一般建筑材料的强度安全系数相似，使安全系数的物理意义更加明确，而且适用范围更广，为以后考虑非圆弧滑动及土条间作用力的各种假定提供

了理论基础。

利用圆弧条分法分析黏性土坡稳定性时，先假定若干可能的滑动面，然后将滑动面以上的土体划分成若干土条，对作用于各土条上的力进行分析，求出极限平衡状态时土体的稳定安全系数，通过试算，找出最危险滑动面位置及相应的最小安全系数。

如图7-3所示，在干燥土坡滑动体中任取一个土条 i 进行受力分析，其上作用的力除土条自身重力 W_i 外，土条侧面 ac 和 bd 上作用有法向力 H_i、H_{i+1} 及切向力 V_i、V_{i+1}，土条底面作用有法向反力 N_i 和切向力 T_i。由于土条宽度不大，可认为 W_i、N_i 作用于土条底部 cd 中点，即 W_i 和 N_i 的作用点位置已知。土条的大小、形状一旦确定，W_i 的大小也就确定了。土条之间的相互作用力 H_i、V_i 未知，H_i 和 V_i 合力作用点位置 h_i 也未知，土条底部切向力 T_i、法向反力 N_i 的大小均未知。

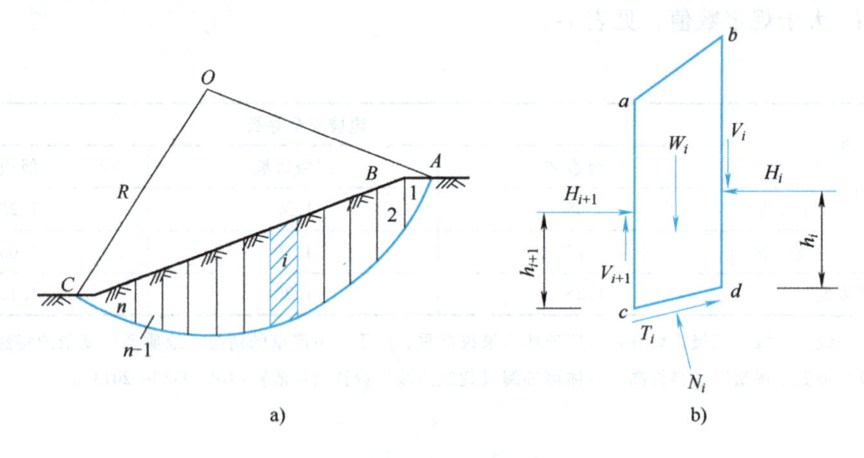

图7-3 土坡稳定性分析的圆弧条分法

a）圆弧滑动体 b）土条受力示意图

这样，对于划分为 n 个土条的滑坡体，土条界面有 $n-1$ 个，界面上的未知数有 $3(n-1)$ 个，滑动面上的未知数有 $2n$ 个，待求的土坡稳定安全系数 F_s 一个，即共有 $5n-2$ 个未知数。对于每个土条可以建立两个力平衡方程（$\sum F_{xi}=0$，$\sum F_{zi}=0$）、一个力矩平衡方程（$\sum M_i=0$）和一个极限平衡方程$\left(T_i=\dfrac{c_il_i+N_i\tan\varphi_i}{F_s}\right)$，即可建立的方程有 $4n$ 个。可见未知数的数量比可建立方程多 $n-2$ 个，因此，土坡稳定性问题实际上是一个高次超静定问题，要求解就必须建立新的方程或通过假定以减少未知数的数量。建立新的方程需要引入土体本身的应力-应变关系，这会使问题变得比较复杂，因此较常用的方法是对土条之间的相互作用力做出简化假定，以减少未知数的数量，再用条分法进行计算，以确定土坡的稳定性。

根据对土条间相互作用力的不同假定，可将条分法归纳为以下四种：

① 完全不考虑条间力，即土条间法向力 H_i 和切向力 V_i 均假定为零，减少 $3(n-1)$ 个未知数，如瑞典条分法。

② 假定土条间切向力 $V_i-V_{i+1}=0$ 值，其中最简单的就是简化毕肖普法，假定所有的 V_i 均为零。

③ 假定土条间法向力 H_i 和切向力 V_i 合力作用点方向，即 H_i 和 V_i 之间为某种函数关系，属于这一类的方法有斯宾塞法、摩根斯坦-普赖斯法、沙尔玛法以及我国规范中的不平

衡推力法。

④ 假定土条间法向力 H_i 和切向力 V_i 合力作用点位置，即假定 h_i 的大小，如简布法假定条间力作用在1/3土条高度处，属于这一类的方法统称为普遍条分法。

做了这些假定之后，土坡稳定性分析这一超静定问题就转化为静定问题，另外，这些方法并不一定要求假定滑动面为圆弧面，但基于任何假定求出的条间力必须满足下面两个条件：①在土条分界面上不违反土体破坏准则，即由 V_i 得出的平均剪应力应小于分界面处土体平均抗剪强度，或每一土条界面上的抗剪安全系数不应小于 F_s；②不允许土条间出现拉力，即 H_i 应大于零。

研究表明，在假定满足合理性要求的前提下，使用各种极限平衡方法求出的安全系数差别不大，因此，从工程实用观点看，在计算中无论采用何种假定，并不影响求得的稳定安全系数。同时需要指出，极限平衡法没有考虑土体本身的应力-应变关系，所求出的条间力不能代表土坡在实际工作条件下的真实内力，极限平衡法也不能求出变形，各种极限平衡方法所得到的解是近似解而非精确解。

7.3.2 瑞典条分法

1. 计算原理

瑞典条分法，简称瑞典法、简单条分法或费伦纽斯法，是极限平衡条分法中最古老而又最简单的方法。该方法除了假定滑动面为圆弧面外，还假定任意土条两侧面上的作用力大小相等、方向相反并作用在一条直线上，即土条两侧的作用力相互抵消，换言之该方法不考虑土条间相互作用力。瑞典条分法把土坡稳定安全系数定义为滑动面上的抗滑力矩与滑动力矩之比。

如图7-4所示，因为不考虑条间力，所以干燥土坡滑动体内任一土条上的作用力有土条自身重力 W_i、土条底面的法向反力 N_i 和切向力 T_i，其中 $W_i=\gamma_i b_i h_i$，γ_i、b_i 和 h_i 分别为土条 i 的重度、宽度和高度。

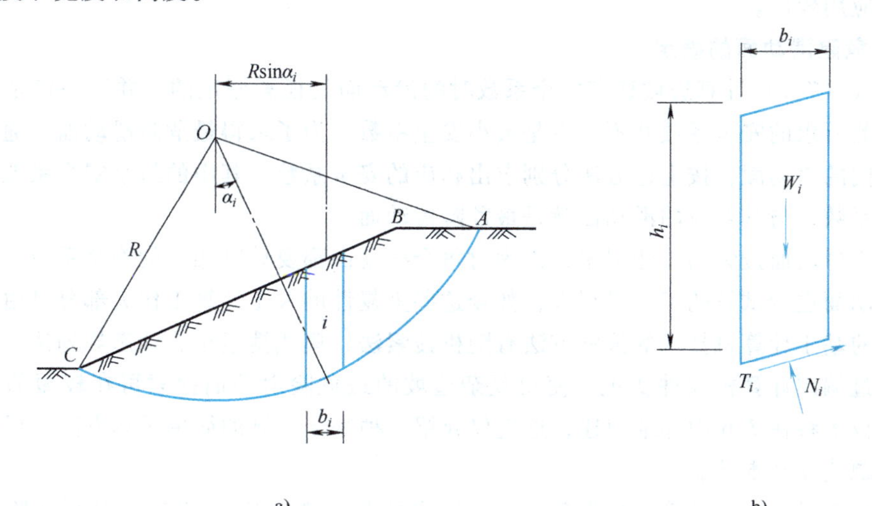

图7-4　土坡稳定分析的瑞典条分法

a）圆弧滑动体　b）土条受力示意图

各土条上作用力对滑弧圆心 O 点的抗滑力矩之和为

$$M_{\mathrm{f}}=\frac{\sum(c_il_i+N_i\tan\varphi_i)R}{F_{\mathrm{s}}}=\frac{\sum(c_il_i+W_i\cos\alpha_i\tan\varphi_i)R}{F_{\mathrm{s}}} \tag{7-5}$$

各土条上作用力对滑弧圆心 O 的滑动力矩之和为

$$M=\sum W_i\sin\alpha_iR \tag{7-6}$$

由滑动体整体力矩平衡条件，即 $M=M_{\mathrm{f}}$，得

$$F_{\mathrm{s}}=\frac{\sum(c_il_i+W_i\cos\alpha_i\tan\varphi_i)}{\sum W_i\sin\alpha_i} \tag{7-7a}$$

式中 c_i——土条 i 滑动面处土的黏聚力；

φ_i——土条 i 滑动面处土的内摩擦角；

α_i——土条 i 的底面倾角；

l_i——土条 i 的底面长度，可取直线长度；

F_{s}——边坡稳定安全系数。

对于边坡内有地下水的情形，若已知土条 i 滑动面处的孔隙水压力 u_i，则可采用有效应力指标 c_i'和 φ_i'，按下式计算安全系数，即

$$F_{\mathrm{s}}=\frac{\sum[c_i'l_i+(W_i\cos\alpha_i-u_il_i)\tan\varphi_i']}{\sum W_i\sin\alpha_i} \tag{7-7b}$$

关于考虑地下水时，边坡稳定分析中的孔隙水压力、总应力法和有效应力法等内容，将在 7.5 节中详细叙述。

需要说明的是，瑞典条分法忽略了条间力，因此满足滑动土体整体力矩平衡条件，但不满足每一土条的静力平衡条件，该方法计算出的土坡稳定安全系数一般偏低 10% ~20%，且误差随滑动面圆心角和孔隙压力的增大而增大。实际上，计算得到的安全系数偏小对工程来说偏于保守和安全，且由于该方法计算简便，多年的使用中也积累了大量经验，因此在实际工程中应用较广。

2. 最危险滑动面的确定

采用式（7-7）计算边坡稳定安全系数时的滑动面是任意假定的，并不一定是最危险滑动面，因此所求的安全系数并不一定是最小安全系数。为了求得最危险滑动面，通常需假定若干个不同的滑动面，按上述方法分别求出相应的安全系数，其中的最小安全系数就是该土坡的安全系数，与其对应的滑动面就是最危险滑动面。

最危险滑动面搜索的方法很多，因为对每个滑动面都要计算相应的安全系数，因此选定若干个滑动面进行试算的工作量很大，如今这些重复性的人工计算工作大部分已由计算机取代，相关的基于计算机技术的搜索方法有随机搜索法、模式搜索法、动态规划法、模拟退火法等，通过编制计算机软件实现，使得复杂边坡的最危险滑动面搜索可在较短的时间内完成，这些技术将在 7.6 中详细叙述，这里仅介绍一种基于手算的简单试算方法，以便对滑动面搜索问题建立基本认识。

费伦纽斯通过大量计算分析发现，对于均质黏性土坡，当 $\varphi=0$ 时，其最危险滑动面常通过坡脚，相应的滑动面圆心位置为图 7-5 中的 E 点，BE 和 CE 的方向由 α_1 和 α_2 角确定，α_1 和 α_2 的大小与坡角或坡比有关，见表 7-2。

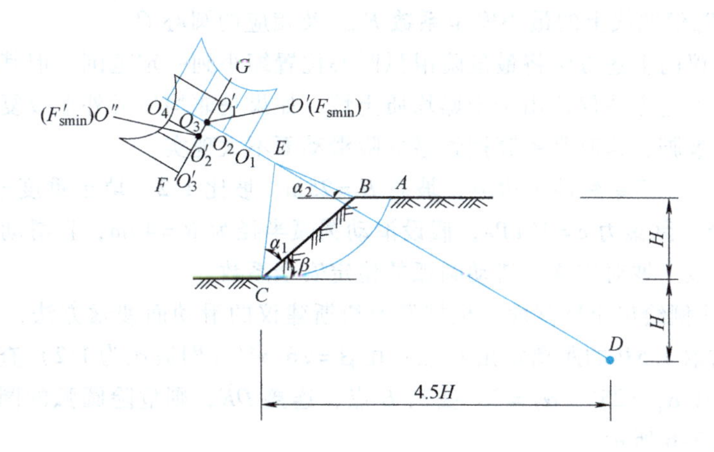

图 7-5　费伦纽斯条分法确定最危险滑弧圆心位置

表 7-2　最危险滑弧圆心确定时 α_1 和 α_2 的取值

坡　比	坡　角	α_1	α_2
1:0.58	60°	29°	40°
1:1	45°	28°	37°
1:1.5	33°41′	26°	35°
1:2	26°34′	25°	35°
1:3	18°25′	25°	35°
1:4	14°03′	25°	36°
1:5	11°19′	25°	37°

对 $\varphi>0$ 的均质黏性土坡，最危险滑动面的圆心可能在图 7-5 中 DE 的延长线上，此时确定最危险滑动面圆心位置的步骤如下：

① 按比例画出土坡 ABC，并量出坡角 β 或坡比。

② 根据坡角 β 或坡比（坡高与坡宽之比）从表 7-2 查得 α_1 和 α_2 的角度。

③ 通过 C 点作 CE 线，使 $\angle ECB=\alpha_1$，通过 B 点作 BE 线，使 BE 线与水平线的夹角等于 α_2，这样就可以确定 E 点。

④ 确定 D 点的位置，使 D 点在 C 点的右下方且距离 C 点的竖直、水平距离分别为 H、$4.5H$，H 为坡高。

⑤ 在 DE 的延长线上取若干圆心 O_1、O_2、O_3、…，分别绘制过坡脚的若干滑弧并计算相应的安全系数 F_{s1}、F_{s2}、F_{s3}、…，并在 DE 线的垂直方向按比例画 F_{si}值曲线。

⑥ 找出该 F_{si}值曲线上的最小的安全系数 F_{smin}，并确定 F_{smin}所对应的圆心 O'。

⑦ 真正最危险滑弧圆心并不一定是 O'点，为此，过 O'点作 DE 的垂线 FG，在 FG 上、O'点附近另选若干圆心 O'_1、O'_2、O'_3、…，分别计算相应的安全系数 F'_{s1}、F'_{s2}、F'_{s3}、…，并在 FG 线上按比例画 F'_{si}值曲线。

⑧ 找出该 F'_{si} 值曲线上的最小安全系数 F'_{smin} 及相应的圆心 O''。

费伦纽斯建议的上述方法将最危险滑弧圆心位置缩小到一定范围，但其试算工作量还是很大的。另外，上述方法仅适用于干燥均质土坡，如果是非均质或外形较复杂的土坡，其滑动面一般不通过坡脚，这时靠手算搜索最危险滑动面不太现实。

【例题 7-1】 一简单黏性土边坡，坡高 $H=25\text{m}$，坡比 1:2，填土重度 $\gamma=20\text{kN/m}^3$，内摩擦角 $\varphi=26.6°$，黏聚力 $c=10\text{kPa}$，假设滑动圆弧半径为 $R=49\text{m}$，且滑动面通过坡脚，试用瑞典条分法求该土坡对应这一滑动圆弧的稳定安全系数。

解：1）按比例绘出土坡剖面。根据费伦纽斯建议的滑动面搜索方法，在坡脚下且竖直距离为 H 处向右取 $4.5H$ 的距离定出 D 点；由 $\beta=26°34'$（即坡比为 1:2）查表 7-2 可知 $\alpha_1=25°$，$\alpha_2=35°$，按 $\alpha_1=25°$，$\alpha_2=35°$ 找到 E 点，连接 DE，则危险圆弧的圆心一般在 DE 的延长线上，如图 7-6 所示。

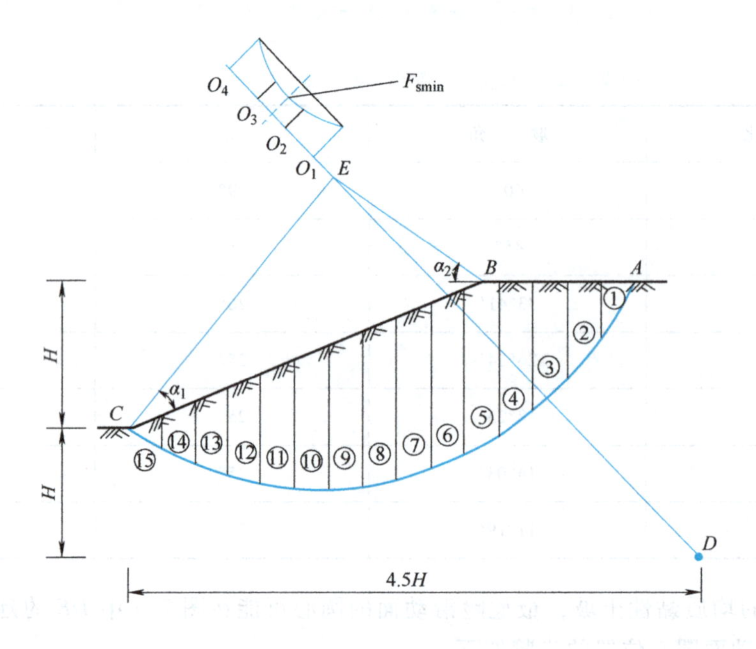

图 7-6 例题 7-1 图

2）选择圆心 O_1，并以半径 $R=49\text{m}$ 过坡脚画出滑动圆弧。

3）将滑动体分为 15 个土条，并对土条进行编号。

4）按比例量出各土条的中心高度 h_i，宽度 b_i，并计算 $\sin\theta_i$、$\cos\theta_i$、W_i 等值，见表 7-3，计算该滑动圆弧对应的安全系数 $F_s=2.04$。

瑞典条分法计算土坡安全系数

为了加深对瑞典条分法边坡稳定性分析理论和方法的理解，可通过二维码的稳定性分析 Excel 计算表，了解各土条计算参数的意义及计算过程，试着改变计算参数看相应安全系数是如何变化的。

需要指出，上述安全系数只是半径 $R=49\text{m}$ 滑动面的安全系数，并非该边坡真正的安全系数。在此基础上，选取不同的圆心 O_2、O_3、O_4、…，重复上述计算步骤，才能得到土坡真正的稳定安全系数。

表 7-3 例题 7-1 计算过程

土条编号	h_i/m	b_i/m	l_i/m	c_i/kPa	φ_i/(°)	α_i/(°)	W_i/(kN/m)	c_il_i/(kN/m)	$W_i\sin\alpha_i$/(kN/m)	$W_i\cos\alpha_i$/(kN/m)	$W_i\cos\alpha_i\tan\varphi_i$/(kN/m)
1	6.29	5	11.96	10.0	26.6	63.62	629	119.6	560.44	279.48	139.95
2	14.30	5	8.38	10.0	26.6	52.25	1430	83.8	1130.69	875.47	438.40
3	20.08	5	7.00	10.0	26.6	43.64	2008	70	1385.77	1453.17	727.69
4	24.36	5	6.23	10.0	26.6	35.9	2436	62.3	1428.40	1973.26	988.14
5	27.63	5	5.75	10.0	26.6	28.85	2763	57.5	1333.20	2420.07	1211.88
6	28.88	5	5.44	10.0	26.6	22.36	2888	54.4	1098.67	2670.86	1337.47
7	28.18	5	5.23	10.0	26.6	16.15	2818	52.3	783.84	2706.79	1355.46
8	26.89	5	5.09	10.0	26.6	10.08	2689	50.9	470.64	2647.49	1325.77
9	24.34	6	6.02	10.0	26.6	4.18	2920.8	60.2	212.90	2913.03	1458.74
10	21.95	4	4.00	10.0	26.6	-2.26	1756	40	-69.25	1754.63	878.66
11	19.93	5	5.04	10.0	26.6	-7.55	1993	50.4	-261.86	1975.72	989.37
12	16.55	5	5.13	10.0	26.6	-13.48	1655	51.3	-385.79	1609.41	805.93
13	12.50	5	5.29	10.0	26.6	-19.58	1250	52.9	-418.90	1177.72	589.76
14	8.02	5	5.53	10.0	26.6	-25.87	802	55.3	-349.94	721.63	361.36
15	2.65	5	5.89	10.0	26.6	-32.59	265	58.9	-142.74	223.27	111.81
Σ								919.8	6776.06		12720.38
安全系数	$F_s=\dfrac{\sum\limits_{i=1}^{15}c_il_i+\sum\limits_{i=1}^{15}W_i\cos\alpha_i\tan\varphi_i}{\sum\limits_{i=1}^{15}W_i\sin\alpha_i}=\dfrac{919.8+12720.38}{6776.06}=2.01$										

7.3.3 简化毕肖普法

毕肖普（Bishop）假定滑动面为圆弧，考虑了土条之间相互作用力，将安全系数定义为总抗滑力与总下滑力之比，在 1955 年提出了一个边坡稳定安全系数的计算方法。

如图 7-7 所示，土条 i 上作用的力有土条自身重力 W_i、土条底面的法向反力 N_i 和切向力 T_i、土条间法向作用力 H_i 和 H_{i+1}、土条间切向作用力 V_i 和 V_{i+1}，假定 N_i 和 T_i 合力作用在土条底面中点。

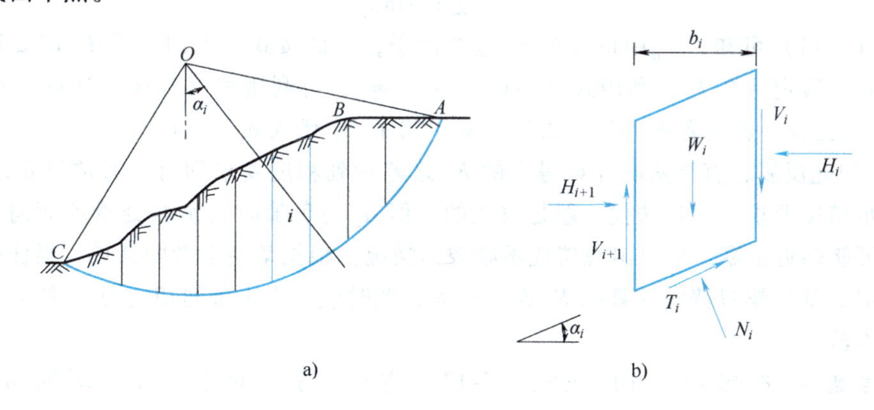

图 7-7 毕肖普条分法

a）圆弧滑动体 b）土条受力示意图

根据土条 i 竖向受力平衡条件，有

$$W_i + V_i - V_{i+1} - T_i\sin\alpha_i - N_i\cos\alpha_i = 0 \tag{7-8}$$

由式（7-4）安全系数定义及摩尔-库仑理论有

$$T_i = \tau l_i = \frac{\tau_f}{F_s} l_i = \frac{c_i l_i + N_i\tan\varphi_i}{F_s} \tag{7-9}$$

将式（7-9）代入式（7-8）并整理，得

$$N_i = \left(W_i + V_i - V_{i+1} - \frac{c_i l_i\sin\alpha_i}{F_s}\right)\frac{1}{m_{ai}} \tag{7-10}$$

$$m_{ai} = \cos\alpha_i + \frac{\tan\varphi_i\sin\alpha_i}{F_s} \tag{7-11}$$

当滑动体达到极限平衡状态时，各土条间的作用力对滑弧圆心的力矩之和应当为零，此时条间力作为内力不出现在平衡方程中，因此得

$$\sum W_i x_i - \sum T_i R = 0 \tag{7-12}$$

将式（7-9）、式（7-10）代入式（7-12），且 $x_i = R\sin\alpha_i$，得到安全系数的表达式为

$$F_s = \frac{\sum \frac{1}{m_{ai}}[c_i b_i + (W_i + V_i - V_{i+1})\tan\varphi_i]}{\sum W_i\sin\alpha_i} \tag{7-13}$$

式（7-13）为毕肖普条分法计算土坡安全系数的一般表达式，但 V_i、V_{i+1} 为未知量，为了求出 F_s，需估算 $V_i - V_{i+1}$ 值，可通过逐次逼近法求解。毕肖普证明，若令各土条的 $V_i - V_{i+1} = 0$，所引起的误差仅为 1%，由此可得国内外使用相当广泛的简化毕肖普法表达式，即

$$F_s = \frac{\sum \frac{1}{m_{ai}}[c_i b_i + W_i\tan\varphi_i]}{\sum W_i\sin\alpha_i} \tag{7-14a}$$

若土条 i 滑动面处的孔隙水压力为 u_i，则简化毕肖普法可采用下式按有效应力强度指标 c'、φ' 计算边坡稳定安全系数，即

$$F_s = \frac{\sum \frac{1}{m_{ai}}[c_i' b_i + (W_i - u_i b_i)\tan\varphi_i']}{\sum W_i\sin\alpha_i} \tag{7-14b}$$

从式（7-11）可知，m_{ai} 中也含有 F_s 这个因子，因此按式（7-14）求 F_s 时要进行迭代试算。一般先假定一个 F_s，利用式（7-11）求出 m_{ai}，再利用式（7-14）计算得到 F_s，并与假定的 F_s 比较，若两者不一致，再用计算求得的 F_s 代入式（7-11）及式（7-14）得到 m_{ai} 及 F_s，如此反复，直至两次计算得到的 F_s 之差达到精度要求即可。通常只要迭代 3～4 次就可满足精度要求，而且迭代一般是收敛的。但 α_i 为负值时（坡脚处滑动面向上翘的部分），m_{ai} 可能趋近于零，从而出现迭代不收敛的情况。根据某些学者的意见，当任一土条的 $m_{ai} < 0.2$ 时，简化毕肖普法计算的 F_s 误差较大，此时应考虑土条间切向力 V_i 的影响或采用别的计算方法。

为了考虑 V_i 的影响，可以按式（7-13）进行计算。对于比较平缓的均质土坡，式（7-13）中的 $V_i - V_{i+1}$ 值可以使用潘家铮根据弹性理论推求出来的简化公式加以估算，即

$$V_i - V_{i+1} = K_\beta W_i(\tan\beta - \tan\alpha_i) \quad (7\text{-}15)$$

式中，β 是土坡的坡角；K_β 是一个系数，可用下式表示：

$$K_\beta = a\frac{\mu}{1-\mu} - b \quad (7\text{-}16)$$

式中，a、b 为与坡角 β 有关的两个系数，如图 7-8 所示；μ 为泊松比。

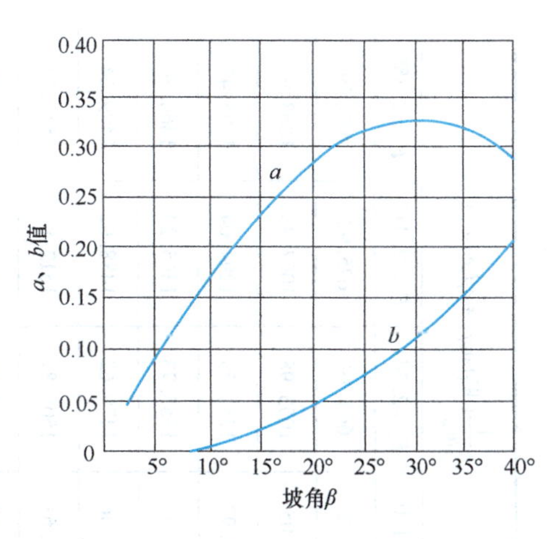

图 7-8 系数 K_β 中 a、b 与坡角关系

V_i 沿水平轴的分布，一般呈两端为零、中间突出的曲线，因而边坡顶部几个土条的 $V_i - V_{i+1}$ 值一般为负，而靠近坡脚处则常常为正，而对整个滑动体来说，因为 V_i 是各土条间的内力，因此必须满足 $\sum(V_i - V_{i+1}) = 0$。

需要注意的是，应该通过计算很多滑动面并进行分析比较，才能找出最危险的滑动面，该面对应的安全系数才是真正的安全系数。由于计算工作量很大，一般需要编制计算机程序来完成。

简化毕肖普法考虑了土条两侧的法向作用力 H_i，计算结果相对较为合理。分析时利用每一土条竖向力的平衡及整个滑动土体的力矩平衡条件，避开了 H_i 大小的计算及其作用点的确定，并假定所有的 V_i 均等于零，使分析过程得到了简化，但不能满足所有的平衡条件，由此产生的误差为2% ~7% 。

简化毕肖普法具有以下特点：①滑动面为圆弧面；②满足滑动体整体力矩平衡条件；③考虑了土条之间的法向力而忽略了切向力；④满足各个土条的力多边形闭合条件，但不满足各个土条的力矩平衡条件；⑤由于考虑了土条间的水平作用力，利用该方法计算得到的安全系数比利用瑞典条分法计算得到的略高一些。简化毕肖普法并不是严格的极限平衡分析法，但计算结果与严格方法比较接近，这一点已为大量的工程实践所证实，由于其计算过程不很复杂，且精度较高，所以它是目前工程上常用的方法。

【例题 7-2】 题目条件同例题 7-1，试用简化毕肖普法计算土坡的稳定安全系数，并与例题 7-1 的计算结果进行比较。

解：取土坡滑动面圆心 O 的位置以及土条划分情况均与例题 7-1 相同，各土条的所有计算参数及详细计算过程见表 7-4。

第一次试算时，假定稳定安全系数 $F_s = 1.0$，按式（7-11）计算 m_{ai}，然后按式（7-14a）计算稳定安全系数，即

$$F_s = \frac{\sum \frac{1}{m_{ai}}[c_i b_i + W_i \tan\varphi_i]}{\sum W_i \sin\alpha_i} = \frac{15555.99}{6941.05} = 2.241$$

第二次试算时，代入安全系数 $F_s = 2.241$，按式（7-11）计算 m_{ai}，然后按式（7-14a）计算稳定安全系数，即

$$F_s = \frac{16499.88}{6941.05} = 2.377$$

第三次试算时，代入安全系数 $F_s = 2.377$，按式（7-11）计算 m_{ai}，然后按式（7-14a）计算稳定安全系数，即

表 7-4 例题 7-2 计算过程

土条编号	l_i /m	W_i/ (kN/m)	$W_i\sin\alpha_i$/ (kN/m)	$W_i\tan\varphi_i$/ (kN/m)	$c_i l_i\cos\alpha_i$/ (kN/m)	$m_{\alpha i}$				$\frac{1}{m_{\alpha i}}(W_i\tan\varphi_i + c_i l_i\cos\alpha_i)$			
						$F_s=1.0$	$F_s=2.241$	$F_s=2.377$	$F_s=2.386$	$F_s=1.0$	$F_s=2.241$	$F_s=2.377$	$F_s=2.386$
1	12.82	750	668.25	375.57	58.20	0.900	0.653	0.642	0.641	481.88	664.19	675.98	676.69
2	7.693	1550	1237.89	776.18	46.30	1.002	0.780	0.771	0.769	821.05	1053.98	1067.38	1068.91
3	11.112	2100	1432.20	1051.60	81.27	1.073	0.884	0.875	0.875	1055.92	1281.79	1294.04	1295.43
4	5.983	2500	1361.60	1251.91	50.18	1.111	0.960	0.954	0.953	1171.57	1355.73	1365.23	1366.30
5	5.983	2800	1357.47	1402.14	52.33	1.117	0.983	0.977	0.976	1301.66	1479.62	1488.62	1489.64
6	5.983	2925	1119.35	1464.73	55.28	1.116	1.009	1.005	1.004	1362.61	1505.81	1512.84	1513.63
7	5.129	2850	785.57	1427.17	49.30	1.099	1.023	1.020	1.019	1343.12	1443.45	1448.23	1448.77
8	5.129	2700	468.85	1352.06	50.51	1.072	1.024	1.021	1.021	1308.66	1370.20	1373.05	1373.37
9	5.983	3000	209.27	1502.29	59.68	1.032	1.013	1.012	1.012	1512.81	1541.69	1542.99	1543.14
10	3.419	2250	−117.76	1126.72	34.14	0.972	0.987	0.988	0.988	1193.78	1176.23	1175.47	1175.38
11	5.129	2000	−278.35	1001.53	50.79	0.921	0.959	0.961	0.961	1143.11	1097.13	1095.18	1094.96
12	5.129	1650	−399.17	826.26	49.77	0.849	0.916	0.919	0.920	1031.65	956.14	953.05	952.71
13	5.556	1250	−417.26	625.95	52.37	0.775	0.868	0.872	0.873	874.71	781.47	777.80	777.39
14	5.983	800	−350.70	400.61	53.77	0.679	0.801	0.806	0.807	668.93	567.42	563.63	563.21
15	4.274	250	−136.16	125.19	35.84	0.566	0.717	0.724	0.724	284.55	224.62	222.55	222.32
合计			6941.05							15555.99	16499.88	1655839	16561.85
安全系数	$F_s=\frac{16561.85}{6941.05}=2.386$												

$$F_s = \frac{16558.39}{6941.05} = 2.386$$

第四次试算时，代入安全系数 $F_s = 2.386$，按式（7-11）计算 m_{ai}，然后按式（7-14a）计算稳定安全系数，即

$$F_s = \frac{16561.85}{6941.05} = 2.386$$

可见经过四次试算后，计算得到的安全系数与代入值相同，迭代完成。故过坡脚、半径 $R = 49$m 的圆弧滑动面的稳定安全系数为 $F_s = 2.386$，而例题 7-1 中利用瑞典条分法得到该圆弧滑动面的稳定安全系数 $F_s = 2.04$，这也验证了简化的毕肖普法得到的安全系数大于瑞典条分法得到的安全系数。

毕肖普法边坡稳定性计算

同样可通过二维码的毕肖普法稳定性分析 Excel 计算表，了解详细计算过程，可试试改变抗剪强度参数变化，看看相应安全系数如何变化。

适用于圆弧滑动面的常用方法还有斯宾塞（Spencer）法，斯宾塞法是同时满足力和力矩平衡条件的严格方法，该方法假定土条之间的法向条间力 H 与切向条间力 V 之间有一固定的常数关系，即 $V_i/H_i = V_{i+1}/H_{i+1} = \tan\theta$，因此各土条条间力合力方向彼此平行。斯宾塞法中 θ 是未知的常数，因此迭代过程中要求 θ 和 F_s 两个未知数。当 $\theta = 0°$时，斯宾塞法相当于简化毕肖普法。

7.4　任意形状滑动面边坡稳定性分析

7.4.1　简布普遍条分法

前面基于圆弧滑动面的条分法多用于均质土边坡，实际工程中的边坡滑动可发生在多层土中，特别是土坡下面有软弱夹层，或土坡位于倾斜岩层面上时，滑动面形状受到夹层或硬层影响而明显呈非圆弧形状，因而前述圆弧滑动面分析方法就不再适用了。为了解决这一问题，简布（Janbu）提出了适用于任意形状（包含圆弧）滑动面的普遍条分法，简称简布法。

简布法假定土条两侧法向力的作用点位置已知，并认为土条两侧法向力作用于土条底面以上 1/3 土条高度处。所有土条两侧法向力作用点的连线称为推力线，如图 7-9a 所示。研究表明，条间力作用点的位置对土坡稳定安全系数影响不大。

如图 7-9b 所示，土条 i 上作用的力有土条自身重力 W_i、土条底面的法向反力 N_i 和切向力 T_i、土条间法向作用力 H_i 和 H_{i+1}、土条间切向作用力 V_i 和 V_{i+1}。h_i 为条间法向力作用点高度，α_i 为推力线与水平线的夹角。

根据土条 i 竖向受力平衡条件，有

$$N_i\cos\alpha_i = W_i + V_i - V_{i+1} - T_i\sin\alpha_i \tag{7-17}$$

根据土条 i 水平向受力平衡条件，有

$$H_{i+1} - H_i = N_i\sin\alpha_i - T_i\cos\alpha_i \tag{7-18}$$

将式（7-17）代入式（7-18），得

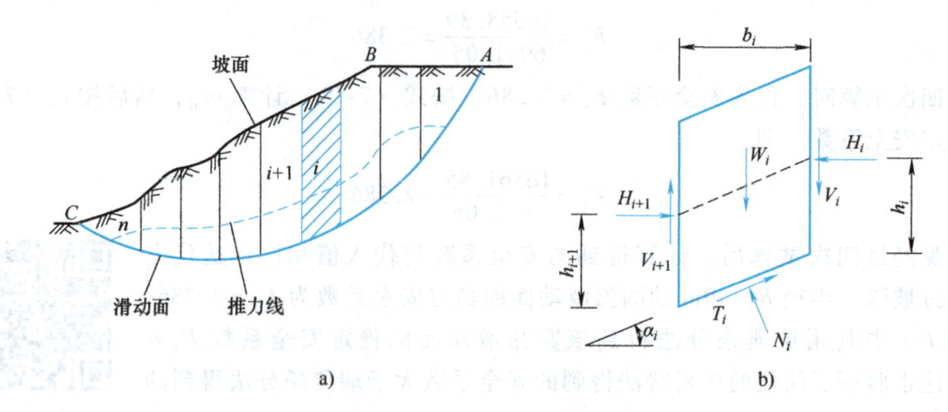

图 7-9 简布的普遍条分法

a) 非圆弧滑动体 b) 土条受力示意图

$$H_{i+1}-H_i=(W_i+V_i-V_{i+1})\tan\alpha_i-T_i\sec\alpha_i \tag{7-19}$$

对式（7-19）等号两边求和，根据$\sum(H_{i+1}-H_i)=0$，可得

$$\sum(W_i-V_i+V_{i+1})\tan\alpha_i-\sum T_i\sec\alpha_i=0 \tag{7-20}$$

根据安全系数的定义和摩尔—库仑破坏准则，可得

$$T_i=\frac{\tau_{fi}l_i}{F_s}=\frac{N_i\tan\varphi_i+c_ib_i\sec\alpha_i}{F_s} \tag{7-21}$$

联合求解式（7-17）和式（7-21），可得

$$T_i=\frac{1}{F_s}\frac{c_ib_i+(W_i+V_i-V_{i+1})\tan\varphi_i}{m_{ai}} \tag{7-22}$$

式中

$$m_{ai}=\cos\alpha_i+\frac{\tan\varphi_i\sin\alpha_i}{F_s} \tag{7-23}$$

将式（7-22）代入式（7-20）后，可得

$$F_s=\frac{\sum\frac{1}{m_{ai}}[c_ib_i+(W_i+V_i-V_{i+1})\tan\varphi_i]}{\sum(W_i+V_i-V_{i+1})\sin\alpha_i} \tag{7-24a}$$

式（7-24a）即为简布法计算土坡安全系数的表达式。

若考虑孔隙水压力u_i，采用有效应力强度指标c'、φ'，简布法计算土坡安全系数的表达式可以写成

$$F_s=\frac{\sum\frac{1}{m_{ai}}[c_i'b_i+(W_i-u_ib_i+V_i-V_{i+1})\tan\varphi_i']}{\sum(W_i+V_i-V_{i+1})\sin\alpha_i} \tag{7-24b}$$

式（7-24）中含有待定的未知量V_i-V_{i+1}，简布利用了条块的力矩平衡条件，因而整个滑动土体的整体力矩平衡也自然得到满足。

图7-9b所示的所有力对土条底边中点取矩，并略去高阶微量，可得作用于土条上的切向力与水平向力之间的关系

$$V_ib_i=-H_ib_i\tan\alpha_i+h_i(H_{i+1}-H_i) \tag{7-25}$$

用简布法计算时，如果要同时得到安全系数、切向土条间力 V_i 和 V_{i+1}，则需要用迭代法，其步骤如下。

① 确定安全系数 F_s 的迭代精度要求，即首先确定 ΔF_s。

② 假设 $V_i - V_{i+1} = 0$，相当于简化的毕肖普方法，并假定 $F_s = 1.0$，算出 m_{ai}，再用式（7-24）计算安全系数 F'_s，与假定的 F_s 值进行比较。若两者相差较大，则用 F'_s值重新计算 m_{ai}和新的安全系数，反复逼近至满足精度要求，求出 F_s 的第一次近似值。

③ 根据上述相应公式分别计算每一土条的 T_i、H_i、V_i，并计算 $V_i - V_{i+1}$。

④ 将新求出的 $V_i - V_{i+1}$代入式（7-24），计算 F_s 的第二次近似值。

⑤ 重复上述的步骤③～④，直到前后两次计算的 F_s 值达到规定精度为止。

为了求得最危险滑动面及最小安全系数，必须假定若干个滑动面进行试算，加上上述迭代步骤，工作量比较大，一般需要编制计算机程序来实现。

除了简布法外，同时严格满足力和力矩平衡条件的方法还有摩根斯坦-普赖斯（Morgenstern-Price）法和沙尔玛（Sarma）法，这两种方法也都适用于任意形状滑动面。其中摩根斯坦-普赖斯法假定两相邻土条法向条间力和切向条间力之间存在一个对水平坐标的函数关系 $f(x)$，此函数可以是常数、梯形、部分正弦或任意函数，常用半正弦函数。沙尔玛法假定沿两相邻土条的竖直界面，所有平行于土条底面的斜面均处于极限平衡状态，假定切向条间力的大小符合分布函数 $g(x)$，从而使超静定问题变为静定问题。沙尔玛法是一种适应性较强的方法，土条不必竖直划分，可根据岩土体性质和实际分界面采用倾斜土条，特别适用于岩质边坡中存在倾斜的裂隙面、层面等天然结构面的情况，沙尔玛法还可以方便地考虑地震的作用，将在7.5.2中详述。

7.4.2　不平衡推力法

不平衡推力法又称传递系数法，在已知折线滑动面的边坡稳定分析中，特别是滑坡防治工程中广泛使用，如《建筑地基基础设计规范》（GB 50007—2011）、《建筑边坡工程技术规范》（GB 50330—2013）、《铁路路基支挡结构设计规范》（TB 10025—2019）等规范中都推荐使用该方法。不平衡推力法假定条间力的合力方向与上一土块底面平行，并根据土块受力平衡条件，由上向下逐条计算剩余推力，若在某安全系数下计算得到最后一个土块的剩余推力为零，则此安全系数即为所求的边坡稳定安全系数。

从图7-10滑坡体中取任一土块 i，其右侧所受上一土块的作用力（推力）E_{i-1}的方向与第 $i-1$ 土块底面平行，其左侧所受第 $i+1$ 土块的作用力 E_i 的方向与土块 i 底面平行。根据垂直及平行于土块 i 底面方向的力的平衡条件，有

$$N_i - W_i\cos\alpha_i - E_{i-1}\sin(\alpha_{i-1} - \alpha_i) = 0 \tag{7-26}$$

$$T_i + E_i - W_i\sin\alpha_i - E_{i-1}\cos(\alpha_{i-1} - \alpha_i) = 0 \tag{7-27}$$

根据安全系数定义和摩尔-库仑破坏准则，可得

$$T_i = \frac{N_i\tan\varphi_i + c_i l_i}{F_s} \tag{7-28}$$

由以上三式消去 N_i、T_i，得

$$E_i = W_i\sin\alpha_i - \frac{W_i\cos\alpha_i\tan\varphi_i + c_i l_i}{F_s} + E_{i-1}\psi_i \tag{7-29a}$$

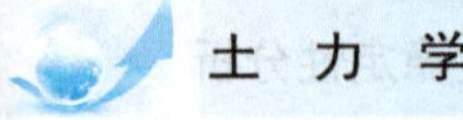

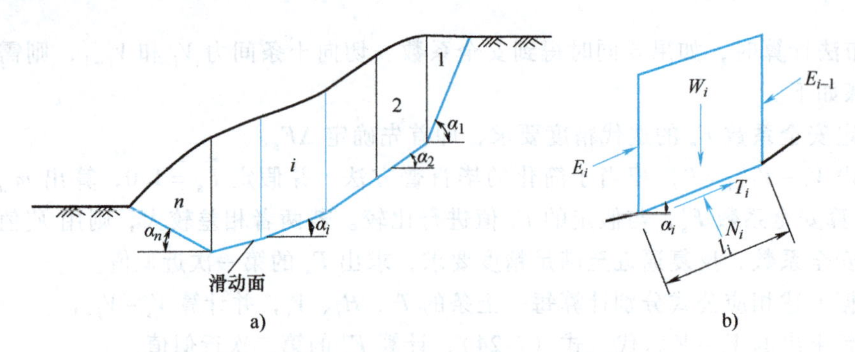

图 7-10 不平衡推力法

a) 折线滑动面 b) 土块受力示意图

若考虑孔隙水压力，则 E_i 可写成

$$E_i = W_i\sin\alpha_i - \frac{(W_i\cos\alpha_i - u_il_i)\tan\varphi_i' + c_i'l_i}{F_s} + E_{i-1}\psi_i \tag{7-29b}$$

式中，ψ_i 称为传递系数，其表达式如下：

$$\psi_i = \cos(\alpha_{i-1} - \alpha_i) - \frac{\tan\varphi}{F_s}\sin(\alpha_{i-1} - \alpha_i) \tag{7-30}$$

采用不平衡推力法计算时需先假定 F_s，然后从第一个土块开始逐条向下计算剩余推力，直至求出最后一个土块的剩余推力 E_n，E_n 必须为零，否则就重新假定 F_s 进行试算。

为便于应用，工程上常采用下面简化公式计算剩余推力，即

$$E_i = F_sW_i\sin\alpha_i - (W_i\cos\alpha_i\tan\varphi_i + c_il_i) + E_{i-1}\psi_i \tag{7-31}$$

式中，传递系数 ψ_i 用下式计算，即

$$\psi_i = \cos(\alpha_{i-1} - \alpha_i) - \sin(\alpha_{i-1} - \alpha_i)\tan\varphi_i \tag{7-32}$$

需要说明的是，分析中，当 $E_i<0$ 时，表示第 i 土块自身稳定，因土块之间不能承受拉力，E_i 不再往下传递，分析中计算 $i+1$ 土块时应取 E_i 为零。另外，当某一土块的滑面有反坡时，则相应的 $W_i\sin\alpha_i$ 就为负值，即不再是下滑力，而变为抗滑力了，在计算中该项就不应再乘安全系数了。

【例题 7-3】 如图 7-11 所示，已知 4 个土块的面积分别为 20m^2、100m^2、135m^2、35m^2，土块底部长度分别为 10m、10m、13m、10m，倾角 α 分别为 70°、35°、25°、−20°，土的重度为 18kN/m^3，$c=10\text{kPa}$，$\varphi=16°$，不考虑地下水。①试用不平衡推力法计算土坡的稳定安全系数；②若取安全系数为 1.2，计算此时的剩余下滑力（取 1 延米宽度计算）。

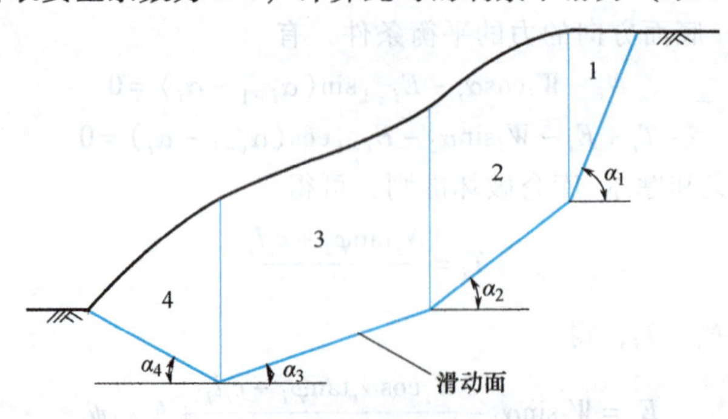

图 7-11 例题 7-3 图

解： ①先令 $F_s=1$ 试算，按式（7-29a）计算第一个滑块的下滑力 E_1，此时 $E_{i-1}=0$，得下滑力为202.98kN。对于第二个滑块，按式（7-30）计算传递系数 $\psi_2=0.655$，按式（7-29a）计算第二个滑块的下滑力 $E_2=642.53$kN，以此类推，计算得 $E_3=866.23$kN，$E_4=-48.35$kN，列入表7-5。此时最后一个滑块剩余下滑力为负，说明试算的安全系数偏小，增大试算的 F_s 值重新试算，直至算得的最后一个滑块剩余下滑力为零，此时对应的安全系数为1.043。

表7-5　安全系数 $F_s=1$ 时的剩余下滑力计算

滑块编号	剩余下滑力/kN	传递系数 ψ_i
1	202.98	—
2	642.53	0.655
3	866.23	0.935
4	-48.35	0.504

② 取 $F_s=1.2$，按式（7-31）、式（7-32）计算各滑块剩余下滑力和传递系数，列入表7-6，可知最终剩余下滑力为 $E_4=173.00$kN。可通过二维码链接的Excel计算表改变 F_s，得到对应的最终下滑力。

表7-6　安全系数 $F_s=1.2$ 时的剩余下滑力计算

滑块编号	剩余下滑力/(kN/m)	传递系数 ψ_i
1	270.64	—
2	893.31	0.655
3	1306.09	0.935
4	173.00	0.504

不平衡推力法只考虑了力的平衡，不满足力矩平衡条件，但因为计算过程简捷，概念明确，特别适用于已知折线滑动面，所以该方法还是为广大边坡工程技术人员所喜爱。

不平衡推力法计算边坡稳定性

仅满足力的平衡条件而不满足力矩平衡条件的方法还有美国陆军工程师团法。美国陆军工程师团法假定条间力合力方向 $\beta(x)$ 是一个定值，等于土坡的平均坡度，因此可以直接通过力的平衡方程来求 F_s。美国陆军工程师团法也适用于任意形状滑动面，但理论上是不完善的，而且一般情况下不进行合理性（如土条间抗剪安全系数大于整体安全系数、不出现拉应力）校核。

现将各种极限平衡方法的基本假定和适用条件总结列于表7-7。

表7-7　各种极限平衡方法的基本假定和适用条件

方　法	滑动面形状	条间力假定	是否满足力和力矩平衡
瑞典条分法	圆弧	忽略条间力	仅满足力矩平衡
简化毕肖普法	圆弧	忽略条间切向力	仅满足力矩平衡
斯宾塞法	圆弧	条间法向力和切向力之比为固定常数	满足力和力矩平衡
简布法	任意	条间力作用于土条1/3高度处	满足力和力矩平衡

（续）

方　法	滑动面形状	条间力假定	是否满足力和力矩平衡
摩根斯坦-普赖斯法	任意	条间法向力和切向力之比为坐标的函数	满足力和力矩平衡
沙尔玛法	任意	土条两侧的切向力差为坐标的函数	满足力和力矩平衡
不平衡推力法	折线	条间力的合力方向与上一土条底面平行	满足力平衡
美国陆军工程师团法	任意	条间力合力方向等于边坡平均坡度	满足力平衡

7.5 水和地震作用对边坡稳定性影响分析

7.5.1 水作用的影响

地下水是影响边坡稳定的重要因素。有统计结果显示，90%的滑坡是由地下水或其渗流作用引起的。降雨及地表水往往是地下水直接的补给源，它们转化为地下水直接影响边坡稳定性。地下水既是边坡土体的赋存环境又是其组成部分，地下水对边坡稳定的影响表现在多个方面：①从有效应力角度来说，地下水位升高使滑动面处的孔隙水压力增大，有效应力减小，从而导致抗滑力下降；②土体孔隙充水后使边坡土体重力增加，下滑力增大，或者按土骨架为对象分析，地下水渗流产生的渗透力使下滑力增大；③水通过物理和化学作用改变岩土体状态，使岩土体结构面软化，强度降低；④地下水长期流动过程中的冲刷作用造成细小土颗粒迁移，有助于潜在滑动面的形成。上述原因都会导致边坡稳定安全系数降低。因此在边坡稳定计算中，如何正确考虑水的影响一直是岩土工程师和学者们所关注的问题。

考虑边坡内和边坡外同时有水的一般情形，如图7-12a所示有稳定渗流的边坡，已知坡内浸润线位置和坡外下游水位。取其中任意一个土条 i，将水土整体作为脱离体，按瑞典条分法，其上作用的力有土条重力 W_i、土条底面的法向反力 N_i（$N_i=W_i\cos\alpha_i$，α_i 为土条底面倾角）和切向力 T_i（$T_i=W_i\sin\alpha_i$）、土条两侧的水压力 H_i 和 H_{i+1}、土条底部的水压力 u_il_i，其中 l_i 为土条 i 底部长度。渗透力作为内力不出现。将各土条上的作用力对滑动圆弧的圆心 O 点取矩，此时各土条两侧水压力作用力对 O 点力矩之和为零，按有效应力法，边坡稳定安全系数 F_s 为［即式（7-7b）］

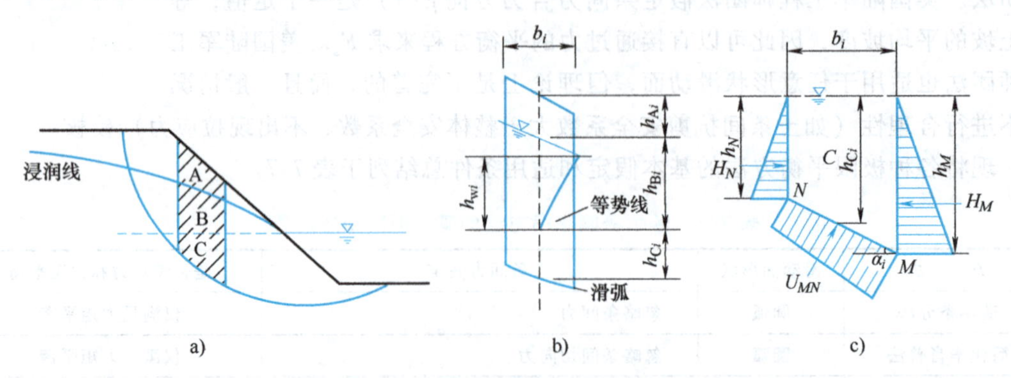

图7-12　渗流作用下边坡稳定性分析

a）有渗流的边坡　b）土条几何划分　c）土条C上作用的水压力

$$F_s = \frac{\sum[c_i'l_i + (W_i\cos\alpha_i - u_il_i)\tan\varphi_i']}{\sum W_i\sin\alpha_i} \tag{7-33}$$

下面分析式（7-33）中 W_i 的确定。将土条 i 分成浸润线以上的部分 A、浸润线至下游水位高度之间的部分 B 和下游水位之下的部分 C（见图 7-12b）。取 C 作为脱离体如图 7-12c 所示，其上作用的水压力有 $H_N = u_Nh_N/2$，$H_M = u_Mh_M/2$，$U_{MN} = (u_M + u_N)b/(2\cos\alpha)$。注意到 $h_M - h_N = b\tan\alpha$，水平向的水压力合力为 $H_M - H_N - U_{MN}\sin\alpha = 0$，而竖直向水压力 $U_{MN}\cos\alpha = (u_M + u_N)b/2 = \gamma_w b(h_M + h_N)/2 = \gamma_w V_C$，其中 V_C 为 C 部分的体积，其受重力 $W_{sat} - \gamma_{sat}V_C$，按有效应力原理，C 作用于滑面的竖向有效应力为 $W_{sat} - \gamma_w V_C = W' = \gamma' V_C$。也就是说，对于水下坡体，其受的水压力、水的重力和土体浮反力组成一平衡力系，在计算中可扣除，即下游水位以下坡内土体采用浮重度，从而使计算大为简化。

因此，计算该土条重力时，对土条浸润线以上部分采用天然重度，土条内浸润线以下坡外水位以上部分采用饱和重度，土条内坡外水位以下部分采用浮重度，则式（7-33）中的 W_i 按下式计算：

$$W_i = (\gamma h_{Ai} + \gamma_{sat}h_{Bi} + \gamma' h_{Ci})b_i \tag{7-34}$$

式中，h_{Ai}、h_{Bi}和 h_{Ci}分别为第 i 个土条浸润线以上、浸润线至下游水位和下游水位至滑动面的高度。

式（7-33）中 u_i 可按下述方法计算。过土条中线与坡外水位延长线交点（坡外无水时，过土条底面中点）作等势线，如图 7-12b 所示，取此间的等势线竖直高度 h_w 计算水压力，即

$$u_i = \gamma_w h_{wi} \tag{7-35}$$

当浸润线倾角为 α 时，近似有 $h_{wi} = h_{Bi}\cos^2\alpha$，又因为 $b_i = l_i\cos\alpha_i$，故此时垂直于滑面的有效应力为

$$\begin{aligned} N' &= W_i\cos\alpha_i - u_il_i = (\gamma h_{Ai} + \gamma_{sat}h_{Bi} + \gamma' h_{Ci})b_i\cos\alpha_i - \gamma_w h_{Bi}b_i\cos\alpha_i \\ &= (\gamma h_{Ai} + \gamma' h_{Bi} + \gamma' h_{Ci})b_i\cos\alpha_i \end{aligned} \tag{7-36}$$

由式（7-36）知，计算有效应力（据此计算抗滑力）时，对浸润线以下的土体（包含图中 h_B、h_C 部分）可全部采用浮重度进行计算。需要指出，这是一种计算有效应力的近似方法，正如推导过程所示，只有浸润线与土条底面平行时上式才是准确的。进一步分析表明，此时土条 i 两侧的水压力相互抵消，水压力合力垂直于土条底面。

正如我们所知道的，土体抗剪强度由有效应力控制，因此当边坡中有水或有稳定渗流发生时，严格意义上来讲应采用有效应力法，此时边坡滑动面处土体抗剪强度和抗滑力采用有效应力强度指标 c'和 φ'进行计算。但对于渗透性较差的饱和黏性土，因为在外荷载作用下孔隙水不易排出，故也可采用固结不排水指标 c_{cu}和 φ_{cu}计算。边坡稳定安全系数定义为抗滑力（力矩）与下滑力（力矩）之比，或抗剪强度 τ_f 与抗剪强度发挥度 τ 之比，若计算中将土和水作为整体，即抗滑力（力矩）和 τ_f 按有效应力计算，有效应力由总应力减孔隙水压力得到，而下滑力（力矩）和 τ 按总应力计算，这就是所谓水土合算。若计算中将土骨架和水分开考虑，即以土骨架为研究对象，土采用有效重度，将水的作用以渗透力考虑，则为水土分算。工程上对于稳定渗流作用下的无黏性土边坡进行稳定分析时常采用水土分算，对稳定渗流作用下的黏性土边坡常采用水土合算。对于快速施工黏性土边坡，因为边坡内孔隙水压力来不及消散，此时可采用总应力法分析其稳定性，不考虑孔隙水压力，抗滑力和下滑

力都采用总应力，使用不排水剪强度指标 c_u、φ_u 计算。

对于稳定渗流作用下的简单边坡，按水土分算，即取土骨架为脱离体，假定渗流方向平行于滑面，则渗透力仅改变下滑力大小，假定某土条 i 水下部分体积为 V_w，则渗透力为 $J=\gamma_w V_w b_i \tan\alpha_i / l=\gamma_w V_w \sin\alpha_i$，因此该部分的下滑力为 $\gamma' V_w \sin\alpha_i + J=\gamma_{sat} V_w \sin\alpha_i$，所以土条水下部分的下滑力表达式与按水土合算时相同，据此推导出的安全系数计算公式与水土合算时相同。但应注意到上述分析过程中假定渗流方向与滑面相同，即浸润线与滑面平行，这在一般情况下是不满足的，因此从理论上来讲，水土合算与水土分算是不同的。

7.5.2 考虑地震的边坡稳定性分析

地震是影响边坡稳定性的重要因素。地震发生后，常发生大量滑坡，如汶川地震诱发的滑坡达 1701 处，崩塌 1866 处。地震对边坡稳定性的影响在于以下几个方面：①地震的周期性往复作用力可使岩土体破碎，整体性和强度降低；②对地震惯性力而言，坡体将要受到水平和竖直的地震力，当水平地震力背离坡体时，将导致沿滑动面的下滑力增加，同时使抗滑力减小，从而导致边坡失稳；③地震使边坡内孔隙水压力增加，由于地震作用的时间较短，孔隙水来不及消散，由此将导致边坡失稳或产生永久性位移；④从边坡的动力稳定性来说，地震动幅度与频谱与地形高度有关，越高的边坡产生的地震响应越大，地震作用时顶部岩土体会被抛出以及边坡后缘会出现张裂缝。地震时边坡失稳是上述因素综合作用的结果，地震作用下的边坡稳定计算备受学术界和工程界广泛重视。

地震作用下边坡失稳的破坏机理及稳定性评价是一个非常复杂的问题，在动力条件下的研究仍处于探索阶段。当前，地震边坡稳定性分析的方法主要有拟静力法、数值模拟法和实验分析法等，这些方法为动载条件下的边坡失稳提供了分析依据。

地震作用下边坡分析的拟静力法可追溯到 Terzaghi 1948 年的《工程中的土力学》一书，通过对边坡动力稳定性问题的计算使得拟静力法得到了广泛应用，这也是后来规范法重点采用拟静力法的原因。拟静力法是一种十分常见的分析方法，主要是将地震所形成的振动作用简化为竖直与水平方向的加速度恒定作用，以最不利于稳定的方式施加在滑体上，以计算得到的安全系数来衡量地震荷载作用下的整体稳定性，这一技术基于静力稳定分析方法，在使用过程中简单、高效。

有限元法是数值模拟法中的核心方法，鉴于荷载与时间之间存在密切关系，其所形成的相应位移与应变是时间的函数。通常来说，在单元体力学特性建立过程中需要全面考虑惯性、阻尼力等不同因素，然后再对单元体与连续体的动力方程进行编写与求解。在应用数值分析方法的过程中，可将地形、土的非线性等因素考虑在内。

实验分析法是根据边坡地震稳定性工程的准确数据进行简化处理，在相似率达到预期标准的过程中使用振动台试验与土工离心机试验来对边坡在简谐波作用下的稳定程度进行仔细而翔实的观察，从而判断在实际情形中出现同等级地震时边坡的稳定性情况，并且针对实际试验数据与结果来对边坡开展预防与维护工作，进而控制地震对边坡稳定造成的损害。

下面简要介绍拟静力法中 Sarma 法的计算原理。

Sarma 法是极限平衡法中的一种较高级的方法，认为滑体在滑动面和土条间都达到极限平衡状态，即滑体沿滑动面整体滑动或沿土条间界面破裂，沙尔玛法引入一个水平地震加速度系数 K（K 是边坡质点最大加速度与重力加速度 g 的比值），假想每一土条重心处作用着一个水平地震惯性力 KW_i，由于它的作用使滑坡体达到极限状态，也就是使安全系数 $F_s=1$，此时水平地震加速度称为临界地震加速度 K_c，以 K_c 作为判断标准，如果 $K_{c0} \geqslant K_c$（K_{c0} 为设计地震系数），则边坡不稳定，如果 $K_{c0} \leqslant K_c$，则边坡稳定。设计地震系数与设计基本烈度的对应关系为：Ⅵ度时 $K_{c0}=0.038$、Ⅶ度时 $K_{c0}=0.075$、Ⅷ度时 $K_{c0}=0.15$、Ⅸ度时 $K_{c0}=0.30$、Ⅹ度时 $K_{c0}=0.60$。

上述分析方法假定 $F_s=1$，为了像传统极限平衡方法一样求得一个明确的安全系数，采用如下方法：求解安全系数时，先将抗剪强度指标 c 和 $\tan\varphi$ 折减 F 倍，根据折减后的强度参数求得 K_c，并将其绘制成图7-13所示的 F-K_c 曲线，F-K_c 曲线与 x 轴交点即为通常不考虑地震作用时的安全系数（如图中 $F_s=1.33$），与相应 K_{c0} 水平线的交点即为考虑该地震水平作用的安全系数 F_s^*（如图中 $K_{c0}=0.075$ 时，$F_s^*=1.23$）。

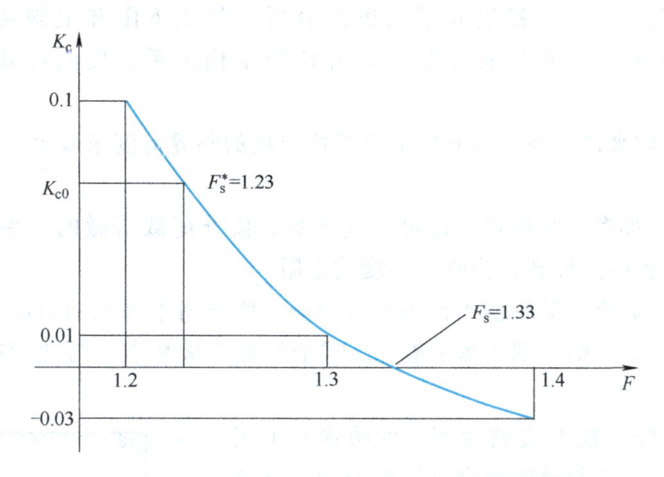

图7-13　Sarma法求解安全系数方法示意图

7.6　边坡稳定分析的其他方法

7.6.1　极限分析法

以上介绍的极限平衡方法，可以满足力（力矩）平衡和摩尔-库仑破坏准则，但将土体假定为刚体，并未考虑土体的应力应变关系，此处借助塑性力学中塑性极限分析法来分析边坡稳定问题。

当荷载达到某一数值，理想弹塑性体和刚塑性体会产生无限的不可恢复变形，即进入塑性流动状态，如果只限于讨论小变形，通常所说的极限状态可以理解为刚开始产生塑性流动的塑性状态，而此时对应的荷载称为极限荷载。如果绕过弹塑性的变形过程，直接求解极限状态下的极限荷载及其速度分布，会使问题求解容易得多，这种分析被称为极限分析。极限分析法是应用理想弹塑性体（或刚塑性体）处于极限状态的普遍定理——上、下限定理来求解极限荷载的。

边坡稳定极限分析法的基本提法和求解固体力学问题是一致的，即在一个确定的荷载条件下，寻找一组应力场 σ_{ij}^*、相应的位移场 u_i^* 及应变场 ε_{ij}^*，它们同时满足静力平衡、边界条件、变形协调、本构关系和破坏准则。全面满足这些条件的解答，即反映真实情况的理论解。但是，岩土材料的不连续性、不均匀性、各向异性和非线性本构关系以及破坏时呈现的剪胀和软化、大变形、应力引起的各向异性等特征，使求解岩土材料应力和变形问题变得十分困难和复杂。在工程实践中寻找能基本反映这些条件的简化方法始终是人们长期探索的一个目标。

下限定理从构筑一个静力许可的应力场入手，认定凡是满足静力平衡、边界条件和破坏准则的应力场，它所对应的外荷载一定比真实的极限荷载小。上限定理从构筑一个处于塑性区内和滑动面上的协调的塑性位移场出发，认定凡是满足静力平衡和破坏准则条件下通过功能平衡条件确定的外荷载一定比相应真实的塑性区的真实的极限荷载大。弹性变形比塑性变形小得多，所以在应用上限定理确定外荷载时，还可以将位移仅理解为塑性变形。边坡稳定问题的极限分析就是从下限和上限两个方向逼近真实解。这一求解方法回避了在工程中最不易弄清的本构关系，而同样获得了理论上十分严格的计算结果。

对于刚塑性边坡来说，极限荷载的概念可用土坡的临界高度来表示，上、下限定理改述如下：

1）上限定理。如存在某种机动许可的速度场，使外荷载所做的功率等于内能耗散率，则土体破坏，与此相应的坡高即为临界高度的上限。

2）下限定理。如存在某种静力许可的应力场，使作用于边坡的力满足平衡方程、边界条件和摩尔-库仑屈服准则，则土体不破坏，或恰好处于破坏点，与此相应的坡高即为临界高度的下限。

下面以简单的竖直挖方边坡为例，说明这两个定理的应用。假定图 7-14 所示边坡沿直线滑裂面向下滑动时，所形成刚性楔的下滑速度为 v，方向与滑裂面成角 φ，则外力所做功的功率 A 等于土体自重 W 与速度 v 在竖直方向分量的乘积，即

$$A = Wv\cos(90° - \theta + \varphi) = \frac{1}{2}\gamma H^2 v\cot\theta\sin(\theta - \varphi) \tag{7-37}$$

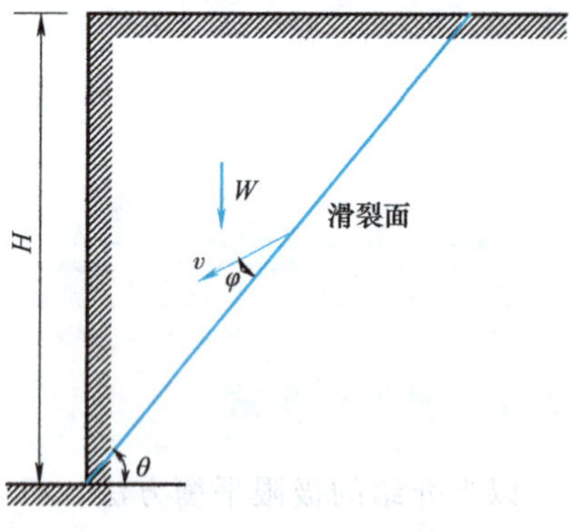

图 7-14 竖直挖方边坡滑裂面屈服机构

沿滑裂面的内能耗散率 D 为

$$D = (\tau v\cos\varphi - \sigma v\sin\varphi)\frac{H}{\sin\theta} \tag{7-38}$$

式中，τ、σ 分别为作用于滑裂面上的剪应力和法向应力，$v\cos\varphi$ 和 $v\sin\varphi$ 为速度在滑裂面切向和法向的分量。将摩尔-库仑屈服准则 $\tau = c + \sigma\tan\varphi$ 代入式（7-38）得

$$D = \frac{cH}{\sin\theta}v\cos\varphi \tag{7-39}$$

由上限定理，$A = D$，可得

$$H=\frac{2c}{\gamma}\frac{\cos\varphi}{\sin(\theta-\varphi)\cos\theta} \tag{7-40}$$

如将破裂角 $\theta=45°+\varphi/2$ 代入，可得土坡临界高度上限为

$$H_{cr}=\frac{4c}{\gamma}\tan\left(45°+\frac{\varphi}{2}\right) \tag{7-41}$$

为了求得下限解，考虑图7-15所示应力场，$\sigma_1=\gamma z$，$\sigma_3=0$，即竖直边坡最不利的应力状态，由平衡方程得

$$\sigma_1=\sigma_3\tan^2\left(45°+\frac{\varphi}{2}\right)+2c\tan\left(45°+\frac{\varphi}{2}\right) \tag{7-42}$$

即

$$\gamma z=\frac{2c}{\gamma}\tan\left(45°+\frac{\varphi}{2}\right) \tag{7-43}$$

$z=H$ 时，得土坡临界高度下限为

$$H_{cr}=\frac{2c}{\gamma}\tan\left(45°+\frac{\varphi}{2}\right) \tag{7-44}$$

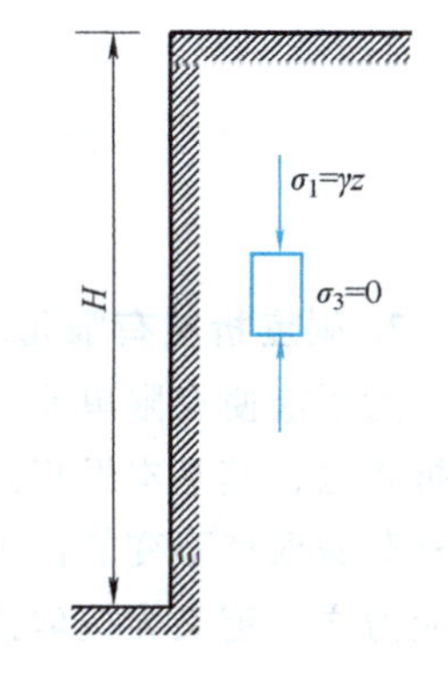

图7-15 竖直挖方边坡简化应力场

下限解仅为上限解的一半，主要是因为此处所选的应力场过分保守，完全忽略了侧向力 σ_3 的作用。

这里仅通过上述简单例子来说明上、下限定理的应用，其他形状滑裂面（如对数螺线）以及非均质、各向异性等复杂情况下边坡刚塑性分析，可参阅相关文献。

7.6.2 有限元法

随着计算机技术的发展，数值分析法在边坡稳定分析领域得到广泛应用，其中以有限元法为代表。有限元法最突出的优点在于可考虑土体的非线性本构关系，除满足力学平衡外，还满足应变相容条件，可给出边坡变形信息，还可以模拟边坡施工过程，针对实际受力条件进行分析，获得相应状态下较准确的边坡应力、应变场，有限单元法可根据计算得到的应力场和应变场大致确定滑动面位置和形状，而不需事先假定滑动面形状，因此分析结果更符合实际情况。通过对计算所得各单元或者积分点的应力进行强度判断，凡是应力状态达到拉伸破坏或者剪切破坏判别标准的部位称为破坏区，根据破坏区的分布位置和范围大小可以对边坡稳定性做出评价，对边坡的治理提供依据。

1. 填方和挖方边坡有限元分析

同其他有限元分析一样，边坡稳定有限元分析也包括模型建立、求解和输出三个主要步骤。在建模型时需要输入边坡和土层参数，设置计算控制参数、工况步骤、单元离散等。此处以一高5m，坡度1:2的填方和挖方边坡为例，采用岩土有限元软件PLAXIS进行分析，边坡土体 $\gamma=18\text{kN/m}^3$，$c=10\text{kPa}$，$\varphi=20°$，弹性模量 $E=2\text{MPa}$，泊松比 $\nu=0.38$。分析得边坡应力场和变形场，其中变形后的网格如图7-16所示，图中边坡变形放大了5倍，从中可以看出，由于应力状态不同，所得变形场存在明显差别，填方边坡坡顶处位移最大，最大位移202.14mm，挖方边坡主要经历卸荷作用，坡脚挖方处位移最大，为135.58mm。需要说明，此处有限元计算虽然得到了基于应力应变关系的较真实的应力场和位移场，但并未给出破坏面和安全系数的相关信息。

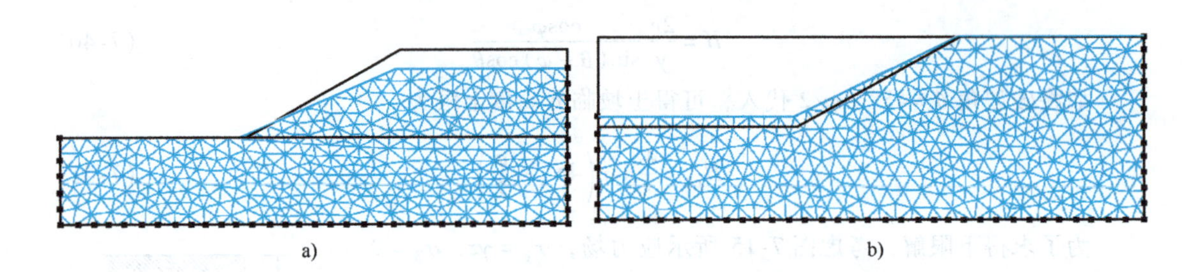

图 7-16　填方和挖方边坡有限元网格变形图（变形放大 5 倍）

a）填方　b）挖方

2. 强度折减有限元法

为了能使有限单元法应力应变分析给出明确的安全系数，Zienkiewicz 1975 年提出了强度折减法，其基本思想是按同一比例折减土体抗剪强度指标，采用折减后的强度参数计算。在外荷载保持不变的情况下，土体所能提供的最大抗剪强度与外荷载在土体内所产生的实际剪应力之比定义为抗剪强度折减系数。若边坡恰好破坏，则认为边坡安全系数等于此折减系数，此时的强度折减系数与极限平衡法计算得到的安全系数比较接近，本质上，这与极限平衡法的原理是相同的，均采用对边坡材料强度进行同比折减，使滑动面上达到摩尔-库仑破坏准则，区别在于极限平衡法基于刚体极限平衡，有限元法考虑了应力应变。折减后的抗剪强度参数可分别表示为

$$c_{\mathrm{R}} = c/F_{\mathrm{r}} \tag{7-45a}$$

$$\varphi_{\mathrm{R}} = \arctan(\tan\varphi/F_{\mathrm{r}}) \tag{7-45b}$$

式中，c 和 φ 是土体的抗剪强度参数；c_{R} 和 φ_{R} 是维持平衡所需要或土体实际发挥的抗剪强度；F_{r} 即是强度折减系数。在计算过程中不断增加 F_{r}，当达到临界破坏时的强度折减系数就是整体稳定安全系数 F_{s}。通过有限元分析可以获得破坏面，不需要事先假定破坏面的形状和位置。

强度折减有限元分析中一个重要问题，是如何判定边坡是否处于破坏状态。目前主要判据有：

1）以数值计算是否收敛作为边坡失稳的评价标准。若数值计算不收敛，则认为该边坡达到临界破坏状态。

2）以特征部位的位移拐点作为边坡失稳的评价标准。计算中当折减系数增大到某一特定值时，位移突然迅速增大，则认为该边坡到达临界破坏状态。此时，突变处拐点所对应的抗剪强度折减系数即为该边坡的安全系数。

3）以塑性区是否连续贯通作为边坡失稳的评价标准。当计算域内塑性区贯通或者塑性应变贯通坡体时，则认为该边坡达到临界失稳破坏状态。

如图 7-17a 所示，由某边坡的强度折减系数和竖向位移关系曲线可看出，当曲线发生拐点突变或计算不收敛时，说明此时边坡发生失稳破坏，根据位移计算不收敛，得安全系数为 $F_{\mathrm{s}}=0.951$，与瑞典条分法计算的安全系数 0.960 接近。图 7-17b 为强度折减法得出塑性应变云图。

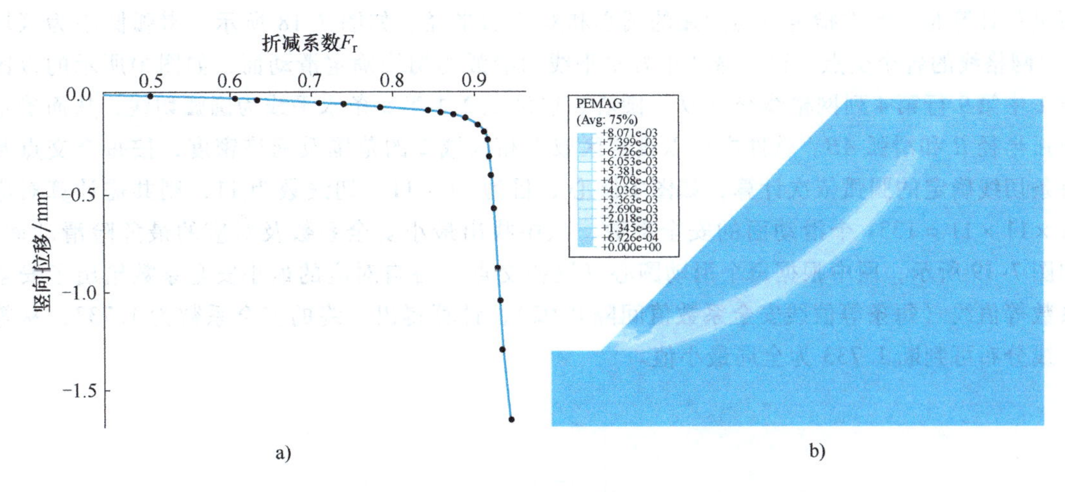

图 7-17 强度折减法有限元分析结果

a) 竖向位移—折减系数关系曲线 b) 塑性应变云图

近年来，还出现了一些可用于边坡稳定分析的新型数值方法，如适用于非连续介质大变形问题的离散单元法、适用于连续介质大变形问题的快速拉格朗日法、适用于块体介质不连续变形分析的 DDA 法、适用于连续与非连续介质的流形元法等。此外，各种现代科学的新技术，如系统工程论、数量理论、模糊数学、信息理论、灰色理论、耗散论、现代概率统计理论、协同学、突变理论、混沌理论、分形理论等不断用于边坡问题研究中，从而给边坡的稳定性研究提供了新方法。

有限元强度折减法原理及算例

7.6.3 最危险滑动面搜索技术

破坏过程中网格变形

边坡稳定分析涉及特定滑动面安全系数计算和最危险滑动面搜索两个方面的内容。非线性规划中的最优化方法为最危险滑动面搜索提供了强有力的手段。滑动面搜索的最优化问题，就是在众多可能的滑动面（用 m 个点的连线表示）中寻找一组滑动面，使安全系数最小。此时，最优化函数（即目标函数）中安全系数是因变量，各点的坐标是自变量，表述为

$$F = F(Z_1, Z_2, \cdots, Z_m) \tag{7-46}$$

其中 Z_i 为自变量，即坐标，由横坐标 x_i 和纵坐标 y_i 确定，即

$$Z_i = \begin{Bmatrix} x_i \\ y_i \end{Bmatrix} \tag{7-47}$$

破坏过程中破裂面发展

目前，已有很多十分成熟的最优化计算方法，总体来说可分成两个体系：第一种为确定性方法，包括直接搜索法和解析法两类；第二种为非数值分析法，如蒙特卡罗法、遗传算法、神经网络算法。下面分别举例说明。

直接搜索法通过比较按照一定模式构建的自变量的目标函数搜索最小值，通常的枚举法、网格法、优选法都是原始形式的直接搜索法，单形法、复形法、模式搜索法等则是效率较高的直接搜索法。实际应用表明，直接搜索法是简便有效的滑动面搜索技术。

以某商用软件中采用的滑动面搜索方法为例，该软件基于极限平衡方法，采用圆弧滑动

面进行计算时，要求指定滑动圆弧的圆心和对应的半径。如图 7-18 所示，滑弧圆心为区域 1 中网格线的各个交点，以区域 2 中各水平线为滑弧的切线确定滑动面，如图中所示的以区域 1 中第 9 行第 4 列网格线交点 O 为圆心，以区域 2 中第 5 条水平线为圆弧切线，从而确定圆弧半径 R 和滑弧 AB。软件中可以设定区域 1 和区域 2 的范围及网格密度，按每个交点及每条切线确定的圆弧依次计算，如图中圆心数目为 11×11，切线数为 11，则共需计算对应 $11\times11\times11=1331$ 个滑动面的安全系数，从中找出最小安全系数及对应的最危险滑动面，如图 7-19 所示，图中根据每个滑动圆心（网格交点）各自对应的最小安全系数给出了安全系数等值线（每条等值线安全系数值间隔 0.02），计算得出最终的安全系数为 1.733，从等值线分布可判断 1.733 为全局最小值。

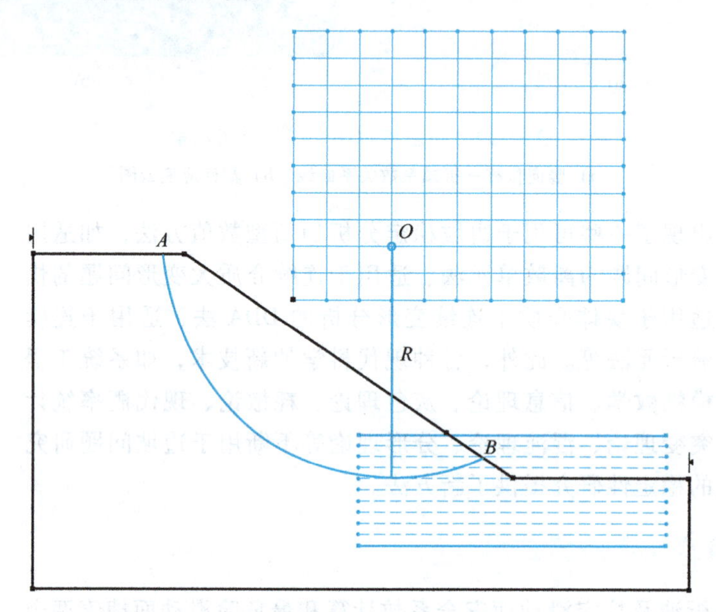

图 7-18　某软件中采用的滑动面搜索方法

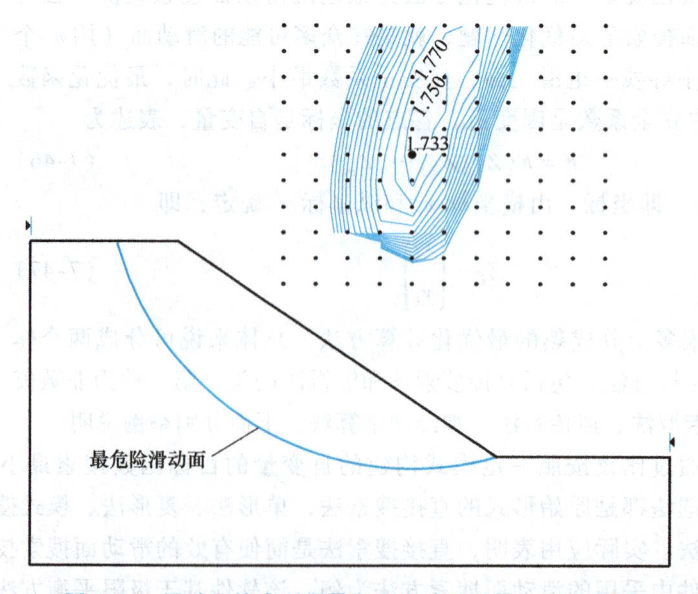

图 7-19　滑动面搜索所得最危险滑动面及最小安全系数

解析法通过解析手段寻找使目标函数 F 对自变量 Z_i 的偏导数为零的极值点（$\partial F/\partial Z_i=0$，$i=1, 2, \cdots, n$）。同时，从理论上还需满足由二阶导数形成的 Hessian 矩阵正定（$\partial^2 F/\partial Z_i^2>0$，$i=1, 2, \cdots, n$），这是达到极小值的充分条件。以负梯度法为例，该方法的基本思想是对一个初始滑裂面，寻找一个使安全系数减小速率最大的方向，在这个方向上，进行一次搜索，找到这一方向安全系数的低谷点，这就完成了第一次迭代。然后再在这个新的起点（前面的低谷点）重复这样的运算，直到收敛到极值点。如对某一边坡，假定圆弧滑动面通过坡脚，则安全系数仅是滑动圆心坐标（x，y）的函数，此问题自由度为2，分别按圆心（16.7，15.7），（18.6，18.6），（24.7，16.6）为起点，使用负梯度法的搜索路径如图7-20中编号为“1”“2”“3”三条折线所示，可见每一次搜索均是沿着下降速率最大的方向进行的，且三条折线最终交汇在一点，即最危险圆心。

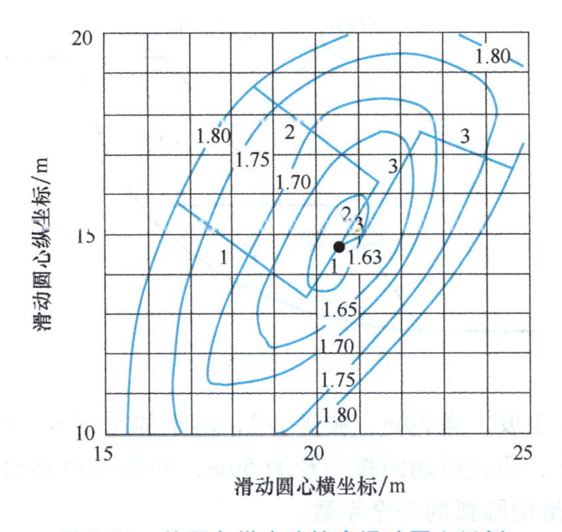

图7-20　使用负梯度法搜索滑动圆心示例

20世纪50、60年代，非数值计算方法随着计算机技术的发展应运而生，最早期的方法称为蒙特卡罗法。蒙特卡罗法是一种随机搜索方法，它的基本思想是应用随机数构筑一系列自变量，寻找最小的目标函数。按搜索方式不同，随机搜索法可分为随机跳跃法和随机走步法。随机跳跃法通过随机方法产生大量的试算滑动面，计算并比较每个试算滑动面的安全系数值，认为其最小值即为边坡的最小安全系数。随机走步法通过对当前试算滑动面进行修正，从而获得安全系数逐渐变小的试算滑动面，随机走步法充分利用当前试算滑动面信息，克服了随机产生试算滑动面的盲目性。将蒙特卡罗随机搜索法与有限元法相结合，可搜索边坡的临界滑动面及其对应的最小安全系数，具体参见相关参考文献。

本章介绍了边坡稳定的各种分析方法，最后需要指出的是，在进行边坡稳定分析时，只要实际情况符合方法的假定，那么由分析方法造成的误差通常不会太大。片面追求安全系数计算精度达到0.001甚至0.0001的程序和算法并不比已使用了九十多年的极限平衡法优越。在计算机技术飞速发展的今天，各种滑动面搜索技术所耗费的机时已不再是重点，被商业软件广泛采取的仍是看似效率最低但却不会陷入局部极值的模式搜索法。强度指标测定与选用的准确与否，对边坡稳定安全系数的影响非常大，Johnson（1974）曾对同一土坡按简化毕肖普法进行分析，采用不同试验方法得到的强度指标使稳定安全系数在1.1~1.9之间变化，其误差大大超过了采用不同算法所造成的误差。因此，土坡稳定分析中最重要的是土体抗剪强度参数选取。

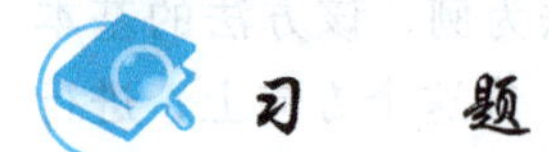

习题

7-1 均质无黏性土土坡，其饱和重度 $\gamma_{sat}=20.0kN/m^3$，内摩擦角 $\varphi=30°$，若要求该土坡的稳定安全系数为1.20，在干坡情况下以及坡面有顺坡渗流时其坡角应各为多少度？

7-2 已知土层1：$c_u=20kPa$，$\varphi_u=0$；土层2：$c_u=25kPa$，$\varphi_u=0$，重度均为 $19kN/m^3$。滑坡体总面积为 $46.9m^2$，重心距滑动圆心水平距离3.9m（图7-21），试计算该滑动面的安全稳定性系数。

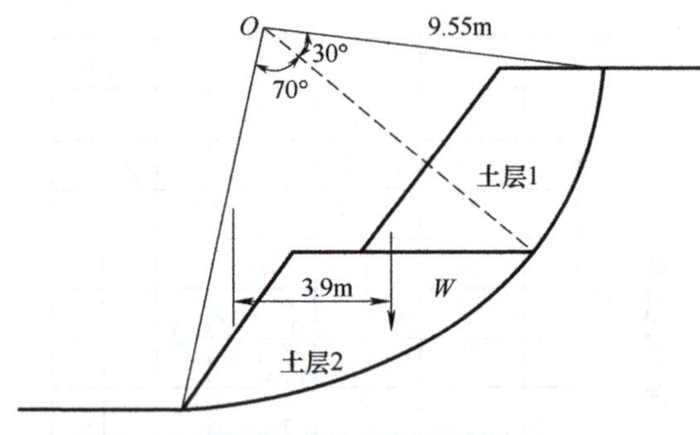

图7-21 习题7-2图

7-3 有一简单黏土土坡，高20m，坡比1:2，填土的重度 $\gamma=20kN/m^3$，内摩擦角 $\varphi=20.0°$，黏聚力 $c=10kPa$，假设滑动圆弧半径为50m，并假设滑动面通过坡脚，试用瑞典条分法求该土坡对应这一滑动圆弧的安全系数。

7-4 题目条件同习题7-3，试编制简化毕肖普方法求解程序，计算土坡的稳定安全系数，并与习题7-3的计算结果进行比较。

7-5 某一滑动面为折线的均质滑坡（图7-22），其主轴断面及参数见表7-8，试按不平衡推力法计算该滑坡的稳定安全系数 F_s。

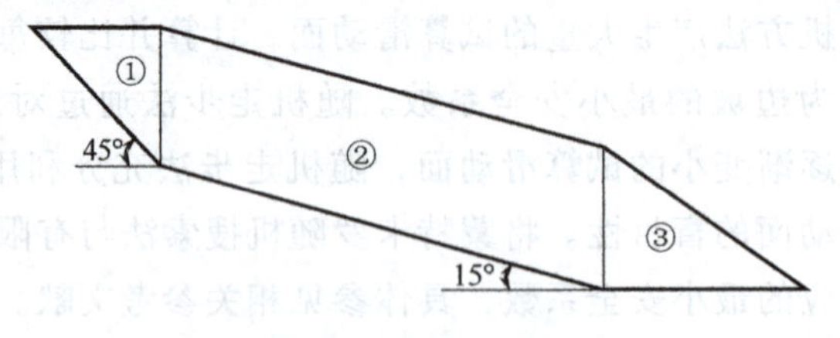

图7-22 习题7-5图

表7-8 滑坡条块参数

滑块编号	下滑力 T_i/(kN/m)	抗滑力 R_i/(kN/m)	传递系数 ψ_i
①	35000	9000	
②	93000	80000	0.756
③	10000	28000	0.947

第8章 地基承载力

8.1 概述

地基承载力（bearing capacity of foundation）就是地基承受荷载的能力，常用单位是kPa。地基承载力是地基基础设计的重要依据，与建筑物或构筑物的安全与适用性密切相关。地基承载力不足表现为两方面：一是由于荷载过大造成地基土体抗剪强度不足而出现剪切破坏；二是地基在荷载作用下产生过大变形，例如整体沉降、不均匀沉降等。在历史上不乏由于地基承载力不足造成的工程事故，例如加拿大特朗斯康谷仓的地基破坏、由于地基不均匀沉降而形成的意大利比萨斜塔、中国苏州虎丘塔严重倾斜等。研究地基的承载能力是合理进行地基基础设计的前提，也是土力学的重要研究内容之一。

土体是一种大变形材料，地基变形随基底压力的增大而不断发展，土中按照弹性变形→局部出现塑性区→塑性区逐渐扩大→形成连续滑动面→地基变形急剧增大而失去承载能力的过程发展。因此地基承载力跟建筑物容许的变形有很大关系，即根据容许变形的大小有不同的地基承载力水平，例如本章将会讲到的临塑荷载、临界荷载、极限承载力等。此外地基承载力还受很多其他因素的影响，如地基土性质、基础尺寸、基础埋置深度等。

确定地基承载力的方法一般有：①原位试验法（in-situ testing method）：是通过现场直接试验确定承载力的方法，包括载荷试验、静力触探试验、标准贯入试验、旁压试验等。其中以载荷试验法为最可靠的基本的原位测试法。②理论公式法（theoretical equation method）：是根据土的抗剪强度指标 c、φ 计算的理论公式确定承载力的方法。③规范表格法（code table method）：是根据室内试验指标、现场测试指标或野外鉴别指标，通过查规范所列表格得到承载力的方法。规范不同（包括不同部门、不同行业、不同地区的规范），其承载力不会完全相同，应用时需注意各自的使用条件。④当地经验法（local empirical method）：是一种基于地区的使用经验，进行类比判断确定承载力的方法，它是一种宏观辅助方法。

本章首先介绍地基的破坏模式及变形过程。然后重点介绍基于极限平衡原理的地基承载力理论，包括根据地基中塑性区的发展范围确定临塑荷载、临界荷载的理论以及确定地基极限承载力的普朗特-瑞斯纳公式、太沙基公式、梅耶霍夫公式、汉森公式等。学完本章后应在了解地基破坏模式及变形阶段的基础上，掌握临塑荷载、临界荷载以及极限荷载的基本概念和相应的计算方法。此外，还应掌握地基基础设计规范等标准、规范中的地基承载力确定方法。

8.2 浅基础地基变形和破坏模式

地基变形主要是指地基的竖向变形（也称地基沉降）以及由此产生的地基横向变形。地基的破坏就是指地基土体中的剪应力达到了其抗剪强度，在岩土工程界，常把地基的破坏称为失稳。研究地基的变形和破坏经常采用现场载荷试验方法。现场载荷试验是在工程现场对置于地基土上的载荷板连续施加荷载 p，观测沉降随时间的发展过程及最终沉降量 S，将试验结果绘制成 p-S 曲线，利用该曲线可以研究地基的变形过程（deformation process）、破坏形式（failure modes）并确定荷载特征值。

地基土千差万别，施加荷载的条件又不尽相同，因而地基的变形过程及破坏形式也不尽相同。地基的变形及破坏过程基本可以分为整体剪切破坏、局部剪切破坏及冲切破坏三类。以条形基础为例，在地基整体剪切、局部剪切及冲切破坏情况下，地基土中的破裂面、地基隆起及 p-S 曲线如图 8-1 所示。

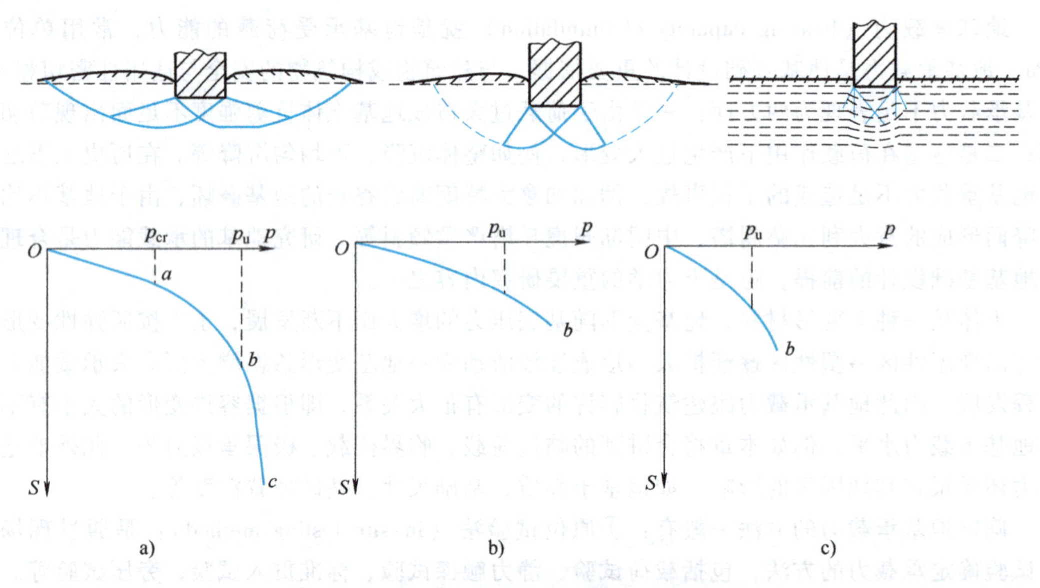

图 8-1 地基的破坏形式及 p-S 曲线

a) 整体剪切破坏 b) 局部剪切破坏 c) 冲切破坏

8.2.1 整体剪切破坏

对于压缩性比较小的地基土（如比较密实的砂类土或较坚硬的黏性土）且当基础埋置深度较浅时，一般会出现整体剪切破坏（general shear failure）。地基发生整体剪切破坏时在地基中会出现与地表贯通的连续滑动面并且地基土沿此滑动面从基础一侧或两侧大量挤出，地面显著隆起，p-S 曲线存在明显拐点。地基的整体剪切破坏是研究地基承载力理论的重要前提，对于其他两种破坏情况的地基承载力都是基于整体破坏公式修正得到的。

如图 8-1a 所示，地基从开始承受荷载到破坏，p-S 曲线上存在两个拐点，第一个拐点 a 对应的荷载 p_{cr} 称为临塑荷载（critical edge load）；第二个拐点 b 对应的荷载 p_u 称为极限荷载（ultimate load）。因此地基变形过程可以划分为三个阶段。

① 直线变形阶段（linear deformation stage），相应于图 8-1a 中 p-S 曲线上的 Oa 段（$p \leq p_{cr}$），接近于直线关系。此阶段地基中各点的剪应力小于该点地基土的抗剪强度，地基处于弹性状态。地基仅有少量的压缩变形，主要是土颗粒互相挤紧、土体压缩的结果。所以此变形阶段又称压密阶段。

② 局部剪切阶段（local shear stage），相应于图 8-1a 中曲线上的 ab 段（$p_{cr} < p \leq p_u$）。在此阶段中，地基变形速率随荷载增加而逐渐增大，p-S 关系呈下弯的曲线。其原因是在此阶段地基土中出现了塑性变形区，即在该区地基土中的剪应力达到了其抗剪强度，随着荷载的增大，塑性变形区从条形基础底面两边缘点开始逐渐扩大，当两个塑性变形区边缘贯通并形成连续滑动面时，地基变形进入下一阶段，所以这一阶段是地基由稳定状态向不稳定状态发展的过渡性阶段。

③ 破坏阶段（failure stage），相应于图 8-1a 中曲线上的 bc 段（$p > p_u$）。当荷载超过极限荷载 p_u 时，沿着连续滑动面，地基土被从基础的一侧或两侧挤出，地基变形突然增大，地面隆起，地基整体失稳。

8.2.2　局部剪切破坏

当地基为一般黏性土或中密砂土且基础有一定埋深时，最常见的破坏形态是局部剪切破坏。如图 8-1b 所示，随着荷载逐渐增加，以基础底面两边缘点为起点，在地基土中也形成左右对称的两组滑裂面，但该滑裂面只局限于地基土中一定范围内，很难再向左右两侧扩展，滑动面不能贯穿到地表。

局部剪切破坏（local shear failure）特征：滑裂面不贯通到地面，地基破坏时，基础两侧地表只稍微隆起。p-S 关系线的开始段为直线，曲线没有明显的拐点。

8.2.3　冲切破坏

当地基为松砂、粉土、饱和软黏土等具有松散结构的土，不论基础是位于地表或具有一定的埋深，通常会发生冲切破坏。冲切破坏（punching shear failure）又称刺入破坏，其特征是随着荷载的增加，基础周围附近土体发生竖向剪切破坏，基础随之刺入土中，基础周围地面不仅无隆起现象，甚至会产生凹陷下沉。如图 8-1c 所示，冲切破坏的 p-S 曲线上没有明显的转折点。

8.2.4　破坏模式的影响因素及判别

影响地基变形和破坏特征的因素很多，如地基土的条件（如种类、密度、含水率、压缩性、抗剪强度等）和基础条件（如型式、埋深、尺寸等）。土的压缩性是影响破坏模式的主要因素。如果土的压缩性低，土体相对比较密实，一般容易发生整体剪切破坏。反之，如果土比较疏松，压缩性高，则会发生冲切剪切破坏。

地基究竟出现哪一种形式的破坏或对特定的地基工程事故，要针对具体情况做具体分析。如对于密实砂土，在基础埋置深度较大并快速施加荷载时，也会发生局部剪切破坏。对于软黏土地基，当加荷速率较小，容许地基土发生固结变形时，往往出现冲切破坏；但当加荷速率很大时，由于地基土来不及固结压缩，就可能发生整体剪切破坏；当加荷速率处于以上两种情况之间时，则可能发生局部剪切破坏。如果地基中有深厚软黏土层而厚度又严重不均，再加上一次加载过多，则会发生严重不均匀沉降直至建（构）筑物倾斜、倾倒。如果地基下基岩面倾斜，可压缩土层厚度不均匀时，也会造成倾斜。

8.3 地基的临塑荷载和临界荷载

8.3.1 地基的临塑荷载

地基中开始出现塑性区时所对应的荷载 p_{cr} 称为临塑荷载（critical edge load），此时地基中塑性区开展的最大深度 $z_{max}=0$（z 从基底起算）。临塑荷载 p_{cr} 可根据地基土中应力和土的极限平衡原理分析得到。下面以浅埋条形基础为例，介绍竖向均布荷载作用下临塑荷载的计算方法。

根据地基中应力计算理论，条形基础在竖向均布荷载作用下（图8-2）在地基中任一点 M 处附加应力的最大、最小主应力为

$$\left.\begin{matrix}\sigma_1\\\sigma_3\end{matrix}\right\}=\frac{p-\gamma D}{\pi}(\beta_0\pm\sin\beta_0) \tag{8-1}$$

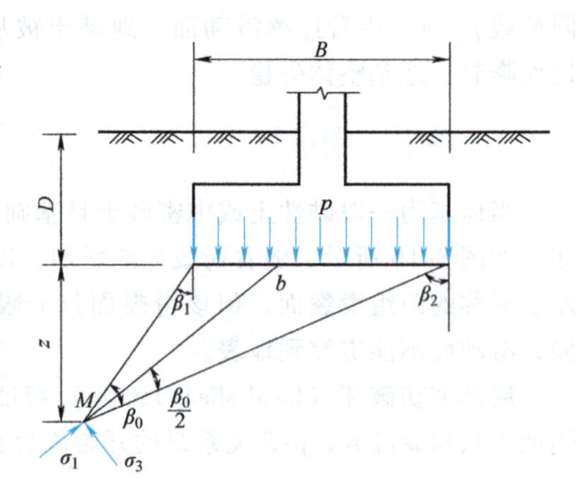

图 8-2 条形基础均布荷载作用下地基中的附加应力

实际上，地基中任一点 M 处的应力，除由于基底附加应力 $p-\gamma D$ 所产生的部分外，还有土的自重应力，假设土的自重应力服从静水压力分布（静止土压力系数 $K_0=1$），即 $\sigma_z=\sigma_x=\gamma(D+z)$，则地基中任一点 M 处的大小主应力为

$$\left.\begin{matrix}\sigma_1\\\sigma_3\end{matrix}\right\}=\frac{p-\gamma D}{\pi}(\beta_0\pm\sin\beta_0)+\gamma(D+z) \tag{8-2}$$

由土体的抗剪强度理论得知，当 M 点达到极限平衡状态时，σ_1、σ_3 应满足

$$\sin\varphi=\frac{\sigma_1-\sigma_3}{\sigma_1+\sigma_3+2c\cot\varphi} \tag{8-3}$$

将式（8-2）代入式（8-3），整理得

$$z=\frac{p-\gamma D}{\pi\gamma}\left(\frac{\sin\beta_0}{\sin\varphi}-\beta_0\right)-\frac{c}{\gamma\tan\varphi}-D \tag{8-4}$$

这就是塑性区的边界线方程，它给出了塑性区边界线上任一点坐标 z 与视角 β_0 的关系。如果已知基础的埋深 D，荷载 p 以及土的 γ、c、φ 值，则根据上式可绘出塑性区边界线。例如，基础的埋深 $D=2\text{m}$、$\gamma=20\text{kN/m}^3$、$c=5\text{kPa}$、$\varphi=25°$，基底压力 p 分别为250kPa、300kPa、320kPa及350kPa情况下，可根据式（8-4）计算得到地基中的塑性区边界曲线，如图8-3中的 a、b、c、d 曲线。

从图8-3中可以看出，在其他条件不变的情况下，随着基底压力 p 的增大，塑性区首先在基础两侧边缘出现，然后按图中各线 a、b、c、d、…的次序逐渐扩大，塑性区最大深度 z_{max}（某塑性区边界线最低点至基础底面的竖直距离）也随之增加，因此 z_{max} 可以作为反映

塑性区范围大小的一个指标。

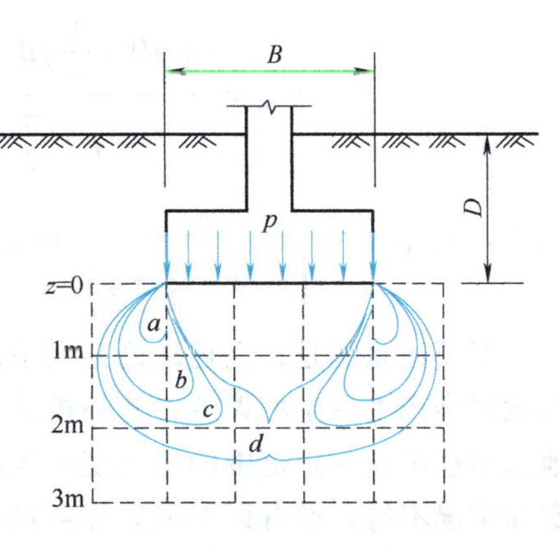

图 8-3　条形基础下的塑性区分布

塑性区的最大深度 $z_{\max}$ 可通过对式（8-4）求极值，由 $\frac{dz}{d\beta_0}=0$ 的条件求得，即

$$\frac{dz}{d\beta_0}=\frac{p-\gamma D}{\pi\gamma}\left(\frac{\cos\beta_0}{\sin\varphi}-1\right)=0 \tag{8-5}$$

得 $\cos\beta_0-\sin\varphi$，即

$$\beta_0=\frac{\pi}{2}-\varphi \tag{8-6}$$

将式（8-6）代入式（8-4）得

$$z_{\max}=\frac{p-\gamma D}{\pi\gamma}\left[\cot\varphi-\left(\frac{\pi}{2}-\varphi\right)\right]-\frac{c}{\gamma\tan\varphi}-D \tag{8-7}$$

与这一最大深度 $z_{\max}$ 对应的基底压力为

$$p=\frac{\pi(\gamma D+c\cot\varphi+\gamma z_{\max})}{\cot\varphi-\frac{\pi}{2}+\varphi}+\gamma D \tag{8-8}$$

根据临塑荷载 p_{cr} 的定义，条形基础底面两边缘两点刚刚达到极限平衡状态（即塑性变形区最大深度 $z_{\max}=0$）时所对应的临塑荷载 p_{cr} 为

$$p_{cr}=\frac{\pi(\gamma D+c\cot\varphi)}{\cot\varphi-\frac{\pi}{2}+\varphi}+\gamma D=N_q\gamma D+N_c c \tag{8-9}$$

式中，N_c、N_q 为承载力系数，$N_c=\frac{\pi\cot\varphi}{\cot\varphi-\frac{\pi}{2}+\varphi}$，$N_q=\frac{\cot\varphi+\frac{\pi}{2}+\varphi}{\cot\varphi-\frac{\pi}{2}+\varphi}$。

8.3.2　地基的临界荷载

实际上，地基中一定深度范围内出现塑性变形区并不会影响地基的整体稳定性，工程经验表明，地基中塑性变形区的深度达 1/3 ~ 1/4 的基础宽度 B 时，地基仍是安全的。这种在保证地基整体稳定的前提下，容许地基中一定深度范围内产生塑性区时所对应的荷载叫临界荷载（critical load）。允许产生塑性区的深度范围与建筑物的允许变形量、荷载及地基土的性质等因素有关。一般将地基中塑性变形区的深度达 $1/n$ 的条形基础宽度 B 时所对应的荷载记做 $p_{1/n}$ 临界荷载，例如 $p_{1/3}$ 和 $p_{1/4}$ 等。

因此，只要确定了所允许产生的塑性区最大深度 $z_{\max}$，即可根据式（8-8）计算任意临界荷载。例如地基中塑性变形区的最大深度 $z_{\max}$ 分别为 $B/3$ 或 $B/4$（B 为条形基础宽度）时，将 $z_{\max}=B/3$ 或 $z_{\max}=B/4$ 代入式（8-8）得

$$p_{1/3}=\frac{\pi\left(\gamma D+\frac{1}{3}\gamma B+c\cot\varphi\right)}{\cot\varphi-\frac{\pi}{2}+\varphi}+\gamma D=N_q\gamma D+N_c c+N_{\gamma(1/3)}\gamma B \tag{8-10}$$

$$p_{1/4}=\frac{\pi\left(\gamma D+\frac{1}{4}\gamma B+c\cot\varphi\right)}{\cot\varphi-\frac{\pi}{2}+\varphi}+\gamma D=N_q\gamma D+N_c c+N_{\gamma(1/4)}\gamma B \qquad (8\text{-}11)$$

式中，$N_{\gamma(1/3)}=\frac{\pi}{3\left(\cot\varphi-\frac{\pi}{2}+\varphi\right)}$ $(z_{max}=B/3)$，$N_{\gamma(1/4)}=\frac{\pi}{4\left(\cot\varphi-\frac{\pi}{2}+\varphi\right)}$ $(z_{max}=B/4)$。

需要注意的是，上述结论是在条形基础受均布荷载的前提下得出的，在应用于局部面积荷载时会产生一定的误差；此外推导过程假定地基土为完全弹性体，实际当达到临界荷载时地基中已出现一定范围的塑性变形区；在最大塑性区深度 z_{max} 推导过程中假定 $K_0=1.0$ 也与实际情况不符。所有以上因素导致求得的临界荷载与实际情况存在一定误差。

【例题 8-1】 某条形基础置于一均质地基上，宽 3m，埋深 2m，地基土天然重度 18.5kN/m^3，天然含水率 40%，土粒比重 2.73，抗剪强度指标 $c=15\text{kPa}$，$\varphi=15°$，该基础的临塑荷载 p_{cr}、临界荷载 $p_{1/4}$、$p_{1/3}$ 各为多少？若地下水位上升至基础底面，假定土的抗剪强度指标不变，其 p_{cr}、$p_{1/4}$、$p_{1/3}$ 有何变化？

解： 根据 $\varphi=15°$，从公式计算得：$N_c=4.83$，$N_q=2.30$，$N_{1/4}=0.32$，$N_{1/3}=0.43$。

$q=\gamma_m d=18.5\times2.0\text{kPa}=37.0\text{kPa}$

$p_{cr}=cN_c+qN_q=(15\times4.83+18.5\times2\times2.30)\text{kPa}=157.55\text{kPa}$

$p_{1/4}=cN_c+qN_q+\gamma bN_{1/4}=(15\times4.83+18.5\times2\times2.30+18.5\times3.0\times0.32)\text{kPa}=175.31\text{kPa}$

$p_{1/3}=cN_c+qN_q+\gamma bN_{1/3}=(15\times4.83+18.5\times2\times2.30+18.5\times3.0\times0.43)\text{kPa}=181.42\text{kPa}$

地下水位上升到基础底面，此时 γ 需取浮重度 γ'。

$$\gamma'=\frac{G_s-1}{1+e}\gamma_w=\frac{(G_s-1)\gamma}{G_s(1+w)}=\left[\frac{(2.73-1)\times18.5}{2.73\times(1+0.40)}\right]\text{kN/m}^3=8.37\text{kN/m}^3$$

$p_{cr}=cN_c+qN_q=(15\times4.83+18.5\times2\times2.30)\text{kPa}=157.55\text{kPa}$

$p_{1/4}=cN_c+qN_q+\gamma' bN_{1/4}=(15\times4.83+18.5\times2\times2.30+8.37\times3\times0.32)\text{kPa}=165.59\text{kPa}$

$p_{1/3}=cN_c+qN_q+\gamma' bN_{1/3}=(15\times4.83+18.5\times2\times2.30+8.37\times3\times0.43)\text{kPa}=168.35\text{kPa}$

从比较可知，当地下水位上升到基底时，地基的临塑荷载没有变化，地基的临界荷载降低，本例的减小量达 6.1% ~7.6%。不难看出，当地下水位上升到基底以上时，临塑荷载也将降低。由此可知，对工程而言，做好排水工作，防止地表水渗入地基，保持水环境对保证地基稳定、有足够的承载能力具有重要意义。

8.4 地基的极限承载力

地基极限承载力（ultimate bearing capacity）是指地基所能承受的极限荷载，又称地基极限荷载（p_u）。如前所述，地基承载力的发挥程度对应着地基塑性区的不同发展范围，达到极限荷载时地基中已经出现了连续的滑动面。与临塑荷载 p_{cr}、临界荷载 $p_{1/4}$ 或 $p_{1/3}$ 相比，以极限荷载 p_u 作为设计的地基承载力几乎没有安全储备，因此不能将极限荷载作为地基承载力的设计值，必须除以一个安全系数才能作为设计的地基承载力。此安全系数取值与建筑物的重要性、荷载类型有关，一般取 2 ~3。

在地基极限承载力理论中，对于整体剪切破坏条件下地基极限承载力的研究较多，例如普朗特-瑞斯纳地基极限承载力公式、太沙基地基极限承载力公式、梅耶霍夫极限承载力公式、汉森极限承载力公式等。这是因为该理论概念明确；同时将整体剪切破坏的地基作为刚塑性材料的假设比较符合实际；此外，整体剪切破坏模式有完整连续的滑动面，p-S 曲线有明显的拐点，因而使理论公式易于通过室内模型实验、现场载荷试验和工程实际检验。对于局部剪切破坏及冲切破坏的情况尚无可靠计算方法，一般采用将整体剪切破坏公式计算结果进行折减的方法。

地基极限承载力的求解方法有以下两类。

1）根据模型试验结果假定滑动面形状，然后根据滑动土体的静力平衡条件求解极限承载力。根据假设不同，就有各种不同的极限承载力公式。但不论哪种公式，都可写成如下基本形式：

$$p_u = qN_q + cN_c + \frac{1}{2}\gamma BN_\gamma \tag{8-12}$$

公式中各项的意义将在后文介绍。

2）根据土体极限平衡及地基中应力理论，建立土体中各点达到极限平衡的微分方程，然后根据边界条件求解该微分方程得到极限承载力。由于数学上的困难，只有少数情况可得到解析解，而多数情况需用数值方法。

第一种方法由于概念明确、计算及推导过程比较简单，因而在实际中得到广泛应用。本节主要介绍第一类方法。

8.4.1 普朗特-瑞斯纳地基极限承载力公式

1920年普朗特（L. Prandtl）首先研究了置于无重度土（$\gamma=0$）表面（埋深 $D=0$）的无限长、底面光滑的条形刚性板下地基在垂直均布荷载作用下达到整体剪切破坏时破裂面的形状及极限承载力公式。1924年瑞斯纳（H. Reissner）将普朗特公式进行了完善，考虑了基础的埋深 D 并将基底以上土体当成作用在基础两侧基底平面的均布荷载，后人将该公式称为普朗特-瑞斯纳公式。

1. 普朗特-瑞斯纳公式的基本假设

① 地基土是均匀、各向同性的无重度介质，即认为基础底面以下土的重度 $\gamma=0$。

② 基础底面光滑，即基础底面与地基土之间无摩擦力存在。

③ 当基础埋深较浅时，将基底以上的两侧土体用均布超载 $q=\gamma D$ 来代替。滑动面贯穿到基底平面，滑动区由朗肯主动区Ⅰ、过渡区（或径向剪切区）Ⅱ和朗肯被动区Ⅲ所组成，如图8-4所示。Ⅰ区破坏面与水平面成（$45°+\varphi/2$）角，Ⅲ区破裂面与水平面成（$45°-\varphi/2$），Ⅱ区由以 a 和 a' 为起点的辐射线 ab、ad 及 $a'b$、$a'd'$ 和两条对数螺旋线 $\overline{bd}$ 及 $\overline{bd'}$ 组成，对数螺旋线方程为

$$r = r_0 \exp(\theta \tan\varphi) \tag{8-13}$$

式中 r_0——起始半径，即图8-4中 $\overline{ab}$ 或 $\overline{a'b}$ 长度；

a 或 a'——对数螺旋线的极点；

r——从极点到螺线上任一点 M 的距离；

θ——r 与 r_0 间的夹角，由图8-4可知，θ 的取值范围为 $0\sim\pi/2$；

φ——地基土的内摩擦角。

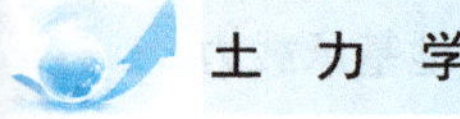

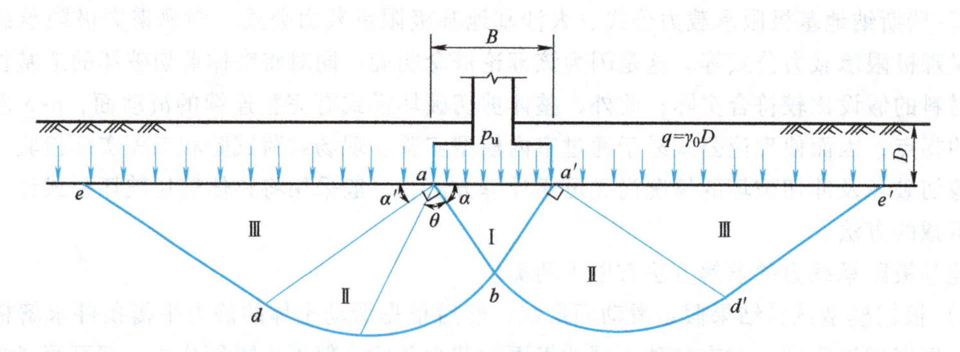

图 8-4 条形刚性板下的塑性平衡区与滑动面

注：$\alpha=45°+\varphi/2$；$\alpha'=45°-\varphi/2$。

2. 普朗特-瑞斯纳公式的推导

为求得地基的极限承载力 p_u，自塑性区滑动面 b 和 d 作基底平面的垂线，交点分别为 O 和 f，取地基中部分滑动土体 $Obdf$ 作为研究对象并将之作为刚体，根据对 a 点的力矩平衡得到地基的极限承载力。

如图 8-5 所示，刚体受到的外力及各自对于 a 点的力矩（顺时针为正）包括：

① Oa 面上基底压力 p_u 对 a 点的力矩：

$$M_a^{p_u}=\frac{p_u B}{2}\cdot\frac{B}{4}=\frac{p_u B^2}{8} \tag{8-14}$$

② Ob 面上的主动土压力 σ_a。根据基本假设，地基土为无重介质，因此主动土压力沿深度呈矩形分布，主动土压力强度为

$$\sigma_a=p_u\tan^2\left(45°-\frac{\varphi}{2}\right)-2c\tan\left(45°-\frac{\varphi}{2}\right)$$

由图 8-5 中几何关系，σ_a 对 a 点的力矩为

$$M_a^{\sigma_a}=\sigma_a\frac{\overline{Ob}^2}{2}=\sigma_a\frac{B^2}{8}\tan^2\alpha=(p_u-2c\tan\alpha)\frac{B^2}{8} \tag{8-15}$$

③ 基底平面作用在基础两侧的均布荷载 $q=\gamma_0 D$。

根据几何关系，af 的长度为

$$\overline{af}=\overline{ad}\cos\alpha'=r_0\exp\left(\frac{\pi}{2}\tan\varphi\right)\cos\alpha'=\frac{B}{2}\tan\alpha\exp\left(\frac{\pi}{2}\tan\varphi\right)$$

q 对 a 点的力矩为

$$M_a^q=-q\frac{\overline{af}^2}{2}=-q\frac{B^2}{2\times4}\tan^2\alpha\exp(\pi\tan\varphi)=-q\frac{B^2}{8}\tan^2\alpha\exp(\pi\tan\varphi) \tag{8-16}$$

④ df 面上被动土压力 σ_p。根据地基土重度 $\gamma=0$ 的假设，df 面上被动土压力强度为

$$\sigma_p=q\tan^2\left(45°+\frac{\varphi}{2}\right)+2c\tan\left(45°+\frac{\varphi}{2}\right)$$

df 的长度为

$$\overline{df}=\overline{ad}\sin\alpha'=r_0\exp\left(\frac{\pi}{2}\tan\varphi\right)\sin\alpha'=\frac{B}{2}\exp\left(\frac{\pi}{2}\tan\varphi\right)$$

由此得 σ_p 对 a 点的力矩：

$$M_a^{\sigma_p} = -\sigma_p \frac{\overline{df}^2}{2} = -(q\tan^2\alpha + 2c\tan\alpha)\frac{B^2}{8}\exp(\pi\tan\varphi) \tag{8-17}$$

⑤ bd 面上黏聚力 c。bd 面上黏聚力合力对 a 点的力矩

$$M_a^c = -\int_0^{\frac{\pi}{2}} cr^2 d\theta = c\int_0^{\frac{\pi}{2}} \left[\frac{B}{2\cos\alpha}\exp(\theta\tan\varphi)\right]^2 d\theta = -c\frac{B^2}{8\cos^2\alpha} \cdot \frac{1}{\tan\varphi}[\exp(\pi\tan\varphi) - 1] \tag{8-18}$$

⑥ bd 面上正应力与剪应力的合反力 R。根据曲线的性质，螺旋线上任意点 O' 与 a 连线 $O'a$ 与该点切线 $O'g$ 之间的夹角为

$$\beta = \arctan\left(\frac{r(\theta)}{r'(\theta)}\right) = \arctan\left(\frac{1}{\tan\varphi}\right) = 90° - \varphi$$

由图 8-5 中可以看出，$O'a$ 与该点法线 $O'h$ 之间的夹角为 φ。又根据土的极限平衡原理，破裂面上正应力与剪应力的合力 F 与破裂面法线 $O'h$ 之间的夹角为 φ 并且在阻止滑动土体滑动侧，因此反力 R 作用方向通过 a 点，即 bd 面上 R 对 a 点的力矩为

$$M_a^F = 0 \tag{8-19}$$

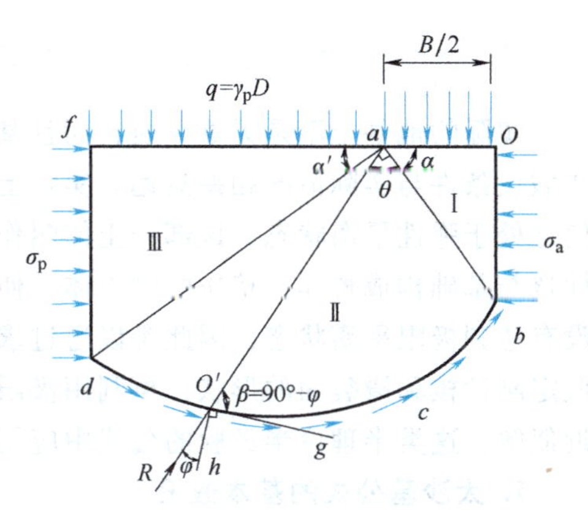

图 8-5 塑性平衡区受力分析

滑动土体 $Obce$ 在以上这些外力作用下处于平衡状态，根据对点 a 的力矩平衡得

$$\sum M_a = M_a^{P_u} + M_a^{\sigma_a} + M_a^q + M_a^{\sigma_p} + M_a^c + M_a^F = 0 \tag{8-20}$$

将式 (8-14) ~ 式 (8-19) 代入式 (8-20) 并将 $\alpha = 45° + \varphi/2$ 代入整理，得到地基极限承载力公式

$$p_u = q\tan^2\left(45° + \frac{\varphi}{2}\right)\exp(\pi\tan\varphi) + c\cot\varphi\left[\tan^2\left(45° + \frac{\varphi}{2}\right)\exp(\pi\tan\varphi) - 1\right] \tag{8-21}$$

令

$$N_q = \exp(\pi\tan\varphi) \cdot \tan^2\left(45° + \frac{\varphi}{2}\right) \tag{8-22}$$

则

$$N_c = \cot\varphi\left[\exp(\pi\tan\varphi)\tan^2\left(45° + \frac{\varphi}{2}\right) - 1\right] = (N_q - 1)\cot\varphi \tag{8-23}$$

式中，N_c、N_q 称为承载力系数，是仅与地基土的内摩擦角 φ 有关的无量纲数。

于是普朗特-瑞斯纳公式可以写为如下形式：

$$p_u = qN_q + cN_c \tag{8-24}$$

普朗特承载力系数表

【例题 8-2】 某黏性土地基上的条形基础，基础宽度 $B = 3\text{m}$，埋深 $D = 2.5\text{m}$，地基土的天然重度 $\gamma = 18.5\text{kN/m}^3$，黏聚力 $c = 20\text{kPa}$，$\varphi = 15°$，按普朗特-瑞斯纳公式，求地基的极限承载力。

解：根据式 (8-24) 地基极限承载力

$$p_u = qN_q + cN_c$$

$$q=\gamma D=18.5\times2.5\text{kPa}=46.25\text{kPa}$$

$$N_q=\exp(\pi\tan\varphi)\tan^2\left(45°+\frac{\varphi}{2}\right)=\exp(\pi\tan15°)\tan^2\left(45°+\frac{15°}{2}\right)=3.94$$

$$N_c=(N_q-1)\cot\varphi=(3.94-1)\cot15°=10.97$$

故

$$p_u=(46.25\times3.94+20\times10.97)\text{kPa}=401.63\text{kPa}$$

从式（8-24）可以看出，当地基土黏聚力 $c=0$、基础埋深 $D=0$ 时，地基的极限承载力 $p_u=0$，这显然是不合理的。造成这种现象的原因是假设地基土的重度 $\gamma=0$。

普朗特-瑞斯纳公式奠定了极限承载力理论的基础。其后众多地基极限承载力理论都是在该公式基础上做不同程度的修正与发展，从而使极限承载力理论逐步得以完善。

8.4.2 太沙基地基极限承载力公式

实际的地基土不是无重介质，而且基础底面并不是完全光滑的，因此普朗特-瑞斯纳公式假设条件与实际情况相差甚远。实际上，基底摩擦力限制了基底下部分土体的侧向变形，使之处于弹性平衡状态，该部分土体叫作刚性核（或称弹性核）。当基础向下移动时，该刚性核与基础构成整体，挤压两侧土体，使地基破坏并形成滑裂面。此时由于基础下部分土体没有达到极限平衡状态，因此难以通过求解极限平衡微分方程得到地基的极限承载力，可先假定刚性核和滑裂面的形状，再利用极限平衡概念和隔离体的静力平衡条件得到极限承载力近似解，这类半理论半经验的公式中应用最广泛的是太沙基（K. Terzaghi，1943）公式。

1. 太沙基公式的基本假设

1）地基和基础之间的摩擦力很大（地基底面完全粗糙），足以完全限制基底下地基土楔体 aba' 的侧向变形而使之处于弹性平衡状态，如图 8-6a 所示，楔体 aba' 称为弹性核。边界面 ab 或 $a'b$ 与基础底面的夹角 α 等于地基土的内摩擦角 φ（如果地基与基础底面的摩擦力不足以限制土的侧向变形，则 $\alpha<\varphi$）。

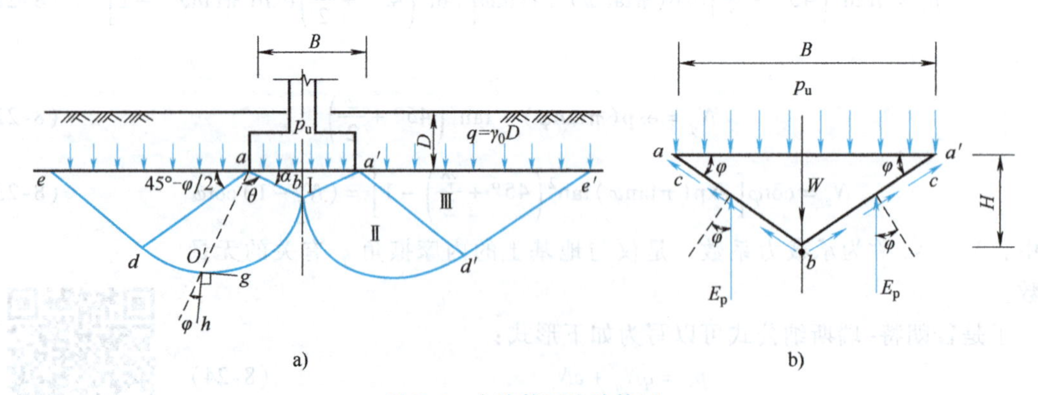

图 8-6 太沙基理论计算图

a）地基破裂面组成 b）刚性核的受力分析

2）地基破坏时沿 bde 和 $bd'e'$ 滑动。bd 和 bd' 是对数螺线，方程为

$$r=r_0\exp(\theta\tan\varphi)$$

式中 r_0——起始矢径，即图中 ab 线；

θ——任一矢径与起始矢径的夹角，可以证明对数螺线在 b 点与竖直线相切。

de 和 $d'e'$ 是直线，与水平面的夹角等于 $45°-\varphi/2$，即 ade 及 $a'd'e'$ 区为朗肯被动区。

3）基础底面以上地基土以均布荷载 $q=\gamma_0 D$ 代替，即不考虑其抗剪强度。

2. 太沙基公式的推导

从图 8-6a 可以看出，基底下滑动土体也分为五个区，与普朗特-瑞斯纳公式不同之处在于弹性核（Ⅰ区）取代了朗肯主动区。Ⅱ区为对数螺旋线过渡区，Ⅲ区为朗肯被动区。当基底压力达到极限荷载 p_u 时，基础将和弹性核一起向下移动，弹性核（Ⅰ区）ab 及 $a'b$ 面上将受到被动土压力 E_p 及黏聚力 c 的作用，取弹性核为隔离体，根据几何条件可知被动土压力 E_p 必定竖直向上，如图 8-6b 所示。根据静力平衡条件可得

$$p_u B = 2E_p + cB\tan\varphi - W \tag{8-25}$$

式中 W——弹性核重量，$W=\gamma(B^2/4)\tan\varphi$。

从式（8-25）可以看出，只要求出了作用于刚性核侧面的被动土压力 E_p，则地基的极限承载力就可以确定。太沙基将刚性核的 ab 及 $a'b$ 边看作挡土墙的墙背，计算以下三种特殊条件下的被动土压力 E_p，然后进行叠加。

① $q=0$、$c=0$、$\gamma>0$，即仅由地基土重产生的被动土压力 E_{p1}

$$E_{p1} = \frac{1}{8}\gamma B^2 K_{p\gamma}\tan\varphi \tag{8-26}$$

② $q>0$、$c=0$、$\gamma=0$，即仅由两侧超载 q 产生的被动土压力 E_{p2}

$$E_{p2} = \frac{1}{2}qBK_{pq}\tan\varphi \tag{8-27}$$

③ $q=0$、$c>0$、$\gamma=0$，即仅由黏聚力 c 产生的被动土压力 E_{p3}

$$E_{p3} = \frac{1}{2}cBK_{pc}\tan\varphi \tag{8-28}$$

根据叠加原理，总的被动土压力 E_p 就等于三种情况下被动土压力的总和，即

$$E_p = E_{p1} + E_{p2} + E_{p3} \tag{8-29}$$

将式（8-26）、式（8-27）、式（8-28）代入式（8-29）求得总的被动土压力 E_p，代入式（8-25）整理得

$$p_u = qN_q + cN_c + \frac{1}{2}\gamma BN_\gamma \tag{8-30}$$

式中 γ、c——基底下土体的重度（kN/m^3）及黏聚力（kPa）；

B——基础底面宽度（m）；

q——基底以上土体荷载（kPa），$q=\gamma_0 D$；

γ_0——基底以上土体的加权平均重度；

D——基础埋深；

N_q、N_γ、N_c——太沙基地基承载力系数，为地基土内摩擦角 φ 的函数，为无量纲系数；其中 N_q 及 N_c 具有解析式，见下式：

$$N_q = \frac{\exp\left[\left(\frac{3\pi}{2}-\varphi\right)\tan\varphi\right]}{2\cos^2\left(45°+\frac{\varphi}{2}\right)}, N_c = (N_q - 1)\cot\varphi \tag{8-31}$$

式（8-30）是各类地基极限承载力计算方法的统一表达式。不同计算方法的差异表现

在承载力系数 N_γ、N_q、N_c 的数值上。

太沙基地基承载力系数可根据 φ 由图 8-7 查得。

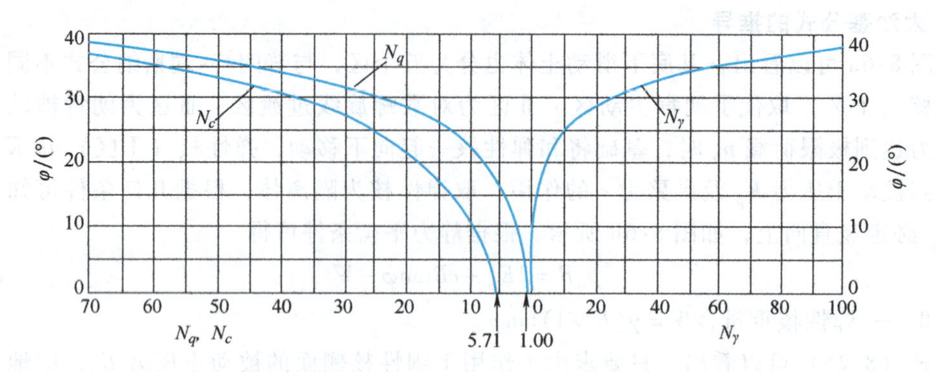

图 8-7　太沙基地基承载力系数

3. 太沙基公式说明

太沙基承载力系数表

1）式（8-30）为在基底完全粗糙条件下得到的太沙基地基承载力系数。N_q 及 N_c 都具有解析式，N_γ 中包含地基土重相应的被动土压力系数 $K_{p\gamma}$，需由试算确定，可采用下列半经验公式来表达：

$$N_\gamma = 1.8(N_q - 1)\tan\varphi$$

2）当假定基础底面完全光滑时，则基底下弹性核不存在而成为朗肯主动区，此时边界面 ab 或 $a'b$ 与基础底面的夹角 α 等于 $45° + \varphi/2$，而整个滑动区域将完全与普朗特的情况相同，由黏聚力 c 和基础两侧超载 q 所引起的承载力系数与普朗特的结果相同，即

$$N_q = \exp(\pi\tan\varphi)\tan^2\left(45° + \frac{\varphi}{2}\right), N_c = (N_q - 1)\cot\varphi$$

3）对局部剪切破坏情况，太沙基建议用经验方法调整抗剪强度指标 c 和 φ，即

$$c' = \frac{2}{3}c,\quad \varphi' = \arctan\left(\frac{2}{3}\tan\varphi\right)$$

根据 φ' 由计算或查图得 N'_q、N'_c 及 N'_γ，然后采用下式计算极限承载力：

$$p_u = qN'_q + \frac{2}{3}cN'_c + \frac{1}{2}\gamma BN'_\gamma \tag{8-32}$$

4）对于圆形或方形基础，太沙基建议用下列修正公式计算地基极限承载力：

圆形基础：$$p_u = qN_q + 1.2cN_c + 0.6\gamma RN_\gamma \tag{8-33a}$$

方形基础：$$p_u = qN_q + 1.2cN_c + 0.4\gamma BN_\gamma \tag{8-33b}$$

式中　R——圆形基础半径；

B——方形基础宽度。

【例题 8-3】　条形基础宽度为 3m，基础埋深为 2m，地基土的重度 $\gamma = 19\ \text{kN/m}^3$、黏聚力 $c = 15\text{kPa}$、内摩擦角 $\varphi = 12°$，试按太沙基公式求地基的极限承载力。

解： 根据太沙基公式，地基极限承载力为

$$p_u = qN_q + cN_c + \frac{\gamma B}{2}N_\gamma$$

按 $\varphi=12°$ 查图 8-7 得 $N_q=3.32$、$N_c=10.90$、$N_\gamma=1.66$，代入上式，得

$$p_u=\left(19\times2\times3.32+15\times10.90+\frac{19\times3}{2}\times1.66\right)\text{kPa}=336.97\text{kPa}$$

8.4.3　梅耶霍夫极限承载力

太沙基地基极限承载力理论忽略了基础两侧土的强度对承载力的影响。为了弥补这一不足，梅耶霍夫将滑动面延伸到地表（图 8-8）。

为简化分析，他假定：

① 基底光滑，滑动面由直线 AC、对数螺旋线 CD 和直线 DE 组成。

② 作用在 BE（与水平面成 β 角）上的合力由等代应力 σ_0、τ_0 代替。

③ 基础侧面法向应力 σ_a 按静止土压力分布，即 $\sigma_a=K_0\gamma d/2$，而切向应力 $\tau_a=\sigma_a\tan\delta$，其中 K_0 为土的静止侧压力系数，d 为基础埋深，δ 是基础与侧土间的摩擦角。

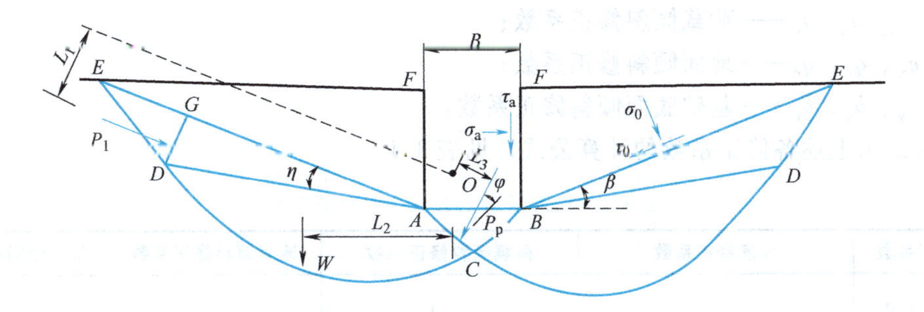

图 8-8　梅耶霍夫极限承载力分析

梅耶霍夫根据上述假定，分两步确定地基的极限承载力：①黏聚力 c 和超载（σ_0，τ_0）对应的承载力；②地基土重度 γ 对应的承载力。然后将两部分叠加起来，可得

$$p_u=\frac{1}{2}\gamma BN_\gamma+\sigma_0N_q+cN_c \tag{8-34}$$

其中

$$\sigma_0=\frac{1}{2}\gamma d\left(K_0\sin^2\beta+\frac{1}{2}K_0\tan\delta\sin2\beta+\cos^2\beta\right) \tag{8-35}$$

$$\tau_0=\frac{1}{2}\gamma d\left(\frac{1-K_0}{2}\sin^2\beta+K_0\tan\delta\sin2\beta\right) \tag{8-36}$$

$$N_q=\frac{(1+\sin\varphi)\exp(2\theta\tan\varphi)}{1-\sin\varphi\sin(2\eta+\varphi)} \tag{8-37}$$

$$N_c=(N_q-1)\cot\varphi \tag{8-38}$$

$$N_\gamma=\frac{4P_p\sin(45°+\varphi/2)}{\gamma B^2}-\frac{1}{2}\tan\left(45°+\frac{\varphi}{2}\right) \tag{8-39}$$

$$P_p=(P_1L_1+WL_2)/L_3 \tag{8-40}$$

上述各式中符号 η、P_1、W、L_1、L_2、L_3 的意义如图 8-8 所示。

被动土压力 P_p 和 P_1、W 是在任意假定对数螺旋线中心点 O 及其相应滑动面的情况下得到的。为了求得最危险的滑动面及其相应 P_p 的最小值，必须假定多个对数螺旋线中心和滑动面进行试算。

8.4.4 汉森地基极限承载力公式

汉森（J. B. Hansen）等人在普朗特理论的基础上，对地基极限承载力计算方法进行数项修正，包括非条形基础形状修正、考虑埋深范围内土体抗剪强度的修正、基底有水平荷载时的荷载倾斜修正、地面倾斜修正以及其底倾斜修正等，方法为各项在承载力系数 N_γ、N_q、N_c 上乘以相应的修正系数。修正后的汉森的极限承载力公式为

$$p_u=\frac{1}{2}\gamma BN_\gamma S_\gamma d_\gamma i_\gamma q_\gamma b_\gamma+qN_qS_qd_qi_qq_qb_q+cN_cS_cd_ci_cq_cb_c \tag{8-41}$$

式中 N_γ、N_q、N_c——地基承载力系数：

$N_q=\tan^2(45°+\varphi/2)\exp(\pi\tan\varphi)$，$N_c=(N_q-1)\cot\varphi$，$N_\gamma=1.8(N_q-1)\tan\varphi$

S_γ、S_q、S_c——基础形状修正系数；

d_γ、d_q、d_c——考虑埋深范围内土强度的深度修正系数；

i_γ、i_q、i_c——荷载倾斜修正系数；

q_γ、q_q、q_c——地面倾斜修正系数；

b_γ、b_q、b_c——基础底面倾斜修正系数。

汉森给出上述各修正系数的计算公式，见表 8-1。

表 8-1 汉森承载力公式中的修正系数

形状修正系数	深度修正系数	荷载倾斜修正系数	地面倾斜修正系数	基底倾斜修正系数
$S_c=1+\dfrac{N_qB}{N_cL}$	$d_c=1+0.4\dfrac{D}{B}$	$i_c=i_q-\dfrac{1-i_q}{N_q-1}$	$q_c=1-\dfrac{\beta}{14.7°}$	$b_c=1-\dfrac{\bar{\eta}}{14.7°}$
$S_q=1+\dfrac{B}{L}\tan\varphi$	$d_q=1+2\tan\varphi(1-\sin\varphi)^2\dfrac{D}{B}$	$i_q=\left(1-\dfrac{0.5P_h}{P_v+A_fc\cot\varphi}\right)^5$	$q_q=(1-0.5\tan\beta)^5$	$b_q=\exp(-2\bar{\eta}\tan\varphi)$
$S_\gamma=1-0.4\dfrac{B}{L}$	$d_\gamma=1.0$	$i_\gamma=\left(1-\dfrac{0.7P_h}{P_v+A_fc\cot\varphi}\right)^5$	$q_\gamma=(1-0.5\tan\beta)^5$	$b_\gamma=\exp(-2\bar{\eta}\tan\varphi)$

注：表中，A_f 为基础的有效接触面积，$A_f=B'L'$；B' 为基础的有效宽度，$B'=B-2e_B$；L 为基础的有效长度，$L'=L-2e_L$；D 为基础的埋置深度；B 为基础的宽度；L 为基础的长度；c 为地基土的黏聚力；φ 为地基土的内摩擦角；P_h 为平行于基础的荷载分量；P_v 为垂直于基础的荷载分量；β 为地面倾角；$\bar{\eta}$ 为基底倾角。

8.5 地基容许承载力和地基承载力特征值

8.5.1 地基容许承载力的概念

建筑物和土工建筑物地基基础设计时，均应满足地基承载力和变形的要求，对经常受水平荷载作用的高层建筑、高耸结构、高路堤和挡土墙以及建造在斜坡上或边坡附近的建筑物，还应验算地基稳定性。通常地基计算时，首先应限制基底压力小于等于地基容许承载力或地基承载力特征值（设计值），以便确定基础的埋置深度和底面尺寸，然后验算地基变形，必要时验算地基稳定性。

地基容许承载力是指地基稳定有足够安全度的承载能力，它相当于地基极限承载力除以一个安全系数，此即定值法确定的地基承载力；同时必须验算地基变形不超过允许变形值。

地基的容许承载力是单位面积上容许的最大压力。容许承载的基本要素是：地基土性质；地基土生成条件；建筑物的结构特征。极限承载力是能承受的最大荷载。将极限承载力除以一定的安全系数，才能作为地基的容许承载力。

8.5.2　地基容许承载力的确定

地基承载力是指地基承担荷载的能力。在荷载作用下，地基要产生变形。随着荷载的增大，地基变形逐渐增大，初始阶段地基尚处在弹性平衡状态，具有安全承载能力。当荷载增大到地基中开始出现某点，或小区域内各点某一截面上的剪应力达到土的抗剪强度时，该点或小区域内各点就剪切破坏而处在极限平衡状态，土中应力将发生重分布。这种小范围的剪切破坏区，称为塑性区。地基小范围的极限平衡状态大都可以恢复到弹性平衡状态，地基尚能趋于稳定，仍具有安全的承载能力。但此时地基变形稍大，还需验算变形的计算值不超过允许值。当荷载继续增大，地基出现较大范围的塑性区时，将显示地基承载力不足而失去稳定。此时地基达到极限承载能力。地基承载力是地基土抗剪强度的一种宏观表现，影响地基土抗剪强度的因素对地基承载力也产生类似影响。

按规范提供的经验公式和参数确定地基容许承载力的方法，是根据我国各部门多年的实践经验，收集了大量载荷试验和对已建结构物的观测资料，通过理论和统计分析后制定的，它使确定地基土容许承载力的工作大为简化。我国幅员辽阔，土质变化较复杂，规范仅对一般土质条件做了规定，对一些特殊地基，如疏松状态的砂土、接近流动状态的软弱黏性土、含有大量有机质土和盐渍土等，以及对于大的或较重要的工程，还应结合具体情况，综合采用载荷试验、现场标准贯入试验或静力触探及理论计算等方法研究分析后确定。

按规范法确定地基的容许承载力，首先要确定土的类别名称，通常是把地基土根据塑性指数、粒径、工程地质特性等分为六类，即黏性土、砂类土、碎卵石类土、黄土、冻土及岩石；然后再确定土的状态，土的状态是指土层所处的天然松密和稠度状况。黏性土的天然状态是按液性指数分为坚硬、半坚硬、硬塑、软塑和流塑状态；砂类土根据相对密度分为稍松、中等密实、密实状态；碎卵石类土则按密实度分为密实、中等密实及松散；最后再确定土的容许承载力。

8.5.3　地基的承载力特征值

不同行业、部门根据工程经验和通过现场载荷试验、标准贯入试验、触探试验、室内土工试验等获得极为丰富的资料。对这些资料采用回归分析、经验拟合等方法进行分析和整理，形成了确定地基承载力的方法，编入相应的设计规范。如《建筑地基基础设计规范》（GB 50007—2011）、《铁路桥涵地基和基础设计规范》（TB 10093—2017）等。在这些规范中列出了各类地基土在一定条件下的承载力表格及相关的修正系数，提供给设计者，使之能较为方便地查用或者规定了确定地基承载力的方法。这些规范所提供的数据和地基承载力的确定方法，无论在保障地基稳定还是地基变形方面都具有一定的安全储备，因此这些方法是可靠、实用的地基承载力确定方法。

《建筑地基基础设计规范》（GB 50007—2011）规定，地基承载力特征值（characteristic value of bearing capacity of foundation）就是由载荷试验测定的地基土压力变形曲线（p-S 曲线）线性变形段内规定的变形所对应的压力值，其最大值为比例界限值 p_{cr}。地基承载力特征值用符号 f_{ak} 表示。

《建筑地基基础设计规范》规定了原位测试及按照地基土强度理论确定地基承载力的方法。原位测试就是在建筑物实际场地位置所进行的测试。原位测试方法主要包括载荷试验（plate load test）、静力触探（cone penetration test）、动力触探（dynamic penetration test）、标准贯入试验（standard penetration test）、十字板剪切试验（vane shear test）、旁压仪试验（pressuremeter test）、现场大型剪切试验（shear test in-situ）等，由于原位测试避免了取样扰动，尤其是原位载荷试验相当于小型地基模型试验，其可靠性较高。通过各种原位测试确定地基承载力特征值的方法可参考相关规程。规范中规定的按照地基土强度理论确定地基承载力的方法是以条形基础临界荷载 $p_{1/4}$ 为基础，对内摩擦角 φ 比较大的砂性土承载力系数进行修正得到的。

由于基础的尺寸、埋深等因素对地基承载力有较大影响，通过原位测试方法得到地基承载力特征值 f_{ak} 后，当基础宽度大于 3m 或埋置深度大于 0.5m 时，除岩石地基外，应对地基承载力特征值 f_{ak} 进行宽度、深度修正，即

$$f_a = f_{ak} + \eta_B \gamma (B-3) + \eta_D \gamma_0 (D-0.5) \tag{8-42}$$

式中 f_a——修正后的地基承载力特征值（kPa）；

f_{ak}——地基承载力特征值（kPa）；

η_B、η_D——基础宽度和埋深的地基承载力修正系数，按基底下土的类别查表 8-2；

γ——基础底面以下土的重度（kN/m^3），地下水位以下取有效重度；

γ_0——基底以上土的加权平均重度（kN/m^3）；地下水位以下取有效重度；

B——基础底面宽度（m）；当宽度小于 3m 按 3m 计，大于 6m 按 6m 计；

D——基础埋置深度（m）；一般自室外地面标高算起。在填方整平地区，可自填土地面标高算起，但填土在上部结构施工后完成时，应从天然地面标高算起。对于地下室，如采用箱形基础或筏基时，基础埋置深度自室外地面标高算起；当采用独立基础或条形基础时，应从室内地面标高算起。

表 8-2 地基承载力修正系数

土的类别		η_B	η_D
淤泥和淤泥质土		0	1.0
人工填土 e 或 $I_L \geq 0.85$ 的黏性土		0	1.0
红黏土	含水比 $a_w > 0.8$	0	1.2
	含水比 $a_w \leq 0.8$	0.15	1.4
大面积压实填土	压实系数大于 0.95，黏粒含量 ≥10% 的粉土	0	1.5
	最大干密度 >2.1t/m^3 的级配砂石	0	2.0
粉土	黏粒含量 ≥10% 的粉土	0.3	1.5
	黏粒含量 <10% 的粉土	0.5	2.0

（续）

土 的 类 别	η_B	η_D
e 及 I_L 均小于 0.85 的黏性土	0.3	1.6
粉砂、细砂（不包括很湿与饱和时的稍密状态）	2.0	3.0
中砂、粗砂、砾砂和碎石土	3.0	4.4

注：1. 强风化和全风化的岩石，可参照所风化成的相应土类取值；其他状态下的岩石不修正。

2. 地基承载力特征值按深层平板载荷试验确定时，取 $\eta_D=0$。

对于竖向偏心荷载和水平力都不大的基础，即当偏心距 $e\leqslant 0.033$ 倍基础底面宽度时，地基承载力特征值可根据土的抗剪强度指标计算，并满足变形要求。

$$f_a = M_B\gamma B + M_D\gamma_0 D + M_C c_k \tag{8-43}$$

式中　f_a——由土的抗剪强度指标确定的地基承载力特征值（kPa）；

M_B、M_D、M_C——承载力系数，根据 φ_k 按表 8-3 确定；

B——基础底面宽度（m）；$B>6$m 时按 6m 计，对于砂土，$B<3$m 时按 3m 计；

c_k——基础底面以下一倍短边宽度的深度范围内土的黏聚力标准值（kPa）；

其他参数意义同前。

使用式（8-43）计算地基承载力时，需注意以下几点。

① 式（8-43）为基于条形基础临界荷载 $p_{1/4}$ 修正得出的，当用于计算同样宽度的矩形基础时得到的承载力值偏低。

② 确定抗剪强度指标 φ_k、c_k 的试验方法及取值须和地基土的工作状态相适应。

③ 式（8-43）仅适用于 $e\leqslant 0.033B$ 的情况，这是因为推导该公式确定承载力相应的理论模型为基底压力均布的情况。

④ 按（8-43）确定地基承载力时，只保证地基强度有足够的安全度，未能保证满足变形要求，故还应进行地基变形验算。

表 8-3　承载力系数 M_B、M_D、M_C

土的内摩擦角标准值 φ_k/(°)	M_B	M_D	M_C
0	0	1.00	3.14
2	0.03	1.12	3.32
4	0.06	1.25	3.51
6	0.10	1.39	3.71
8	0.14	1.55	3.93
10	0.18	1.73	4.17
12	0.23	1.94	4.42
14	0.29	2.17	4.69
16	0.36	2.43	5.00
18	0.43	2.72	5.31
20	0.51	3.06	5.66
22	0.61	3.44	6.04
24	0.80	3.87	6.45
26	1.10	4.37	6.90

（续）

土的内摩擦角标准值 φ_k/(°)	M_B	M_D	M_C
28	1.40	4.93	7.40
30	1.90	5.59	7.95
32	2.60	6.35	8.55
34	3.40	7.21	9.22
36	4.20	8.25	9.97
38	5.00	9.44	10.80
40	5.80	10.84	11.73

注：φ_k 为基底下一倍短边宽深度内土的内摩擦角标准值。

【例题 8-4】 已知条形基础宽度为 3m，基础埋深为 2m。地基土为粉质黏土，重度 γ = 19kN/m³，抗剪强度指标为黏聚力 c_k = 18kPa、内摩擦角 φ_k = 20°，试按《建筑地基基础设计规范》（GB 50007—2011）地基土强度理论公式求地基承载力特征值 f_a。

解：根据式（8-44），地基极限承载力特征值为

$$f_a = M_B\gamma B + M_D\gamma_0 D + M_C c_k$$

按 φ_k = 20°查表 8-3 得

$$M_B = 0.51, \quad M_D = 3.06, \quad M_C = 5.66$$

又

$$\gamma = \gamma_0 = 19\text{kN/m}^3, \quad B = 3\text{m}, \quad D = 2\text{m}，得$$

$$f_a = M_B\gamma B + M_D\gamma_0 D + M_C c_k = (0.51\times19\times3 + 3.06\times19\times2 + 5.66\times18)\text{kPa} = 247.23\text{kPa}$$

地基承载力特征值 f_a 为 247.23kPa。

习　题

8-1　某黏性土地基上的条形基础，基础宽度 B = 2.4m，埋深 D = 1.6m，地基土的天然重度 γ = 19kN/m³，黏聚力 c = 18kPa，内摩擦角 φ = 16°。求：

（1）地基的临塑荷载 p_{cr} 及临界荷载 $p_{1/4}$ 和 $p_{1/3}$；

（2）若地下水位上升到基础底面，此时 γ' = 9.8kN/m³，假定地基土的抗剪强度指标不变，地基的临塑荷载 p_{cr} 及临界荷载 $p_{1/4}$ 和 $p_{1/3}$ 有何变化，可以得到什么结论？

8-2　有一条形基础，基础宽度 B = 3m，埋深 D = 1.5m，地基土为粉质黏土，其天然重度 γ = 18kN/m³，黏聚力 c = 20kPa，内摩擦角 φ = 30°。求当极限平衡区最大深度达到 0.3B 时的基底均布压力值。

8-3　某柱下方形基础，由于条件所限，基础宽度不大于 2m。地基土 γ = 18.8kN/m³，c = 40kPa，φ = 12°。至少需要多大埋深才能安全承受 1000kN 的竖向中心荷载（注：地基承载力以 $p_{1/4}$ 计）？

8-4　某条形基础宽度为 2.8m，基础埋深为 1.6m，荷载合力偏心距 e = 0.063m。地基土为粉质黏土，其重度 γ = 19kN/m³，抗剪强度指标为：c_k = 24.0kPa、φ_k = 22°。试计算其地基承载力特征值。

参考文献

[1] TERZAGHI K, PECK R B, MESRI G. Soil Mechanics in Engineering Practice [M]. 3rd ed. Hoboken: John Wiley & Sons Inc., 1996.
[2] LAMBE T W, WHITMAN R V. Soil Mechanics [M]. 2nd ed. Hoboken: John Wiley & Sons Inc., 2004.
[3] BARNES G E. Soil Mechanics Principles and Practice [M]. 2nd ed. New York: Palgrave, 2000.
[4] CRAIG R F. Soil Mechanics [M]. 7th ed. New York: Springer US, 2004.
[5] DAS B M. Advanced Soil Mechanics [M]. 3rd ed. Abingdon: Taylor & Francis, 2008.
[6] DAS B M. Fundamentals of Geotechnical Engineering [M]. Stanford: Cengage Learning, 2005.
[7] WOOD D M. Soil Behaviour and Critical State Soil Mechanics [M]. Cambridge: Cambridge University Press, 1992.
[8] SMITH I M, GRIFFITHS D V. Programming the Finite Element Method [M]. 3rd ed. Hoboken: John Wiley & Sons Inc., 1998.
[9] 钱家欢，殷宗泽. 土工原理与计算 [M]. 2 版. 北京：中国水利水电出版社，1996.
[10] 黄文熙. 土的工程性质 [M]. 北京：中国水利水电出版社，1983.
[11] 沈珠江. 理论土力学 [M]. 北京：中国水利水电出版社，2000.
[12] 李广信，张丙印，于玉贞. 土力学 [M]. 2 版. 北京：清华大学出版社，2013.
[13] 李广信. 高等土力学 [M]. 2 版. 北京：清华大学出版社，2016.
[14] 松冈元. 土力学 [M]. 罗汀，姚仰平，译. 北京：中国水利水电出版社，2001.
[15] 卢廷浩. 土力学 [M]. 2 版. 南京：河海大学出版社，2005.
[16] 东南大学，浙江大学，湖南大学，等. 土力学 [M]. 4 版. 北京：中国建筑工业出版社，2014.
[17] 王成华，白冰，王运霞. 土力学原理 [M]. 北京：清华大学出版社，2004.
[18] 梁钟琪. 土力学及路基 [M]. 2 版. 北京：中国铁道出版社，2006.
[19] 高大钊. 土力学与基础工程 [M]. 北京：中国建筑工业出版社，2006.
[20] 陈希哲. 土力学地基基础 [M]. 4 版. 北京：清华大学出版社，2004.
[21] 顾晓鲁，钱鸿缙，刘惠珊，等. 地基与基础 [M]. 3 版. 北京：中国建筑工业出版社，2003.
[22] 陈仲颐，周景星，王洪瑾. 土力学 [M]. 北京：清华大学出版社，2007.
[23] 胡中雄. 土力学与环境岩土工程 [M]. 上海：同济大学出版社，1997.
[24] 龚晓南. 土力学 [M]. 北京：中国建筑工业出版社，2002.
[25] 张孟喜. 土力学原理 [M]. 2 版. 武汉：华中科技大学出版社，2010.
[26] 曹卫平. 土力学 [M]. 北京：北京大学出版社，2011.
[27] 张振营. 土力学题库及典型题解 [M]. 北京：中国水利水电出版社，2001.
[28] 袁聚云，汤永净. 土力学复习与习题 [M]. 2 版. 上海：同济大学出版社，2010.
[29] 钱建固，袁聚云，张陈蓉. 土力学复习与习题 [M]. 北京：人民交通出版社，2016.
[30] 王成华. 土力学原理 [M]. 天津：天津大学出版社，2002.
[31] 赵树德. 土力学 [M]. 2 版. 北京：高等教育出版社，2010.
[32] 王保田，张福海. 土力学与地基处理 [M]. 南京：河海大学出版社，2005.
[33] 王铁行. 岩土力学与地基基础题库及题解 [M]. 北京：中国水利水电出版社，2004.
[34] 中华人民共和国建设部. 土的工程分类标准：GB/T 50145—2007 [S]. 北京：中国计划出版社，2007.
[35] 中华人民共和国住房和城乡建设部. 建筑地基基础设计规范：GB 50007—2011 [S]. 北京：中国建筑工业出版社，2011.
[36] 中华人民共和国住房和城乡建设部. 岩土工程基本术语标准：GB/T 50279—2014 [S]. 北京：中国

计划出版社，2014.

[37] 中华人民共和国住房和城乡建设部. 土工试验方法标准：GB/T 50123—2019［S］. 北京：中国计划出版社，2019.

[38] 中华人民共和国交通部. 公路土工试验规程：JTG 3430—2020［S］. 北京：人民交通出版社，2020.

[39] 中华人民共和国交通运输部. 公路路基设计规范：JTG D30—2015［S］. 北京：人民交通出版社，2015.

[40] 中华人民共和国交通运输部. 公路桥涵设计通用规范：JTG D60—2015［S］. 北京：人民交通出版社，2015.

[41] 中华人民共和国交通运输部. 公路工程抗震规范：JTG B02—2013［S］. 北京：人民交通出版社，2013.

[42] 中华人民共和国住房和城乡建设部. 建筑边坡工程技术规范：GB 50330—2013［S］. 北京：中国建筑工业出版社，2013.

[43] 国家铁路局. 铁路路基支挡结构设计规范：TB 10025—2019［S］. 北京：中国铁道出版社，2019.

[44] 李育超，凌道盛，陈云敏，等. 蒙特卡洛法与有限元相结合分析边坡稳定性［J］. 岩石力学与工程学报，2005，24（11）：1933-1941.